SpringerWien NewYork

Robert Klima
Siegfried Selberherr

Programmieren in C

3. Auflage

SpringerWienNewYork

Dipl.-Ing. Dr. techn. Robert Klima
Technische Universität Wien
Institut für Mikroelektronik
Gußhausstraße 27–29
1040 Wien, Österreich
E-Mail: Robert.Klima@gmail.com
http://www.iue.tuwien.ac.at/

O. Univ.-Prof. Dipl.-Ing. Dr. techn. Dr. h.c. Siegfried Selberherr
Technische Universität Wien
Institut für Mikroelektronik
Gußhausstraße 27–29
1040 Wien, Österreich
E-Mail: Siegfried.Selberherr@TUWien.ac.at
http://www.iue.tuwien.ac.at/

© 2003, 2007 und 2010 Springer-Verlag/Wien
Printed in Germany

SpringerWienNewYork ist ein Unternehmen von
Springer Science + Business Media
springer.at

Satz: Reproduktionsfertige Vorlage der Autoren
Druck und Bindung: Strauss GmbH, 69509 Mörlenbach, Deutschland

Gedruckt auf säurefreiem, chlorfrei gebleichtem Papier
SPIN 80012250

Mit 75 Abbildungen

Bibliografische Information der Deutschen Nationalbibliothek
Die Deutsche Nationalbibliothek verzeichnet diese Publikation in der Deutschen
Nationalbibliografie; detaillierte bibliografische Daten sind im Internet
über http://dnb.d-nb.de abrufbar.

ISBN 978-3-211-72000-4 [2. Auflage] SpringerWienNewYork
ISBN 978-3-7091-0392-0 [3. Auflage] SpringerWienNewYork

Vorwort

C ist wohl eine der bedeutendsten Programmiersprachen unserer Tage und wurde daher naturgemäß in unzähligen Büchern behandelt. Manche Werke befassen sich sehr eingehend mit der Mächtigkeit der Sprache, andere verstehen sich lediglich als Einführung. Es gibt Literatur, die sich hauptsächlich an fortgeschrittene Programmierer wendet und Bücher, die spezielle Bereiche des Programmierens mit C beleuchten. Die Auswahl scheint schier unbegrenzt. Warum also ein weiteres Buch über C?

Gerade die in die Jahre gekommene, aber nach wie vor sehr häufig eingesetzte Programmiersprache C erlaubt die Schaffung äußerst komplexer Programmeinheiten, die nur allzuoft bedenkenlos demonstriert oder teilweise sogar vorbehaltlos empfohlen werden. Die Welt der Programmiersprache C lädt zur beliebigen Erhöhung der Komplexität von Programmlösungen und zum Spielen mit Konstrukten ein, von denen jedoch erfahrene Programmierer Abstand nehmen, da sie der Lösung eines Problems oft nicht wirklich dienen. Oftmals wird in der Literatur auf die Vollständigkeit der Sprachbeschreibung besonderer Wert gelegt, was auch in vielen bekannten Werken der Fall ist. Der Leser wird geradezu überfordert von den Möglichkeiten der Programmiersprache, überschwemmt mit einer Fülle von Details, jedoch bleibt das Wesentliche beim Erlernen einer Programmiersprache, die Programmiermethodik, verborgen.

Diesem Mangel soll das vorliegende Buch Abhilfe schaffen. In dieses Buch haben wir jahrelange Erfahrung in der Programmierung mit C und der Vermittlung von Programmiersprachen und Programmiermethodik einfließen lassen. Was ist Programmieren? Wie werden programmtechnische Probleme gelöst? Wie beginne ich? Diese grundlegenden Fragen werden ebenso beantwortet als auch der Leser an die Lösung komplexerer Aufgaben herangeführt wird. Schrittweise wird die Programmierung anhand der Sprache C erlernt und mit Beispielen und Aufgaben vertieft und wiederholt. Der Sprachumfang von C wird vorgestellt aber durchaus kritisch betrachtet, um typische Fallen, denen selbst auch erfahrene Programmierer zum Opfer fallen, frühestmöglich zu vermeiden. Eine für alle Komplexitätsgrade geeignete Methodik des Programmierens wird konsequent demonstriert und alltägliche Probleme im Umgang mit C und dem Programmierhandwerk werden behandelt.

Während die ersten Kapitel hauptsächlich grundlegenden Problemen der Programmierung, der Programmiermethodik sowie der Programmiersprache C gewidmet sind, behandeln die letzten Kapitel aufbauend auf den erworbenen Kenntnissen Verfahren und Methoden, aber auch Probleme, die in der Programmierung heutzutage häufig anzutreffen sind. Dieses Buch ist im Zuge der Einführung einer neuen Lehrveranstaltung am Institut für Mikroelektronik an der Technischen Universität Wien entstanden, die Studierenden das Programmieren mit C vermittelt, wobei keinerlei Kenntnisse von C oder einer anderen Programmiersprache vorausgesetzt werden. Es eignet sich auf Grund seiner Sprache, seines Aufbaus und seiner inhaltlichen Tiefe gleichermaßen für den Einsteiger als auch für erfahrene Programmierer.

 Mit diesem Symbol haben wir Empfehlungen und Hinweise im Text gekennzeichnet, die sich entweder in der Praxis als besonders wertvoll erwiesen haben, oder einfach nur im Sinne eines guten Programmierstils und zur Vermeidung von Fehlern eingehalten werden sollten.

 Die mit diesem Symbol gekennzeichneten Quelltexte vieler Beispiele finden Sie auch im Internet unter der Adresse http://www.iue.tuwien.ac.at/books/programmieren_in_c.

An dieser Stelle möchten wir allen danken, die an der Entstehung dieses Buches beteiligt waren und mitgeholfen haben Qualität zu erreichen, im Besonderen unseren Kollegen, allen voran Andreas Gehring, und den vielen Studierenden, die uns beim Redigieren unterstützt haben.

Robert Klima   Siegfried Selberherr

Inhaltsverzeichnis

Kapitel 1

Einführung

1.1 Was heißt Programmieren?

Unter „Programmieren" versteht man das Entwickeln eines Programmes. Dabei wird in einer Programmiersprache ein Verfahren implementiert, mit welchem aus gewissen Eingabegrößen durch einen Computer gewisse Ausgabegrößen ermittelt werden.

Die Software-Entwicklung umfasst aber mehr als nur das eigentliche Programmieren. Es sind vielmehr einige Schritte notwendig, um zu einem fertigen Software-Produkt zu kommen, was im Folgenden kurz umrissen ist:

- **Projektplanung:** Umfasst die zeitliche, kostenmäßige und personelle Planung. Zeitpläne werden erstellt, das Budget wird ermittelt und Arbeitsgruppen eingeteilt. Liegt eine präzise Spezifikation (siehe weiter unten) vor, kann die Projektplanung bereits genauer erfolgen. In jedem Fall muss die Projektplanung nach der Spezifikation noch einmal abgestimmt werden. Die Einhaltung der in der Projektplanung festgelegten Grenzen ist unbedingt erforderlich.

- **Systemanalyse:** Anschließend wird das Umfeld der zu entwickelnden Software ermittelt. Dazu gehören Maschinen, Vernetzung, Betriebssysteme, etc.

- **Spezifikation:** Eine genaue Definition der Software wird erstellt, die jedoch keine detaillierten Realisierungsvorschläge enthält. Vielmehr wird die Leistung des zu entwickelnden Programmes genau festgelegt. Die Spezifikation erfolgt oft auch in enger oder auch loserer Zusammenarbeit mit dem Anwender bzw. Auftraggeber. Ebenfalls sollte festgelegt werden, welche Aufgaben zusätzlich leicht realisiert werden können. Spätere Erweiterungen müssen konzeptionell möglichst berücksichtigt werden. Zur Spezifikation gehören auch diverse Festlegungen, wie Art der Fehlerbehandlung, Testmechanismen, Möglichkeiten der Wartung oder Benutzerführung.

- **Entwurf:** Entwurf der Teilaufgaben, der benötigten Algorithmen, aller Module, der Datenhaltung und der Datenkommunikation

- **Codierung:** Das Formulieren der einzelnen beschriebenen Aufgaben und Algorithmen mit einer Programmiersprache.

- **Test:** Tests sollten laufend in Modulen oder für die gesamte Software durchgeführt werden. Auch sogenannte Selbsttests sind bei „größeren" Projekten unerlässlich. *Built-in self tests* ermöglichen das Umschalten der Software in einen Testbetrieb, bei dem mittels externer Steuerung oder vollautomatisch die Software auch während der Entwicklung getestet wird.

- **Dokumentation:** Erstellen der Bedienungsanleitung und des Wartungshandbuches. Begleitende Dokumentationssysteme helfen hier auch schon während der Entwurfsphase. Die Vorteile solcher

Dokumentationssysteme sind u.a. die Überschaubarkeit der Programmentwicklung in jeder Entwicklungsphase oder das schnelle Erstellen von Handbüchern oder Wartungshandbüchern.

- **Wartung:** Laufende Korrekturen und Anpassungen der Software.

- **Qualitätskontrolle:** Laufende Kontrolle des gesamten Ablaufes des Projektfortschrittes und Rückkopplungen zu vorangehenden Stufen.

Programmieren ist eine kreative Tätigkeit, bei der das fertige Programm und die Erfüllung der Spezifikation natürlich im Mittelpunkt steht. Bei der Entwicklung eines Software-Produkts müssen aber auch oft viele andere Aspekte beachtet werden, wie die Benutzerführung, Ausfallsicherheit, Fehlerbehandlung, Konsistenz der Datenhaltung, aber auch grafische und audiovisuelle Gestaltung.

1.2   Algorithmen und Spezifikationen

Es ist viel geistige Energie darauf verwendet worden, zwischen *Algorithmus* und *Programm* feinsinnige Unterscheidungen zu treffen. Viele behaupten, dass diese Unterscheidung im Prinzip nicht lohnt [17]. Zwar gibt es Möglichkeiten, Algorithmen außerhalb jeder Programmiersprache und ohne jeden Bezug zum Computer zu formulieren, aber alle Programme sind spezielle Erscheinungsformen von Algorithmen, weil die Programmiersprachen letztlich nur als formale Werkzeuge zur Notation von Algorithmen erfunden worden sind.

Der *Algorithmus* ist als Oberbegriff zu *Programm* zu betrachten, bei dem im Gegensatz zu einem Programm die strengen syntaktischen Regeln der Programmiersprache nicht eingehalten zu werden brauchen.

1.2.1   Problemlösen durch Algorithmen

Der Begriff des Algorithmus ist wesentlich älter als alle Computer. Bereits Euklids „Elemente" (3.Jhdt. v. Chr.) ist als eine Sammlung von Algorithmen zu betrachten [17].

Das Wort *Algorithmus* kommt trotzdem nicht von den Griechen, sondern ist von dem Namen des Mathematikers MOHAMMED IBN MUSA ABU DJAFAR AL KHOWARIZMI (ca. 783–850, auch AL KHWARIZMI, AL CHORESMI u.a.) aus der persischen Gegend Choresmien (im Gebiet des heutigen GUS-Staates Usbekistan) abgeleitet. Er fertigte um 800 in Bagdad in dem von dem Kalifen HARUN AL RASCHID gegründeten „Haus der Weisheit" zusammen mit anderen Wissenschaftern Übersetzungen der griechischen mathematischen und medizinischen Schriften ins Arabische an und forschte auf dieser Basis selbst weiter. Er schrieb ein weit verbreitetes Buch mit dem arabischen Titel „Kitab al muhtasar fi hisab al gebr we al muqabala" (Kurzgefasstes Lehrbuch für die Berechnung durch Vergleich und Reduktion), das bereits Lösungen von Gleichungen mit mehreren Unbekannten behandelte, und hat in der heutigen Sprache damit außer dem *Algorithmus* auch noch die Wörter *Algebra* und *Kabbala*[1] hinterlassen. In der lateinischen Übersetzung dieses Buches, das durch die Kreuzfahrer nach Europa kam, begannen die Abschnitte jeweils mit „Dixit algorismi:"[2], woraus sich die Bezeichnung Algorismus (später Algoritmus, Algorithmus) für eine Rechenvorschrift ableitete.

Natürlich lernt man auch heute noch in der Grundschule die Algorithmen zur Multiplikation und Division von Dezimalzahlen, auch wenn sie nicht ausdrücklich so genannt werden. An einem Beispiel seien die Grundeigenschaften eines Algorithmus erklärt. Es ist dies der *Euklidische Algorithmus* zur Bestimmung des größten gemeinsamen Teilers zweier natürlicher Zahlen, der in moderner sprachlicher Formulierung etwa so lautet:

---

[1]eine mittelalterliche jüdische Geheimlehre
[2]So sprach AL KHOWARIZMI:

Der Euklidische Algorithmus

Aufgabe: Seien a und b natürliche Zahlen. Bestimme den *größten gemeinsamen Teiler* $g = ggT(a, b)$ von a und b.

Verfahren:

1. Falls $a = b$ gilt, bricht die Berechnung ab; es gilt $g = a$. Andernfalls gehe zu Schritt 2.

2. Falls $a > b$ gilt, ersetze a durch $a - b$ und setze die Berechnung mit Schritt 1 fort, sonst gehe zu Schritt 3.

3. Es gilt $a < b$. Ersetze b durch $b - a$ und setze die Berechnung mit Schritt 1 fort.

Die grundlegenden Eigenschaften eines Algorithmus sind:

1. Das Verfahren ist durch einen endlichen Text beschreibbar.

2. Es läuft in einzelnen, wohldefinierten Rechenschritten ab, die in einer eindeutigen Reihenfolge durchzuführen sind.

3. Die Rechnung besitzt gewisse Parameter (Eingabegrößen) und wird für jede Eingabe nach endlich vielen Rechenschritten abbrechen und ein eindeutig bestimmtes Ergebnis liefern.

Punkt 3 hiervon lässt sich natürlich nur erfüllen, wenn die Objekte selbst, mit denen der Algorithmus operiert, eine endliche Darstellung besitzen. So gibt es strenggenommen keinen Algorithmus für die Darstellung rationaler Zahlen als Kommazahl. Denn um beispielsweise die Zahlen $1/3 = 0,3\ldots$ darzustellen, ist die 3 unendlich oft anzuschreiben – das Verfahren terminiert nicht. Dies hat jedoch zum Glück keine praktischen Auswirkungen, da man in solchen Fällen ohnedies mit *endlichen Approximationen* solcher „unendlichen" Objekte arbeitet. Bei den reellen Zahlen z.B. genügen selbst für anspruchsvolle Anwendungen in der Regel weniger als 20 signifikante Stellen.

In der Informationstechnik beschäftigt man sich natürlich hauptsächlich mit Problemen, die sich algorithmisch lösen lassen. Es sei jedoch bereits hier als Warnung vermerkt, dass es viele Probleme gibt, die im Prinzip algorithmisch lösbar sind, aber von der praktischen Seite als unlösbar betrachtet werden müssen, weil man viel länger zur Ausführung der Algorithmen bräuchte, als irgend jemand zu warten bereit oder in der Lage ist.

1.2.2 Spezifikationen

Als wesentlichster Schritt zu einer Problemlösung muss zunächst das Problem präzise beschrieben werden. Eine solche Problembeschreibung nennt man eine *Spezifikation*. Auf Basis dieser Problembeschreibung kann man erst ein Verfahren zur Lösung des Problems entwickeln.

Das Lösen von *Textaufgaben* oder *Denksportaufgaben* kann hier vielleicht einmal als Prototyp einer *informellen Problembeschreibungen* aufgefasst werden. Man muss dabei jeweils zuerst feststellen, was wirklich zu tun ist, also die *Spezifikation* für die eigentliche Rechnung aufstellen. Speziell das Beispiel der Denksportaufgaben zeigt, dass häufig die eigentliche Leistung in der Identifikation des Problems und in der Aufstellung der Spezifikation liegt: Wenn erst einmal klar ist, was das Problem ist, ist die Aufgabe schon zu 90% gelöst.

Das gilt auch für das folgende Beispiel; es zeigt außerdem einige der Tücken solcher informeller Problembeschreibungen.

Beispiel (Parkplatzproblem) [17]: Auf einem Parkplatz stehen PKWs und Motorräder ohne Beiwagen. Zusammen sind es n Fahrzeuge mit insgesamt m Rädern. Bestimme die Anzahl P der PKWs.

In Wirklichkeit wird hier eine ganze *Klasse von Problemen* beschrieben, nämlich je ein gesondertes Problem für jede mögliche Wahl von n und m. Die Problembeschreibung enthält n und m als *Parameter*. Das Vorhandensein von solchen Parametern ist typisch für Probleme, zu denen Algorithmen entwickelt werden sollen.

Es ist offensichtlich, dass die Anzahl P der PKWs plus die Anzahl M der Motorräder die Gesamtzahl n der Fahrzeuge ergibt. Jeder PKW hat 4 Räder und jedes Motorrad hat 2 Räder. Die Radzahlen der PKWs und Motorräder zusammen ergibt m.

$$
\begin{aligned}
P + M &= n \\
4P + 2M &= m
\end{aligned}
$$

Daraus ergibt sich:

$$
\begin{aligned}
M &= n - P \\
P &= \frac{m - 2n}{2}
\end{aligned}
$$

An dieser Stelle ist man versucht, das Problem als gelöst zu betrachten, und könnte jetzt nach dieser Formel ein Programm schreiben. Auf diese Weise sind auch schon zahlreiche berüchtigte Ergebnisse durch Computer entstanden. Für die Eingabe $n = 3$ und $m = 9$ erhält man die Rechnung

$$
P = \frac{9 - 2 \cdot 3}{2} = \frac{3}{2} = 1.5,
$$

also müssten auf dem Parkplatz 1.5 PKWs stehen. Offensichtlich ergibt die Aufgabe nur einen Sinn, wenn die Anzahl m der Räder gerade ist. Aber das ist noch nicht alles, wie die Rechnung für $n = 5$ und $m = 2$ zeigt:

$$
P = \frac{2 - 2 \cdot 5}{2} = \frac{2(1 - 5)}{2} = 1 - 5 = -4
$$

Die Antwort wäre also „Es fehlen vier PKWs", was auch unsinnig ist. Die Anzahl der Räder muss mindestens zweimal so groß sein wie die Anzahl der Fahrzeuge. Eine dritte Rechnung (oder eine einfache Überlegung) zeigt, dass die Anzahl der Räder höchstens viermal so groß sein kann wie die Anzahl der Fahrzeuge; wenn man etwa $n = 2$ und $m = 10$ annimmt, ergibt sich $P = 3$ und demzufolge $M = -1$.

Der „Fehler" in der Problembeschreibung dieses Beispiels ist, dass einige Tatsachen aus der Anschauungs- und Erfahrungswelt als allgemein bekannt vorausgesetzt werden. Unter anderem wird davon ausgegangen, dass es sich bei n und m tatsächlich um die Fahrzeugzahl und Räderzahl eines real existierenden Parkplatzes handelt; dann können die hier angesprochenen Probleme natürlich nicht auftreten. Für die mathematische Behandlung in der oben abgeleiteten Formel sind jedoch n und m nur irgendwelche Zahlen; der Bezug zu real existierenden Gegenständen ist völlig aufgehoben. Derartige *Abstraktionsschritte* sind typisch beim Umgang mit dem Computer. Die Folgen einer inkonsequenten Einhaltung von Abstraktionen ist in der Regel verheerend, weil sie durch die Computer vervielfacht werden.

Es gilt daher folgende

Spezifikationsregel: Vor der Entwicklung eines Algorithmus ist zunächst für das Problem eine *funktionale Spezifikation* anzufertigen. Diese beschreibt die Menge der gültigen Eingabegrößen (Definitionsbereich) und die Menge der möglichen Ausgabegrößen (Wertebereich) mit allen für die Lösung wichtigen Eigenschaften, insbesondere dem funktionalen Zusammenhang zwischen ihnen.

Häufig werden Definitions– und Wertebereich nur implizit in der Beschreibung des funktionalen Zusammenhangs zwischen Eingabe– und Ausgabegrößen aufgeführt. Diesen Zusammenhang beschreibt man gerne durch sogenannte *Vor–* und *Nachbedingungen*. Die *Vorbedingung* beschreibt den Zustand *vor* Ausführung des geplanten Algorithmus, mit anderen Worten seine *Voraussetzungen*. Die *Nachbedingung* beschreibt dementsprechend den Zustand *nach* Ausführung des Algorithmus, mit anderen Worten seine *Leistungen*. Der Text sei nur dann wirklich eine funktionale Spezifikation genannt, wenn Vor– und Nachbedingung ausdrücklich und präzise aufgeführt sind.

Wendet man dies auf das Beispiel (Parkplatzproblem) an, so ergibt sich:

Spezifikation (Parkplatzproblem): Eingabe: $m, n \in I\!N$ **Vorbedingung:** m gerade, $2n \leq m \leq 4n$ **Ausgabe:** $P \in I\!N$, falls Nachbedingung erfüllbar, sonst „Keine Lösung". **Nachbedingung:** Für $P, M \in I\!N$ gilt

$$
\begin{aligned}
P + M &= n \\
4P + 2M &= m
\end{aligned}
$$

In dieser Spezifikation wurde extrem vorsichtig vorgegangen, da auch der Fall vorgesehen ist, dass das angegebene Gleichungssystem nicht in den natürlichen Zahlen lösbar ist. In der Praxis hat man es in der Tat häufiger mit Problemen zu tun, bei denen nicht immer Lösungen existieren. Deshalb kann die Nachbedingung auch nicht in allen Fällen erfüllt werden. Hier sind die offensichtlichsten Voraussetzungen unter *Vorbedingung* aufgeführt. Natürlich hätte man auch noch hinzufügen können: „Es existieren $P, M \in I\!N$ so, dass die Nachbedingung erfüllt ist." Damit hätte man allerdings auf unschöne Art Vor– und Nachbedingung miteinander verknüpft bzw. die Nachbedingung bereits vorweggenommen. Es gibt aber noch ein anderes Argument gegen die Aufnahme dieser Klausel in die Vorbedingung: Sie lässt sich erst überprüfen, wenn das Ergebnis ermittelt ist. Häufig verlangt man jedoch von Algorithmen (und Programmen), dass sie *robust* sind, d.h. die Einhaltung ihrer Vorbedingung selbst überprüfen, bevor sie mit der Rechnung beginnen.

Das Beispiel (Parkplatzproblem) ist so einfach, dass man ohne weitere Vorbereitung einen „Algorithmus" zu seiner Lösung angeben kann; es ist dies die bereits zuvor hergeleitete Auflösung des Gleichungssystems. Wenn man diese erst einmal hergeleitet hat, kann man auch einsehen, dass die Vorbedingung tatsächlich hinreichend für die Lösbarkeit des Gleichungssystems über $I\!N$ ist: Wenn die Zahl der Räder m gerade ist, dann ist auch $m - 2n$ gerade, so dass die Zahl der PKWs P in jedem Fall eine ganze Zahl wird. Die Bedingung $2n \leq m$ sorgt dafür, dass P nicht negativ wird, und die Bedingung $m \leq 4n$ dafür, dass der maximale Wert von P gleich n ist; dadurch werden negative Motorradzahlen vermieden. Insgesamt erhält man also:

Algorithmus (Parkplatzproblem): Eingabe: $m, n \in I\!N$ **Vorbedingung:** m gerade, $2n \leq m \leq 4n$ **Verfahren:** Berechne $P = \frac{m-2n}{2}$ **Ausgabe:** $P \in I\!N$ **Nachbedingung:** Es gibt $M \in I\!N$ mit

$$
\begin{aligned}
P + M &= n \\
4P + 2M &= m
\end{aligned}
$$

Bei obigen Spezifikationen ist bislang außer Acht geblieben, welche *Hilfsmittel* zur Problemlösung verwendet werden dürfen. In manchen Fällen besteht aber das größte Problem darin, mit eingeschränkten Hilfsmitteln auszukommen (Beispiel: geometrische Konstruktionen mit Zirkel und Lineal). In diesen Fällen gehört natürlich die Angabe der Hilfsmittel mit zur Spezifikation. Hier werden Hilfsmittel-Spezifikationen jedoch nicht betrachtet.

1.2.3 Algorithmen

Zunächst wird der Begriff des Algorithmus etwas präziser gefasst [17]:

Definition (Algorithmus): Ein Algorithmus ist eine Menge von Regeln für ein Verfahren, um aus gewissen *Eingabegrößen* bestimmte *Ausgabegrößen* herzuleiten, wobei die folgenden Bedingungen erfüllt sein müssen:

Finitheit der Beschreibung: Das vollständige Verfahren muss in einem endlichen Text beschrieben sein. Die elementaren Bestandteile der Beschreibung nennt man *Schritte*.

Effektivität: Jeder einzelne Schritt des Verfahrens muss tatsächlich ausführbar sein.

Terminiertheit: Das Verfahren kommt in endlich vielen Schritten zu einem Ende.

Determiniertheit: Der Ablauf des Verfahrens ist zu jedem Punkt eindeutig vorgeschrieben.

Um jedoch einen Algorithmus definieren zu können, muss das Problem genauestens spezifiziert werden. Es gibt verschiedene Methoden der Spezifikation einer komplexen Aufgabe:

Top-Down-Methode: Hier geht man von der Gesamtspezifikation aus und zerlegt das Gesamtproblem in Teilprobleme, die wiederum genau spezifiziert werden. Diese Teilprobleme werden wiederum in Teilprobleme zerlegt, bis eine weitere Zerlegung nicht mehr nötig oder sinnvoll ist.

Bottom-Up-Methode: Hier „kreiert" man Probleme, von denen man annimmt, dass sie zum Gesamtproblem beitragen und spezifiziert sie genau, wobei man nur auf der vorhandenen Funktionalität aufbaut. Die „Probleme" werden solange zusammengesetzt, bis das Gesamtproblem gelöst ist.

Middle-Out-Methode: Hier handelt es sich um eine Kombination der Top-Down- und der Bottom-Up-Methode. Diese Methode wird oft in der Praxis verwendet: Bei der Top-Down-Zerlegung entstehen oft Kernprobleme, deren Machbarkeit von zugrundeliegenden Lösungen abhängt, d.h. man benötigt auch Wissen über die zugrundeliegenden Mechanismen. Umgekehrt passiert es nur zu leicht, dass man bei der Bottom-Up-Methode die Gesamtlösung aus den Augen und sich selbst im Detail verliert. Man ist dann gezwungen teilweise auch von „oben nach unten" vorzugehen.

Erst nach der kompletten Spezifikation aller Teilprobleme erfolgt die Implementierung. Die Implementierung eines Teilproblems kann wiederum nach denselben Methoden erfolgen: Top-Down, Bottom-Up oder Middle-Out.

Um die Implementierung von Modulen und Teilproblemen auf mehrere Teams aufteilen zu können, sind genaue Schnittstellendefinitionen zu erstellen. Dabei wird festgelegt, welche Daten von den einzelnen Modulen benötigt, gehalten oder zur Verfügung gestellt werden.

Man sieht, dass in eine gute Spezifikation viel Arbeit und viel Zeit investiert werden muss.

1.2.4 Verifikation von Algorithmen

Vornehmstes Ziel der Algorithmenentwicklung ist es, einen *korrekten* Algorithmus herzuleiten, d.h. einen Algorithmus, bei dem die Einhaltung der Vorbedingung und die strikte Befolgung des Ausführungsverfahrens die Gültigkeit der Nachbedingung impliziert. In der Programmierwelt hat es sich eingebürgert, die „Korrektheit" eines Programmes durch *Testen* nachzuweisen. Hierbei wird einem Programm eine gewisse Auswahl möglichst charakteristischer oder repräsentativer Eingaben (*Testfälle* genannt) vorgelegt, und die Ausgaben des Programmes werden mit den laut Spezifikation erwarteten Ausgaben verglichen. Stimmen die Ausgaben des Programmes mit den erwarteten Ausgaben überein, so betrachtet man es als korrekt.

Leider hat es sich herausgestellt, dass häufig Programme, die bereits seit Jahren (scheinbar) fehlerfrei laufen, plötzlich unerwartet „abstürzen" oder fehlerhafte Resultate liefern. Die Ursache dafür ist meist, dass eine bestimmte Konfiguration in den Eingabedaten aufgetreten ist, die beim Algorithmenentwurf und bei der Auswahl der Testfälle nicht bedacht wurde. Professionelle Software-Entwickler lassen daher in der Regel die Testfälle von Personen auswählen, die mit der Algorithmenentwicklung selbst nichts zu tun hatten, um diese Fehlerquelle einzuschränken. Letzten Endes muss man sich jedoch der Erkenntnis stellen, dass nur ein sogenannter *erschöpfender Test* unter Vorlage *aller* möglichen Eingaben die Korrektheit eines Programmes nachweisen könnte. Da der Definitionsbereich der Programme in der Regel jedoch praktisch unendlich ist, ist ein solcher erschöpfender Test prinzipiell nicht möglich. Ein „Programmbeweis" durch Testen entspricht daher einem „Beweis durch Beispiel", der in der Mathematik zu Recht verpönt ist.

Regel vom Testen: Durch Testen kann man nur die *Anwesenheit* von Fehlern nachweisen, nicht aber deren *Abwesenheit*!

Kapitel 2

Grafische Darstellungsmittel

Die Entwicklung eines Programmes ist, abhängig von der Problemstellung, oft sehr komplex und kompliziert. Es sind daher umfangreiche Vorarbeiten erforderlich: Programmabläufe, Datenflüsse, zeitliche Abläufe, Kommunikationsmechanismen und -abläufe, Datenbeschreibungen und -zusammenhänge, sowie der hierarchische Aufbau von Daten und Programmen sind zu analysieren und festzulegen.

Für den Entwurf von Software-Projekten existiert eine Vielzahl von grafischen Darstellungsmitteln, die dem Entwickler helfen, Abfolgen und Zusammenhänge darzustellen und zu analysieren. Viele dieser Darstellungsmittel liegen auch als Software-Pakete vor, die aus der vom Entwickler eingegebenen Beschreibung den tatsächlichen Quelltext automatisch erzeugen, der nur noch kompiliert zu werden braucht. Komplexere Systeme, wie SDL (*Specification and Description Language*) umfassen hier sogar mehrere Hierarchieebenen unterschiedlicher Hilfsmittel, abstrakte Datenbeschreibung oder ein Dokumentationssystem. In diesem Abschnitt werden ausgewählte prominente grafische Hilfsmittel behandelt.

2.1 Struktogramme

Struktogramme (*engl. structure chart*) sind ein sehr bekanntes und beliebtes Hilfsmittel, sequenzielle Abläufe darzustellen. Sie wurden 1973 von Nassi und Shneiderman entwickelt und sind unter DIN 66261 genormt.

Struktogramme eignen sich vor allem zur Beschreibung in der strukturierten Programmierung, da für alle Grundelemente, wie Blöcke, Selektionen, Schleifen oder Funktionsaufrufe, eigene Symbole existieren. Struktogramme werden von oben nach unten gelesen. Aufeinanderfolgende Anweisungen werden untereinander geschrieben. Abbildung 2.1 zeigt die am häufigsten verwendeten Elemente. Einige dieser Elemente beinhalten mehrere Blöcke, wie beispielsweise die Alternative oder die Mehrfachauswahl.

Mit Struktogrammen werden also einzelne Programmschritte dargestellt. Die Abstraktion kann dabei sehr hoch – es wird nur der prinzipielle Ablauf eines Programmes gezeigt – sowie sehr gering sein, wenn jedes grafische Element einem Befehl der Programmiersprache entspricht. Dadurch können Programme bequem beispielsweise nach der *Top-Down-Methode* (siehe Abschnitt 1.2.3) entwickelt werden, indem immer genauere Struktogramme angefertigt werden.

Abbildung 2.2 zeigt ein Struktogramm für den Euklidischen Algorithmus zur Berechnung des größten gemeinsamen Teilers zweier natürlicher Zahlen (siehe Abschnitt 1.2.1).

Abbildung 2.3 zeigt ein Struktogramm zur Berechnung des Mittelwertes einer beliebigen Folge von Zahlen. Die Anzahl der Werte wird zu Beginn eingegeben. Ist die Anzahl kleiner oder gleich 0, wird nichts berechnet, sondern eine Fehlermeldung ausgegeben.

Der Vorteil von Struktogrammen ist, dass Programmabläufe sehr übersichtlich dargestellt werden können. Der grafische Aufwand kann durch den Einsatz von computerunterstützten Struktogramm-Genera-

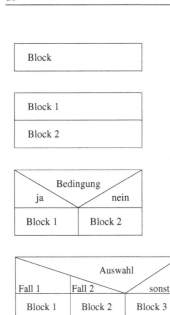

Anweisung:
In einem Block werden einzelne Anweisungen (siehe Kapitel 8) oder Schritte angegeben.

Folge (Sequenz):
Eine Folge von Anweisungen wird durch untereinander gereihte Blöcke dargestellt.

Alternative:
Die Bedingung wir überprüft. Ist sie korrekt, so wird Block 1 (Zweig *ja*) ansonsten Block 2 (Zweig *nein*) ausgeführt. (Siehe Abschnitt 9.1.)

Fallauswahl (Mehrfachauswahl):
Der Ausdruck *Auswahl* wird ausgewertet. Je nachdem welcher Fall zutrifft, wird in den entsprechenden Block verzweigt. Trifft keiner der angegeben Fälle zu, so wird der Alternativblock ausgeführt. (Siehe Abschnitt 9.2.)

Wiederholung (Schleife), vorprüfend:
Die Bedingung wird *vor* jedem Schleifendurchlauf überprüft. Der Block wird wiederholt, solange die Bedingung erfüllt ist. (Siehe Abschnitt 10.2.)

Wiederholung (Schleife), nachprüfend:
Die Bedingung wird *nach* jedem Schleifendurchlauf überprüft. Der Block wird wiederholt, solange die Bedingung erfüllt ist. (Siehe Abschnitt 10.3.)

Unterprogrammaufruf:
Es wird zu einem Unterprogramm verzweigt, das durch ein weiteres Struktogramm beschrieben ist. (Siehe Kapitel 11.)

Abbildung 2.1: Symbole von Struktogrammen

toren minimiert werden. Ein weiterer Vorteil ist, dass für die wichtigen Elemente strukturierter Programmiersprachen eigene Symbole existieren.

Der Nachteil von Struktogrammen ist, dass der Platz bei geschachtelten Konstrukten, beispielsweise ineinander geschachtelte Alternativen, für einzelne Blöcke seitlich sehr klein wird. Aber auch hier können Struktogramm-Generatoren – zumindest am Bildschirm – durch Aufklappen oder Vergrößern von Elementen Abhilfe schaffen.

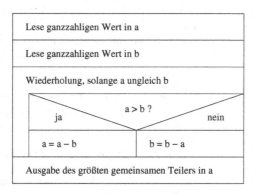

Abbildung 2.2: Struktogramm für den Euklidischen Algorithmus zur Berechnung des größten gemeinsamen Teilers zweier ganzer Zahlen

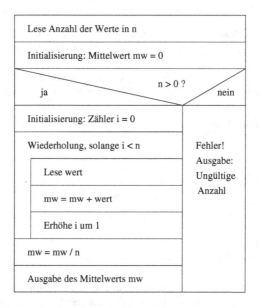

Abbildung 2.3: Struktogramm zur Berechnung des Mittelwertes einer Folge von Zahlen

2.2 Datenflussdiagramme

Datenflussdiagramme (*engl. data flow diagram* oder auch *bubble diagram*), 1979 von DeMarco und Yourdon entwickelt, sind eine der beliebtesten Hilfsmittel zur Modellierung von Datenflüssen. Daten-flussdiagramme geben eine Übersicht über Funktionen oder Prozesse. Dabei wird der Fluss der Daten und Zustände im System betrachtet. Was jedoch genau geschieht oder wie dies erreicht wird, ist neben-sächlich. Abbildung 2.4 zeigt die wichtigsten Symbole.

Schnittstellen sind vollkommen abstrahierte Objekte zu anderen Systemen. Diese können zum Projekt gehören oder auch nicht. So werden beispielsweise Eingaben über Bedienfelder, Tastatur oder Maus

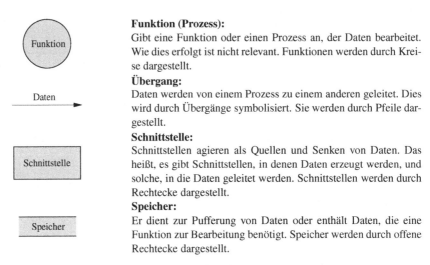

Funktion (Prozess):
Gibt eine Funktion oder einen Prozess an, der Daten bearbeitet. Wie dies erfolgt ist nicht relevant. Funktionen werden durch Kreise dargestellt.

Übergang:
Daten werden von einem Prozess zu einem anderen geleitet. Dies wird durch Übergänge symbolisiert. Sie werden durch Pfeile dargestellt.

Schnittstelle:
Schnittstellen agieren als Quellen und Senken von Daten. Das heißt, es gibt Schnittstellen, in denen Daten erzeugt werden, und solche, in die Daten geleitet werden. Schnittstellen werden durch Rechtecke dargestellt.

Speicher:
Er dient zur Pufferung von Daten oder enthält Daten, die eine Funktion zur Bearbeitung benötigt. Speicher werden durch offene Rechtecke dargestellt.

Abbildung 2.4: Symbole von Datenflussdiagrammen

sowie Ausgaben am Bildschirm oder Drucker abstrahiert – das Medium ist nicht wesentlich. Wichtig ist, von welchem System die Daten kommen bzw. an welches System sie gesandt werden. Schnittstellen sind nur einmal vorhanden.

Das Grundkonzept ist in Abbildung 2.5 dargestellt.

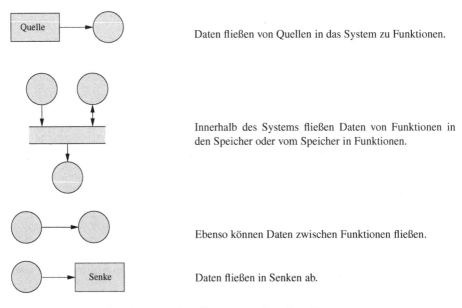

Daten fließen von Quellen in das System zu Funktionen.

Innerhalb des Systems fließen Daten von Funktionen in den Speicher oder vom Speicher in Funktionen.

Ebenso können Daten zwischen Funktionen fließen.

Daten fließen in Senken ab.

Abbildung 2.5: Grundkonzept von Datenflussdiagrammen

Datenströme zwischen Schnittstellen oder Speicher laufen immer über Funktionen. Erlaubte Mechanismen sind in Abbildung 2.6 dargestellt. Nicht erlaubte Mechanismen zeigt Abbildung 2.7.

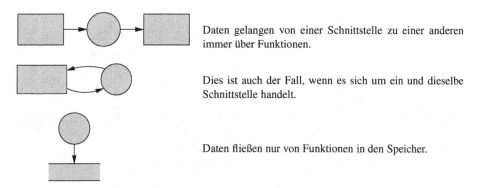

Daten gelangen von einer Schnittstelle zu einer anderen immer über Funktionen.

Dies ist auch der Fall, wenn es sich um ein und dieselbe Schnittstelle handelt.

Daten fließen nur von Funktionen in den Speicher.

Abbildung 2.6: Erlaubte Mechanismen

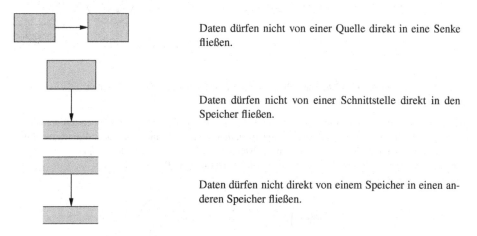

Daten dürfen nicht von einer Quelle direkt in eine Senke fließen.

Daten dürfen nicht von einer Schnittstelle direkt in den Speicher fließen.

Daten dürfen nicht direkt von einem Speicher in einen anderen Speicher fließen.

Abbildung 2.7: Nicht erlaubte Mechanismen

Datenflussdiagramme beschreiben keine Ablauffolgen und keine zeitlichen oder logischen Zusammenhänge. Das bedeutet aber auch:

- Durch welchen Mechanismus Funktionen genau ausgelöst werden, ist nicht bestimmt.

- Funktionen können auch parallel ablaufen.

- Welche Daten eine Funktion braucht, ist durch eingehende Übergänge nicht angegeben.

Abbildung 2.8 zeigt das Datenflussdiagramm für einen Fahrscheinautomaten. Dieser verfügt über ein Bedienfeld, einen Einwurf für Münzen und ein Ausgabefach. Diese werden aber durch das Element „Fahrgast" vollkommen abstrahiert. Er enthält weiters einen Münzbehälter, einen Fahrscheinvorrat und eine Preistabelle von Fahrscheinklassen.

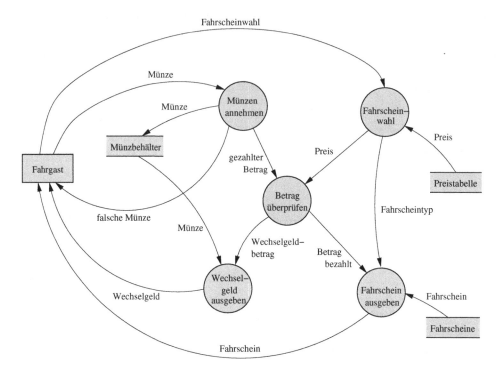

Abbildung 2.8: Datenflussdiagramm für einen Fahrscheinautomaten

Dieses Beispiel zeigt sehr deutlich, wie Daten durch das System „fließen". Interaktionen mit der Umwelt werden als *Datenquellen* und *Datensenken* (*Schnittstellen*) modelliert. Informationen, die sich im „Fluss" befinden, werden durch *Übergänge* angegeben. „Ruhende" Informationen werden in *Speichern* gepuffert, in diesem Beispiel der Münzbehälter, der Fahrscheinvorrat und die Preistabelle.

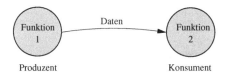

Abbildung 2.9: Übergang zwischen Funktionen

Den Übergang zwischen Funktionen beschreibt Abbildung 2.9. Die Funktion, die Daten erzeugt, wird *Produzent*, diejenige, die Daten erhält, *Konsument* genannt. Wesentlich in einem Datenflussdiagramm ist die Beziehung zwischen Produzent und Konsument von Daten. Dabei gilt:

- Es wird keine Aussage darüber gemacht, welche Funktion die andere aufruft. Dies ist für den Datenfluss unerheblich.

- Eine Funktion kann sowohl Produzent als auch Konsument sein.

- Funktionen haben einen oder mehrere Ein- und Ausgänge.

Für Datenflussdiagramme gelten die folgenden wesentlichen semantischen Regeln:

- Datenflussdiagramme beschreiben den Datenfluss und nicht den Kontrollfluss. Das bedeutet, es existieren beispielsweise keine Schleife oder Selektionen.

- Eine Schnittstelle bezeichnet beliebig viele Instanzen eines anderen Systems. Eine Ausnahme bilden mehrere Instanzen eines bestimmten Systems, die mit unterschiedlichen Datenflüssen mit dem System kommunizieren. Ein Beispiel sind Kunden, die unterschiedliche Anfragen stellen und daher mit je einer Schnittstelle modelliert werden müssen.

Die Vorteile von Datenflussdiagrammen sind, dass sie sehr einfach erstellt und gelesen werden können.

Die Nachteile sind, dass Datenflussdiagramme sehr schnell zu groß und zu unübersichtlich werden, dass die eigentlichen Daten nicht ausreichend beschrieben werden, und ein einheitliches Abstraktionsniveau für alle Daten und Funktionen schwer einzuhalten ist.

2.3   Programmablaufpläne

Programmablaufpläne werden auch Ablaufdiagramme, Flussdiagramme oder Blockdiagramme genannt und sind unter DIN 66001 genormt. Sie beschreiben den Ablauf eines Programmes mit Hilfe von definierten Symbolen. Die wichtigsten Symbole sind in Abbildung 2.10 dargestellt und erläutert.

Abbildung 2.11 zeigt einen Programmablaufplan für den Euklidischen Algorithmus zur Berechnung des größten gemeinsamen Teilers zweier natürlicher Zahlen (siehe Abschnitt 1.2.1).

Die Vorteile von Programmablaufplänen sind:

- Anweisungen und Algorithmen sind übersichtlich dargestellt und gut lesbar.

- Schrittweises Verfeinern von Programmablaufplänen ist möglich.

- Programmablaufpläne können hinsichtlich Terminierung und Korrektheit einfach überprüft werden.

- Schnittstellen sind darstellbar und erkennbar.

Nachteilig ist, dass für elementare Befehle, wie die Mehrfachauswahl, kein Symbol existiert. Die Schleife ist auf zwei Symbole aufgeteilt, wodurch geschachtelte Schleifen schwer zu erkennen sind. Durch Programmablaufpläne wird die strukturierte Programmierung, in der abgeschlossene Strukturen verwendet werden, jedoch nicht sichergestellt.

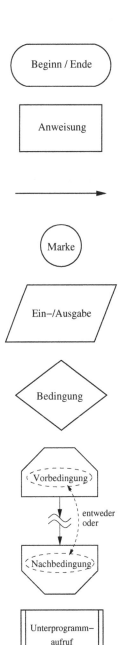

Grenzstelle:
Sie bezeichnet den Anfang und das Ende des Programmes.

Verarbeitung:
Dieses Symbol wird für allgemeine Operationen, wie Berechnungen oder Initialisierungen, verwendet.

Ablauflinie:
Mit einem Pfeil wird der Übergang zum nächsten Element symbolisiert. Die bevorzugten Richtungen sind von oben nach unten bzw. von links nach rechts.

Übergangsstellen:
Mit einer Übergangsstelle wird ein Programmablaufplan unterbrochen und an einer anderen Stelle fortgesetzt. Sie dienen dazu, komplexe Pläne auf mehrere Seiten verteilen zu können.

Eingabe, Ausgabe:
Eingaben und Ausgaben finden in diesem Symbol statt. Beispiele sind `Eingabe(anzahl)` oder `ergebnis`.

Verzweigung:
Das Symbol enthält eine Bedingung. Je nachdem ob die Bedingung erfüllt ist oder nicht, wird im entsprechenden Zweig fortgesetzt.

Wiederholung (Schleife), vorprüfend:
Eine Schleife wird mit einem Start- und einem Endsymbol begrenzt. Die Bedingung einer *vorprüfenden* Schleife wird *vor* jedem Schleifendurchlauf überprüft und im Startsymbol angegeben. Der Block wird wiederholt, solange die Bedingung erfüllt ist.

Wiederholung (Schleife), nachprüfend:
Die Bedingung einer *nachprüfenden* Schleife wird *nach* jedem Schleifendurchlauf überprüft und im Endsymbol angegeben. Der Block wird wiederholt, solange die Bedingung erfüllt ist.

Unterprogrammaufruf:
Es wird zu einem Unterprogramm verzweigt, das durch einen weiteren Programmablaufplan beschrieben ist.

Abbildung 2.10: ProgrammablaufpläneSymbole von Programmablaufplänen

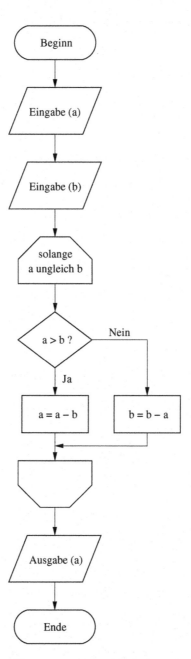

Abbildung 2.11: Programmablaufplan für den Euklidischen Algorithmus zur Berechnung des größten gemeinsamen Teilers zweier ganzer Zahlen

Kapitel 3

Die Entwicklungsumgebung

Heutzutage werden Software-Projekte in sogenannten *Entwicklungsumgebungen* erstellt. Sie umfassen alle notwendigen Werkzeuge und Methoden, um Software planen, entwickeln und verwalten zu können. Viele Entwicklungsumgebungen werden speziell für eine Programmiersprache oder für ein Betriebssystem angeboten. Andere sind allgemein gehalten und lassen sich auch an verschiedene Programmiersprachen anpassen. Auch der Funktionsumfang verschiedener Entwicklungsumgebungen variiert sehr stark.

Die Mindestausstattung einer Entwicklungsumgebung ist eine Projektverwaltung, eine Programmierumgebung (der Editor), ein Übersetzer und eine Testumgebung.

3.1 Projekte

Unter einem Projekt versteht man allgemein alle Vorgänge, wie Planung, Verwaltungsaufwand, Dokumentation, Versionskontrolle, Codierungs- und Testaufwand, um ein spezifiziertes Software-Produkt herzustellen.

Ein Projekt kann aus mehreren Unterprojekten bestehen oder von anderen abhängen. Ein Beispiel dafür ist die Entwicklung eines Programmes zur Auswertung von Aktienkursen verschiedener Börsen. Es werden hier ein Modul für den Datenaustausch mit den einzelnen Börsen, ein weiteres für statistische Auswertungen und andere Module für die Visualisierung oder Archivierung von Daten benötigt. Für Programme zur Steuerung von Fertigungsstraßen werden Module für den Datenaustausch, für die Kontrolle und Überwachung, Qualitätskontrolle, Visualisierung, Schutz- und Überwachungseinrichtungen, die zeitliche und mechanische Ablaufsteuerung, Logistik, aber auch Werkzeuge für die computerunterstützte Entwicklung der Ablaufplanung benötigt.

Projekte und ihre Unterprojekte müssen exakt spezifiziert sein. Da eine genaue Beschreibung aller Werkzeuge und deren Funktionalität bei weitem den Rahmen dieses Abschnittes sprengen würde, werden im Folgenden unter einem Projekt die Organisation aller Dateien verstanden, die für die Implementierung eines Programmes notwendig sind. Dazu gehört aber auch die Information darüber, wie aus den einzelnen Dateien letztendlich ein fertiges Programm gebildet wird.

Zu Beginn jeder Programmentwicklung wird zunächst ein Projekt erzeugt. Dabei wird ein Name für das Projekt vergeben und die Art des Projekts beschrieben. Die Programmdateien, die der Programmierer schreibt, werden nun innerhalb des Projekts abgelegt. Dabei muss aber auch festgelegt werden, welche externen Module (aus anderen Projekten) oder sogenannte *Bibliotheken* (Funktionssammlungen) von dem Programm benötigt werden und beim Binden (Abschnitt 3.4) des ausführbaren Programmes miteingebunden werden müssen.

Einige Entwicklungsumgebungen unterstützen die Programmentwicklung durch Analysewerkzeuge, die Programme nach gewissen Merkmalen, wie Programmierfehler, ausreichende Dokumentation oder aber schlechte Programmiermethoden untersuchen. Oft werden auch sogenannte `Debugger` mitgeliefert, die ein Beobachten des Programmablaufes in einzelnen Schritten erlauben. Andere Werkzeuge analysieren die Struktur des Programmes und stellen Informationen über das Programm grafisch dar, wodurch Informationen nicht nur schnell gefunden werden können, es erhöht auch die Übersichtlichkeit und Verständlichkeit der verwendeten Algorithmen und Datenstrukturen. Hilfesysteme wiederum geben Auskunft über die Bedienung der Entwicklungsumgebung, Befehle der Programmiersprache oder der Funktionalitäten der verwendeten Bibliotheken oder des zugrundeliegenden Betriebssystems. Viele Editoren sind bei der Codierung durch einfachste Syntaxanalyse oder schlicht durch geeignetes automatisches Formatieren und Einfärben von bekannten Befehlen der Programmiersprache behilflich.

3.2   Erstellen eines Projekts

Software-Projekte bestehen in der Regel aus einer Vielzahl von Dateien. Wichtig für die Übersetzung des Programmes zu einem lauffähigen Programm sind die folgenden Arten von Dateien:

Quelltextdateien: Sie enthalten den eigentlichen Quelltext. Jede Datei beschreibt in der sogenannten *modularen Programmierung* ein in sich abgeschlossenes Modul mit einer definierten Funktionalität. Von außen sind Module über sogenannte Schnittstellen zu bedienen. Das sind ausgewählte Funktionen des Moduls, die zur Steuerung verwendet werden.

Header-Dateien: Sie beinhalten in der Regel Bekanntmachungen (sogenannte *Deklarationen*), die der Compiler für die Übersetzung benötigt, und Informationen über den strukturellen Aufbau von neu definierten Datentypen. Header-Dateien werden zur Übersetzung von Quelltextdateien benötigt.

Der Inhalt von Quelltext- und Header-Dateien wird in den folgenden Kapiteln in Stufen eingehend behandelt. Bemerkenswert ist allerdings die Tatsache, dass, obwohl das Wissen um Programmiertechniken in den letzten Jahrzehnten explosionsartig angestiegen ist, die Programmiersprache C, aber auch interessanter Weise viele andere Programmiersprachen, die konzeptionelle Aufteilung des Quelltextes in nur diese zwei Arten von Dateien erfordert. Modernere Konzepte der Programmierung werden durch diese Aufteilung nicht unterstützt. So ist beispielsweise eine hierarchische Gliederung von Programmkomponenten nicht möglich. Ebensowenig wird eine automatische Dokumentation durch Dateien unterstützt.

Entwicklungsumgebungen nehmen dem Benutzer viel Verwaltungsaufwand ab. Der Programmierer muss das Projekt aber beschreiben und definieren. Dazu sind zumindest folgende Arbeiten notwendig:

- Ein Projektverzeichnis und ein Projektname sind festzulegen.

- Jene Quelltext- und Header-Dateien, die zu dem Projekt gehören (die Dateien, aus denen das Programm besteht) müssen in das Projekt aufgenommen werden. Durch Änderungen im Programm eventuell nicht mehr benötigte Dateien müssen wieder aus dem Projekt entfernt werden.

- Alle benötigten Bibliotheken (siehe Abschnitt 3.4), also fertige, lauffähige Module, die eine Teilfunktionalität enthalten, sind anzugeben.

- Compiler- und Link-Optionen sind festzulegen (siehe Abschnitt 3.5).

Entwicklungsumgebungen erzeugen in der Regel selbständig sogenannte *Makefiles*, also Dateien, in denen die Übersetzungsabfolge beschrieben ist. Diese Dateien sorgen für den korrekten Ablauf der

Übersetzung und werden aus der, vom Programmierer angegeben Beschreibung des Projekts, automatisch erzeugt und sollten nicht direkt verändert werden. Während des Übersetzungsvorgangs (siehe Abschnitt 3.4) werden zusätzliche Dateien erzeugt, die im Projektverzeichnis abgelegt werden. Bei diesen Dateien handelt es sich um sogenannte Objektdateien, die in Abschnitt 3.4 behandelt werden. Darüber hinaus werden aber auch Dateien abhängig von der Entwicklungsumgebung abgelegt, die Informationen über das Projekt enthalten.

Eine Schwierigkeit in der Programmentwicklung ist es, Programme in sogenannte *Module* zu unterteilen. Die Aufteilung hat natürlich schon in der Entwurfsphase (siehe Abschnitt 1.1) zu erfolgen. Diese Teilung ist notwendig, um

- logisch zusammengehörige Funktionalität und Programmteile zu kapseln, die durch Schnittstellenfunktionen von anderen Modulen aus bedient werden können.

- die Aufteilung eines Projekts auf Teams zu ermöglichen.

- die Übersichtlichkeit zu erhöhen.

- die durchschnittlichen Übersetzungszeiten zum Erstellen eines ausführbaren Programmes zu minimieren. Mit Hilfe der oben erwähnten Makefiles brauchen nur jene Module übersetzt werden, die seit dem letzten Übersetzungsvorgang verändert worden sind, und nicht das gesamte Projekt.

Eine genauere Beschreibung der Quelltext- und Header-Dateien finden Sie in Kapitel 4.

3.3   Compiler oder Interpreter?

Der Prozessor eines Computers hat seine „eigene" Sprache, die sogenannte Maschinensprache. Sämtliche Anweisungen, wie „addiere zwei Zahlen" oder „lade einen Wert aus dem Speicher", sind als Zahlencodes implementiert, die der Prozessor leicht verarbeiten kann. Um eine höhere Programmiersprache, wie C, die wesentlich mächtigere Befehle als die Maschinensprache anbietet, ausführen zu können, ist ein Übersetzer notwendig. Es gibt zwei Arten von Übersetzern: Compiler und Interpreter.

C wird bei der Übersetzung meistens *kompiliert*. Das bedeutet, dass zur Übersetzung des Programmtextes – dem sogenannten „Quellcode" (*engl. source code*) – ein sogenannter *Compiler* verwendet wird. Es existieren aber auch eine Reihe von sogenannten *Interpretern*, die in C jedoch eher selten zum Einsatz kommen. Für andere Sprachen, wie beispielsweise Java oder Basic werden *Interpreter* hingegen eher häufig verwendet[1]. Wo liegt denn nun genau der Unterschied?

Dies sei an einem Beispiel erklärt: Eine Rede über ein bestimmtes Thema liegt in deutscher Sprache vor. Um dieselbe Rede in englischer Sprache zu halten, gibt es nun zwei Möglichkeiten: Die erste Möglichkeit besteht darin, den gesamten Text zunächst in die englische Sprache zu übersetzen und für die englische Sprache zu „optimieren". Um die Rede vor englischsprachigem Publikum zu halten, verwendet man nur noch die englische Version – sie braucht nur noch vorgelesen zu werden. Die „Ausführung" erfolgt dadurch schnell. Der Nachteil dieser Variante ist, dass zwei Versionen der Rede existieren müssen. Daraus resultiert, dass der Text erneut übersetzt werden muss, sobald der deutsche Originaltext verändert wird.

Die zweite Möglichkeit besteht darin, den Text in deutscher Sprache zu belassen und während der Rede jedes Wort bzw. jeden Satz anhand eines Wörterbuches und eines Phrasenlexikons in die englische Sprache zu übertragen. Ist ein Satz übersetzt, wird er ausgesprochen. Dann setzt die Übersetzung mit dem nächsten Satz fort. Der Vorteil dieser Variante ist: Der Text kann jederzeit geändert werden, ohne dass der ganze Text oder ganze Passagen neu übersetzt werden müssen. Sobald die Rede beginnt, wird der

---

[1]Es gibt aber auch Compiler für diese Sprachen.

Text genau wie zuvor Satz für Satz übersetzt und ausgesprochen. Der Nachteil ist, dass die „Sprechge-schwindigkeit" langsamer ist, da die Übersetzung der Sätze während der Rede erfolgt.

Die erste Variante nennt man Compiler, die zweite Interpreter. Mit einem Compiler wird das gesamte Programm in Maschinensprache umgewandelt. Das Programm liegt anschließend als ausführbares Maschinenprogramm vor. Ein Interpreter benötigt hingegen die Quelltextdateien bei der Ausführung. Um aber hier schnellere Ausführungszeiten zu erreichen, wird der Programmtext oft als *Bytecode* vorkompiliert, wodurch nur noch Codes anstatt Text interpretiert werden müssen.

3.4 Übersetzen von Programmen

Um vom Programmtext – dem sogenannten „Quellcode" (*engl. source code*) – zum fertigen ausführbaren Programm zu gelangen, sind einige Schritte notwendig, wie in Abbildung 3.1 gezeigt.

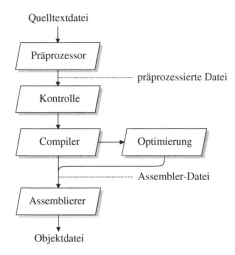

Abbildung 3.1: Der Übersetzungsvorgang

Entwicklungsumgebungen verbergen diesen Ablauf teilweise. Andere wiederum erfordern ein grundlegendes Wissen über den Übersetzungsvorgang. Da jedoch für die Programmierung in C ein Wissen über den prinzipiellen Ablauf des Übersetzungsvorgangs generell vorteilhaft ist (es wird in späteren Kapitel darauf zurückgekommen), sei er hier kurz erklärt.

Ein Projekt kann, wie im Abschnitt 3.1 erläutert, aus mehreren Quelltextdateien bestehen. Wird der Übersetzungsvorgang gestartet, muss für jede Quelltextdatei die gesamte Sequenz aus Abbildung 3.1 durchlaufen werden. Die punktierten Linien bezeichnen Positionen innerhalb der Sequenz, für die der Ablauf abgebrochen und eine entsprechende Ausgabedatei geschrieben werden kann.

Der Präprozessor ist ein simpler Textersetzer, der zu Beginn der Sequenz gestartet wird. Er durchsucht den Quelltext nach Anweisungen, die für ihn bestimmt sind – sogenannten Präprozessoranweisungen – und führt diese Befehle im Text aus. Der Text wird durch den Präprozessor also modifiziert, bevor er zum Compiler weitergereicht wird. Präprozessoranweisungen werden in Kapitel 3.7 erklärt.

Im Anschluss daran findet eine Syntaxüberprüfung statt. Es wird überprüft, ob der Text den formalen Regeln der Programmiersprache C folgt. Der Quelltext wird auch nach – allerdings einfachen – häufigen Fehlern untersucht.

Erst danach wird der eigentliche Compiler gestartet und die C-Befehle in *Assemblersprache* übersetzt. Die Assemblersprache ist ein textuelles Pendant zur Maschinensprache: Jedem Maschinencode ist ein Name zugeordnet. Durch diesen Zwischenschritt ist es möglich, verschiedene Assemblierer (die nachfolgende Stufe) zu verwenden. Mit einer Option an den Compiler kann die Sequenz hier unterbrochen und eine Textdatei in Assemblerformat geschrieben werden.

Zuletzt wird das Programm durch den Assemblierer *assembliert*, das heißt in Maschinensprache umgewandelt. Der Assemblierer schreibt die sogenannte Objektdatei, die in Maschinensprache übersetzte Quelltextdatei.

Zwischen dem Compiler und dem Assemblierer kann noch ein Optimierungsschritt eingefügt werden. Der Optimierer optimiert den Assemblercode nach ihm bekannten Richtlinien. Es gibt verschiedene Arten der Optimierung: Optimierung nach Laufzeit (d.h. nach Geschwindigkeit), bzw. nach der Codegröße. Der Optimierer nimmt also Änderungen im Assemblercode vor. Es gibt Optimierer für verschiedenste Prozessortypen. Dabei wird der Befehlsverknüpfung (*engl. pipelining*) des jeweiligen Prozessors Rechnung getragen, wobei die Befehle nach Möglichkeit so umsortiert werden, dass die Ausführung des Programmes beschleunigt wird ohne die Programmlogik zu verändern.

Da ein Projekt im Allgemeinen aus mehreren Quelltextdateien besteht, muss der gesamte Vorgang für jede Datei durchlaufen werden. Für jede Quelltextdatei wird also eine Objektdatei erzeugt.

Um zum ausführbaren Programm zu gelangen müssen alle Objektdateien, die je ein Modul des Gesamtprogrammes darstellen, kombiniert werden. Wird im Programm auch eine spezielle Funktionalität aus Bibliotheken verwendet, wie beispielsweise mathematische Funktionen oder grafische Ausgaben, so müssen die entsprechenden Bibliotheken ebenfalls in das Programm gebunden werden. Diese Aufgabe übernimmt der sogenannte *Linker* (*zu deutsch: Binder*). Er fügt alle Objektdateien und Bibliotheken zu einem ausführbaren Programm zusammen (siehe Abbildung 3.2).

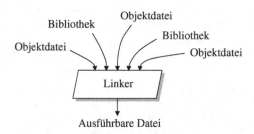

Abbildung 3.2: Der Linkvorgang

Gibt man auf Unix-Systemen keinen Namen für das fertige ausführbare Programm an, so heißt das Programm a.out. Der Name a.out ist aus historischen Gründen noch vorhanden und steht für *Assembler Output* – also Assemblierer Ausgabe. Er sollte aber, wie man aus Abbildung 3.2 ersieht, eigentlich *Linker Output* heißen.

Bibliotheken enthalten Sammlungen von Funktionen. Der Vorteil von Bibliotheken ist, dass die Funktionalität einer Bibliothek auch in anderen Programmen wieder verwendet werden kann, und dass daher der Entwicklungsaufwand für diese Funktionen entfällt. Heutzutage gibt es eine unüberschaubar hohe Anzahl an Bibliotheken. Manche sind projektspezifisch, manche sogar standardisiert, manche sind frei verfügbar, andere nur firmenintern oder gegen Gebühr erhältlich. Es gibt Bibliotheken, die Funktionen zur Datenübertragung, grafischen Darstellung von Objekten, mathematische Funktionen oder Kommunikation mit einer zugrundeliegenden Hardware-Komponente zur Verfügung stellen und vieles mehr. In den folgenden Kapiteln wird nur die Mathematik-Bibliothek m und die Standard-C-Bibliothek c verwendet.

Noch ein paar abschließende Worte zum Begriff *Kompilieren*: Manchmal wird unter Kompilieren nur der dritte Schritt in der Sequenz aus Abbildung 3.1 verstanden. Manchmal ist auch die gesamte Sequenz aus Abbildung 3.1 gemeint. Leider wird auch oft der gesamte Übersetzungsvorgang inklusive dem Linkvorgang als Kompilieren bezeichnet. Was genau gemeint ist, geht dann nur aus dem jeweiligen Kontext hervor.

3.5 Compiler-Optionen

Übliche Compiler haben in der Regel eine wahre Flut an Optionen. Einige wichtige sind aber meist gleich und sollen hier kurz erläutert werden. Entwicklungsumgebungen verwalten verschiedene Einstellungen für Compiler-Optionen. Diese lassen sich oft übersichtlich und bequem angeben. Wird der Compiler direkt aufgerufen, werden die Optionen hinter dem Compiler-Namen angegeben. Ein Beispiel:

```
cc -o programm io.c db.c
```

Der Standard-C-Compiler heißt auf vielen Systemen `cc` (eine Abkürzung für C-Compiler). Der Compiler `cc` ruft automatisch zuerst den Präprozessor auf, dann den Compiler selbst, den Optimierer, den Assemblierer und schließlich den Linker – er führt also den gesamten Übersetzungs- und Linkvorgang durch. Mit der Option `-o` wird der Name des ausführbaren Programmes festgelegt (hier `programm`). Im Anschluss daran folgen die Namen der Dateien, aus denen das Projekt besteht (`io.c` und `db.c`).

Um mit einem sogenannten *Debugger* – einem Werkzeug zum Aufspüren von Fehlern in einem kompilierten Programm – arbeiten zu können, muss zusätzlich die Option `-g` angegeben werden. Die meisten Compiler bieten im Zusammenhang mit Debuggern aber viele weitere Optionen an.

Soll ein Programm optimiert übersetzt werden, ist die Option `-O` anzugeben. Meist existieren aber noch viele weitere Optionen für diverse Einstellungsmöglichkeiten des Optimierers. Viele Compiler unterstützen das gleichzeitige Übersetzen mit den Optionen `-O` und `-g` nicht.

Um Bibliotheken zum Programm zu linken, ist deren Name an die Option `-l` anzuhängen. Auf Unix-Systemen beginnen die Namen von Bibliotheken mit `lib` und enden auf `.a` oder `.so`. Die Mathematikbibliothek beispielsweise heißt `libm.a` bzw. `libm.so`. Das führende `lib` und die Endung ist aber bei der Option `-l` wegzulassen! Die Mathematikbibliothek beispielsweise wird mit der Option `-lm` hinzugelinkt.

```
cc -o calc calc.c -lm
```

Die mit jedem C-Compiler mitgelieferte Standard-Bibliothek `c` braucht nicht explizit hinzugelinkt werden. Dies wird automatisch durchgeführt.

Um die Funktionalität einer Bibliothek verwenden zu können, sind zwei Dinge notwendig: Die Bibliothek selbst und die zugehörigen sogenannten *Header-Dateien*, die Beschreibungen und Bekanntmachungen enthalten (siehe Abschnitt 4.5.2), die vom Compiler benötigt werden. Die Header-Dateien werden mit dem Befehl `#include` in den Quelltext eingebunden (siehe Abschnitt 4.5.2 und Abschnitt 3.7.1). Leider tragen die Header-Dateien meist nicht denselben Namen wie die Bibliothek selbst. Man findet sie daher nur über Hilfesysteme der Entwicklungsumgebung, des Betriebssystems, des Compilers oder der Dokumentation der Bibliothek selbst. Eine Übersicht der in den folgenden Kapiteln verwendeten Bibliotheken gibt Tabelle 3.1.

Bibliothek	Compiler-Option	Header-Dateien
`libc.a` oder `libc.so`	wird automatisch gelinkt	`assert.h`
		`ctype.h`
		`errno.h`
		`error.h`
		`float.h`
		`signal.h`
		`stdio.h`
		`stdlib.h`
		`string.h`
`libm.a` oder `libm.so`	-lm	`math.h`

Tabelle 3.1: Bibliotheken und wichtige zugehörige Header-Dateien

3.6 Beheben von Fehlern

Leider unterlaufen jedem Programmierer auch Fehler. Syntaktische Fehler bei Nichteinhaltung der C-Formalismen zeigt schon der Compiler auf und sind schnell behoben. Schlimmer sind versteckte Mängel: Fehler, die nur bei gewissen Konstellationen von Daten auftreten, oder Fehler, die aus diversen anderen Gründen nur manchmal auftreten; sie sind oft sehr schwer zu finden. Daher ein Tipp:

Schreiben Sie für jede Funktion, die Sie implementieren, ein Testprogramm. Testen Sie Ihre Programme auch mit ungewöhnlichen, aber erlaubten Daten. Testen Sie Ihre Programme für ungültige Daten.

Wenn man ein Programm schreibt, ist es empfehlenswert, in Schritten zur Lösung zu gehen, den Algorithmus, wo nur möglich, in Schritten zu implementieren und jeden Schritt einzeln ausgiebig zu testen. Auf diese Weise werden sogar komplexe Fehler leichter erkannt und behoben. Viele Beispiele in den folgenden Kapitel werden zur Erläuterung dieser Methodik in Schritten implementiert.

Zum Testen hat es sich bewährt, in der Testphase Informationen über den Programmverlauf zur besseren Kontrolle am Bildschirm auszugeben. Diese Informationen können Aufschluss darüber geben, ob eine bestimmte Programmstelle überhaupt erreicht wurde, welchen Zustand innere Größen haben, oder in welcher Reihenfolge Ereignisse eintreten oder Abläufe behandelt werden.

Auf übliche Programmierfehler wird in den folgenden Kapiteln immer wieder hingewiesen.

3.7 Der Präprozessor

Jeder C-Compiler oder C-Interpreter ist mit einem sogenannten Präprozessor, einem simplen Textersetzer, ausgestattet. Er ist ein nützliches Werkzeug, das – für den Programmierer meist unsichtbar – vor dem eigentlichen Übersetzungsvorgang durch den Compiler automatisch aufgerufen wird. Es werden dabei Modifikationen im Programmtext vorgenommen[2], bevor der eigentliche Übersetzungsvorgang stattfindet. Der so modifizierte Code wird anschließend an die folgende Stufe – den Compiler – weitergereicht (siehe Abschnitt 3.4). Texte können eingefügt, ersetzt, verändert oder ausgeschnitten werden. Der Präprozessor entfernt auch alle Kommentare aus dem Programm.

---

[2]Der Präprozessor liest die Quelltextdateien, modifiziert den Text und sendet diesen an den Compiler weiter. Die Quelltextdateien als Original werden dabei natürlich nicht geändert.

Sämtliche Präprozessoranweisungen (*Präprozessordirektiven*) beginnen mit dem Symbol #. Der Präprozessor durchsucht den Programmtext nach diesen Anweisungen und führt sie im Text aus – die Anweisungen selbst werden natürlich aus dem Text entfernt. Präprozessoranweisungen sind keine C-Anweisungen und gehören im eigentlichen Sinne somit auch nicht zum C-Sprachumfang. Dennoch ist der Präprozessor aus C nicht wegzudenken.

Wie leicht vorstellbar ist, kann ein Programmtext durch einen Textersetzer auch sehr verstümmelt werden, da er weder die Syntax noch die Semantik von C berücksichtigt. Er fügt je nach Anweisung Text ein, schneidet Text aus, führt aber keinerlei Überprüfungen durch. Präprozessoranweisungen sind daher mit Vorsicht anzuwenden. Im Folgenden werden einige ausgewählte Anweisungen besprochen, deren Einsatz in dieser Form zu empfehlen ist.

3.7.1 Die `#include` – Anweisung

Die Präprozessoranweisung `#include` dient dazu, Header-Dateien in den Programmtext einzufügen. Diese enthalten Bekanntmachungen von Befehlen oder Konstrukten, die im späteren Programmtext benötigt werden. Diese sogenannten Deklarationen (etwa von Funktionen) sind notwendig in C und werden in den jeweiligen Kapiteln erklärt.

Standard-Header-Dateien werden mit der Anweisung

```
#include <header-datei>
```

inkludiert. Einige dieser Standard-Header-Dateien sind in Abschnitt 3.5 aufgelistet. Die spitzen Klammern bedeuten, dass die angegebene Header-Datei mit dem C-Compiler mitgeliefert wird und daher im Standard-Installationsverzeichnis des C-Compilers zu finden ist. Es ist daher keine weitere Pfadangabe notwendig, es sei denn, die gesuchte Datei liegt in einem Unterverzeichnis. Wo dieses Installationsverzeichnis tatsächlich zu finden ist, ist vom Compiler aber auch vom Betriebssystem abhängig. In Unix-Systemen ist dies meist das Verzeichnis `"/usr/include"`, in Windows-Systemen liegt es meist innerhalb des Installationspfades des Compilers.

Mit der Anweisung

```
#include <stdio.h>
```

wird die Standard-Header-Datei `stdio.h` und somit auch beispielsweise die Deklaration der Standardausgabefunktion `printf` an der Stelle der `#include`-Anweisung in den Programmtext eingefügt. Will man eine Funktion verwenden, ist es also nicht nur notwendig zu wissen, in welcher Objektdatei bzw. Bibliothek (hier die Standard-Bibliothek) die Funktion steht, es wird auch die zugehörige Header-Datei benötigt. Doch dazu später mehr.

Mit der obigen `#include`-Anweisung wird die Standard-Header-Datei `stdio.h` geladen. Nicht alle Header-Dateien befinden sich im Standard-Installationsverzeichnis. Header-Dateien, die vom Hersteller zu Bibliotheken mitgeliefert werden, stehen beispielsweise oft im Installationsverzeichnis dieser Software. Es sei hier auf die Dokumentation der verwendeten Bibliothek verwiesen. Selbst definierte Header-Dateien stehen oft im Projektverzeichnis selbst oder in einem Unterverzeichnis. Diese Header-Dateien werden mit der folgenden Anweisung eingebunden, wobei der Dateiname, der relativ zum Projektverzeichnis angegeben werden muss, in Anführungszeichen zu setzen ist:

```
#include "header-datei"
```

Stehen in einer inkludierten Header-Datei weitere `#include`-Anweisungen, was bei Standard-Header-Dateien meist der Fall ist, so werden dadurch auch die dort angegebenen Header-Dateien geladen.

Header-Dateien enthalten in der Regel nicht nur Funktionsdeklarationen. Sie können auch Typdefinitionen (siehe Kapitel 16) oder weitere Präprozessoranweisungen enthalten.

3.7.2 Die `#define` – Anweisung

Mit der Anweisung `#define` werden sogenannte Präprozessorkonstanten definiert. Ein Beispiel:

```
#define HALLO "Hallo Welt!"
#define NUM   100
```

Der Präprozessor wird durch diese Direktiven angewiesen, sämtliche Vorkommnisse von `HALLO` durch den Text `"Hallo Welt!"` zu ersetzen. Ebenso werden alle Vorkommnisse von `NUM` im Programmtext durch `100` ersetzt.

Es sei nochmals darauf verwiesen, dass der Textersetzer keinerlei syntaktische Überprüfungen durchführt und den angegebenen Text unabhängig von der syntaktischen Korrektheit im Programmtext einfügt.

Präprozessorkonstanten werden im Programmtext eingesetzt, um Werte, die häufig auftreten, an einer Stelle zusammenzufassen. Dieses Vorgehen erhöht die Übersichtlichkeit und Wartbarkeit des Quelltextes erheblich! Sollen die Werte geändert werden, braucht bloß die `#define` Direktive angepasst zu werden. Ein Anwendungsbeispiel ist in Kapitel 13 gezeigt.

Es ist empfohlen, die folgenden Abschnitte vorerst nur oberflächlich zu lesen und erst bei Bedarf näher zu Studieren, da ihre Anwendung mit dem bisher gezeigten Wissen über C noch nicht geübt werden kann.

3.7.3 Makros

Der Präprozessor erlaubt mit Hilfe der Anweisung `#define` auch das Definieren von sogenannten Makros (*engl. macros*). Dem Namen der Präprozessorkonstanten folgt dabei unmittelbar eine in Klammern eingeschlossene Liste von Parameternamen, die durch Kommata getrennt sind.

Im Folgenden wird das Makro `ERRLOG` mit dem Parameter `text` definiert:

```
#define ERRLOG(text)  fprintf(stderr, text)
```

 Auch wenn der Aufruf von Makros dem von Funktionen ähnelt, sei besonders darauf hingewiesen, dass Makros keine Funktionen sind! Mit Hilfe von Makros werden durch den Präprozessor lediglich Textersetzungen durchgeführt! Es findet daher weder ein Funktionsaufruf noch ein Rücksprung aus einer Funktion statt. Es werden auch keinerlei Typüberprüfungen für die Parameter durchgeführt!

Ein typischer Aufruf des oben definierten Makros könnte so aussehen:

```
ERRLOG("Fehler in der Eingabe!");
```

Der Präprozessor erzeugt aus dieser Zeile den Quelltext

```
fprintf(stderr, "Fehler in der Eingabe!");
```

der die Ausgabe der Fehlermeldung bewirkt.

 Zwischen dem Namen des Makros und der öffnenden Klammer darf kein Abstand eingefügt werden, da die Parameter sonst nicht als solche erkannt werden!

```
// Fehler! Dies ist kein Makro:
#define ERRLOG (text)  fprintf(stderr, text)
```

Hier wurde irrtümlich ein Abstand zwischen Namen und öffnender Klammer eingefügt. Der Präprozessor erkennt diese Anweisung nun nicht als Makro. Vielmehr wird jedes Vorkommnis von ERRLOG durch den Text „(text) fprintf(stderr, text)" ersetzt, was nicht den gewünschten Effekt erzielt.

 Besondere Vorsicht ist bei der Verwendung der Parameter innerhalb der Makrodefinition geboten! Auf Grund der unterschiedlichen Prioritäten von Operatoren können ungewünschte Seiteneffekte entstehen. In Zweifelsfällen sind Parameter in der Definition zu klammern!

```
// Falsche Makrodefinition: Parameter nicht geklammert!
#define PRODUKT(a,b) a*b
```

Ein Makro dieser Art ist nicht sinnvoll. Es ist hier nur zur Demonstration gewählt. Auf den ersten Blick sieht die obige Definition korrekt aus. Fehler können jedoch bei seiner Verwendung entstehen:

```
long a = PRODUKT(1+2,3+4);
```

Der Präprozessor erzeugt aus dieser Zeile den Quelltext

```
long a = 1+2*3+4;
```

Das Ergebnis der Rechnung ist 11 und nicht, wie erwartet, 21. Der Präprozessor ist ein schlichter Textersetzer, der keine Kenntnis von den Prioritäten der Operatoren hat! Durch Klammerung werden derartige Fehler vermieden:

```
// Richtig:
#define PRODUKT(a,b) ((a)*(b))
```

Der Präprozessor erzeugt nun den gewünschten Quelltext:

```
long a = ((1+2)*(3+4));
```

Zwei sehr nützliche und häufig eingesetzte Makros sind MIN und MAX, die wie folgt definiert werden:

```
#define MIN(a, b)    ((a) < (b) ? (a) : (b))
#define MAX(a, b)    ((a) > (b) ? (a) : (b))
```

Beachten Sie den häufigen Einsatz von Klammern in diesen Definitionen, die Fehler, wie oben beschrieben, vermeiden sollen. Da der Operator ? : verwendet wurde (siehe Abschnitt 8.3.6), enthalten die Makros reguläre Ausdrücke. Sie berechnen das Minimum bzw. das Maximum zweier Werte. Diese Makros sind ähnlich zu verwenden wie Funktionen (siehe Abschnitt 11).

Ein Makro zur Bestimmung des Betrages einer Zahl wird wie folgt definiert:

```
#define ABS(x)        ((x) < 0 ? (-(x)) : (x))
```

 Bitte beachten Sie, dass die Ausdrücke in Makrodefinitionen nicht mit einem Semikolon abgeschlossen wurden, wie es sonst in C üblich ist! Kommt ein Semikolon in einer Makrodefinition vor, so wird es auch bei jedem Aufruf des Makros eingesetzt (zur Erinnerung: der Präprozessor ist ein Textersetzer!). Semikolons innerhalb der Makrodefinition führen oft zu Fehlern.

Aus den Zeilen

```
#define ABS_FALSCH(x)  ((x) < 0 ? (-(x)) : (x)); // Falsch: ';' am Ende
long a, b, n;
// ...
b = ABS_FALSCH(a) / n;
```

erzeugt der Präprozessor den Quelltext

```
b = ((a) < 0 ? (-(a)) : (a)); / n;
```

Innerhalb des Ausdruckes steht ein Semikolon, was nicht korrekt ist und zu einem Fehler führt.

 Der Präprozessor führt keine Syntaxüberprüfung innerhalb einer Makrodefinition durch! Syntaktische Fehler in Makros werden bei ihrer Verwendung in den Quelltext miteingesetzt. Bei der Übersetzung durch den Compiler werden die Fehler also erst im Quelltext erkannt, wobei der Compiler die Zeilennummer jener Zeile ausgibt, in der das Makro aufgerufen wurde!

3.7.4 Vordefinierte Präprozessorkonstanten

Der Präprozessor unterstützt eine Reihe von vordefinierten Konstanten, von denen zwei besprochen werden sollen, die sehr häufig eingesetzt werden: __FILE__ ist der Name, __LINE__ die laufende Zeile der Quelltextdatei.

Um Programme besser testen zu können, ist es hilfreich zusätzliche Informationen mit printf über die inneren Zustände des Programmes auszugeben. Diese Zustände können Variablen sein, deren Werte im Testfall interessant sind, aber auch Informationen darüber, wo denn eigentlich genau im Programm die Werte ermittelt werden.

Ein Beispiel:

```
// ...
printf("file %s, line %d: wert: %ld\n", __FILE__, __LINE__, wert);
// ...
```

```
printf("file %s, line %d: wert: %ld\n", __FILE__, __LINE__, wert);
// ...
printf("file %s, line %d: wert: %ld\n", __FILE__, __LINE__, wert);
// ...
```

An drei verschiedenen Stellen wird der Inhalt der Variablen wert ausgegeben. Wo genau die Ausgabe
erfolgt ist, ist durch die Präprozessorkonstanten angegeben.

3.7.5   Die #if – Anweisung

Zum Ein- und Ausblenden von Textpassagen wird die #if-Anweisung verwendet. Sie wird mit der
Direktive #endif abgeschlossen. Im folgenden Beispiel wird ein Teil des Programmes ausgeblendet:

```
#if 0
// Programmtext
// ...
#endif
```

Um den Text wieder einzublenden, muss die 0 gegen eine andere Zahl ungleich 0 ausgetauscht werden:

```
#if 1
// Programmtext
// ...
#endif
```

Mit Hilfe der Direktive #else werden alternative Programmteile ein- bzw. ausgeblendet. Im folgenden
Beispiel wird der erste Programmteil ein-, der zweite ausgeblendet. Durch das Ändern der 1 auf 0 dreht
sich das Verhalten um.

```
#if 1
// Programmtext 1
// ...
#else
// Programmtext 2
// ...
#endif
```

Die Anweisungsfolge #if – #else – #endif wird gerne verwendet. Beispielsweise benutzt man
folgendes Konstrukt, um (vom Programmierer zusätzlich eingefügte) Ausgaben zur Fehlersuche ein-
bzw. auszublenden:

```
#define DEBUG 0

// ...
// ...

#if DEBUG
printf("wert              = %ld\n", wert);
printf("Schleifenzähler i = %ld\n", i);
#endif
// ...
```

Wird die Präprozessorkonstante DEBUG auf 1 gesetzt[3], so wird der Programmtext innerhalb der Sequenz #if – #endif eingeblendet. Dadurch werden zusätzliche Informationen über innere Zustände – hier Variablen – ausgegeben. Soll das Programm regulär übersetzt werden, wird DEBUG wieder auf 0 gesetzt.

Häufig wird die Sequenz #if – #else – #endif eingesetzt, um Demoversionen eines Programmes zu erzeugen. Demo-Versionen „zeichnen" sich meist durch eine geringere Funktionalität aus, beispielsweise können die erstellten Daten nicht gespeichert werden.

```
#define DEMO 0

// ...

void Speichern(char *filename)
{
#if ! DEMO
    // ...
#endif
} // end Speichern

// ...
```

Wird die Präprozessorkonstante DEMO auf 1 gesetzt, wird der gesamte Programmtext innerhalb der Funktion Speichern ausgeblendet – die Funktion ist leer.

3.7.6 Die Anweisungen #ifdef und #ifndef

Mit der Präprozessoranweisung #ifdef (*engl. if defined*) werden Programmtexte ein- und ausgeblendet, je nachdem ob die angegebene Präprozessorkonstante bereits definiert wurde oder nicht. Das Gegenstück #ifndef (*engl. if not defined*) verhält sich genau verkehrt und blendet Programmtexte ein- und aus, in Abhängigkeit davon, ob die Präprozessorkonstante *nicht* definiert wurde oder schon. #ifdef und #ifndef sind also komplementär.

Ein Beispiel: Header-Dateien werden mit Hilfe der #include-Anweisung inkludiert. Da diese Dateien ebenfalls #include-Anweisungen enthalten können, werden mit einer einfachen Anweisung, wie beispielsweise #include <stdio.h>, auch andere Header-Dateien geladen. Um dabei das mehrmalige Laden von Header-Dateien zu verhindern[4] (die Abhängigkeiten können manchmal undurchschaubar werden), wird meist die Sequenz #ifndef – #endif eingesetzt. Diese Vorgangsweise ist oft in größeren Software-Projekten hilfreich; bei gut überlegten Software-Projekten lässt sich das mehrmalige Laden von Header-Dateien im Vorhinein ausschließen.

```
// Header-Datei-Anfang

#ifndef HEADERDATEI_H
#define HEADERDATEI_H

// Header-Informationen

#endif // HEADERDATEI_H

// Header-Datei-Ende
```

---

[3]Die Präprozessorkonstante DEBUG ist ein frei gewählter Name und steht in keinen Zusammenhang mit dem Entwicklungswerkzeug *Debugger*.

[4]Durch das mehrmalige Laden von Header-Dateien werden die enthaltenen Informationen mehrfach eingefügt. Das ist zwar bei Funktionsdeklarationen unerheblich, bei Typdefinitionen oder Definitionen von Präprozessorkonstanten beispielsweise führt dies jedoch zu einem Fehler. Das mehrfache Laden von Header-Dateien muss daher verhindert werden.

Angenommen, der Name der Header-Datei lautet `headerdatei.h`. Zu Beginn der Datei wird abgefragt, ob die Präprozessorkonstante `HEADERDATEI_H` bereits definiert ist. Wenn nein, war die Datei noch nicht geladen, denn: Es wird der darauf folgende Text eingeblendet und gleich zu Beginn die Präprozessorkonstante `HEADERDATEI_H` (leer) definiert. Gesetzt den Fall die Datei `headerdatei.h` wird irrtümlich ein weiteres Mal inkludiert, passiert folgendes: Die Konstante `HEADERDATEI_H` ist bereits definiert und der gesamte Text wird übersprungen. Mehrfachdefinitionen wurden dadurch verhindert.

Kapitel 4

Erste Schritte

Dieses Kapitel beschäftigt sich mit der Entstehung von C und der Entwicklung eines ersten C-Programmes. Es werden hier aber gleichzeitig ein paar grundlegende Eigenschaften der Programmiersprache C beschrieben, die auch für das Entwickeln größerer Projekte von Bedeutung sind.

4.1 Grundlegendes

Die Programmiersprache C wurde im Jahre 1972 von Dennis M. Ritchie in den Bell-Laboratories entwickelt und später in den Jahren 1973/74 von Brian W. Kernighan weiter verbessert. C ist eine Programmiersprache, die sowohl wichtige Prinzipien modernen Software-Entwurfs unterstützt als auch maschinennahe Operationen ermöglicht. Sie gilt heute weltweit als eine der wichtigsten Programmiersprachen in Industrie und Forschung und ist auf nahezu allen verbreiteten Plattformen verfügbar.

Im Gegensatz zu anderen höheren Programmiersprachen, wie beispielsweise die von Niklaus Wirth entworfenen Sprachen Pascal oder Modula [5], die quasi „am Reißbrett" entwickelt wurden, ist C im nahen Kontakt mit den Programmierern entstanden und immer wieder verbessert worden. Berühmte und ebenfalls weit verbreitete Nachfolger von C sind u.a. die Programmiersprache C++ [28] und die Web-Programmiersprache Java [1].

4.2 Was ist C?

C ist eine prozedurale Hochsprache, wie z.B. auch Fortran, Algol, Pascal oder Modula [4]. Vom sequenziellen Programmieren, dem Programmieren „von oben nach unten" (was zwar auch möglich ist), wie etwa in Assembler oder in Programmiersprachen wie Cobol, ist abzuraten. Man behält nur sehr schwer den Überblick und Modifikationen sind kaum möglich.

C ist eine syntaktisch[1] „kleine", jedoch semantisch[2] „große" Programmiersprache, die – gemessen an anderen Sprachen – mit wenigen Schlüsselwörtern (*engl. keywords*) auskommt. Formale Elemente sind so knapp wie möglich gehalten. Jedoch können mit diesen wenigen Schlüsselwörtern schnell sehr komplexe Ausdrücke geschaffen werden, die selbst erfahrene C-Programmierer herausfordern. Daher ist es in C ganz besonders wichtig, bestimmte Programmierrichtlinien einzuhalten, auf die in den folgenden Kapiteln immer wieder hingewiesen wird.

---

[1]Die Syntax (vom griech. $\sigma\acute{\upsilon}\nu\tau\alpha\xi\iota\varsigma$: Aufbau) beschreibt die exakte Form, in der Befehle anzugeben sind.

[2]Semantik: Aufbauend auf der Syntax umfasst die Semantik die Bedeutung der Zusammenhänge von Wörtern in einem Text. Damit der Computer einen Befehl versteht, ist es in heutigen Programmiersprachen nötig, sowohl eine sehr präzise Syntax als auch Semantik einzuhalten.

C hat Fähigkeiten einer maschinennahen Sprache[3]. C besitzt somit eine Doppelnatur – C ist einerseits eine Hochsprache, ermöglicht aber maschinennahe Programmierung – wobei sich hochsprachliche und maschinennahe Elemente nicht voneinander trennen lassen. Dadurch sind zur Beherrschung von C tiefere Einsichten in maschinennahe Vorgänge (vor allem Adressierung) erforderlich als in vergleichbaren Sprachen.

C unterstützt strukturierte und modulare Programmierung. C entspricht dem Software-theoretischen Stand der 70er/80er Jahre. Modernere Anforderungen, wie abstrakte Datentypen oder Objektorientierung, sind nicht oder nur in Ansätzen realisiert. Dies bleibt der Sprache C++ überlassen, die den kompletten Sprachumfang von C enthält und objektorientiertes Programmieren effizient unterstützt.

4.3 Geschichte von C

Ursprünglich aus den Programmiersprachen BCPL[4] und B[5] entstanden, ist C als „Systemprogrammiersprache" zur Entwicklung des Betriebssystems Unix entworfen worden und bestens für die Entwicklung maschinennaher Programme geeignet. Dadurch ist C sehr eng mit diesem Betriebssystem verbunden. C ist aber trotzdem eine maschinenunabhängige Programmiersprache, die auch auf vielen anderen Plattformen verfügbar ist (WINDOWS, MAC-OS und viele andere mehr).

Viele Jahre galt das 1978 von Kernighan und Ritchie verfasste Buch „The C Programming Language" [16] als Standardwerk und zugleich Sprachdefinition, „K&R C" genannt. Die Herausgeber schätzten die Auflage des Buches auf etwa 1000 Stück, bis heute sind jedoch mehrere Millionen verkauft worden.

Mit der Verbreitung der Sprache entstanden zahlreiche Dialekte, in welche maschinen- und betriebssystemabhängige Erweiterungen eingebaut wurden. Es entstanden zahlreiche Abwandlungen, die zueinander nicht mehr kompatibel waren. Anfang der 1980er Jahre waren verschiedene C-Dialekte weit verbreitet. Mit der Entstehung von Arbeitsplatzrechnern (*engl. personal computer*) breitete sich die Sprache noch schneller aus.

1983 begann ANSI[6] durch eine C-Arbeitsgruppe, einen Standard zu definieren, wobei verschiedenste C-Dialekte einbezogen wurden. 1989 wurde schließlich der Standard veröffentlicht. Interessant ist auch der Umfang des Werks. Während Pascal auf 35 Seiten oder der „K&R C"-Standard in 40 Seiten spezifiziert ist, ist die Spezifikation von ANSI-C mit über 200 Seiten letztlich etwas groß geraten, wobei auch zusätzliche nähere Erklärungen für den praktischen Einsatz enthalten sind.

Später wurde der Standard mehrmals um neue Sprachmerkmale, wie internationale Zeichensätze, erweitert. Der ANSI-Standard wurde unverändert als ISO-Norm, Europäische Norm (CEN29899) und im X/Open-Standard übernommen. Der letzte Standard [14], der verabschiedet wurde, ist in der Norm ISO/IEC 9899:1999 festgehalten. Die Erweiterungen des Standards werden mit Sorgfalt vorgenommen, um einerseits den Stil und die Merkmale der Sprache beizubehalten und bestehenden Code nicht zu gefährden, andererseits um die Modernisierung der Sprache zu gewährleisten (auch mit Blick auf die Entwicklung anderer Programmiersprachen).

---

[3](Assembler-Sprache) Eine Sprache, die direkt in Maschinencode übersetzt werden kann, der vom Prozessor eines Computers direkt ausgeführt wird.

[4]BCPL (Basic Combined Programming Language): 1967 von Martin Richards als rekursive Programmiersprache für den Compilerbau und Betriebssystemprogrammierung entwickelt.

[5]Programmiersprache B: Aus BCPL entstanden, 1970 von Ken Thompson für das erste Unix auf der DEC PDP-7 implementiert.

[6]American National Standards Institute

4.4   Warum C?

In der heutigen Welt des Programmierens existiert eine Fülle an höheren Programmiersprachen, wie C, Fortran, Pascal, Basic oder Java. Diese sind ausgereifte Programmiersprachen, die für die meisten Aufgaben geeignet sind. Trotzdem gibt es eine Reihe von Gründen, weshalb viele professionelle Programmierer C benutzen:

- C ist eine mächtige und flexible Programmiersprache. C wird beispielsweise für große Projekte, wie Betriebssysteme, Textverarbeitungs-, Grafik-, CAD-, Tabellenkalkulationsprogramme oder für Compiler für andere Programmiersprachen verwendet. Programme, in denen Leistung und Maschinennähe eine hohe Rolle spielt.

- C ist weit verbreitet. Daher existieren viele Programmierhilfsmittel.

- C ist eine portable Sprache. Programme, die auf einem Rechnersystem geschrieben wurden, lassen sich, sofern keine expliziten Betriebssystemfunktionen verwendet werden, mit geringen Modifikationen auf anderen Systemen übersetzen und ausführen.

- C ist eine Sprache mit wenig „Worten", sogenannten Schlüsselwörtern. Die Mächtigkeit der Sprache, die damit allerdings erzielt wird, hebt C unter vergleichbaren Sprachen weit heraus, die syntaktischen Einschränkungen oft stärker unterliegen.

- C unterstützt modulares Programmieren. C Programme können und sollten in Funktionen gegliedert werden. Die Funktionalität, die dadurch entsteht, kann in sogenannten Bibliotheken (*engl. libraries*) für andere Projekte zur Verfügung gestellt werden.

4.5   Programmtextdateien

Der Text eines C-Programmes befindet sich in einer oder mehreren Dateien, die das Suffix „. c" oder „. h" haben. Diese müssen in das Projekt eingebunden werden.

4.5.1   Der Programmtext

Die „. c"-Dateien enthalten den Text des Benutzerprogrammes, den sogenannten Quelltext.

Kleinere Programme kommen mit einer Datei aus, größere Programme können sich über mehrere Dateien erstrecken, die dann „Module" genannt werden.

4.5.2   Die Header-Dateien

„*Header-Dateien*" enthalten Informationen, die in mehreren C-Dateien gebraucht werden. Dies sind beispielsweise Definitionen von Präprozessorkonstanten (siehe Kapitel 3.7), Typ- und Strukturdefinitionen (siehe Kapitel 16) und Funktionsdeklarationen (siehe Abschnitt 11.2). Header-Dateien haben den Suffix „. h" und heißen so, weil sie üblicherweise im Kopf (*engl. head*) eines Benutzerprogrammes zur Übersetzungszeit dazugeladen werden. Header-Dateien enthalten in C jedoch keine Funktionen selbst.

Vermischen Sie Programmtext-Dateien und Header-Dateien nicht. Programmtext-Dateien dürfen zwar all das enthalten, was Header-Dateien beinhalten. Header-Dateien dürfen jedoch keine ausführbaren Programmtexte (Definitionen von Funktionen) enthalten. Header-Dateien enthalten zumeist nur Informationen, die in mehreren Modulen (Quelltextdateien) benötigt werden. Dies sind unter anderem Bekanntmachungen von Funktionen (siehe Kapitel 11) und Definitionen von neuen Datentypen (siehe Kapitel 16). Header-Dateien werden aber auch dann verwendet, wenn man Typdefinitionen und ausführbare Programmteile trennen möchte.

Header-Dateien werden auch mit Bibliotheken (siehe Abschnitt 3.4) mitgeliefert. Sollen Funktionen aus Bibliotheken verwendet werden, müssen die zugehörigen Header-Dateien eingebunden werden.

Zu C gehören etwa 20 Header-Dateien, die in der Sprachnorm festgelegt sind. Welche Header-Datei für welche Standardfunktionen benötigt wird, wird bei den verwendeten Funktionen erklärt.

Das Einbinden einer dieser mitgelieferten Header-Dateien erfolgt üblicherweise im Kopf einer „.c"-Datei mit dem Befehl

```
#include <dateiname.h>
```

wobei `dateiname.h` der Name der gewünschten Header-Datei ist. Sollen mehrere Header-Dateien geladen werden, müssen mehrere `#include`-Anweisungen untereinander geschrieben werden, für jede Datei eine. Anhand des spitzen Klammernpärchens `< >` erkennt der Compiler (siehe Kapitel 3), dass eine mitgelieferte Datei eingebunden werden soll, die er im Installationsverzeichnis des verwendeten C-Compilers sucht.

Selbstdefinierte Header-Dateien werden mit dem folgenden Befehl eingebunden:

```
#include "dateiname.h"
```

Man beachte den feinen Unterschied, dass der Dateiname jetzt unter doppelten Hochkommata, also mit `"dateiname.h"`, eingebunden wird, anstatt mit den spitzen Klammern durch `<dateiname.h>`. Derart inkludierte Header-Dateien werden im lokalen Arbeitsverzeichnis gesucht. Pfadangaben vor dem Dateinamen sind erlaubt und werden betriebssystemspezifisch angegeben.

Leerzeichen, die innerhalb der Hochkommata bzw. spitzen Klammern stehen, gehören ebenfalls zum Dateinamen!

4.6 Kommentare

Kommentare sind Zeichenfolgen, die vom Compiler überlesen werden. Genaugenommen werden sie schon vom Präprozessor (siehe Kapitel 3.7) vor dem eigentlichen Übersetzen des C-Quelltextes durch den Compiler entfernt. Ursprünglich gab es in C lediglich die von B übernommenen „Mehrzeilenkommentare". Erst später wurden die „Einzelenkommentare" aus BCPL im ANSI-Standard eingeführt.

Mehrzeilenkommentare sind Zeichenfolgen, die mit „/ *" eingeleitet und mit „* /" abgeschlossen werden. Sie können über mehrere Zeilen gehen:

```
/*
  Dieser Kommentar belegt
  insgesamt
  fünf Zeilen.
*/
```

Einzeilenkommentare beginnen mit //, der Rest der Zeile ist Kommentar.

Kommentare sind ein wichtiges Hilfsmittel, ein Programm leserlich zu machen. Daher die Empfehlung:

 Verwenden Sie in C-Programmen ausreichend Kommentare! Vorsicht: Seien Sie bei der Erklärung in Kommentaren möglichst exakt. Falsche Kommentare sind „gefährlicher" als keine, da sie irreführen. Erklären Sie keine Selbstverständlichkeiten!

Geschachtelte Mehrzeilenkommentare (*engl. nested comments*) sind nicht erlaubt, weshalb sich Kommentare auch nicht zum Auskommentieren von großen Bereichen im Quelltext eignen.

4.7 Die Funktion main

Noch bevor das erste, einfache Programm geschrieben wird, sei betont, dass auf einen einheitlichen Programmierstil geachtet werden sollte. In der C-Syntax werden Sonderzeichen ausgiebig verwendet, wodurch die Lesbarkeit von größeren C-Quelltexten leidet. Es empfiehlt sich daher sehr, einheitlich einzurücken. Abstände oder Leerzeilen können die Lesbarkeit wesentlich erhöhen. C ignoriert sämtliche Füllzeichen (*engl. whitespaces*), also Abstände, Tabulatorsprünge oder Leerzeilen.

Das minimale, leere C-Programm sieht aus wie folgt:

```
main()
{
}
```

Daran lässt sich schon folgendes erkennen:

- Das Hauptprogramm ist eine sogenannte Funktion mit dem festgelegten Namen main.

- Hinter dem Funktionsnamen folgt die formale Parameterliste in runden Klammern (). Sie ist hier leer, weil in diesem Fall an das Hauptprogramm keine Parameter übergeben werden.

- Es folgt der Anweisungsteil der Funktion, der sogenannte Funktionsblock (siehe Kapitel 11) in geschwungenen Klammern. Dieser ist hier ebenfalls leer.

- Der Bereich oberhalb und unterhalb dieses Konstrukts wird zur Definition weiterer Funktionen verwendet, die, beginnend beim Hauptprogramm main, aufgerufen werden können.

In jedem C-Programm existiert genau eine Funktion mit dem Namen main[7]. Diese Funktion kann nicht weggelassen werden, denn sie kennzeichnet den Anfang für die Ausführung des Programmes.

Das obige Programm ist also das einfachste aller C-Programme.

---

[7]Im Gegensatz zu Java können also in C keine zwei oder mehrere Funktionen mit dem Namen main innerhalb desselben Projekts auftreten.

4.8 Hallo Welt

Etwas interessanter ist das nächste Beispiel: Das Standardprogramm "Hallo Welt!", das in fast allen Anleitungen von Programmiersprachen zu finden ist:

```
/* Datei: hallo.c
   Ein simples "Hallo Welt" Programm
*/
#include <stdio.h>
main()
{  // Ausgabe
   printf("Hallo Welt!\n");
}  // end main
```

Hier ist etwas mehr zu erkennen:

- In den ersten drei Zeilen steht ein Kommentar. Er enthält den Namen der Datei und eine kurze Beschreibung des Programmes.

- Mit der nächsten Direktive (`#include`) wird die Header-Datei „`stdio.h`" eingebunden. Dadurch wird u.a. die Ausgabefunktion `printf` bekanntgemacht, die weiter unten im Programm verwendet wird.

- `main()` ist das Hauptprogramm. Die Definition des Hauptprogrammes erfolgt zwischen den geschwungenen Klammern.

- Die Funktion `printf` ist die Standardausgabefunktion von C. `printf` ist kein C-Schlüsselwort, sondern eine Bibliotheksfunktion. Über die obige Direktive `#include <stdio.h>` wurden die Standard-Ein- und -Ausgabe-Routinen (*engl. standard input output*) – also auch `printf` mit eingebunden. (Für eine genauere Erklärung der Funktion `printf` siehe Abschnitt 7.1.)

  Die Funktion `printf` hat in der einfachsten Form einen Parameter, eine Zeichenkette (*engl. string*), die in doppelten Hochkommata angegeben wird. Darin steht der Text, der ausgegeben werden soll. Das „`\n`" ist eines von mehreren zur Verfügung stehenden Ersatzsymbolen – sogenannten Escape-Sequenzen. „`\n`" im Speziellen steht für einen Zeilenvorschub.

  Der Befehl `printf("Hallo Welt!\n")` bewirkt also die Ausgabe von „`Hallo Welt!`". Danach springt der Cursor[8] auf Grund des „`\n`" an den Beginn der nächsten Zeile. Es ist zu beachten, dass die Escape-Sequenz „`\n`" (auch Zeilenvorschub (*engl. line feed* oder *newline*)) innerhalb der Anführungszeichen der Zeichenkette steht!

  Das Semikolon hinter dem Aufruf von `printf` ist zwingend, es schließt die Anweisung ab! Ist es nicht angegeben, so entsteht ein Fehler. Dieser wird aber erst beim Lesen des nächsten Befehls (das ist meist die nächste Zeile) erkannt.

Anweisungen, wie etwa Funktionsaufrufe, dürfen nur innerhalb einer Funktion stehen – also hier nur innerhalb der Funktion `main`. Eine `printf` Anweisung dürfte also nicht außerhalb der geschwungenen Klammern notiert werden, da diese Anweisung dann zu keiner speziellen Funktion gehören würde und der Zeitpunkt des Aufrufes von `printf` somit unklar wäre.

In diesem kurzen Programm kommen bereits vier Arten von „Klammern" vor[9]:

---

[8]Positionsanzeigesymbol, das die Position der nächsten Ein- bzw. hier Ausgabe angibt.

[9]Die fünfte Klammernart, die eckigen Klammern `[]`, die im Zusammenhang mit Feldern verwendet wird, wird im Kapitel 13 behandelt.

- Die runden Klammern ( ) werden für die Parameterübergabe an die Funktion main benötigt.

- Die geschwungenen Klammern { } werden für die Definition des Funktionsrumpfes der Funktion main verwendet.

- Die spitzen Klammern < > werden in der #include-Anweisung für die Angabe des Dateinamens verwendet.

- Die „Kommentar-Klammern" /* */ dienen zur Begrenzung von Kommentartext.

Eine genauere Behandlung von Funktionen allgemein und der Funktion main im Besonderen finden Sie im Kapitel 11.

4.9 Beispiele

4.9.1 Reklameschrift

Schreiben Sie ein Programm, das Ihren Namen (oder Ihre Initialen) etwa in dieser Form ausgibt:

```
*****   ***   *   *
  *    *   *  *  ** **
  *    *   *  *  * * *
  *    *   *  *   *  *
  *     ***   *   *
```

Verwenden Sie dazu die Funktion printf.

Lösung:

```
/* Datei: tom.c
   Gibt "TOM" als Reklameschrift am Bildschirm aus
*/

#include <stdio.h>
main()
{ // Ausgabe von "TOM"
  printf("*****   ***   *   *\n");
  printf("  *    *   *  *  ** **\n");
  printf("  *    *   *  *  * * *\n");
  printf("  *    *   *  *   *  *\n");
  printf("  *     ***   *   *\n");
} // end main
```

bsp-4-1.c

4.9.2 Leerzeilen

Geben Sie nun vor der ersten und nach der letzten Zeile eine Leerzeile aus.

Lösung:

Setzen Sie die Anweisung

```
printf("\n");
```

sowohl vor das erste als auch hinter das letzte printf aus dem Beispiel aus Abschnitt 4.9.1.

Eine andere Lösung besteht darin, lediglich die Escape-Sequenz \n (das Zeichen *newline*) in den Ausgabetext der vorhandenen `printf` Anweisungen einzufügen.

4.9.3   Quelltext temporär ausschneiden

Schneiden Sie mit den Präprozessoranweisungen `#if` und `#endif` (siehe Abschnitt 3.7.5) temporär einige Zeilen Quelltext aus. Dieses Verfahren wird während der Entwicklung oft angewendet, um kurzfristig Teile des Quelltextes für einen Test zu entfernen.

Verwenden Sie nur Präprozessoranweisungen zum Auskommentieren von Quelltext! Das Auskommentieren von Quelltext durch Kommentare ist nicht zu empfehlen! C unterstützt keine geschachtelten Kommentare, weshalb Quelltext, in dem bereits Kommentare enthalten sind, nicht sauber auskommentiert werden kann. Darüber hinaus kann in diesem Fall zwischen eigentlichen Kommentaren und schlicht auskommentiertem Quelltext nicht schön unterschieden werden.

Lösung:

Setzten Sie die Befehle `#if 0` und `#endif` je in eine eigene Zeile innerhalb der Funktion `main`. Der dazwischen liegende Teil wird dadurch vom Präprozessor entfernt.

Kapitel 5

Variablen, Konstanten

Ein Algorithmus wird immer auf Daten angewendet. Um Daten in einem Computerprogramm bearbeiten und speichern zu können, werden Variablen und Konstanten benötigt. In diesem Kapitel werden grundlegende Eigenschaften von Variablen erklärt.

5.1 Eigenschaften von Variablen und Konstanten

Eine Variable bzw. eine Konstante hat folgende grundlegende Eigenschaften:

- **Name:** Variablen und Konstanten werden mit eindeutigen Namen identifiziert.

- **Ort:** Variablen müssen gespeichert werden und haben somit einen Ort. Dieser kann ein Hardwareregister oder eine Speicheradresse sein. Der Programmierer benötigt im Allgemeinen keine Kenntnis darüber, bei welcher genauen Adresse diese Daten im Speicher zu liegen kommen, obwohl C diese Information – auf Grund seiner Maschinennähe – auch zur Verfügung stellen kann. Die genaue Adresse ist nur bei maschinennaher Programmierung, z.B. bei der Programmierung von Ansteuer-Software von Peripheriegeräten, von Interesse.

  Adressen werden auch im Zusammenhang mit Zeigern (*engl. pointer*) verwendet, ein sehr mächtiges und erschöpfendes Sprachelement in C. Zeiger werden im Kapitel 14 ausführlich behandelt.

- **Datentyp:** Ein Datentyp gibt Auskunft darüber, welche Daten in der Variablen abgespeichert werden können und welche Methoden darauf definiert sind. Datentypen werden im Kapitel 6, im Kapitel 15 und im Kapitel 16 behandelt.

- **Wert:** Eine Variable hat zu jeder Zeit einen Wert. Diese Tatsache geht daraus hervor, weil Variablen einen Ort haben. Dieser liegt im Speicher und trägt zu jeder Zeit ein Bitmuster.

- **Gültigkeitszeitraum:** Eine Variable muss vor Gebrauch „angefordert" bzw. „erschaffen" (*instanziert*) werden. Sie kann solange verwendet werden, bis sie zerstört wird.

- **Sichtbarkeitsbereich:** Existierende Variablen können in manchen Programmteilen unsichtbar sein. Dies ist insbesondere der Fall, wenn lokale Variablen verwendet werden, oder wenn Variablen in separaten Modulen stehen, ihre Namen aber nicht exportiert werden (von außen unsichtbar sind).

5.2 Variablen

Neben der in Abschnitt 5.1 erklärten Eigenschaften haben Variablen noch eine weitere wesentliche Eigenschaft: Sie sind, wie der Name schon sagt, veränderbar. C bietet allerdings keinerlei Vergabe von Einschränkungen an Zugriffsrechten auf Variablen an[1]. Wenn man so will, kann man eine Variable, sofern sie sichtbar ist und existiert, von allen Ecken und Enden eines Programmes modifizieren. Man spricht dann von *globalen* Variablen. Dass die Verwendung solcher Variablen nur selten vernünftig ist, versteht sich von selbst, denn die Wartbarkeit des Programmcodes verringert sich dadurch erheblich. Aus diesem Grund sollten globale Variablen in Programmen nicht oder nur selten verwendet werden. In C werden üblicherweise lokale Variablen verwendet, welche nur innerhalb einer Funktion bekannt sind. (Mehr zu globalen Variablen siehe Kapitel 12.)

5.2.1 Definition von Variablen

Um eine Variable verwenden zu können, muss sie definiert oder deklariert (siehe Abschnitt 12.2.1) werden. Dabei wird ihr Datentyp, ihr Name, sowie ihre Speicherklasse festgelegt. Der Unterschied der Definition gegenüber der Deklaration ist, dass Speicher für die Variable erzeugt wird.

Ein Beispiel der Definition einer Variablen sieht so aus:

```
long    wert;
double ergebnis;
```

Die Variable wert ist hier vom Datentyp (kurz: vom Typ) long (ganzzahlig), ergebnis vom Typ double (Gleitpunkt-Zahl).

Mehrere Variablen eines Datentyps können, durch Beistriche getrennt, definiert werden:

```
long differenzbetrag, summe;
```

Generell werden hauptsächlich lokale Variablen verwendet – Variablen, die innerhalb einer Funktion definiert sind.

```
main()
{ long wert;

  // ...
} // end main
```

Die Variable wert wurde innerhalb der Funktion main definiert. Die Variable ist somit nur innerhalb der Funktion main sichtbar – sie wurde lokal definiert. Die Variable wert hat den Datentyp long (siehe Abschnitt 6.1). Beim Beenden der Funktion main wird die Variable wert wieder zerstört.

5.2.2 Namen von Variablen

Ein Name besteht aus einer Folge von Buchstaben und Ziffern. Namen von Variablen dürfen nur mit einem Buchstaben oder dem Unterstrich '_' (*engl. underscore oder underliner*) beginnen und können ab dem zweiten Zeichen auch Ziffern enthalten. Umlaute sind nicht erlaubt. Variablennamen können beliebig lang sein. Bei intern verwendeten Variablen (innerhalb derselben Datei) werden wenigstens 31 Zeichen unterschieden, manche Compiler unterstützen allerdings auch längere Namen. Variablen mit externer Bindung sind in der Länge meist mehr limitiert.

---

[1]Moderne Programmiersprachen, wie C++ oder Java, haben aus diesem Grund das Programmierparadigma der Datenkapselung eingeführt, das die Zugriffsrechte regelt.

Vorsicht: Bei Variablennamen wird Groß- und Kleinschreibung unterschieden (*engl. case sensitive*)! Die drei Variablen

```
long wert;
long Wert;
long wErT;
```

wären also verschiedene (!) Variablen vom Typ long.

5.2.3 Initialisierung von Variablen

Unter dem Initialisieren einer Variablen versteht man das Setzen eines Wertes gleich bei der Definition, also beim Anlegen der Variablen. Eine Variable wird folgendermaßen initialisiert:

```
long wert = 15; // Initialisieren einer Variablen mit 15
```

Wie bereits erwähnt, hat eine Variable immer einen Wert. In anderen Programmiersprachen, wie Basic, werden Variablen automatisch mit 0 initialisiert, nicht so in C. Nicht initialisierte Variablen haben „irgendeinen" Wert. Das liegt daran, dass der für die Variablen angeforderte Speicher nicht extra gelöscht wird. In dem Speicher steht also noch derselbe Wert wie vor der Anforderung.

Das Verwenden nicht initialisierter Variablen ist einer der häufigsten einfacheren Programmierfehler, wie im folgenden Beispiel gezeigt ist:

```
/* Verwenden einer nicht initialisierten Variable
*/
main()
{ double wert;          // nicht initialisiert: Fehler bei Berechnung
  double zehnfacherWert; // nicht initialisiert: OK

  zehnfacherWert = 10 * wert; // Fehler, manchmal Absturz
} // end main
```

Die Variable wert wurde bei Ihrer Definition nicht initialisiert. Sie enthält also „irgendeine" Zahl! Die Variable zehnfacherWert enthält dann 10 mal den Wert von „irgendwas" – das ist auch „irgendwas". Also Vorsicht!

In diesem Beispiel wird das Resultat der Multiplikation nicht weiter verarbeitet. Die ganze Berechnung ist daher sinnlos (hier aber zum Erlernen gedacht). Manche Compiler erzeugen eine Warnung, wenn sie auf das Lesen einer nicht-initialisierten Variable stoßen – jedoch können nicht alle nicht-initialisierten Variablen automatisch identifiziert werden.

Das folgende Beispiel gibt den Wert einer nicht initialisierten Variable aus:

```
/* Nicht initialisierte Variable
*/
#include <stdio.h>
main()
{ double  wert; // nicht initialisiert!

  // Ausgabe von wert
  printf("%g\n", wert);
  // Setzen von wert
```

```
wert = 1;
// Nochmalige Ausgabe von wert
printf("%g\n", wert);
} // end main
```

Hier wird die Funktion `printf` zur Ausgabe der Variablen `wert` verwendet. Bitte lassen Sie sich durch die vielen Sonderzeichen nicht verwirren, auch wenn hier jedes einzelne gebraucht wird. Eine ausführliche Beschreibung der Funktion `printf` erfolgt im Kapitel 7.

5.3 Konstanten

Wie der Name schon verrät, ist der Wert einer Konstanten nicht veränderlich. Konstanten *müssen* jedoch initialisiert werden. Die Verwendung von Konstanten ist sehr zu empfehlen und durchaus sehr praktisch:

```
const double PI = 3.14159265358979323846;
```

Die mathematische Konstante `PI` als Variable zu definieren wäre nicht sinnvoll. In den folgenden Kapiteln werden Konstanten immer wieder eingesetzt um die Unveränderlichkeit von einzelnen Werten hervorzuheben.

 Durch den konsequenten Einsatz von Konstanten können Fehler verhindert und die Übersichtlichkeit im Quelltext erhöht werden.

Für Namen von Konstanten gelten dieselben Bestimmungen wie für Namen von Variablen (siehe Abschnitt 5.2.2). Konvention ist allerdings oft, dass Namen von Konstanten in Großbuchstaben geschrieben werden (wie `PI` im Beispiel zuvor).

 Präprozessorkonstanten sind keine Konstanten im Sinne der Sprache C! Präprozessorkonstanten sind Namen, deren Vorkommnisse im Quelltext durch den entsprechenden Text ersetzt werden. Im Gegensatz dazu sind Konstanten, die mit dem Schlüsselwort `const` definiert werden, dem Compiler bekannt und haben einen Datentyp!

5.4 Arbeiten mit Variablen und Konstanten

Bei der Verwendung unterscheiden sich Variablen und Konstanten kaum, außer dass Konstanten, wie schon erwähnt, nur initialisiert, nicht aber nachträglich verändert werden können. Ein Beispiel:

```
/* Variablen, Konstanten und deren Verwendung:
   Berechnung der Fläche eines Halb- und eines
   Viertelkreises.
*/
#include <stdio.h>
const double PI = 3.14159265358979323846;
main()
{  double radius = 10;        // Initialisierung mit 10
   double flaecheHalbkreis;
   double flaecheViertelkreis;

   // Berechnung der Fläche eines Halbkreises.
   flaecheHalbkreis    = radius * radius * PI / 2;
```

```
// Berechnung der Fläche eines Viertelkreises
flaecheViertelkreis = flaecheHalbkreis / 2;

printf("Fläche des Halbkreises:    %g\n", flaecheHalbkreis);
printf("Fläche des Viertelkreises: %g\n", flaecheViertelkreis);
} // end main
```

In diesem Beispiel wird die Konstante PI vom Typ Gleitpunkt-Zahl global definiert, d.h. außerhalb jeder Funktion (vor der Funktion main). Wären noch andere Funktionen definiert, so wäre PI auch dort sichtbar. (Mehr zu globalen Variablen siehe Kapitel 12.)

Innerhalb der Hauptfunktion main werden die drei Variablen radius, flaecheHalbkreis und flaecheViertelkreis lokal definiert, wobei die Variable radius mit 10 initialisiert wird.

Die Berechnung der Flächen erfolgt in zwei Schritten: Zuerst wird die Fläche des Halbkreises ermittelt. Anschließend wird die Viertelkreisfläche aus der Halbkreisfläche errechnet.

5.5 Beispiele

5.5.1 Berechnung der Fläche und des Umfanges eines Rechtecks

Schreiben Sie ein Programm, das die Fläche und den Umfang eines Rechtecks berechnet und ausgibt. Gehen Sie dazu ähnlich vor wie im Beispiel aus Abschnitt 5.4.

5.5.2 Versuch einer zirkularen Zuweisung

Testen Sie folgendes Beispiel (Sie benötigen dazu ein Hauptprogramm main).

```
long a, b;

a = 1;
b = a;
a = 2;
```

Welchen Wert erwarten Sie am Ende in b?

Lösung:

b ist 1.

5.5.3 Dreieckstausch

Gegeben sind zwei Variablen a und b vom Typ long. Tauschen Sie die Werte der Variablen.

Lösung:

Es wird eine weitere Variable – hier h – benötigt.

```
long a, b, h;
// ...
h = a;   // merke den Wert von a
a = b;   // kopiere b nach a
b = h;   // schreibe alten Wert von a nach b
```

Kapitel 6

Numerische Datentypen

Ein Datentyp ist eine Definitionsmenge von Daten inklusive aller Operatoren und Funktionen, die auf dieser Menge definiert sind. Der Begriff des Datentyps ist sehr wichtig, da man bei der Auswahl eines Datentyps über seine Eigenschaften, also auch über seine „Vor- und Nachteile", Bescheid wissen muss.

Dabei muss zwischen „realen" Datentypen und „mathematischen" Datentypen unterschieden werden. Computer haben eine begrenzte Rechenkapazität. Auf Grund dieser Tatsache kann die Definitionsmenge eines Datentyps nur endlich sein. Ein Beispiel: Sei $\mathbb{Z}$ die Menge aller ganzen Zahlen im mathematischen Sinne. Diese Zahlenmenge enthält unendlich viele Zahlen. Diese Zahlenmenge lässt sich auf einem Computer nicht abbilden. Man muss sie also begrenzen.

In diesem Kapitel werden die numerischen Datentypen der Programmiersprache C behandelt. Zeichenketten werden später im Kapitel 15 eingehend besprochen.

6.1 Ganze Zahlen

Der Datentyp für ganze Zahlen lautet int, die Abkürzung des englischen Wortes *integer*, was zu Deutsch ganze Zahl bedeutet.

6.1.1 Qualifizierer

Es existieren eine Reihe von *Qualifizierern*, die dem Datentyp int vorangestellt werden können, um den Wertebereich einer ganzen Zahl zu verändern. Die Qualifizierer short und long bestimmen, wieviel *Bits* für den Datentyp int verwendet werden sollen. Tabelle 6.1 zeigt die Anzahl der Bits bei der Verwendung der Qualifizierer[1] auf einer 32 Bit Rechner-Architektur:

Datentyp	Bits
short int	16
long int	32

Tabelle 6.1: Speicherverbrauch pro Variable

Die Qualifizierer signed und unsigned geben an, ob der Datentyp sowohl positive und negative oder nur positive Werte annehmen kann. Sie können auch mit den Qualifizierern short und long kombiniert werden. Die Wertebereiche der Datentypen für 32 Bit Rechner-Architekturen ergeben sich wie folgt:

---

[1]Manche Compiler unterstützen auch den Qualifizierer long long, der ein 64 Bit integer bezeichnet. Er ist im ANSI-Standard jedoch nicht definiert.

Datentyp	Wertebereich
signed short int	−32768 ... 32767
unsigned short int	0 ... +65535
signed long int	−2147483648 ... +2147483647
unsigned long int	0 ... +4294967295

Tabelle 6.2: Wertebereiche ganzzahliger Datentypen

Ist einer der Qualifizierer short oder long nicht angegeben, wird int auf einer 32 Bit Rechner-Architekturen als long, auf 16 Bit Rechner-Architekturen als short abgebildet. Ist einer der Qualifizierer signed oder unsigned nicht angegeben, wird signed angenommen. Der Datentyp int ohne Angabe eines Qualifizierers ist also die abgekürzte Schreibweise von signed int. Wird hingegen ein Qualifizierer angegeben, kann das Schlüsselwort int weggelassen werden. Ein Beispiel:

```
long   int grosseZahl;   // oder
long       grosseZahl;

short int kurzeZahl;     // oder
short      kurzeZahl;
```

Der Qualifizierer signed ist nur der Vollständigkeit halber in C implementiert. Seine Benutzung ist nicht empfohlen, da er weggelassen werden kann und Variablendefinitionen nicht sehr übersichtlich werden. Die Verwendung von unsigned hingegen ist sinnvoll, jedoch wird er oft weggelassen, wenn die darzustellenden Zahlen in einem „normalen" long Platz finden. Verwenden Sie den Datentyp int aber nie ohne den Qualifizierern short oder long! Für ganze Zahlen sollte generell der Datentyp long verwendet werden – die Angabe von int kann entfallen. Der Datentyp short wird kaum noch verwendet.

```
long    ganzeZahl; // Übliche Definition einer ganzen Zahl als long
```

6.1.2 Literale

Ein Literal, häufig auch Konstante genannt, ist eine Zeichenfolge mit der Werte formuliert werden. Die Zeichenfolge 1234 ist ein Literal einer ganzen Zahl. Negativen Zahlen wird ein Minus (−) vorangestellt. Das Plus (+) für positive Zahlen muss nicht angegeben werden. Es wird im Allgemeinen daher weggelassen.

Beispiele für Literale:

```
1234   // ganze Zahl
-4     // ganze Zahl
```

6.1.3 Zahlensysteme

Datentypen sind maschinenabhängig implementiert bzw. unterliegen bestimmten Beschränkungen. Ein prinzipielles Verständnis über die Codierung ganzer Zahlen ist daher erforderlich, will man die Einschränkungen verstehen, denen man bei der Auswahl eines Datentyps hier unterliegt.

Zahlensysteme existieren beliebig viele. Bereits die Sumerer (etwa 3500 bis 2000 vor Christus) oder später die Babylonier kannten ein Zahlensystem, ein modifiziertes Sexagesimalsystem [6] (mit der Basis 60). Das heute gebräuchliche Zahlensystem ist das Dezimalsystem (mit der Basis 10).

In heutigen Computerarchitekturen kommen auch andere Zahlenformate zum Einsatz. Letztendlich werden Daten in Form von *Bits* (Abkürzung von *engl. binary digit*) gespeichert. Ein Bit kann genau zwei Zustände, nämlich '0' oder '1', annehmen, was elektrisch in Form von zwei verschieden hohen Niveaus für Spannungen, Ladungen oder Ströme realisiert wird.

Zur Darstellung ganzer Zahlen existieren heutzutage unterschiedlichste Codes. Viele Codes in der Datenverarbeitung [2] sind in Form von Bits definiert. So auch der sogenannte *Zweierkomplement* Code, mit dem in vielen Rechnerarchitekturen ganze Zahlen dargestellt werden. In C ist der Datentyp int meist als Binärcode im Zweierkomplement implementiert. Dabei wird eine Zahl in einem modifizierten 2er-Zahlensystem – dem *binären* Zahlensystem – dargestellt.

6.1.3.1 Zweierkomplement

Dem gebräuchlichen 10er-Zahlensystem liegt die Basis 10 zugrunde. Zum Darstellen einer Stelle existieren 10 verschiedene Symbole (0, 1, 2, 3, 4, 5, 6, 7, 8, 9). Soll eine größere Zahl dargestellt werden, wird eine weitere Stelle benötigt. Läuft beim Hochzählen die zweite Stelle über (z.B. von 99 auf 100), so wird eine weitere Stelle eröffnet.

Es lassen sich einige grundlegende Eigenschaften von Zahlensystemen erkennen:

- Das n-Zahlensystem hat n Symbole zur Darstellung von Zahlen.

- Mit m Stellen lassen sich n^m Zahlen darstellen, von 0 bis $n^m - 1$.

- Reichen die vorhandenen Stellen zur Darstellung der Zahl nicht aus, so kann die Zahl nicht dargestellt werden. Es sind weitere Stellen notwendig.

Läuft also beim Hochzählen der Zahlenbereich mit m Stellen über, so wird mindestens eine weitere $m + 1$-te Stelle benötigt

Im Folgenden ist die Codierung für positive Zahlen für vier Stellen gezeigt. Die Trennungen sollen verdeutlichen, dass an dieser Stelle ein Überlauf stattfindet, also eine weiter Stelle zur Darstellung herangezogen wird.

0	0	0	0	**0**	Eröffnen der 1. Stelle notwendig
1	0	0	0	**1**	
2	0	0	**1**	0	Eröffnen der 2. Stelle notwendig
3	0	0	**1**	**1**	
4	0	**1**	0	0	Eröffnen der 3. Stelle notwendig
5	0	**1**	0	**1**	
6	0	**1**	**1**	0	
7	0	**1**	**1**	**1**	
8	**1**	0	0	0	Eröffnen der 4. Stelle notwendig
9	**1**	0	0	**1**	
10	**1**	0	**1**	0	
11	**1**	0	**1**	**1**	
12	**1**	**1**	0	0	
13	**1**	**1**	0	**1**	
14	**1**	**1**	**1**	0	
15	**1**	**1**	**1**	**1**	

Tabelle 6.3: Darstellung positiver 4-stelliger Binärzahlen

Sobald eine weitere Stelle beim Zählen herangezogen wird, wird eine 1 vorangestellt, die anderen Stellen danach wiederholen sich. Existieren also beispielsweise nicht vier sondern fünf Stellen, kann man sich die Tabelle wiederholt vorstellen, jedoch ab der Hälfte mit einer 1 vorangestellt.

Fehlt hingegen eine Stelle oder wird die oberste Stelle einfach nicht beachtet, so beginnt bei einem Überlauf in dieser Stelle die Zählfolge erneut:

Angenommen, es sind vier Bit zur Darstellung einer Zahl vorhanden. In diesen vier Bit sei die Zahlenkombination '1111' gespeichert. Wird diese Zahl um eins erhöht, sollte eigentlich die Zahl '10000' gespeichert werden. Da aber nur vier Stellen zur Verfügung stehen, wird nur die Kombination '0000' gespeichert, die '1' entfällt!

Dieses Verhalten ist daher auch beim Datentyp `unsigned long int` zu beobachten: Wird die Zahl +4294967296 um eins erhöht, erhält man die Zahl 0. Ähnlich verhält es sich mit `unsigned short int`: Wird die höchste darstellbare Zahl um eins erhöht, erhält man 0.

Wie verhält es sich nun mit negativen Zahlen? Die Zahl 3_{10} im binären Zahlensystem lautet '11_2', die Zahl -3_{10} daher -11_2. Im Zweierkomplement werden negative Zahlen jedoch anders dargestellt: Ist x die darzustellende negative Zahl, so wird sie als Zweierkomplement von $-x - 1$ codiert, damit es nicht zwei Formen von '0' gibt.

Ein Beispiel: Die Zahl -5 soll dargestellt werden. $-x - 1$ ergibt 4, binär codiert '0100'. Das Zweierkomplement (alle Bits invertiert) lautet '1011'. Die Zahl -5_{10} lautet mit vier Stellen im Zweierkomplement codiert '1011_2'.

Man erkennt, dass bei vier Bit die Zahlen -8_{10} bis $+7_{10}$ dargestellt werden können. Der positive Halbraum hat genau eine Zahl weniger, da auch die 0 dargestellt werden muss.

Weiters lässt sich erkennen, dass bei negativen Zahlen das höchstwertigste Bit (*engl. most significant bit* oder *MSB*) gesetzt ist, wenn die Zahl negativ ist. Man kann das MSB daher zum Erkennen negativer Zahlen heranziehen.

Für vierstellige Bit-Kombinationen interpretiert als Zweierkomplement ergibt sich folgende Codierung:

-8	1	0	0	0
-7	1	0	0	1
-6	1	0	1	0
-5	1	0	1	1
-4	1	1	0	0
-3	1	1	0	1
-2	1	1	1	0
-1	1	1	1	1
0	0	0	0	0
1	0	0	0	1
2	0	0	1	0
3	0	0	1	1
4	0	1	0	0
5	0	1	0	1
6	0	1	1	0
7	0	1	1	1

Tabelle 6.4: Darstellung vorzeichenbehafteter 4-stelliger Binärzahlen

Interessant ist hier folgendes: Erhöht man die Zahl 7 (Bit-Kombination '0111') um eins ergibt sich die Bit-Kombination '1000' und das ist hier -8. Erhöht man die Zahl -1 (Bit-Kombination '1111'), ergibt sich eigentlich '10000', wobei nur die untersten vier Bit gespeichert werden können. Es wird daher wieder die Zahl 0 gespeichert. Vergleichen Sie die Bit-Kombination '1000' mit Tabelle 6.3, sie wird dort als $+8$ interpretiert! Das liegt daran, dass, wie schon erwähnt, ein und dieselben Bit-Muster hier anders interpretiert werden. Im Fall der Tabelle 6.3 als positive Binärzahl, im Falle der Tabelle 6.4 als Binärzahl im Zweierkomplement.

Beim weiteren Vergleich der beiden Tabellen fällt auch auf, dass der „Sprung" bei positiven Zahlen bei $2^m - 1$ (hier 15, für $m = 4$) auf 0 auftritt, beim Zweierkomplement bei $2^{m-1} - 1$ (hier 7) auf -2^{m-1} (hier -8).

Außerdem existiert offensichtlich immer eine negative Zahl mehr als es positive gibt (siehe Tabelle 6.4). Das ist – wie schon erwähnt – darin begründet, dass die Null mit allen Bits auf '0' gesetzt codiert ist. Dieses Verhalten ist daher bei allen vorzeichenbehafteten Implementierungen ganzer Zahlen zu beobachten (siehe Tabelle 6.2).

6.1.3.2 Zahlensysteme in C

In C können Zahlen im Dezimal-, Oktal- und Hexadezimalsystem dargestellt werden. Während das bekannte Dezimalsystem die Basis 10 hat, hat das Oktalsystem die Basis 8, das Hexadezimalsystem die Basis 16. Im Folgenden eine Tabelle mit in der Computerwelt gängigen Zahlensystemen:

Zahlensystem	Basis	Symbole
Binär	2	0, 1
Oktal	8	0, 1, 2, 3, 4, 5, 6, 7
Dezimal	10	0, 1, 2, 3, 4, 5, 6, 7, 8, 9
Hexadezimal	16	0, 1, 2, 3, 4, 5, 6, 7, 8, 9, A, B, C, D, E, F

Tabelle 6.5: Zahlensysteme

Das Zählen von Null bis zwanzig funktioniert in diesen Zahlensystemen analog zu Tabelle 6.3:

Binär	Oktal	Dezimal	Hexadezimal
0	0	0	0
1	1	1	1
10	2	2	2
11	3	3	3
100	4	4	4
101	5	5	5
110	6	6	6
111	7	7	7
1000	10	8	8
1001	11	9	9
1010	12	10	A
1011	13	11	B
1100	14	12	C
1101	15	13	D
1110	16	14	E
1111	17	15	F
10000	20	16	10
10001	21	17	11
10010	22	18	12
10011	23	19	13
10100	24	20	14

Tabelle 6.6: Vergleich verschiedener Zahlensysteme

6.1.3.3 Umwandlung von Binär-, Oktal- und Hexadezimalzahlen

Es stellt sich die Frage, wie eine Zahl von einem Zahlensystem in ein anderes konvertiert wird. Das Konvertieren der Zahlensysteme, die auf Potenzen der '2' beruhen ist einfach: Zuerst ermittelt man die Zahlendarstellung im binären Zahlensystem und konvertiert von dort ins „Ziel-Zahlensystem".

Beispiel: Die Zahl 572 im Oktalsystem soll in ihre Hexadezimalschreibweise umgewandelt werden. Bevor man mit dem Konvertieren beginnt muss noch festgestellt werden, dass das „Quell-Zahlensystem" (hier das Oktalsystem) 8 Symbole hat, die exakt mit 3 Bit darstellbar sind, die Symbole des Zielzahlensystems (hier das Hexadezimalsystem) mit exakt 4 Bit.

Der erste Schritt lautet daher: Konvertieren der Zahl 572_8 ins Binärsystem. Da ein Symbol des Oktalsystems mit 3 Bit darstellbar ist, müssen die Zahlen 5 - 7 - 2 einzeln mit 3 Bit dargestellt werden, also:

oktal	5			7			2		
binär	1	0	1	1	1	1	0	1	0

Tabelle 6.7: Die Oktalzahl 572 im Binärsystem

Im zweiten Schritt wird die entstandene Bit-Sequenz '101111010' vom Binärsystem in das Hexadezimalsystem konvertiert. Da ein Symbol des Hexadezimalsystems mit exakt 4 Bit darstellbar ist, muss die Bit-Sequenz aus Tabelle 6.7 in 4 Bit-Gruppen dargestellt werden:

				1	0	1	1	1	1	0	1	0
0	0	0	1	0	1	1	1	1	0	1	0	

Dann kann die Konvertierung erfolgen, also:

binär	0	0	0	1	0	1	1	1	1	0	1	0
hexadezimal		1				7				A		

Tabelle 6.8: Die Binärzahl '101111010' im Hexadezimalsystem

Die Zahl 572_8 ist also äquivalent zu $17A_{16}$.

6.1.3.4 Umwandlung einer Binärzahl ins Dezimalsystem

Das Umwandeln einer Zahl im Binärsystem in das Dezimalsystem erfolgt nach Bewertung ihrer Stelle im Binärsystem:

Beispiel: Die binäre Zahl '101111010' aus obigem Beispiel soll in das Dezimalsystem umgewandelt werden. Dabei sind die Stellen im Binärsystem zu bewerten:

Binärzahl	1	0	1	1	1	1	0	1	0
Wertigkeit	2^8	2^7	2^6	2^5	2^4	2^3	2^2	2^1	2^0

Tabelle 6.9: Wertigkeit der Bits der Binärzahl '101111010'

Daraus ergibt sich $2^8 + 2^6 + 2^5 + 2^4 + 2^3 + 2^1 = 378_{10}$.

6.1.3.5 Umwandlung einer Dezimalzahl ins Binärsystem

Zur Umwandlung einer Dezimalzahl ins Binärsystem existiert ein einfacher Algorithmus:

Gegeben ist die Zahl d im Dezimalsystem. Man dividiere die Zahl d durch 2 und schreibe den Rest der Division an. Dieser Vorgang wird so lange wiederholt, bis d Null ist, wobei die Restbeträge von rechts nach links (!) angeschrieben werden.

Beispiel: Die Zahl $d = 378_{10}$ soll vom Dezimalsystem in das Binärsystem umgewandelt werden.

Unter Befolgung des angegebenen Algorithmus' ergeben sich folgende Restbeträge:

d	Ganzzahlendivision durch	2	Rest
378	$378/2 =$	189	0
189	$189/2 =$	94	1
94	$94/2 =$	47	0
47	$47/2 =$	23	1
23	$23/2 =$	11	1
11	$11/2 =$	5	1
5	$5/2 =$	2	1
2	$2/2 =$	1	0
1	$1/2 =$	0	1

Tabelle 6.10: Umwandlung der Dezimalzahl 378 in das Binärsystem

Die Restbeträge von rechts nach links angeschrieben bzw. von unten nach oben gelesen ergeben die gesuchte Binärzahl: '101111010'

6.1.4 Operatoren

C bietet eine Fülle an Operatoren für den Datentyp `int`. Es werden hier jedoch nur die wichtigsten besprochen. Logische Operatoren, die auch auf dem Datentyp `int` definiert sind, werden im Abschnitt 8.3.3 besprochen und Bit-Operatoren werden im Abschnitt 8.3.4 behandelt.

Auf dem Datentyp `int` sind folgende *ganzzahlige* Operatoren für arithmetische Grundrechenarten implementiert:

Operator	Erklärung
+	Addition
−	Subtraktion
⋆	Multiplikation
/	Division
%	Modulo

Tabelle 6.11: Arithmetische Operatoren für ganze Zahlen

Die meisten Operatoren bedürfen eigentlich keiner speziellen Erklärung. Lediglich auf den Divisionsoperator sei besonders hingewiesen. Er tut genau das was man von ihm erwartet – er berechnet den Quotienten zweier Zahlen, jedoch: Das Ergebnis der Division – genauer der *Ganzzahlendivision* – ist eine *ganze Zahl*! Das wird gerne vergessen. Also Vorsicht! Das Ergebnis von $2/3$ ist 0.

Der Modulo-Operator '`%`' berechnet den Rest der Ganzzahlendivision. Er wird sehr gerne dann verwendet, wenn man feststellen will, ob eine Zahl durch eine andere teilbar ist. Ist das Ergebnis 0, dann ist die Zahl teilbar. Will man beispielsweise feststellen, ob 27 durch 9 teilbar ist, so berechne man `27 % 9`. Man erhält den Rest 0, die Zahl ist teilbar.

Der Modulo-Operator funktioniert auch für negative Zahlen:

```
 5 %  2 liefert  1
-5 %  2 liefert -1
 5 % -2 liefert  1
-5 % -2 liefert -1
```

Falls das Ergebnis hier verwirrend erscheint, machen Sie einfach die Probe: Beispielsweise ergibt $5\% - 2$ den Wert $+1$. Die Probe lautet: $5/ - 2$ liefert exakt -2.5. Die Kommastellen abgeschnitten ergibt -2. Multipliziert man das so erhaltene Ergebnis der Ganzzahlendivision (-2) mit dem Quotienten (-2) erhält man $-2 \cdot -2 = 4$. Der Rest der Division ist also $+1$.

6.2 Punktzahlen

Wie für die Codierungen ganzer Zahlen existieren eine Reihe von Codierungsarten für Kommazahlen. Auf Grund der englischsprachigen Dominanz in der Datenverarbeitung und der amerikanischen Schreibweise für die Dezimalstelle (es wird der Punkt '.' statt des im Deutschen üblichen Kommas ',' verwendet) spricht man oft von Punktzahlen.

Zur Darstellung einer Punktzahl werden entweder Festpunkt- oder Gleitpunkt-Zahlensysteme verwendet [29]. Beide beruhen auf einer Skalierung. Im Dezimalsystem kann die Zahl 12.345 dargestellt werden als $1.2345 \cdot 10^1$ oder $0.12345 \cdot 10^2$ o.ä. Allgemein geschrieben also

$$mb^e$$

Die Zahl m wird Mantisse genannt, b ist die Basis, e der Exponent. Ist der Exponent fest vorgegeben, spricht man vom Festpunkt-Zahlensystem. Ist beispielsweise $b = 10$ und $e = 3$, wird die Zahl 12.345 als 0.012345 geschrieben, da $0.012345 \cdot 10^3 = 12.345$.

Bei Gleitpunkt-Zahlensystemen ist der Exponent nicht vorgegeben. Punktzahlen in C sind im Gleitpunkt-Zahlensystem mit der Basis 2 implementiert.

Bei der Codierung von Gleitpunkt-Zahlen werden, da die Basis 2 implizit verwendet ist, die Mantisse, der Exponent und das Vorzeichen gespeichert. In der Norm IEC[2] 559:1989 für binäre Gleitpunkt-Arithmetiken [29] werden zwei Grundformate spezifiziert:

1	8 Bit	23 Bit
v	e	m

Tabelle 6.12: Einfach langes Format

1	11 Bit	52 Bit
v	e	m

Tabelle 6.13: Doppelt langes Format

In den Siebzigerjahren wurde begonnen, Normen für Gleitpunkt-Zahlensysteme für die Datenverarbeitung zu entwerfen. Im Mittelpunkt der Arbeit stand vor allem eine Vereinheitlichung, um Programme auf andere Computersysteme übertragen zu können. Dadurch kann gewährleistet werden, dass Effekte, wie Rundungsfehler oder arithmetische Ausnahmen (Exponentenüberlauf, etc.), gleich auftreten und somit einheitlich behandelt werden können.

Im Jahre 1985 wurden die Zahlenformate das erste Mal durch die amerikanische IEEE[3] Computer Society im IEEE Standard 754-1985 genormt. Diese Norm gilt seither als Standard. Im Jahre 1989 wurde sie

---

[2]International Electrotechnical Commission
[3]Institute for Electrical and Electronics Engineers

zur internationalen Norm IEC 559:1989 erhoben. Es sei in diesem Kapitel nur das Wesentlichste dieser Norm knapp umrissen, in der folgendes festgelegt wurde:

- Es gibt zwei Grundformate und erweiterte Formate. Die zwei Grundformate (siehe Tabelle 6.12 und Tabelle 6.13) unterscheiden sich durch die Längen ihrer Mantissen und Exponenten.

- Grundoperationen und Rundungsvorschriften.

- Konvertierung zwischen Zahlenformaten.

- Behandlung von Ausnahmefehlern.

Eine Punktzahl im Binärsystem wird analog zu einer Punktzahl im gewohnten Dezimalsystem geschrieben. In Tabelle 6.14 sind einige 2er-Potenzen dargestellt:

2^x	binär	dezimal
2^{10}	10000000000	1024
2^9	1000000000	512
2^8	100000000	256
2^7	10000000	128
2^6	1000000	64
2^5	100000	32
2^4	10000	16
2^3	1000	8
2^2	100	4
2^1	10	2
2^0	1	1
2^{-1}	0.1	0.5
2^{-2}	0.01	0.25
2^{-3}	0.001	0.125
2^{-4}	0.0001	0.0625
2^{-5}	0.00001	0.03125

Tabelle 6.14: 2er-Potenzen

Die Zahl 5.75 beispielsweise lautet im Binärsystem daher 101.11.

Weiters sind im IEEE Gleitpunkt-Zahlensystem folgende Konventionen festgelegt:

- Die Mantisse m ist normalisiert bzw. für sehr kleine Zahlen denormalisiert [29]. Im Wesentlichen bedeutet das, dass beispielsweise statt der Mantisse $m = .001011101$ die normalisierte Mantisse $m_N = .1011101$ abgespeichert wird – sprich die originale Mantisse m wird solange „nach links bzw. rechts geschoben"[4], bis die Zahl '1' hinter dem Punkt steht. Hinter dem Punkt steht also in jedem Fall eine '1'.

- Das erste Bit der Mantisse wird weggelassen, da die '1' hinter dem Punkt implizit ist. Man spart dadurch ein Bit.

Weiters sind spezielle Bit-Kombinationen für die Darstellung von $+\infty$, $-\infty$, 0 oder NaN[5] definiert.

---

[4]Die Zahl wird mit 2 multipliziert bzw. durch 2 dividiert, was einer Addition bzw. einer Subtraktion um 1 im Exponenten entspricht

[5]NaN bedeutet „Nichtzahl" (*engl. not a number*) und wird verwendet, um auszudrücken, dass eine bestimmte Variable keine Zahl enthält.

Besonders erwähnt sei, dass im binären Gleitpunkt-Zahlensystem einige Zahlen nicht darstellbar sind, die im dezimalen Gleitpunkt-Zahlensystem aber sehr wohl exakt abgebildet sind.

Beispiel: Die Dezimalzahl 0.1 ist im Binärsystem eine periodische Zahl:

$$0.1_{10} = 0.0\overline{0011}_2$$

Sie kann daher nur gerundet gespeichert werden.

Die Zahl $1/3$ wiederum ist im Dezimalsystem nicht exakt darstellbar, im 3er Zahlensystem jedoch ist sie exakt 0.1_3.

6.2.1 Gleitpunkt-Zahlensysteme in C

Das einfach genaue Zahlenformat aus Tabelle 6.12 ist in C durch den Datentyp `float` implementiert, das doppelt genaue Zahlenformat aus Tabelle 6.13 durch den Datentyp `double`.

Der Datentyp `double` ist genauer als der Datentyp `float`, weshalb `float` kaum noch verwendet wird.

Als dritten Gleitpunkt-Datentyp existiert `long double`, der allerdings maschinenabhängig auf unterschiedlichen Rechnerarchitekturen implementiert ist und daher von Rechner zu Rechner unterschiedlich genau ist.

Der Speicherverbrauch der Gleitpunkt-Datentypen ist im Folgenden dargestellt:

Datentyp	Bits
`float`	32
`double`	64
`long double`	≥ 64

Tabelle 6.15: Speicherverbrauch pro Variable

6.2.2 Literale

Literale von Gleitpunkt-Zahlen müssen einen Dezimalpunkt[6] (z.B. `12.34`), einen Exponenten (z.B. `1234e-2`) oder beides enthalten. Optional kann an die Zahl ein 'f' bzw. 'F' angehängt werden und bezeichnet dadurch eine Zahl vom Typ `float`. Wird ein 'l' oder ein 'L' angehängt, ist ein `double` gemeint. Wird kein Buchstabe angegeben, wird `double` verwendet.

Beispiele für `double` Literale:

```
46.5656L
3.1415
0.147 oder .147 oder 147e-3 oder 147E-3
193.44e12
```

Beispiele für `float` Literale:

```
46.5656F
3.1415F
0.147F oder .147F oder 147e-3F oder 147E-3F
193.44e12F
```

---

[6]Der Dezimalpunkt wird, wie erwähnt, auf Grund der englischsprachigen Dominanz in der Datenverarbeitung als Punkt und nicht als Komma geschrieben.

6.2.3 Operatoren

Für Gleitpunkt-Zahlen sind folgende Operatoren definiert:

Operator	Erklärung
+	Addition
–	Subtraktion
*	Multiplikation
/	Division

Tabelle 6.16: Arithmetische Operatoren für Gleitpunkt-Zahlen

Im Gegensatz zu ganzen Zahlen existiert hier der Modulo-Operator '%' (siehe Abschnitt 6.1.4) nicht. Der Divisionsoperator '/' liefert (im Gegensatz zum gleich geschriebenen Divisionsoperator '/' für ganze Zahlen) eine reelle Zahl. Das Ergebnis von 2/3.0 oder 2.0/3.0 ist 0.6666, da auf Grund der verwendeten Gleitpunkt-Zahlen der Divisionsoperator für Gleitpunkt-Zahlen verwendet wird.

6.2.4 Mathematische Funktionen

Die Standard-Mathematik-Bibliothek stellt die gebräuchlichsten „mathematischen" Funktionen zur Verfügung. Diese Funktionen sind für Gleitpunkt-Zahlen implementiert. Die Genauigkeit der Funktionswerte ist, da es sich um numerische Verfahren handelt, fehlerbehaftet (siehe Kapitel 22).

Die gebräuchlichsten trigonometrischen Funktionen sind in Tabelle 6.17 aufgelistet, verfügbare Hyperbelfunktionen in Tabelle 6.18, logarithmische Funktionen, die Exponentialfunktion und diverse Potenzfunktionen in Tabelle 6.19 und Rundungsfunktionen und die Betragsfunktion sind in Tabelle 6.20 beschriebenen.

Die Parameter x und y bezeichnen dabei Gleitpunkt-Zahlen vom Typ `double`. Winkel werden in Radiant angegeben. Die Rückgabewerte der Funktionen sind vom Typ `double`. Um eine der beschriebenen Funktionen verwenden zu können, muss die Header-Datei `math.h` inkludiert und die Mathematik-Bibliothek m zum Programm hinzugelinkt werden (Linker-Option `-lm`).

Funktion	Beschreibung
`sin(x)`	Sinus von x
`cos(x)`	Cosinus von x
`tan(x)`	Tangens von x
`asin(x)`	Arcussinus von x
`acos(x)`	Arcuscosinus von x
`atan(x)`	Arcustangens von x
`atan2(y,x)`	Arcustangens von y/x. Dabei werden die Vorzeichen von x und y berücksichtigt, um den Quadrant zu ermitteln.

Tabelle 6.17: Trigonometrische Funktionen aus `math.h`

Funktion	Beschreibung
`sinh(x)`	Sinus hyperbolicus von x
`cosh(x)`	Cosinus hyperbolicus von x
`tanh(x)`	Tangens hyperbolicus von x
`asinh(x)`	Areahyperbelsinus von x
`acosh(x)`	Areahyperbelcosinus von x
`atanh(x)`	Areahyperbeltangens von x

Tabelle 6.18: Hyperbelfunktionen aus `math.h`

Funktion	Beschreibung
exp(x)	Exponentialfunktion von x (e^x)
log(x)	Natürlicher Logarithmus von x
log10(x)	Logarithmus von x zur Basis 10
pow(x,y)	Potenzfunktion (*engl. power*) x^y
sqrt(x)	Quadratwurzel (*engl. square root*) von x
cbrt(x)	Kubikwurzel (*engl. cubic root*) von x

Tabelle 6.19: Logarithmische Funktionen, die Exponentialfunktion und Potenzfunktionen aus math.h

Funktion	Beschreibung
fabs(x)	Absolutbetrag von x
floor(x)	Rundet x auf die nächst kleinere ganze Zahl ab
ceil(x)	Rundet x auf die nächst größere ganze Zahl auf

Tabelle 6.20: Rundungsfunktionen und Betrag aus math.h

Die Parameter müssen im Wertebereich der Funktionen liegen. Beispielsweise darf für die Berechnung des Logarithmus x keine negative Zahl sein. Es sei erwähnt, dass auch die Funktion pow einen Fehler liefert, wenn beispielsweise x negativ ist und y $1/3$ ist. Das Problem ist hier einerseits darin begründet, dass $1/3$ nicht exakt als double dargestellt werden kann, und dass andererseits aus solchen Gründen die Funktion pow nicht für negative Werte von x bei nicht ganzzahligen Werten in y definiert wurde.

6.3   Zeichen

Zeichen existieren in C nur indirekt. Soll ein Zeichen gespeichert werden, wird sein ASCII-Code (siehe Abschnitt 6.3.2) abgespeichert – eine Zahl, die dem Zeichen entspricht. Wird ein Zeichen ausgegeben, beispielsweise mit printf, so wird der Code an die Ausgabefunktion übergeben, die das Zeichen am Bildschirm darstellt.

Der Datentyp zum Speichern von „Zeichen" lautet char. Ein char ist 8 Bit lang und kann die Zahlen im Wertebereich $-128 \ldots 127$ annehmen.

Es ist wichtig, zu wissen, dass der Datentyp char eigentlich Zahlenwerte speichert, um Effekte, die daraus resultieren, besser verstehen zu können. Addiert man zum Zeichen 'A' beispielsweise die Zahl 1 hinzu, so erhält man das Zeichen 'B'. Dies folgt direkt aus dem ASCII-Code, der in Abschnitt 6.3.2 erklärt wird. Es ist jedoch nicht empfohlen, den Datentyp char zum Speichern von Zahlen zu verwenden! Eine sinnvolle Anwendung des Datentyps char ist in Abschnitt 6.3.1 gezeigt.

```
char c1 =  65; // funktioniert, Typ char zum Speichern von Zahlen aber
char c2 = -83; // nicht empfohlen!
```

Ähnlich zum Datentyp int (siehe Abschnitt 6.1) kann der Qualifizierer unsigned in Kombination mit char verwendet werden um nur positive Zahlen zu speichern. Der Wertebereich verschiebt sich dadurch zu $0 \ldots 255$.

```
unsigned char c = 231; // funktioniert, aber ist nicht empfohlen!
```

Der Datentyp `char` sollte nur zur Speicherung von Zeichen benutzt werden. Für ganze Zahlen sollte hingegen stets der Datentyp `long` (siehe Abschnitt 6.1) verwendet werden, auch wenn die Zahlenmenge durch ein `char` beschrieben werden könnte!

Für die Wahl eines falschen Datentyps gibt es ein sehr bekanntes Beispiel, das als Y2K Problem bekannt wurde, das „Jahr 2000 Problem". Dabei wurde in vielen, teilweise älteren, Programmen vom Jahr eines Datums nur die letzten beiden Stellen abgespeichert. Die 19 vor dieser Zahl, die für *Neunzehnhundert* steht, wurde abgeschnitten. Der Grund dafür war meist Speicherplatz zu sparen. In der Annahme, dass diese Programme bis zum Jahr 2000 längst durch neuere ersetzt sein würden, fanden sich in unzähligen Programmen oft stillschweigend diese Codierungen der Jahreszahl. In C Programmen war der Datentyp der Wahl das `char`, da alle Zahlen 00 bis 99 darin Platz finden.

Die Probleme, die dann auftraten, sind bekannt. Die Programme "überlebten" teilweise doch länger als geplant und mussten nachträglich ersetzt oder korrigiert werden. Die Umstellung auf einen neuen Datentyp und die damit verbundenen Arbeiten (teilweise mussten Programme, die auf diesem Datentyp beruhten komplett redigiert bzw. durchforstet werden) verschlangen Milliarden.

6.3.1 Literale

Zeichen können mit den einfachen Hochkommata angegeben werden:

```
char c = 'A';
```

Escape-Sequenzen (siehe Abschnitt 7.1) können ebenfalls angegeben werden:

```
char newline = '\n';
```

Zwei Zeichen finden in einem `char` nicht Platz (die Angabe von beispielsweise `'ab'` für zwei Buchstaben ist nicht möglich). Dafür müssen zwei verschiedene Variablen vom Typ `char` oder Zeichenketten (siehe Kapitel 15) verwendet werden.

 Verwechseln Sie einfache (`'`) und doppelte (`"`) Hochkommata (Anführungszeichen) nicht! Einzelne Zeichen werden in einfache Hochkommata gesetzt. Zeichenketten (sie bestehen aus einem oder mehreren Zeichen) werden in Anführungszeichen eingefasst (siehe Kapitel 15).

6.3.2 Der ASCII-Code

Der ASCII-Code[7] ist ein älterer Code, der jedoch heute immer noch in Verwendung ist. Er wurde 1963 von ASA[8] genormt und nach Überarbeitung im Jahre 1968 so definiert, wie er heute noch in Verwendung ist. Leider legt dieser Code nur die im englischsprachigen Raum üblichen Buchstaben fest. Der ASCII-Code legt die Codierung im Wertebereich 0...127 (7 Bits-Code) fest. Die unteren 32 Codes sind Steuercodes und wurden unter anderem zur Ansteuerung von Druckern verwendet. Die oberen 96 Codes dienen der Darstellung von Buchstaben, Ziffern und diversen Zeichen. Der ASCII-Code ist in Tabelle 6.21 dargestellt. In dieser Tabelle sind auch Control-Sequenzen abgebildet (im Bereich 0...31, 127), die für die Ansteuerung von Druckern oder ähnlichen Geräten notwendig waren, heute aber kaum noch verwendet werden. Die heute noch relevanten Control-Sequenzen, die häufig zum Einsatz kommen, sind

---

[7]American Standard Code for Information Interchange
[8]American Standards Association

in der Tabelle durch Kurznamen mit drei Buchstaben kursiv dargestellt. Die im Deutschen verwendeten Umlaute sowie einige Buchstaben mancher anderer Sprachen sind im ASCII-Code nicht genormt, werden aber im Wertebereich 128 . . . 255 dargestellt (erweiterter ASCII-Code).

Ein häufiger Fehler ist, dass Zeichen, die Zahlen darstellen, mit Zahlen verwechselt werden: Beispielsweise muss strikt zwischen dem Zeichen '1' und der Zahl 1 unterschieden werden. Das Zeichen '1' entspricht nach Tabelle 6.21 der Zahl 49.

In Tabelle 6.21 symbolisiert das „—" eine hier weggelassene Control-Sequenz. Die Bedeutung der angeführten Control-Sequenzen (kursiv dargestellt) ist in Tabelle 6.22 dargestellt.

HEX	DEC	ASCII	HEX	DEC	ASCII	HEX	DEC	ASCII	HEX	DEC	ASCII
0	0	*NUL*	20	32		40	64	@	60	96	`
1	1	—	21	33	!	41	65	A	61	97	a
2	2	—	22	34	"	42	66	B	62	98	b
3	3	—	23	35	#	43	67	C	63	99	c
4	4	—	24	36	$	44	68	D	64	100	d
5	5	—	25	37	%	45	69	E	65	101	e
6	6	—	26	38	&	46	70	F	66	102	f
7	7	*BEL*	27	39	'	47	71	G	67	103	g
8	8	—	28	40	(	48	72	H	68	104	h
9	9	*TAB*	29	41	)	49	73	I	69	105	i
A	10	*LF*	2A	42	*	4A	74	J	6A	106	j
B	11	—	2B	43	+	4B	75	K	6B	107	k
C	12	—	2C	44	,	4C	76	L	6C	108	l
D	13	*CR*	2D	45	-	4D	77	M	6D	109	m
E	14	—	2E	46	.	4E	78	N	6E	110	n
F	15	—	2F	47	/	4F	79	O	6F	111	o
10	16	—	30	48	0	50	80	P	70	112	p
11	17	—	31	49	1	51	81	Q	71	113	q
12	18	—	32	50	2	52	82	R	72	114	r
13	19	—	33	51	3	53	83	S	73	115	s
14	20	—	34	52	4	54	84	T	74	116	t
15	21	—	35	53	5	55	85	U	75	117	u
16	22	—	36	54	6	56	86	V	76	118	v
17	23	—	37	55	7	57	87	W	77	119	w
18	24	—	38	56	8	58	88	X	78	120	x
19	25	—	39	57	9	59	89	Y	79	121	y
1A	26	—	3A	58	:	5A	90	Z	7A	122	z
1B	27	*ESC*	3B	59	;	5B	91	[	7B	123	{
1C	28	—	3C	60	<	5C	92	\	7C	124		
1D	29	—	3D	61	=	5D	93	]	7D	125	}
1E	30	—	3E	62	>	5E	94	^	7E	126	~
1F	31	—	3F	63	?	5F	95	_	7F	127	*DEL*

Tabelle 6.21: ASCII-Tabelle

HEX	DEC	Control-Sequenz	Bedeutung
0	0	*NUL*	Null (0)
7	7	*BEL*	Klingelton (*engl. bell*)
9	9	*TAB*	Tabulatorsprung (*engl. horizontal tab*)
0A	10	*LF*	Neue Zeile (Zeilenvorschub, *engl. line feed*)
0D	13	*CR*	Zeilenanfang (Wagenrücklauf, *engl. carriage return*)
1B	27	*ESC*	Abbruch (*engl. escape*)
7F	127	*DEL*	Zeichen löschen (*engl. delete*)

Tabelle 6.22: Bedeutung der Control-Sequenzen aus Tabelle 6.21

6.3.3 Operatoren

Als Operatoren können dieselben Operatoren wie für ganze Zahlen verwendet werden. Es ist im Allgemeinen aber nur selten notwendig, Zeichen mit Operatoren zu manipulieren.

6.3.4 Funktionen für Zeichen

Die C-Standard-Bibliothek bietet einige Funktionen für Zeichen. Eine Auswahl der gebräuchlichsten Funktionen ist in Tabelle 6.23 aufgelistet. Der Parameter c bezeichnet dabei ein Zeichen. Um diese Funktionen verwenden zu können, muss die Header-Datei ctype.h inkludiert werden. Die Funktionen liefern einen int-Wert zurück.

Funktion	Beschreibung
isalpha(c)	nicht 0, wenn c ein Buchstabe (kein Umlaut) ist, sonst 0
isalnum(c)	nicht 0, wenn c ein alphanumerisches Zeichen (kein Umlaut) ist, sonst 0
isdigit(c)	nicht 0, wenn c eine Ziffer ist, sonst 0
islower(c)	nicht 0, wenn c ein Kleinbuchstabe (kein Umlaut) ist, sonst 0
isupper(c)	nicht 0, wenn c ein Großbuchstabe (kein Umlaut) ist, sonst 0
isspace(c)	nicht 0, wenn c ein Füllzeichen ist, wie z.B. das Leerzeichen oder der Zeilenvorschub, sonst 0

Tabelle 6.23: Funktionen zur Klassifikation von Zeichen aus ctype.h

Ein Beispiel:

```c
char c = 'A';
long i;
// ...
i = isalnum(c);
```

Tabelle 6.24 zeigt Funktionen zur Umwandlung von Zeichen. Der Rückgabewert ist ein Zeichen (ASCII-Code) im Typ int, der, wenn notwendig, in ein char umgewandelt werden muss (siehe Abschnitt 6.6).

Funktion	Beschreibung
tolower(c)	liefert das Zeichen c, umgewandelt in einen Kleinbuchstaben (keine Umlaute)
toupper(c)	liefert das Zeichen c, umgewandelt in einen Großbuchstaben (keine Umlaute)

Tabelle 6.24: Funktionen zur Manipulation von Zeichen aus ctype.h

Ein Beispiel:

```
char c = 'A';
// ...
c = tolower(c);
```

6.4 Wahrheitswerte

Wahrheitswerte sind in C nicht typorientiert implementiert. Andere Programmiersprachen, wie z.B. C++ bieten einen eigenen Typ für Ja/Nein-Aussagen an.

Für Wahrheitswerte wird in C der Datentyp int mitverwendet. Die Zahl 0 bedeutet *logisch* interpretiert „*falsch*", während alle anderen Zahlen (auch negative)[9] *logisch* interpretiert „*wahr*" bedeuten.

Wahrheitswerte und ihre Operatoren in Ausdrücken werden detailliert in Abschnitt 8.3.3 behandelt.

6.5 void

Der „Typ" void bedeutet in C soviel wie „nichts" oder „unbekannt". Er wird im Zusammenhang mit Funktionen (siehe Kapitel 11) oder Zeigern (siehe Kapitel 14) verwendet. Eigentlich ist void kein Datentyp – er hat keinen Wertebereich und keine Operatoren: Er steht schlichtweg für „nichts" – also kein Wert. Variablen oder Konstanten können nicht vom Typ void definiert werden, da ja auch keine Werte gespeichert werden können.

6.6 Typumwandlung

Es muss zunächst zwischen impliziter und expliziter Typumwandlung (*engl. to cast*) unterschieden werden. Eine implizite Typumwandlung findet dann statt, wenn ein Wert eines *eingebauten* Datentyps in einen anderen eingebauten Datentyp umgewandelt werden soll. Diese Typumwandlung wird zur Zeit der Übersetzung festgestellt. Dabei muss allerdings vorsichtig umgegangen werden, da bei einer Typumwandlung auch Datenverlust auftreten kann. Dies geschieht genau dann, wenn der zu konvertierende Wert im Zieldatentyp nicht darstellbar ist.

Ein char kann in ein long oder ein double umgewandelt werden, ohne dass Datenverlust auftritt. Genau so kann ein long in ein double ohne Verluste umgewandelt werden, in ein char im Allgemeinen jedoch nicht, es sei denn, der Wert liegt im Wertebereich des char. Ein double kann im Allgemeinen in keinen anderen eingebauten Datentyp verlustlos umgewandelt werden. Verlustbehaftete Typumwandlung kann auch stattfinden, wenn zwischen signed und unsigned Varianten eines Datentyps konvertiert werden soll. Beispiele für implizite Typumwandlungen sind:

```
char c   = 32;
long l   = 5223;
double d = 3.13;

c = l;  // Umwandlung long   in char:  Datenverlust
l = c;  // Umwandlung char   in long
l = d;  // Umwandlung double in long:  Datenverlust
d = l;  // Umwandlung long   in double
```

---

[9]Es braucht nur ein Bit gesetzt zu sein, damit eine Zahl bzw. Bit-Kombination logisch als „*wahr*" interpretiert wird.

Eine explizite Typumwandlungen findet dann statt, wenn explizit ein Zieldatentyp angegeben wird. Zum Konvertieren eines Datentyps in einen anderen existieren eine Reihe von Operatoren, die denselben Namen wie der „Zieldatentyp" tragen. Dabei ist ebenfalls zwischen *werterhaltender* und *verlustbehafteter* Umwandlung zu unterscheiden!

Die Umwandlung von Literalen ist meist sinnlos, da meist das Literal für den Zieldatentyp angeschrieben werden kann[10].

Beispiel: Eine Firma stellt in 3 Tagen 289 Hemden her. Um die durchschnittliche Anzahl der Hemden zu ermitteln, die pro Tag hergestellt werden, ist eine einfache Division notwendig:

```
long   anzahlTage   = 3;
long   anzahlHemden = 289;
double hemdenProTag = anzahlHemden / anzahlTage;
```

Dabei ist hier allerdings ein Fehler passiert: Da sowohl `anzahlTage` als auch `anzahlHemden` von Typ ganze Zahl sind, wird das Ergebnis 96 statt exakt 96.3333 berechnet und in `hemdenProTag` abgespeichert. Es handelt sich hier um eine Ganzzahlendivision (siehe Abschnitt 6.1.4). Soll das Ergebnis genau ermittelt werden, muss mindestens einer der beiden Operanden durch *Casting* vorher in eine Gleitpunkt-Zahl umgewandelt werden:

```
long   anzahlTage   = 3;
long   anzahlHemden = 289;
double hemdenProTag = (double)anzahlHemden / anzahlTage;
```

Der Cast-Operator `(double)` wandelt den Wert der Variablen `anzahlHemden` vor der Division in ein `double` um (die Konvertierung erfolgt werterhaltend, da bei der Umwandlung kein Datenverlust stattfindet). Da jetzt an der Division nicht mehr zwei ganze Zahlen beteiligt sind, wird der Divisionsoperator für Gleitpunkt-Zahlen aufgerufen und das Ergebnis exakt[11] berechnet.

Es stellt sich die Frage, ob man die Variablen `anzahlTage` und `anzahlHemden` nicht ebenfalls als `double` definieren hätte sollen, um Casting zu vermeiden. In diesem Fall ist die Definition beider Variablen jedoch korrekt, da sie nur ganze Zahlen enthalten. Es gibt ja nur ganze Hemden. Casting ist daher notwendig.

Das Umwandeln einer Gleitpunkt-Zahl in eine ganze Zahl geschieht beispielsweise mit dem Operator `(long)`. Dabei wird jedoch nicht gerundet! Um beim Konvertieren zu Runden, muss 0.5 zur zu rundenden Zahl addiert werden:

```
double betragGenau    = 123.556;
long   betragGerundet = (long)(betragGenau + 0.5);
```

Bei einer Umwandlung einer Gleitpunkt-Zahl in eine ganze Zahl kommt es zu Datenverlust – die Nachkommastellen werden abgetrennt. Wird eine sehr hohe Zahl ($> 2^{31} - 1$) konvertiert, kann die Zahl in einem `long` nicht dargestellt werden..

---

[10] `(double)2` oder `(int)1.0` sind sinnlos, da man gleich `2.0` bzw. `1` schreiben kann.
[11] Sofern nicht gesondert erwähnt, wird im Folgenden unter *exakt* die Exaktheit auf Datentypgenauigkeit verstanden.

6.7 `sizeof`

Mit Hilfe der Funktion[12] `sizeof()` kann festgestellt werden, wieviel Bytes[13] ein Datentyp oder auch eine Variable oder Konstante verbraucht. Die Anzahl wird zur Übersetzungszeit ermittelt.

`sizeof``(Objekt)`

ermittelt die Länge in Bytes einer beliebigen Variable oder Konstante.

`sizeof``(Typ)`

ermittelt die Länge in Bytes eines beliebigen Typs.

Ein Beispiel:

```
#include <stdio.h>

main()
{ printf("char:    %d\n", sizeof(char));
  printf("long:    %d\n", sizeof(long));
  printf("float:   %d\n", sizeof(float));
  printf("double:  %d\n", sizeof(double));
} // end main
```

Auf einer 32-Bit-Rechnerarchitektur erhalten Sie folgende Ausgabe:

```
char:   1
long:   4
float:  4
double: 8
```

6.8 Beispiele

6.8.1 Umfang und Fläche eines Kreises

Schreiben Sie ein Programm zur Berechnung des Umfanges und der Fläche eines Kreises. Als einzige Unbekannte soll der Radius benötigt werden. Verwenden Sie zur Ausgabe die Funktion `printf`. Da noch keine Funktionen zur Eingabe vorgestellt wurden (das wird in Kapitel 7 nachgeholt), geben Sie den Radius im Programm konstant vor.

Lösung:

```
/* Berechnung des Umfangs und der Fläche
   eines Kreises:
   Der Radius wird hier konstant vorgegeben.
*/

#include <stdio.h>
```

bsp-6-1.c

---

[12] `sizeof` ist streng genommen ein Operator, der zur Übersetzungszeit durch den Compiler ausgewertet wird, hat jedoch in seiner Verwendung die Eigenschaften einer Funktion.

[13] Ein Byte ist 8 Bit lang.

```
const double PI = 3.14159265358979323846;

main()
{ const double RADIUS = 10;

    double umfang, flaeche;

    // Berechnung des Umfangs
    umfang  = 2 * PI * RADIUS;
    // Berechnung der Fläche
    flaeche = RADIUS * RADIUS * PI;

    // Ausgabe
    printf("Der Radius des Kreises beträgt: %g\n", RADIUS);
    printf("Der berechnete Umfang lautet:   %g\n", umfang);
    printf("Die berechnete Fläche lautet:   %g\n", flaeche);
} // end main
```

In dieser Lösung ist RADIUS als Konstante definiert, da er im Programm nicht verändert wird. Dann erfolgt die Berechnung des Umfang und der Fläche und anschließend die Ausgabe.

6.8.2 Lösen quadratischer Gleichungen

Schreiben Sie ein Programm zum Lösen einer quadratischen Gleichung. Gegeben Sei die Gleichung

$$ax^2 + bx + c = 0$$

Dadurch ergeben sich die Lösungen zu:

$$x_{1,2} = \frac{-b \pm \sqrt{b^2 - 4ac}}{2a}$$

Zum Berechnen der Wurzel benötigen Sie die mathematische Funktion sqrt. Inkludieren Sie dazu die Header-Datei math.h.

Ergibt der Ausdruck unter der Wurzel einen negativen Ausdruck, so wird die Lösung komplex. Vernachlässigen Sie dies allerdings in diesem Beispiel. Das Beispiel wird in Kapitel 9 verbessert.

Lösung:

```
/* Lösen quadratischer Gleichungen
*/

#include <stdio.h>
#include <math.h>

main()
{ double a, b, c, wurzel, x1, x2;

    // Eingabe
    printf("Lösen quadratischer Gleichungen\n");
    printf("a * x^2 + b * x + c = 0\n");
    printf("a = ");
    scanf("%lf", &a);
    printf("b = ");
    scanf("%lf", &b);
    printf("c = ");
    scanf("%lf", &c);

    // Berechnung
    wurzel = sqrt(b * b - 4 * a * c);
```

bsp-6-2.c

```
x1 = (- b + wurzel) / (2 * a);
x2 = (- b - wurzel) / (2 * a);

// Ausgabe
printf("Die Lösungen lauten:\n");
printf("x1 = %g\n", x1);
printf("x2 = %g\n", x2);
} // end main
```

Beispielsweise erhält man bei der Eingabe von 1, 2 und 3 ein fehlerhaftes Ergebnis, da die korrekte Lösung eine komplexe Zahl ist.

Kapitel 7

Eingabe – Ausgabe

Befehle für die Ein- und Ausgabe werden in C in diversen Bibliotheken angeboten. Im Folgenden werden einige Befehle der Standard-Bibliothek erklärt, die mit jedem C-Compiler mitgeliefert wird, da sie weitgehend standardisiert sind.

Bevor einer dieser Befehle verwendet werden kann, muss die Header-Datei stdio.h geladen werden.

```
#include <stdio.h>
```

7.1   Ausgabefunktionen

Die Ausgabefunktionen der Standardbibliothek unterstützen nur Textausgaben, keine Grafik. Im Folgenden ist der wichtigste Befehl der C-Standard-Bibliothek erklärt, der Befehl printf.

Der Befehl printf ist ein komplexer Befehl. Er erwartet mindestens ein Argument, eine Zeichenkette, und gibt diese am Bildschirm aus.

```
printf("Hallo Welt!");
```

gibt den Text Hallo Welt! aus, der Ausgabecursor steht hinter dem Rufzeichen und bleibt in derselben Zeile. Um einen Zeilenvorschub zu bewirken, unterstützt printf eine Reihe von Ersatzsymbolen, sogenannter Escape-Sequenzen, von denen das *linefeed* (\n) bereits behandelt wurde (siehe Abschnitt 4.8).

Durch folgenden Aufruf wird der Ausgabecursor anschließend an den Anfang der nächsten Zeile gesetzt:

```
printf("Hallo Welt!\n");
```

Eine kleine Auswahl an gebräuchlichen Escape-Sequenzen ist in Tabelle 7.1 gezeigt.

Will man Anführungszeichen ausgeben, muss eine Escape-Sequenz verwendet werden, da ein " die Zeichenkette beendet.

Der Aufruf

```
printf("Mein Name ist \"Hans\".\n");
```

Escape-Sequenz	Beschreibung
\n	Neue Zeile (*engl. newline*)
\t	Tabulator
\\	backslash (\\)
\"	Anführungszeichen (")
\a	Klingelton (*beep*)
\b	Rücksetzzeichen (*engl. backspace*)

Tabelle 7.1: Escape-Sequenzen in C

gibt den Text „Mein Name ist "Hans".“ aus.

Wie im Kapitel 5 gezeigt, kann der Befehl printf auch zur Ausgabe von Variablen (oder Werten) verwendet werden. Genauer gesagt ist printf ein Befehl für die formatierte Ausgabe[1]. Dabei werden Platzhalter verwendet, die mit einem „%“ eingeleitet werden.

Stößt printf bei der Ausgabe des Textes auf einen Platzhalter, wird der nächst folgende Parameter anstelle des Platzhalters ausgegeben. Im Folgenden finden Sie eine kurze Erklärung der wichtigsten Platzhalter von printf. Einige Datentypen (Adressen und Zeichenketten) wurden bisher noch nicht behandelt. Sie werden in späteren Kapitel behandelt, da dafür weitere Vorkenntnisse notwendig sind. Ihre Ausgabe wird hier aber bereits der Vollständigkeit halber erklärt.

7.1.1 Ausgabe einer ganzen Zahl

Der Platzhalter für eine ganze Zahl vom Typ long lautet %ld. Enthält die Variable wert eine ganze Zahl vom Typ long, so kann sie mit dem Befehl

```
printf("Eine ganze Zahl: %ld\n", wert);
```

ausgegeben werden. Ein weiteres Beispiel:

```
long zahl1 = 1;
long zahl2 = 3;
long summe;
summe = zahl1 + zahl2;
printf("Die Summe von %ld und %ld lautet %ld.\n", zahl1, zahl2, summe);
```

Das Zeichen '1' im Platzhalter %ld bedeutet long. Das 'd' bewirkt die Ausgabe als Dezimalzahl. Um das Oktalsystem bzw. das Hexadezimalsystem zu verwenden kann es durch ein 'o' bzw. ein 'x' ersetzt werden:

```
printf("oktal:       %lo\n", wert);
printf("dezimal:     %ld\n", wert);
printf("hexadezimal: %lx\n", wert);
```

---

[1] printf bedeutet im Englischen *print formatted*.

Enthält die Variable wert die Zahl 123, so lautet die Ausgabe:

```
oktal:        173
dezimal:      123
hexadezimal:  7b
```

Enthält die Variable wert die Zahl −123, so lautet die Ausgabe hingegen:

```
oktal:        37777777605
dezimal:      -123
hexadezimal:  ffffff85
```

Die Platzhalter zur Ausgabe von Zahlen im Oktalsystem und Hexadezimalsystem eignen sich daher nicht zur Darstellung negativer Zahlen.

Alternativ kann statt dem Zeichen 'd' im Platzhalter für die Ausgabe einer Dezimalzahl auch das Zeichen 'i' verwendet werden. Diese Möglichkeit ist aus Kompatibilitätsgründen zu dem Befehl scanf (siehe Abschnitt 7.2) vorhanden. Zur Ausgabe eines int wird der Platzhalter %d verwendet, zur Ausgabe eines short int der Platzhalter %hd. Der Platzhalter eines unsigned int lautet %u.

7.1.2 Ausgabe einer Gleitpunkt-Zahl

Der Platzhalter für eine Gleitpunkt-Zahl lautet entweder %e, %f oder %g. Der Platzhalter %e rundet das Argument und gibt die Gleitpunkt-Zahl im Stil [-]d.ddde±dd aus. Der Platzhalter %f rundet ebenfalls, benutzt jedoch den Stil [-]ddd.ddd. Der Platzhalter %g schließlich schaltet zwischen %e und %f hin und her, je nachdem wie groß das Argument ist.

Die Variable wert enthält im folgenden Beispiel eine Gleitpunkt-Zahl. Die Ausgabe erfolgt auf drei verschiedene Arten:

```
double wert = 123.456;
printf("Wissenschaftliche Notation: %e\n", wert);
printf("Punktnotation:              %f\n", wert);
printf("Variable Notation:          %g\n", wert);
```

Die Ausgabe lautet:

```
Wissenschaftliche Notation: 1.234560e+02
Punktnotation:              123.456000
Variable Notation:          123.456
```

Die Ausgabe kann für alle drei Platzhalter mit einer zusätzlichen Angabe für die Ausgabegenauigkeit (hier 2), beeinflusst werden, wobei der Platzhalter %g eigene Wege geht und die Anzahl der auszugebenden Ziffern (inklusive der vor dem Komma) verlangt:

```
printf("Wissenschaftliche Notation: %.2e\n", wert);
printf("Punktnotation:              %.2f\n", wert);
printf("Variable Notation:          %.2g\n", wert);
```

Die Ausgabe lautet nun:

```
Wissenschaftliche Notation: 1.23e+02
Punktnotation:              123.46
Variable Notation:          1.2e+02
```

Soll die Ausgabe rechtsbündig erfolgen, kann vor dem Punkt noch die Ausgabebreite (nur für Gleitpunkt-Zahlen) festgelegt werden (hier 10).

```
printf("Wissenschaftliche Notation: %10.2e\n", wert);
printf("Punktnotation:              %10.2f\n", wert);
printf("Variable Notation:          %10.2g\n", wert);
```

Die Ausgabe ist jetzt rechtsbündig formatiert:

```
Wissenschaftliche Notation:   1.23e+02
Punktnotation:                  123.46
Variable Notation:              1.2e+02
```

Die obigen Platzhalter werden sowohl bei der Ausgabe von `float` oder `double` verwendet.

Es existieren noch weitere Qualifizierer für die Ausgabe von Gleitpunkt-Zahlen. Es sei aber hier auf die Dokumentation Ihres Compilers verwiesen, da die Beschreibung hier bei weitem den Rahmen sprengt.

7.1.3 Ausgabe von Adressen

Üblicherweise werden Objekte (Variablen eines beliebigen Typs) im Speicher abgelegt. Diese Objekte haben daher auch eine Speicheradresse, kurz: die Adresse. Adressen werden eingehend in Kapitel 14 und Kapitel 12 erläutert.

Der Platzhalter für eine Adresse oder einen Zeiger (*engl. pointer*) lautet `%p`.

Beispiel: Enthält die Variable `ptr` eine Adresse, so kann sie mit dem Befehl

```
printf("Die Adresse %p wird ausgegeben.\n", ptr);
```

ausgegeben werden.

7.1.4 Ausgabe eines Zeichens

Zeichen können mit dem Platzhalter `%c` ausgegeben werden.

Beispiel: Enthält die Variable `buchstabe` das Zeichen 'a', so bewirkt der Befehl

```
printf("Das Zeichen '%c'.\n", buchstabe);
```

die Ausgabe

```
Das Zeichen 'a'.
```

7.1.5 Ausgabe einer Zeichenkette

Zeichenketten werden im Kapitel 15 behandelt. Sie können mit dem Platzhalter %s ausgegeben werden. Beispiel: Enthält die Variable name die Zeichenkette Hans, so bewirkt der Befehl

```
printf("Der Name lautet \"%s\".\n", name);
```

die Ausgabe

```
Der Name lautet "Hans".
```

Der Befehl printf erwartet als ersten Parameter eine Zeichenkette, die die Formatierung beschreibt. Enthält die Zeichenkette keine Platzhalter, wird lediglich die Zeichenkette selbst ausgegeben. Soll also nur eine Zeichenkette ohne weitere Formatierung ausgegeben werden, kann daher auch der Aufruf

```
printf(name);
```

verwendet werden.

7.1.6 Weitere Formatierungsmöglichkeiten

Die Funktion printf ermöglicht die Ausgabe von rechtsbündig oder linksbündig formatiertem Text mit variabler Ausgabebreite. Die Voreinstellung ist rechtsbündige Ausgabe in der Ausgabebreite. Will man die Ausgabebreite verändern, so muss das Zeichen '*' verwendet werden, wobei ein weiterer Parameter (vor dem eigentlichen Parameter für den Platzhalter) für die Ausgabebreite angegeben werden muss.
Enthält die Variable wert die Zahl 123, so bewirkt der Befehl

```
printf("Die Ausgabe lautet \"%*d\".\n", 20, wert);
```

die Ausgabe

```
Die Ausgabe lautet "                 123".
```

Soll die Ausgabe linksbündig erfolgen, so muss das Zeichen '−' im Platzhalter verwendet werden:

```
printf("Die Ausgabe lautet \"%*s\".\n",  20, text);
printf("Die Ausgabe lautet \"%-*s\".\n", 20, text);
printf("Die Ausgabe lautet \"%*d\".\n",  20, wert);
printf("Die Ausgabe lautet \"%-*d\".\n", 20, wert);
```

Ist text die Zeichenkette Hallo, so erhält man:

```
Die Ausgabe lautet "               Hallo".
Die Ausgabe lautet "Hallo               ".
Die Ausgabe lautet "                 123".
Die Ausgabe lautet "123                 ".
```

7.1.7   Probleme mit `printf`

Bei der Benutzung von `printf` kann es bei falscher Bedienung zu schweren Fehlern kommen, wenn
eine Variable ausgegeben wird, aber ein falscher Platzhalter angegeben ist!
Ein Beispiel:

```
long wert;
// ...
printf("wert ist %g\n", wert);
```

Hier wird versucht, die ganzzahlige Variable `wert` als `double` auszugeben! Abgesehen davon, dass eine ganze Zahl völlig anders codiert ist als eine Gleitpunkt-Zahl, ist ein `long` 32 Bit lang[2], ein `double`
aber 64 Bit. Es werden hier also 64 Bit ausgegeben, wobei nur 32 Bit zum `long` gehören! Diese Anweisung kann sogar zu einem Absturz führen, weil Daten gelesen werden, die möglicherweise nicht zum
Programm gehören.

7.1.8   Die Platzhalter von `printf`

Die wichtigsten Platzhalter für die Ausgabe mit `printf` noch einmal im Überblick:

Datentyp	Ausgabeformat	Platzhalter	
`long`	dezimal	`%ld`	
	oktal	`%lo`	
	hexadezimal	`%lx`	
	unsigned	`%lu`	nicht empfohlen
`short int`	dezimal	`%hd`	nicht empfohlen
`int`	dezimal	`%d`	nicht empfohlen
`float`	Punktnotation	`%f`	
	wissenschaftliche Notation	`%e`	
	variable Notation	`%g`	
`double`		wie `float`	
`char`		`%c`	
`char *`		`%s`	

Tabelle 7.2: Platzhalter von `printf`

Nicht empfohlene Datentypen sind in obiger Tabelle gekennzeichnet.

7.2   Eingabefunktionen

Die Eingabefunktionen der Standardbibliothek sind ähnlich den Ausgabefunktionen zu verwenden. Der
Befehl `scanf` ähnelt von der Bedienweise dem Ausgabebefehl `printf`.

Der Befehl `scanf` liest Werte von der Tastatur und schreibt sie in Variablen. Ähnlich wie bei dem Befehl
`printf` werden auch hier Platzhalter zur Beschreibung eines Datentyps verwendet – in diesem Fall, der
Typ des Wertes, der gelesen werden soll. Die Funktion gibt die Anzahl der gelesenen Werte zurück oder
die Konstante `EOF`[3] (*end of file*), wenn ein Fehler aufgetreten ist, oder die Eingabe beendet wurde. Auch
dieser Befehl hat seine Tücken, die man kennen sollte (siehe Abschnitt 7.2.5).

---

[2]Eine 32-Bit-Rechnerarchitektur vorausgesetzt.

[3]`EOF` ist eine Konstante, die in der Header-Datei `stdio.h` definiert ist. In Unix-Systemen wird ein `EOF` der Eingabe
mit der Tastenkombination Control-d, in Windows-Systemen mit Control-z, ausgelöst. Es soll signalisieren, dass die Eingabe
beendet ist.

7.2.1 Eingabe einer ganzen Zahl

Ist wert eine Variable vom Typ long, so kann eine ganze Zahl im Dezimalsystem von der Tastatur mit folgendem Befehl gelesen und in wert abgespeichert werden:

```
scanf("%ld", &wert);
```

Bitte beachten Sie den Operator '&' vor dem Variablennamen!

Alternativ kann auch der Platzhalter %li verwendet werden, der die Eingabe einer Zahl in verschiedenen Zahlensystemen gestattet: Beginnt die Zahl mit einer 0, so wird das Oktalsystem, beginnt sie mit 0x, das Hexadezimalsystem, ansonsten das Dezimalsystem verwendet. Der Benutzer hat also die Wahl.

```
scanf("%li", &wert);
```

Mit den Platzhaltern %lx (hexadezimal) und %lo (oktal) kann das zu lesende Zahlenformat auch explizit eingestellt werden.

7.2.2 Eingabe einer Gleitpunkt-Zahl

Eine Gleitpunkt-Zahl kann mit folgenden Platzhaltern gelesen werden:

Datentyp	Platzhalter
float	%f
double	%lf

Tabelle 7.3: Platzhalter von scanf bei Gleitpunkt-Zahlen

Ein Beispiel:

```
scanf("%f",  &floatWert);
scanf("%lf", &doubleWert);
```

Bitte beachten Sie den Operator '&' vor dem Variablennamen!

7.2.3 Eingabe eines Zeichens

Soll ein Zeichen gelesen werden, muss der Platzhalter %c verwendet werden. Das Lesen der Variablen buchstabe vom Typ Zeichen erfolgt mit

```
scanf("%c", &buchstabe);
```

Bitte beachten Sie den Operator '&' vor dem Variablennamen!

7.2.4   Eingabe einer Zeichenkette

Ist `text` eine Variable vom Typ Zeichenkette so lautet der Befehl zum Lesen:

```
scanf("%s", text); // oder
scanf("%s", &text);
```

Der Text wir jedoch nur bis zum ersten Whitespace (Leerzeichen, Tabulator oder neue Zeile) gelesen. Soll eine ganze Textzeile eingelesen werden, so müssen solange einzelne Zeichen gelesen werden, bis das Zeichen „neue Zeile" (`'\n'`) erkannt wird. Diese Funktion wird in dem Beispiel im Abschnitt 16.8.2 gezeigt (Funktion `getline`).

 Der Operator '`&`' vor dem Variablennamen kann in dem besonderen Fall von Zeichenketten auch entfallen (siehe Kapitel 15).

7.2.5   Probleme mit `scanf`

Will man den Benutzer durch einen Text auffordern, eine Eingabe zu tätigen, so muss der Text mit einer separaten `printf` Anweisung ausgegeben werden:

```
//...
long zahl;
//...
printf("Geben Sie eine ganze Zahl ein:");
scanf("%ld", &zahl);
//...
```

Für ganze Zahlen wird in diesem Buch der Typ `long` verwendet. Sein Platzhalter lautet `%ld`.

Der `scanf` Befehl hat einige „verborgene Tücken". Ohne hier in die Tiefe gehen zu wollen, hilft vielleicht eine knappe Erklärung des Problems. Das Lesen einer Variablen mit `scanf` passiert in drei Schritten: Im ersten Schritt, wird solange ein Text (!) von der Tastatur gelesen, bis der Benutzer die Eingabetaste betätigt. Dann erfolgt der zweite Schritt, in dem die Eingabe in den gewünschten Datentyp konvertiert wird. Im dritten Schritt schließlich wird der Wert in den Speicher geschrieben.

Was kann Gefährliches passieren? Der erste Schritt ist harmlos. Man kann beliebig viele Zeichen eingeben – bis die Eingabetaste gedrückt wird.

Im zweiten Schritt werden die eingegebenen Zeichen solange in den gewünschten Datentyp konvertiert, bis ein Wert (der dem Datentyp entspricht) gelesen ist oder ein Fehler auftritt. Hier können die ersten Probleme auftreten. Angenommen, es soll eine ganze Zahl gelesen werden. Gibt der Benutzer im Schritt eins allerdings Buchstaben ein, schlägt das Konvertieren im Schritt zwei fehl: Buchstaben können nicht in Zahlen konvertiert werden! Was passiert also? Der Eingabepuffer bleibt unverändert (!), `scanf` bricht ab und die Variable bleibt ebenfalls unverändert! Die Buchstaben verbleiben also im Eingabepuffer und müssen mit einem weiteren Lesebefehl für Zeichen separat gelesen werden. War die Konvertierung jedoch erfolgreich, so erfolgt Schritt drei.

Im Schritt drei werden die gelesenen und konvertierten Daten gespeichert. Dieser Schritt kann ebenfalls Probleme verursachen: Angenommen der gelesene Datentyp, der im Platzhalter angegeben ist, stimmt nicht mit dem Datentyp der Variable, in die gespeichert werden soll, überein, so können schwerwiegende Programmfehler auftreten, ja es kann sogar zum Programmabsturz kommen!

Ein Beispiel: Es soll ein `long` gelesen werden. Irrtümlich wird aber ein Wert vom Typ `double` gelesen und gespeichert.

```
//...
long zahl;              // ganze Zahl
//...
printf("Geben Sie eine ganze Zahl ein:");
scanf("%lf", &zahl); // Lese eine Gleitpunkt-Zahl!
//...
```

Es werden Ziffern von der Tastatur gelesen und auf Grund des Platzhalters '`%lf`' in ein `double` konvertiert. Beim Abspeichern in der Variable `zahl` kann es sogar zu einem Absturz kommen, weil ein `long` mit 32 Bit viel kleiner ist als ein `double`. Beim Speichern der Gleitpunkt-Zahl wird also über den Speicherbereich der Variablen `zahl` hinausgeschrieben! Wem das nicht verständlich ist, wieder zurück zu Kapitel 6!

Es stellt sich die Frage, wie gewährleistet werden kann, dass Probleme dieser Art nicht auftreten können. Die sicherste Möglichkeit besteht darin, die mit `scanf` gelesenen Variablen nach jedem Lesebefehl zu kontrollieren. Das ist aber zugegeben mühsam.

Kann dem Compiler die Aufgabe der Kontrolle der Datentypen bei einem Lesebefehl zugeteilt werden? Die eigentliche Aufgabe des Compilers ist es, lediglich zu kontrollieren, ob der erste Parameter der Funktion `scanf` eine Zeichenkette ist nicht jedoch das Überprüfen von Platzhaltern in der Zeichenkette mit den Datentypen der angegeben Variablen.

 Intelligente Compiler bieten *optional* die Möglichkeit der Überprüfung der verwendeten Platzhalter und der Datentypen der angegebenen Variablen an. Verfügt Ihr Compiler über diese Fähigkeit, so ist unbedingt empfohlen, davon Gebrauch zu machen!

Der Befehl `scanf` erfordert etwas Sorgfalt! Ungewöhnlich ist auch, dass bei allen Variablen der Operator '`&`' vor dem Variablennamen angegeben werden muss. Das ist notwendig, weil `scanf` die von der Tastatur gelesenen Werte schließlich im Speicher ablegen muss. Dazu wird eine Adresse benötigt! Der Operator '`&`' tut genau das – er liefert die Adresse der nachfolgenden Variablen!

7.2.6 Die Platzhalter von `scanf`

Die wichtigsten Platzhalter für die Eingabe mit `scanf` noch einmal im Überblick:

Datentyp	Eingabeformat	Platzhalter	
`long`	dezimal	`%ld`	
	oktal	`%lo`	
	hexadezimal	`%lx`	
	beliebig	`%li`	
`short int`	dezimal	`%hd`	nicht empfohlen
`int`	dezimal	`%d`	nicht empfohlen
`float`	beliebige Gleitpunktnotation	`%f`	
`double`	beliebige Gleitpunktnotation	`%lf`	
`char`		`%c`	
`char *`		`%s`	

Tabelle 7.4: Platzhalter von `scanf`

In obiger Tabelle sind nicht empfohlen Datentypen gekennzeichnet.

Der einzige wichtige Unterschied der Platzhalter zwischen `printf` (siehe Tabelle 7.2) und `scanf` (siehe Tabelle 7.4) liegt in der Schreibweise des Platzhalters für den Datentyp `double`!

7.3   Ein- und Ausgabe von Zeichen

Die Ein- und Ausgabe von Zeichen ist so grundlegend, dass in der Standardbibliothek aber auch im Betriebssystem mehrere Funktionen dafür existieren, die sich meist in Feinheiten von einander unterscheiden. Die Funktionen `putchar` und `getchar` der Standardbibliothek sind jedoch ein Ersatz für die Befehle `printf("%c", zeichen)` und `scanf("%c", &zeichen)`. Sie werden gerne verwendet, da keine Formate und Platzhalter erforderlich sind.

Der Befehl `getchar` kann zur Eingabe eines einzelnen Zeichens verwendet werden. Es liefert ein Zeichen als `int`-Wert zurück oder `EOF`, wenn ein Fehler aufgetreten ist oder die Eingabe beendet wurde (siehe Abschnitt 7.2).

Beispiel: Es soll ein Zeichen von der Tastatur gelesenen und in der Variablen `zeichen` gespeichert werden:

```
zeichen = getchar();
```

Der Befehl `putchar` gibt ein Zeichen am Bildschirm aus. Er erwartet ein Zeichen als Argument und gibt `EOF` im Fehlerfall zurück.

Im Folgenden wird das Zeichen 'A' ausgegeben.

```
putchar('A');
```

7.4   Beispiele

7.4.1   Umfang und Fläche eines Kreises

Ändern Sie das Beispiel aus Abschnitt 6.8.1 so ab, dass der Radius mit `scanf` eingelesen wird. Dazu ist es notwendig, eine Variable `radius` einzuführen. Die Konstante `RADIUS` wird nicht mehr benötigt.

7.4.2   Fehlersuche

Der Befehl `printf` wird auch gerne zur Fehlersuche verwendet. Ist man sich nicht sicher, welche Variablen welchen Wert enthalten, so ist es durchaus ratsam, in der Entwicklungsphase des Programmes den Quelltext mit `printf` Anweisungen „zu schmücken". Dabei können innere Zustände des Programmes (Variablenwerte) ausgegeben werden. Oft sind zusätzliche Ausgaben auch hilfreich, um dem Programmierer mitzuteilen, dass eine gewisse Funktion aufgerufen wurde, also Positionsmeldungen zu geben.

Schreiben Sie ein Programm, das zwei Gleitpunkt-Zahlen einliest, vertauscht und wieder ausgibt.

Wenn Ihr Programm nicht richtig funktioniert, fügen Sie zusätzliche `printf` Anweisungen ein, um die Fehler zu finden.

Kapitel 8

Ausdrücke

Befehle werden in C in sogenannten Ausdrücken (*engl. expressions*) angeschrieben. Man könnte sagen, C „denkt" in Ausdrücken. Daher ist es für C-Programmierer sehr wichtig zu verstehen, wie Ausdrücke behandelt und ausgewertet werden. Auch wenn Ausdrücke zum Teil erst in C++ rigoros gehandhabt werden, sei hier das Konzept bei der Bearbeitung von Ausdrücken, sofern es C betrifft, detailliert erklärt.

C kennt eine Reihe von Operatoren, die in Ausdrücken verwendet werden. Manche von ihnen (z.B. Vergleichsoperatoren oder logische Operatoren) werden fast ausschließlich in Selektionen (siehe Kapitel 9) verwendet, andere (z.B. der Komma-Operator) kommen hauptsächlich in Iterationen (siehe Kapitel 10) zum Einsatz. Auch wenn einige Operatoren einen (begründeten) Hauptverwendungszweck haben, sind sie definitionsgemäß in allen Ausdrücken erlaubt. Alle Operatoren könnten also in jedem beliebigen Ausdruck gebraucht werden. Da in C eine Fülle an Operatoren existieren, kann man sich vorstellen, dass Ausdrücke schnell unübersichtlich werden können.

Es liegt daher am Programmierer, die Operatoren sinnvoll einzusetzen. Es werden hier Ausdrücke und der Einsatz von Operatoren beleuchtet, wobei vor dem Einsatz schwer durchschaubarer Konstrukte gewarnt sei. Sollten dennoch komplexe Ausdrücke zum Einsatz kommen, erläutern Sie diese in Kommentaren, damit auch andere Programmierer Ihr Programm lesen können bzw. Sie selbst Ihre eigenen Programme nach einer längeren Zeit noch verstehen!

8.1 Allgemeines

Die einfachste Anweisung in C ist der Strichpunkt ';' für sich alleine. Er bedeutet: „Tue nichts." Ein paar Strichpunkte hintereinander geschrieben bedeuten also nichts und sind alleine verwendet sinnlos[1]. Genau genommen ist der Strichpunkt (*engl. semicolon*) jedoch keine Anweisung. Er dient vielmehr als *Ende*-Markierung, beispielsweise von Ausdrücken.

Ausdrücke bestehen aus Literalen, Konstanten, Variablen und Operatoren. Ausdrücke werden ausgewertet. Dabei geht C in einer genau definierten Reihenfolge vor, die in Abschnitt 8.2 besprochen wird.

Der einfachste Ausdruck ist ein Literal, eine Konstante oder eine Variable. Wird der Ausdruck ausgewertet, ist das Ergebnis des Ausdruckes das Literal selbst, der Wert der Konstanten oder der Wert der Variablen.

Was würde C machen, wenn es folgenden Ausdruck bearbeitet, wobei a eine Variable von irgendeinem Typ ist:

```
a;
```

---

[1] Auf die Gefahren bei der Benutzung des Strichpunktes wird in den jeweiligen Kapitel verwiesen.

Es wird der Wert der Variablen ermittelt – mit dem Strichpunkt ist der Ausdruck beendet. Das „Ergebnis" der Auswertung wird also nirgends abgespeichert, sondern verworfen. Das ist nichts Erschreckendes, vielmehr erfolgt die Auswertung von Ausdrücken nach einem exakten Schema, die mit dem Strichpunkt abgeschlossen wird. Der Ausdruck a; ist ein gültiger Ausdruck in C, wenngleich einige Compiler hier bei der Übersetzung warnen[2], dass dieser Ausdruck nichts bewirkt.

8.2 Reihenfolge der Auswertung

C geht bei der Bearbeitung eines Ausdruckes nach einer genau definierten Reihenfolge vor: Zuerst wird der Operator mit der höchsten Priorität (siehe Abschnitt 8.2.1) ausgeführt, dann der Operator mit der nächst niedrigeren, usw. Haben zwei mögliche nächste Operatoren dieselbe Priorität, so entscheidet die Assoziativität (siehe Abschnitt 8.2.2).

8.2.1 Prioritäten

Warum Prioritäten notwendig sind, ist leicht erklärt: Gegeben sei folgender Ausdruck:

```
1 + 2 * 3
```

Genau genommen bewirkt auch dieser Ausdruck nichts (obwohl er gültig ist), da das Ergebnis der Rechnung nicht gespeichert wird. Es wird zwar etwas berechnet, das Ergebnis aber verworfen. Das soll hier aber nicht weiter stören, es interessiert hier nur die Reihenfolge der Auswertung.

Wie aus der Mathematik bekannt ist, gilt die „Punkt-vor-Strich-Regel". Doch gilt diese auch in C? Die Antwort lautet: Ja, da die Priorität des Operators * höher ist als die des Operators +. Das Ergebnis der Rechnung ist 7.

Prioritäten sind also notwendig, der Programmierer erwartet sie sogar. Denken Sie nur an einen alten, billigen Taschenrechner zurück, der keine Prioritäten kannte. Nach der Eingabe von 1 + 2 werteten diese beim Drücken der Taste * die Addition aus (3) und multiplizierten die Summe schließlich mit 3 und das ergibt 9. Will man umgekehrt bewusst diese Rechnung in C anschreiben, so muss die Summe geklammert werden:

```
(1 + 2) * 3
```

In Tabelle 8.1 sind alle Operatoren von C, von denen viele noch nicht erklärt wurden, nach ihrer Priorität von oben nach unten sortiert. Operatoren mit derselben Priorität sind zwischen waagerechten Strichen zu Gruppen zusammengefasst.

Ein sogenannter *Lvalue* (Links-Wert), der in dieser Tabelle angeführt wird, ist eine besondere Art eines Ausdruckes, der für eine Speicherzelle steht. Der einfachste Lvalue ist eine Variable. Es ist sinnvoll, sich diese Bezeichnung einzuprägen, da sie in vielen Compiler-Meldungen vorkommt.

---

[2]Es lässt sich hier, bei einem derart einfachen Ausdruck, schon erahnen, wie wichtig die Wahl des Compilers bei der Programmierung in C ist.

Operator	Regel
Elementselektion	*Objekt . Element*
Zeigerselektion	*Objekt -> Element*
Indizierung	*Zeiger [Ausdruck]*
Funktionsaufruf	*Ausdruck (Ausdrucksliste)*
Postinkrement	*Lvalue ++*
Postdekrement	*Lvalue --*
Objektgröße	*sizeof Objekt*
Typgröße	*sizeof Typ*
Präinkrement	*++ Lvalue*
Prädekrement	*-- Lvalue*
Komplement	*~ Ausdruck*
Nicht	*! Ausdruck*
Unäres Minus	*- Ausdruck*
Unäres Plus	*+ Ausdruck*
Adresse	*& Lvalue*
Dereferenzierung	** Ausdruck*
Cast (Typumwandlung)	*(Typ) Ausdruck*
Multiplikation	*Ausdruck * Ausdruck*
Division	*Ausdruck / Ausdruck*
Modulo	*Ausdruck % Ausdruck*
Addition	*Ausdruck + Ausdruck*
Subtraktion	*Ausdruck - Ausdruck*
Linksschieben	*Ausdruck << Ausdruck*
Rechtsschieben	*Ausdruck >> Ausdruck*
Kleiner	*Ausdruck < Ausdruck*
Kleiner gleich	*Ausdruck <= Ausdruck*
Größer	*Ausdruck > Ausdruck*
Größer gleich	*Ausdruck >= Ausdruck*
Gleichheit	*Ausdruck == Ausdruck*
Ungleich	*Ausdruck != Ausdruck*
Bitweises Und	*Ausdruck & Ausdruck*
Bitweises Exklusiv-Oder	*Ausdruck ^ Ausdruck*
Bitweises Oder	*Ausdruck | Ausdruck*
Logisches Und	*Ausdruck && Ausdruck*
Logisches Oder	*Ausdruck || Ausdruck*
Einfache Zuweisung	*Lvalue = Ausdruck*
Multiplikation und Zuweisung	*Lvalue *= Ausdruck*
Division und Zuweisung	*Lvalue /= Ausdruck*
Modulo und Zuweisung	*Lvalue %= Ausdruck*
Addition und Zuweisung	*Lvalue += Ausdruck*
Subtraktion und Zuweisung	*Lvalue -= Ausdruck*
Linksschieben und Zuweisung	*Lvalue <<= Ausdruck*
Rechtsschieben und Zuweisung	*Lvalue >>= Ausdruck*
Bitweises Und und Zuweisung	*Lvalue &= Ausdruck*
Bitweises Oder und Zuweisung	*Lvalue |= Ausdruck*
Bitweises Exklusiv-Oder und Zuweisung	*Lvalue ^ = Ausdruck*
Bedingte Zuweisung	*Ausdruck ? Ausdruck : Ausdruck*
Komma	*Ausdruck , Ausdruck*

Tabelle 8.1: Priorität der Operatoren

Es ist hier nicht notwendig, sich diese Tabelle genau einzuprägen. Sie ist vielmehr zum Nachschlagen gedacht. Die runde Klammer () ist kein Operator. Sie dient nur der Zusammenfassung von Ausdrücken. Sind Sie sich also über die Priorität eines Operators nicht im klaren, so fügen Sie Klammern ein. Die Berechnung wird dadurch weder aufwendiger noch langsamer, sondern nur übersichtlicher! Man kann sich sogar vorstellen, dass C bei der Auswertung eines Ausdruckes die Operatoren klammert. Das obige Beispiel würde dann so aussehen:

```
1 + (2 * 3)
```

8.2.2 Assoziativitäten

Assoziativitäten beschreiben die *Bindungen* zwischen gleichwertigen Operatoren:

```
1 - 2 + 3
```

Wie man aus Tabelle 8.1 ersieht, haben die Operatoren + und – dieselbe Priorität. Welcher Operator wird nun zuerst ausgeführt? Würde zuerst die Addition ausgewertet werden und anschließend die Subtraktion, so lautet das Ergebnis -4 und das ist falsch.

Binäre Operatoren, wie der Operator + oder der Operator – , sind *links bindend*. Das bedeutet, dass in diesem Fall der Operator – zuerst ausgeführt wird, genau wie man das erwartet. Die Klammerung kann man sich daher wie folgt vorstellen:

```
(1 - 2) + 3
```

Binäre Operatoren haben genau zwei Operanden. Diese werden vor und nach dem Operator angeschrieben. Binäre Operatoren sind beispielsweise + oder *. Alle *binären* Operatoren mit Ausnahme der Zuweisungsoperatoren (siehe Abschnitt 8.3.2 und Abschnitt 8.3.2.2) sind *links bindend*.

Unäre Operatoren haben genau einen Operanden. Dieser wird nach dem Operator geschrieben. Unäre Operatoren sind beispielsweise ! (siehe Abschnitt 8.3.3.4) oder ˜. Alle *unären* Operatoren sind *rechts bindend*. Ihr Operand steht rechts neben dem Operator.

Die Reihenfolge der Aufrufe in obigem Beispiel ist in folgendem Auswertungsdiagramm gezeigt:

$$
\begin{array}{ccccc}
1 & - & 2 & + & 3 \\
\hline
 & -1 & & + & 3 \\
\hline
 & & 2
\end{array}
$$

Bei der Auswertung von Ausdrücken entstehen sogenannte *temporäre Werte* – hier -1 und 2. Man könnte sie auch als Zwischenergebnisse bezeichnen, die bei der Auswertung von Teilausdrücken entstehen und – wenn nicht mehr benötigt – verworfen werden. Sie benötigen natürlich auch Speicherplatz, welcher aber im Zuge der Auswertung automatisch erzeugt und freigegeben wird. Anders als in C++ sind temporäre Werte dem Programmierer verborgen. Dennoch sind sie für das Verständnis von Ausdrücken notwendig. In diesem Kapitel wird die Auswertung von Ausdrücken immer wieder in Auswertungsdiagrammen gezeigt.

Ohne an dieser Stelle dem Aufruf von Funktionen (siehe Kapitel 11) vorgreifen zu wollen, sei an dieser Stelle eine typische Fehlinterpretation der Assoziativitäten gezeigt:

Welche Funktion wird in diesem Ausdruck zuerst aufgerufen, a oder b?

```
a() + b()
```

Antwort: Die Reihenfolge ist *nicht* definiert! Es wird mit der Auswertung der Operanden nicht von links begonnen. Zur Erinnerung: Der Operator + ist ein binärer Operator und somit links bindend. Das bedeutet: Kommt in einem Ausdruck *mehr als ein* + vor, so werden die *Operatoren* von links nach rechts ausgewertet. Die Funktionen a und b sind jedoch *Operanden*. Die Reihenfolge der Auswertung der Operanden ist im ANSI-Standard aus gutem Grund nicht festgelegt[3].

Wird also der Ausdruck

```
(1 * 2) + (3 * 4) + (5 * 6)
```

ausgewertet, kann keine Aussage darüber gemacht werden, welche der drei geklammerten Ausdrücke zuerst ausgewertet wird. Das ist Sache des Compilers! Es müssen lediglich vor der eigentlichen Auswertung eines Operators seine Operanden feststehen. Die Assoziativität legt bloß fest, dass nach der Auswertung der Teilausdrücke zuerst der linke Operator + und dann der rechte Operator + ausgeführt wird:

$$
\begin{array}{ccccc}
2 & + & 12 & + & 30 \\
\hline
 & 14 & & + & 30 \\
\hline
 & & 44 & &
\end{array}
$$

 Verwenden Sie nur maximal eine Funktion in einem Ausdruck, wenn die Aufrufreihenfolge von Funktionen signifikant ist! Dies ist zum Beispiel auch dann der Fall, wenn die Funktionen, die beteiligt sind, auf globale Variablen (siehe Abschnitt 12.2) zugreifen und sich gegenseitig beeinflussen.

8.3 Operatoren

Alle Operatoren haben etwas gemein: Sie haben *immer* einen Rückgabewert. C unterstützt eine breite Palette an Operatoren, die für mehrere Datentypen existieren. Im Folgenden seien die gängigsten Operatoren näher beleuchtet.

8.3.1 Arithmetische Operatoren

Die arithmetischen Operatoren wurden bereits in Abschnitt 6.1.4 und Abschnitt 6.2.3 besprochen. Im Folgenden sei die Auswertung eines einfachen arithmetischen Ausdruckes erläutert:

```
3 + 2 * (8 - 4)
```

---

[3]Würde die Reihenfolge der Auswertung von gleichwertigen Operanden festgelegt sein, könnten sehr leicht „undurchschaubare" Ausdrücke angeschrieben werden, die nur mehr von einem kleinen Kreis von Gurus verstanden werden.

Das Auswertungsdiagramm ergibt sich zu

```
3  +  2  *  (  8  -  4  )
3  +  2  *        4
3  +           8
            11
```

Der Operator * hat die höchste Priorität. Daher beginnt die Auswertung hier. Innerhalb der Klammern steht nur ein Operator, der als erstes ausgewertet wird. Anschließend wird die Multiplikation und schließlich die Addition ausgeführt.

8.3.2 Die Zuweisung

Auf der linken Seite der Zuweisung steht *prinzipiell* eine Variable, der sogenannte *Lvalue* (siehe Abschnitt 8.2.1), dem das Ergebnis des Ausdruckes auf der rechten Seite zugewiesen wird. Unterscheidet sich der Typ des Lvalue von dem Typ des rechten Ausdruckes, wird das Ergebnis in den benötigten Typ konvertiert. Ist die Konvertierung nicht möglich (weil die Datentypen nicht kompatibel sind), gibt der Compiler bei der Übersetzung eine Fehlermeldung aus.

```
a    = 1;
wert = 3 + 2 * (8 - 4);
```

Eine Zuweisung ist wieder ein Ausdruck. Das heißt, das Ergebnis einer Zuweisung ist ein Wert mit dem weitergerechnet werden kann. Das Ergebnis ist der Wert, der zugewiesen wurde. Diese Tatsache macht man sich bei der *Mehrfachzuweisung* zu nutze.

```
a = b = c = d = 0;
```

Die 0 wird zuerst d zugewiesen, dann c, dann b und schließlich a.

Die Reihenfolge der Auswertung sieht daher so aus:

```
a  =  b  =  c  =  d  =  0
a  =  b  =  c  =     0
a  =  b  =        0
a  =           0
            0
```

Man kann sich die Mehrfachzuweisung daher auch geklammert vorstellen:

```
a = (b = (c = (d = 0)));
```

So praktisch die Mehrfachzuweisung auch sein mag, sinnverwandte Variablen in einem Zug zu initialisieren, so sei an dieser Stelle ausdrücklich davor gewarnt, den *Rückgabewert* des Zuweisungsoperators in weiteren Berechnungen zu nutzen:

```
x = 2 * (y = (z = 4) + 1);
```

Solche Ausdrücke sollten bei der Programmierung *nie* verwendet werden, da sie *keine* Vorteile bieten, sondern *nur* Nachteile haben: Der Ausdruck ist nicht schneller, schwer zu verstehen und schlecht zu erweitern und zu ändern. Man findet solche Ausdrücke nur dann im Quelltext, wenn der Programmierer ein

Beispiel seiner (leider schlechten) Programmiermethodik beweisen möchte. Viel leserlicher, und genau so schnell sind dagegen die folgenden drei Zeilen, die genau dasselbe tun:

```
z = 4;
y = z + 1;
x = 2 * y;
```

Abschließend noch ein weiteres schlechtes Beispiel, in dem eine Zuweisung an Variablen unterschiedlichen Typs unqualifiziert angewendet wird.

```
double d;
long   l;
char   c;

c = l = d = 1e20;
```

Der Variable d wird der Wert 1e20 zugewiesen. Dieser Wert kann aber in der Variable l vom Typ long nicht gespeichert werden. Es tritt Datenverlust auf, der Wert von l ist unbestimmt. Auch bei der Zuweisung an c kommt es zu Datenverlust – der Wert der Variable c ist ebenfalls unbestimmt.

8.3.2.1 Inkrement und Dekrement

Um in C den Wert einer Variablen zu erhöhen, kann folgender Ausdruck verwendet werden:

```
wert = wert + 1; // Erhöhe um eins
```

Um den Wert einer Variablen zu verkleinern, kann man diesen Ausdruck anschreiben:

```
wert = wert - 1; // Vermindere um eins
```

Die Erhöhung oder die Verkleinerung um eins kommt in der Programmierung sehr häufig vor. Die meisten Prozessoren stellen dafür sogar einen eigenen Befehl zur Verfügung. Da C eine maschinennahe Programmiersprache ist, wurden eigene Operatoren für das Addieren bzw. Subtrahieren von eins eingeführt:

```
wert++; // Erhöhung     um eins
wert--; // Verminderung um eins
```

In den Anfängen der C-Geschichte wurden diese Ausdrücke direkt in ihre schnellen Prozessorbefehle übersetzt. Der Programmierer war also auch gleichzeitig der *Optimierer* seines Quelltextes – eine Aufgabe, die heutzutage die Compiler übernehmen. Ausdrücke wie

```
wert++;
```

bzw.

```
wert = wert + 1;
```

werden heutzutage völlig gleich übersetzt. Trotzdem ist gerade dieser Operator – fast schon ein C-Unikum – sehr bekannt und wird häufig verwendet. Genau deshalb sei dieser Operator hier etwas näher erläutert, da seine Anwendung durchaus mit einigen Gefahren verbunden ist.

Die Operatoren ++ und –– wurden auch in die Nachfolgeprogrammiersprachen C++ und Java übernommen. Der Operator ++ bedeutet heute längst nicht mehr die Erhöhung um eins. Genau genommen bedeutet er: „Das nächste[4]." Wird der Operator auf eine ganze Zahl angewendet – in obigem Beispiel ist die Variable `wert` vom Typ `long` – so wird die Variable auf den nächsten Wert gesetzt. Also um eins erhöht[5]. Ist die Variable vom Typ `double`, so wird sie um 1.0 erhöht, ist sie ein Zeiger, so kommt die Zeigerarithmetik (siehe Abschnitt 14.4) zum Einsatz.

Nach den folgenden Anweisungen ist `wert` gleich 11:

```
wert = 10;
wert++;
```

Die beiden Operatoren ++ und –– können aber auch *vor* dem Operanden geschrieben werden:

```
wert = 10;
++wert;
```

In diesem Fall ändert das am Ergebnis nichts, auch jetzt steht nach der Ausführung in der Variablen `wert` die Zahl 11. Steht das ++ bzw. –– *vor* dem Operanden, so nennt man die Anweisung Präinkrement bzw. Prädekrement. Steht das ++ bzw. –– *nach* dem Operanden, so nennt man die Anweisung Postinkrement bzw. Postdekrement.

Die folgenden beiden Tabellen schaffen Klarheit über den feinen Unterschied:

Anweisungen	Wert von a	Wert von b
a = 3;	3	?
b = ++a;	4	4

Tabelle 8.2: Präinkrement

Anweisungen	Wert von a	Wert von b
a = 3;	3	?
b = a++;	4	3

Tabelle 8.3: Postinkrement

Das Präinkrement (bzw. das Prädekrement) wird *vor* der Auswertung des Ausdruckes durchgeführt, in dem es steht. In Tabelle 8.2 wird also zuerst a um eins erhöht und dann der Ausdruck ausgewertet. Das Postinkrement (bzw. das Postdekrement) wird *nach* der Auswertung des Ausdruckes durchgeführt, in dem es steht. In Tabelle 8.3 wird der Ausdruck zunächst ausgewertet und anschließend a um eins erhöht. Sowohl das Präinkrement als auch das Prädekrement können nur auf Variablen und nicht auf Ausdrücke angewendet werden:

```
a++;       // OK
(a + b)++; // Fehler: sinnloser Ausdruck
```

---

[4]In Anlehnung darauf trägt die Programmiersprache C++ ihren Namen: „Die nächste Programmiersprache nach C".

[5]Vorsicht: Ist die Variable `wert` vom Typ `long` und enthält (auf einer 32 Bit Rechner-Architektur) die Zahl $+2147483647$, so bewirkt die „Erhöhung" um eins, dass `wert` auf -2147483648 gesetzt wird (siehe Abschnitt 6.1.1), da die nächst höhere Zahl in einem `long` nicht mehr gespeichert werden kann.

Die Auswertungsreihenfolge der Prä/Post-Inkrement/Dekrement-Operatoren wird durch zusätzlich eingefügte Klammern nicht beeinflusst:

```
b = a++;    // ist äquivalent zu
b = (a++);
```

Das Prä/Post-Inkrement/Dekrement wird hauptsächlich in Verbindung mit Zeigern verwendet (siehe Kapitel 14).

Die Vorteile dieser Operatoren sind:

- Man erspart sich Tipparbeit bei längeren Variablennamen:

  ```
  EinSehrLangerVariablenname++;
  ```

  anstatt von

  ```
  EinSehrLangerVariablenname = EinSehrLangerVariablenname + 1;
  ```

- Bei Verwechslungsgefahr von Variablennamen hilft der Operator, Fehler zu vermeiden. Ein Beispiel: Die Variable x1 soll erhöht werden:

  ```
  x1 = x2 + 1; // Fehler!
  ```

  Stattdessen kann geschrieben werden:

  ```
  x1++;
  ```

Der Nachteil dieser Operatoren ist, dass ihre Kürze dazu verleitet, sie in Ausdrücken mehrfach einzusetzen. Dazu ein Tipp:

 Verwenden Sie niemals mehrere Inkrement- oder Dekrement-Operatoren ein und derselben Variable in einem Ausdruck. Verwenden Sie nie eine Variable mehrmals in einem Ausdruck, wenn diese Operatoren auf ihr angewendet werden.

Ein paar Beispiele sollen das verdeutlichen:

```
i = i++ - i++;
```

Das Ergebnis dieses Ausdruckes lautet i = 2, was nicht sehr logisch anmutet. Die Erhöhung als Postinkrement findet erst nach der Auswertung des Ausdruckes statt. Das heißt, i wird von i subtrahiert – das ergibt 0 – und zugewiesen. Anschließend wird i zweimal erhöht.

Was erwarten Sie als Ergebnis des folgenden Ausdruckes in i?

```
i = --i - --i;
```

Das Ergebnis lautet 0 mit unserem Compiler und das ist keineswegs logisch, auch wenn das so scheint. Offensichtlich wird *vor* der Auswertung i zweimal um eins vermindert, dann i von i subtrahiert. Das Ergebnis ist aber compilerabhängig!

Interessant ist im Vergleich jetzt aber das Ergebnis folgender Anweisungen:

```
i = i - --i;
i = i - (--i + 1);
```

Das Ergebnis beider (!) Ausdrücke ist 0! Warum? Die Variable i wird im ersten Fall vor der Auswertung um eins vermindert. Dann wird i von i subtrahiert, das Ergebnis ist daher 0. Im zweiten Fall wird offensichtlich zuerst der Wert links vom Minus ermittelt, dann im Subausdruck --i + 1 erst i um eins vermindert, wieder eins addiert und es ergibt sich wieder die 0.

Das ist verwirrend? Sie haben recht! Noch dazu *dürfen* derartige Ausdrücke mit unterschiedlichen Compilern unterschiedlich (!) evaluiert werden. Das ist kein Fehler, sondern lediglich im Standard *nicht* festgelegt. Daher nochmals die Empfehlung: Verwenden Sie niemals solche Konstrukte! Um das zu bekräftigen, noch ein letztes Beispiel. Was erwarten Sie als Ergebnis des folgenden Ausdruckes in der Variablen i?

```
i = 1;
i = 2 * --i - 10 * --i;
```

Das Ergebnis ist Compiler-abhängig. Mögliche Ergebnisse sind $+10$, -2 und 0.

Die sicherste Anwendung der Inkrement- und Dekrement-Operatoren ist im Folgenden gezeigt. Der Operator und sein Operand stehen als Ausdruck alleine:

```
i--;      // unproblematisch
++b;      // unproblematisch
c = a++;  // Die Zuweisung erfolgt zuerst, dann das Inkrement
d = --f;  // Das Dekrement erfolgt zuerst, dann die Zuweisung
```

 Steht der Inkrement-Operator und sein Operand als Ausdruck alleine, so sind Postinkrement und Präinkrement ident. Es ist aber dann empfohlen, den Postinkrement-Operator zu schreiben, da sich diese Schreibweise durchgesetzt hat.

Hier wird i um eins vermindert, b und a um eins erhöht, c hat den Wert von a vor der Erhöhung, und d und f enthalten den um eins verminderten Wert von f.

Anstatt der letzten beiden Anweisungen kann aber genau so folgendes geschrieben werden:

```
// c = a++;
c = a;
++a;
// d = --f;
--f;
d = f;
```

 Verwenden Sie nie den Inkrement-Operator und den Dekrement-Operator in Ausdrücken, in denen die Variablen, auf denen sie angewendet werden, mehrmals vorkommen!

8.3.2.2 Abkürzungen

C unterstützt eine Reihe von Abkürzungen für die Zuweisung. Oft kommt es vor, dass man eine Variable mit einer Zahl multiplizieren oder einen Wert addieren möchte. Anstatt

```
x1 = x1 * 10;
x2 = x2 + 10;
```

kann dann geschrieben werden:

```
x1 *= 10;
x2 += 10;
```

Derartige Ausdrücke werden in C gerne verwendet, da sie die Lesbarkeit erhöhen, und Tippfehler von ähnlich geschriebenen Variablennamen minimiert werden. Es ist aber in keiner Weise notwendig, diese Operatoren der ersten Schreibweise vorzuziehen. Sie sind normalerweise weder schneller, noch sind sie explizit empfohlen.

An dieser Stelle sei wieder auf eine Fehlerquelle aufmerksam gemacht. Vorweg ein Hinweis: Verwenden Sie diese Operatoren *nur* für einfachere Konstrukte, wie im obigen Beispiel. Beim Versuch

```
x = x * 2 + y;
```

durch

```
x *= 2 + y;
```

zu ersetzen, ist ein Fehler passiert! Der letzte Ausdruck ist nämlich dem oberen nicht äquivalent. Er bedeutet vielmehr

```
x = x * (2 + y);
```

  Verwenden Sie die Operatoren +=, *= usw. nur in einfachen Ausdrücken.

8.3.3 Logische Operatoren

Logische Operatoren werden zur Berechnung von Wahrheitswerten verwendet. Wie in Abschnitt 6.4 erwähnt, existiert in C kein eigener Datentyp zur Verwendung von Wahrheitswerten. Stattdessen wird der Datentyp int dafür verwendet. Diese drei Punkte sind für die folgenden Abschnitte sehr wichtig:

- 0 bedeutet „*falsch*".

- Jede Zahl ungleich 0 bedeutet „*wahr*".

- Erhält man „*wahr*" als Ergebnis einer Auswertung von Vergleichsoperatoren und logischen Operatoren, so erhält man immer die 1!

8.3.3.1 Vergleichsoperatoren

In C sind folgende Vergleichsoperatoren definiert:

Operator	Erklärung
<	Kleiner
<=	Kleiner gleich
>=	Größer gleich
>	Größer
==	Gleich
!=	Ungleich

Tabelle 8.4: Vergleichsoperatoren

Die Operatoren sind selbsterklärend. Lediglich ein paar Standardfehler bei der Programmierung seien hier erwähnt.

Will man ermitteln, ob der Wert einer Variablen a zwischen zwei Schranken liegt, ist das mathematisch leicht formuliert: Beispielsweise $10 \leqslant a \leqslant 20$. Beim Versuch, diesen Ausdruck direkt in C zu codieren, wird man scheitern, wie das folgende kurze Programm verdeutlichen soll. Die Variable ok wird hier zur Speicherung des Wahrheitswertes verwendet.

```
#include <stdio.h>
main()
{   long ok;
    long wert;

    printf("Geben Sie einen Wert zwischen 10 und 20 ein: ");
    scanf("%ld", &wert);
    ok = 10 <= wert <= 20;
    printf ("ok: %ld\n", ok);
}  // end main
```

Der Ausdruck

```
ok = 10 <= zahl <= 20
```

sei hier etwas genauer erklärt. C bearbeitet diesen Ausdruck wie alle anderen Ausdrücke streng nach den Regeln. Der Ausdruck enthält zwei verschiedene Operatoren, das = und das <=. Der Operator mit der höchsten Priorität in diesem Ausdruck ist der Operator <=. Ein zweiter folgt unmittelbar darauf. Da der binäre Operator <= links bindend ist (siehe Abschnitt 8.2.2) wird das linke <= zuerst ausgeführt. Der schwächste Operator, das =, erfolgt zum Schluss.

$$
\begin{array}{rl}
\text{ok} \;=\; & \underline{10 \;<=\; \text{zahl}} \;<=\; 20 \\
\text{ok} \;=\; & \underline{0 \text{ oder } 1 \qquad <=\; 20} \\
\text{ok} \;=\; & \underline{\qquad\qquad 1 \qquad\qquad} \\
& \qquad\quad 1
\end{array}
$$

Wie man sieht wird der linke Operator <= entweder zu 0 oder 1 ausgewertet, je nachdem ob zahl kleiner oder größer gleich 10 ist. 0 oder 1 ist aber in jedem Fall kleiner als 20, weshalb der zweite Operator <= immer 1 liefert. Die Variable ok erhält also immer den Wert 1, egal, welchen Wert die Variable zahl hat.

In C müssen solche Abfragen anders formuliert werden. Der korrekte Ausdruck lautet:

```
ok = 10 <= zahl && zahl <= 20;
```

Oder besser, weil leichter lesbar:

```
ok = (10 <= zahl) && (zahl <= 20);
```

Besondere Vorsicht ist bei der Verwendung des Operators == (der Abfrage auf Gleichheit) geboten! Hier handelt es sich um keine Zuweisung, es wird vielmehr der linke Operand mit dem rechten verglichen. Bei Gleichheit wird 1 zurückgeliefert, sonst 0. Der Operator == (Abfrage auf Gleichheit) ist strikt von dem Operator = (Zuweisung) zu unterscheiden!

In [20] wird als Beispiel einer möglichen Fehlerquelle der „Zwanzig Millionen Dollar Bug[6]" angeführt. Im Jahre 1993 hing ein Auftrag bei der Firma SunSoft von der Funktionsfähigkeit eines gewissen Moduls, einer asynchronen Ein-Ausgabe-Bibliothek, ab. Ein Fehler in diesem Modul verzögerte den Abschluss eines 20 Millionen Dollar Auftrages, bis er schließlich entdeckt werden konnte. Er lässt sich zu folgender Zeile reduzieren:

```
x == 2;
```

Der Operator == steht für die *Abfrage auf Gleichheit*. In diesem Ausdruck wird also abgefragt: „ Ist x gleich 2?". Gemeint war eigentliche eine Zuweisung, also

```
x = 2;
```

Warum blieb der Fehler unentdeckt? Dazu ist es hilfreich, sich C als eine Maschine vorzustellen, die in Ausdrücken denkt. Es wird ein Ausdruck nach dem anderen abgearbeitet. Bei der Bearbeitung im Programm stellt dieser Ausdruck keinen Fehler dar. Die Variable x wird auf Gleichheit zu 2 überprüft. Das Ergebnis lautet daher entweder 0 oder 1, je nachdem welchen Wert x hatte, und wird allerdings – da es nicht gespeichert wird – verworfen. Der Strichpunkt bedeutet „Ende des Ausdruckes" und der nächste Ausdruck wird bearbeitet. Bessere Compiler[7] liefern beim Übersetzen dieser Zeile aber eine Warnung der Art: „Ausdruck hat keinen Effekt." Die Auswahl des richtigen Compilers ist also nicht unwichtig.

Ein weiteres Beispiel soll darüberhinaus die geringe Relevanz einer Abfrage auf Gleichheit bei Gleitpunkt-Zahlen verdeutlichen: Will man mit dem Ausdruck

```
d == 7.123
```

feststellen, ob d gleich dem Gleitpunkt-Wert 7.123 ist, so wird man im Allgemeinen damit scheitern. Auf Grund der begrenzten Genauigkeit des Datentyps double (siehe Abschnitt 6.2), kann eine Gleitpunkt-Zahl oft nicht exakt gespeichert werden.

---

[6]Der Ausdruck *Bug* (zu deutsch Wanze) stammt noch aus den Anfängen der Datenverarbeitung, als Computer noch mit Relais – elektromechanischen Schaltern – arbeiteten. Es kam vor, dass Schalter nicht schließen konnten, weil ein Käfer dazwischen eingeklemmt war. Auch heute noch spricht man bei Fehlern in Programmen von sogenannten *Bugs*. Spezielle Hilfsmittel – Programme zum Auffinden von Bugs – werden *Debugger* genannt.

[7]Bei einigen Compilern ist es notwendig, die Ausgabe ausgiebiger Fehlermeldungen und Warnungen per Option zu veranlassen.

Ein Beispiel:

```
d = 1.0 / 10.0;
```

In d wird jetzt *in numerischer Genauigkeit* des Datentyps `double` die Zahl 0.1 abgespeichert. Die folgende Abfrage auf Gleichheit liefert als Ergebnis „false":

```
(d * 10.0 - 1.0) == 0.0
```

In der Computer-Numerik [29] [30] ist man mit Fehlern numerischer Verfahren [31] konfrontiert. Die exakte Abfrage auf Gleichheit ist daher nicht möglich, vielmehr muss bestimmt werden, ob das Resultat hinreichend genau ist. Dies lässt sich beispielsweise mit der Hilfe von Bereichen feststellen, wobei eps die Genauigkeit und `wert` den „genauen" Wert angibt:

```
((wert - eps) < d) && (d < (wert + eps))
```

8.3.3.2 Der Operator &&

Zur Verknüpfung logischer Ausdrücke werden die Operatoren && und || verwendet. Mit dem Operator && können Ausdrücke logisch Und-verknüpft werden. Der Operator liefert dann „*wahr*" (1), wenn beide Operanden logisch „*wahr*" (1) ergeben. Die folgende Wahrheitstabelle für den Operator && soll das verdeutlichen (a und b stehen hier für beliebige Ausdrücke):

Operand a	Operand b	a && b
0	0	0
0	1	0
1	0	0
1	1	1

Tabelle 8.5: Wahrheitstabelle des Operators &&

Der Operator && hat eine wesentliche Eigenschaft: Der zweite Ausdruck wird nur dann ausgewertet, wenn er für das Gesamtergebnis notwendig ist. Ergibt der erste Ausdruck bereits 0, so ist der zweite Ausdruck unerheblich und wird nicht ausgeführt und ausgewertet – er trägt nicht zum Gesamtergebnis bei, das Gesamtergebnis ist 0.

Operand a	Operand b	a && b
0	?	0
1	0	0
1	1	1

Tabelle 8.6: Auswertungsschema des Operators &&

Da dieses Verhalten definiert ist, wird es auch gerne in Bedingungen eingesetzt. Dies sei an einem kurzen Beispiel demonstriert, das zwar in der Praxis nicht zum Einsatz kommt, das Verhalten des && Operators aber sehr deutlich zeigt:

```
(x < 0) && (x = 0)
```

Der linke Ausdruck ergibt nur dann „*wahr*" (also 1), wenn x eine negative Zahl ist. Ist dies der Fall, muss auch der rechte Operand ausgewertet werden, da er jetzt über das Gesamtergebnis entscheidet. Das Ergebnis kann noch immer 0 oder 1 werden. Im rechten Teilausdruck steht aber eine Zuweisung(!), nämlich x = 0. Die Variable x wird also auf 0 gesetzt. Das Ergebnis des rechten Teilausdruckes ist das Ergebnis der Zuweisung und das ist 0. Somit ergibt das Gesamtergebnis 0 – logisch „*falsch*". Im Auswertungsdiagramm sieht das wie folgt aus:

$$
\begin{array}{ccc}
(x < 0) & \&\& & (x = 0) \\
\hline
1 & \&\& & (x = 0) \\
\hline
1 & \&\& & 0 \\
\hline
& 0 &
\end{array}
$$

Liefert der linke Ausdruck jedoch bereits 0, so wird der rechte nicht mehr ausgewertet – die Zuweisung findet nicht statt, x bleibt unverändert. Das Ergebnis des Gesamtausdruckes ist ebenfalls 0:

$$
\begin{array}{ccc}
(x < 0) & \&\& & (x = 0) \\
\hline
0 & \&\& & (x = 0) \\
\hline
& 0 &
\end{array}
$$

Zweck dieser Zuweisung ist also nicht das Gesamtergebnis, sondern vielmehr x auf 0 zu setzen, im Falle dass es vorher negativ war.

> In der Praxis wird eine bedingte Zuweisung, wie die obige, nicht so codiert, da sie mit Hilfe der `if`-Anweisung (siehe Abschnitt 9.1) leichter und übersichtlicher formuliert werden kann. Das Beispiel demonstriert dennoch die Funktionsweise des Operators `&&` sehr gut.

Das Verhalten des Operators `&&`, den rechten Operanden nur dann auszuwerten, wenn der linke zu „*wahr*" ausgewertet wird, findet aber häufig in Form eines Konstruktes ähnlich zu folgendem Ausdruck Anwendung:

```
a(...) && b(...)
```

Hierin sind a und b Funktionen (mit bestimmten Argumenten), die Werte zurückgeben. Liefert die Funktion a bei der Auswertung dieses Ausdruckes 0 zurück, so wird die Funktion b nicht aufgerufen, da ihr Rückgabewert nicht mehr zum Gesamtergebnis der Operation `&&` beiträgt.

Ein anderes, häufigeres Beispiel ist zu bestimmen, ob der Wert einer Variablen in einem bestimmten Intervall liegt.

```
(10 <= zahl) && (zahl <= 20)
```

Obwohl C auch hier den rechten Teilausdruck ( ) nur dann auswertet, wenn der linke nicht 0 ergibt, ist dieses Verhalten hier nebensächlich. Werden mehrere Operatoren `&&` in einer Kette innerhalb eines Ausdrucks verwendet, so wird der am weitesten rechts stehende nur dann ausgewertet, sofern alle vorhergehenden *wahr* ergeben haben.

Weitere Beispiele zum Operator `&&` finden Sie in Abschnitt 8.5.

8.3.3.3 Der Operator ||

Mit dem Operator || werden Ausdrücke logisch Oder-verknüpft. Der Operator liefert dann „*wahr*" (1), wenn einer der beiden Operanden logisch „*wahr*" (1) ergibt. Das Verhalten ist in der Wahrheitstabelle für den Operator || gezeigt (a und b stehen hier wieder für beliebige Ausdrücke):

Operand a	Operand b	a || b
0	0	0
0	1	1
1	0	1
1	1	1

Tabelle 8.7: Wahrheitstabelle des Operators ||

Genau wie der Operator && hat der Operator || die Eigenschaft, dass der zweite Ausdruck nur dann ausgewertet wird, wenn er für die Berechnung des Gesamtergebnisses notwendig ist. Umgekehrt jedoch, ergibt der erste Ausdruck 1, so ist der zweite Ausdruck unerheblich – er trägt nicht zum Gesamtergebnis bei, das Gesamtergebnis ist 1:

Operand a	Operand b	a || b
0	0	0
0	1	1
1	?	1

Tabelle 8.8: Auswertungsschema des Operators ||

Das Beispiel aus Abschnitt 8.3.3.2 lässt sich mithilfe des Oder-Operators auch so schreiben:

```
(x > 0) || (x = 0)
```

Der linke Ausdruck ergibt nur dann „*falsch*" (also 0), wenn x negativ ist. Ist diesem Fall, muss der rechte Operand ausgewertet werden, da er das Gesamtergebnis entscheidet. Im rechten Teilausdruck steht wieder die Zuweisung x = 0. Die Variable x wird somit auf 0 gesetzt. Das Ergebnis des rechten Teilausdruckes ist das Ergebnis der Zuweisung und das ist 0. Somit ergibt auch das Gesamtergebnis 0 – logisch „*falsch*". Das Auswertungsdiagramm zeigt:

```
(x > 0)  ||  (x = 0)
   0     ||  (x = 0)
   0     ||     0
          0
```

Liefert der linke Ausdruck bereits 1, so braucht der rechte nicht mehr ausgewertet zu werden – die Zuweisung findet nicht statt, x bleibt unverändert. Das Ergebnis des Gesamtausdruckes ist 1:

```
(x > 0)  ||  (x = 0)
   1     ||  (x = 0)
          1
```

Zweck dieser Zuweisung ist wie im Beispiel zuvor, die Variable x auf 0 zu setzen, im Falle dass x vorher negativ war.

 Das obige Beispiel dient nur der Demonstration der Funktionsweise des Operators || und wird, wie auch schon in Abschnitt 8.3.3.2 bei einem ähnlichen Beispiel angedeutet, mit Hilfe der if-Anweisung (siehe Abschnitt 9.1) formuliert.

Hier ein häufigeres Beispiel aus der Praxis: Es ist zu bestimmen, ob der Wert einer Variablen außerhalb eines bestimmten Intervalls liegt:

```
(zahl < 10) || (zahl > 20)
```

Obwohl C auch hier den rechten Teilausdruck nur auswertet, wenn der linke 0 ergibt, wird dieses Verhalten hier nicht benötigt. Werden mehrere Operatoren || in einer Kette verwendet, so wird der am weitesten rechts stehende nur dann ausgewertet, sofern alle vorhergehenden *falsch* ergeben.

Weitere Beispiele zum Operator || finden Sie in Abschnitt 8.5.

8.3.3.4   Der Operator !

Zum Negieren von Wahrheitswerten wird der Operator ! verwendet – der Operator *nicht* (*engl. not*). Der Wert „*wahr*" wird in „*falsch*" gewandelt, der Wert „*falsch*" in „*wahr*". Wie in Abschnitt 6.4 erklärt, sind Wahrheitswerte in C nicht typorientiert implementiert. Wahrheitswerte werden mit Zahlen beschrieben: Die Zahl 0 bedeutet logisch interpretiert „*falsch*", jede Zahl ungleich 0 bedeutet „*wahr*". Wie alle anderen logischen Operatoren auch, liefert der Operator ! die Zahl 1 für „*wahr*".

Logische Ausdrücke können oft sehr komplex sein. Wie auch im Bereich der mathematischen Logik können Ausdrücke, in denen Negationen vorkommen, äquivalent gewandelt werden:

```
!(x1 && x2 && ... && xn)
```

ist logisch äquivalent zu

```
!x1 || !x2 || ... || !xn
```

Ebenso sind die beiden folgenden Ausdrücke logisch äquivalent:

```
!(x1 || x2 || ... || xn)
!x1 && !x2 && ... && !xn
```

Kommen beide Operatoren && und || in einem Ausdruck vor, muss beachtet werden, dass der Operator && eine höhere Priorität hat, als der Operator ||, wodurch vor der Umwandlung zunächst Klammern eingeführt werden müssen:

```
!(   x1 &&   x2 ||   x3)     // ist äquivalent zu
!( ( x1 &&   x2) ||  x3)     // ist äquivalent zu
   (!x1 || !x2) && !x3
```

Werden im letzten Ausdruck die Klammern weggelassen, sind die Ausdrücke nicht äquivalent.

Umwandlungen dieser Árt eignen sich dazu Ausdrücke zu vereinfachen. Für die Vereinfachung komplexer Beziehungen eignen sich beispielsweise Karnaugh-Veitch-Diagramme oder das Verfahren nach Quine und McCluskey (siehe [12]).

8.3.4 Bit-Operatoren

C stellt auch eine Reihe von Bit-Operatoren zur Verfügung, wobei manche den logischen Operatoren sehr ähnlich sehen. Sie werden daher leider häufig mit diesen verwechselt, weshalb dieser Abschnitt selbst jenen Lesern empfohlen ist, die Bit-Operatoren eher nicht verwenden.

Bit-Operatoren werden auf ganzen Zahlen angewendet. Einen eigenen Datentyp „Bitfeld" gibt es in C nicht. Das heißt, es lässt sich kein Feld mit einer bestimmten Anzahl von Bits definieren, auf dem die Bit-Operatoren von C anwendbar wären. Weiters stellt C auch keine direkten Befehle zur Verfügung, mit denen Bits einzeln beeinflusst werden können. Bit-Operatoren werden immer auf alle Bits einer ganzen Zahl angewendet. Ganzzahlige Datentypen sind mit 8, 16, 32 oder auch 64 Bit definiert (siehe Kapitel 6).

In C stehen folgende Bit-Operatoren zur Verfügung:

Operator	Erklärung
&	Bitweises Und
|	Bitweises Oder
^	Bitweises Exklusiv-Oder
~	Bitweises Komplement
<<	Linksschieben
>>	Rechtsschieben

Tabelle 8.9: Bit-Operatoren

 Verwechseln Sie Bit-Operatoren nicht mit logischen Operatoren. Beachten Sie die Ähnlichkeit des bitweisen Operators & zum logischen Operator && und des bitweisen Operators | zu seinem logischen Pendant ||.

8.3.4.1 Der Operator &

Mit dem bitweisen Und-Operator & werden zwei ganze Zahlen bitweise Und-verknüpft. Dabei werden die Bits der Operanden „übereinandergelegt" und verglichen. Sind die Bits der beiden Operanden an einer Stelle 1, so wird das Bit des Ergebnisses an der entsprechenden Stelle auf 1 sonst auf 0 gesetzt. Die beiden Operanden müssen dieselbe Bitbreite aufweisen.

Bit n von Operand 1	Bit n von Operand 2	Bit n des Ergebnisses
0	0	0
0	1	0
1	0	0
1	1	1

Tabelle 8.10: Der Bit-Operator &

Wie man leicht erkennt, ist die Wahrheitstabelle 8.10 ident mit Tabelle 8.5, die Bedeutung ist jedoch unterschiedlich, was im Folgenden anhand von Beispielen erklärt wird:

Aus der bitweisen Und-Verknüpfung der beiden binären Zahlen 01101001 und 10101010 erhält man die Zahl 00101000. Das lässt sich leicht nachvollziehen, wenn man die Zahlen übereinander anschreibt und das Ergebnis bitweise ermittelt.

```
    01101001
&   10101010
    --------
    00101000
```

Stehen zwei 1en übereinander, wird eine 1 ins Ergebnis geschrieben, sonst 0. Man kann sich einen der beiden Operanden (der Einfachheit halber nimmt man den zweiten, unten angeschriebenen) als *Maske* vorstellen, wobei 1en der *Maske* die Bits direkt darüber durchlassen und 0en sperren.

Verwechseln Sie den Bit-Operator & nicht mit seinem logischen Pendant, dem Operator &&. Als kleine Merkhilfe: ein Bit speichert eine Stelle (0 oder 1) und der Bit-Operator & ist auch nur ein einzelnes Zeichen.

8.3.4.2 Der Operator |

Mit dem bitweisen Oder-Operator | werden zwei ganze Zahlen bitweise Oder-verknüpft. Die Bits der Operanden werden wieder „übereinandergelegt" und verglichen. Ist nur ein Bit der beiden Operanden an einer Stelle 1, so wird das Bit des Ergebnisses an dieser Stelle auf 1 sonst auf 0 gesetzt. Wie beim Bit-Operator & müssen die beiden Operanden dieselbe Bitbreite aufweisen.

Bit n von Operand 1	Bit n von Operand 2	Bit n des Ergebnisses
0	0	0
0	1	1
1	0	1
1	1	1

Tabelle 8.11: Der Bit-Operator |

Durch bitweise Oder-Verknüpfung der beiden binären Zahlen 01101001 und 10101010 erhält man die Zahl 11101011, was man leicht ableiten kann, wenn man die Operanden übereinander anschreibt und das Ergebnis bitweise ermittelt:

```
    01101001
|   10101010
    11101011
```

Wieder muss auf die Ähnlichkeit des Bit-Operators | zum logischen Operator || hingewiesen werden. Während der Bit-Operator | im obigen Beispiel die Zahl 235 (11101011) liefert, hätte der logische Operator || das Ergebnis 1 geliefert.

Verwechseln Sie den Bit-Operator | nicht mit seinem logischen Pendant, dem Operator ||. Als kleine Merkhilfe: ein Bit speichert eine Stelle (0 oder 1) und der Bit-Operator | ist auch nur ein einzelnes Zeichen.

8.3.4.3 Der Operator ^

Der bitweise Exklusiv-Oder-Operator ^ (auch XOR-Operator genannt) verknüpft zwei ganze Zahlen bitweise exklusiv-oder. Die Bits der Operanden werden wieder „übereinandergelegt" und verglichen. Ist genau ein Bit eines der beiden Operanden an einer Stelle 1, so wird das Bit des Ergebnisses an dieser Stelle auf 1 sonst auf 0 gesetzt. Beide Operanden müssen wiederum dieselbe Bitbreite aufweisen.

Bit n von Operand 1	Bit n von Operand 2	Bit n des Ergebnisses
0	0	0
0	1	1
1	0	1
1	1	0

Tabelle 8.12: Der Bit-Operator ^

Durch bitweise Exklusiv-Oder-Verknüpfung der beiden binären Zahlen 01101001 und 10101010 erhält man 11000011, was man wiederum leicht ableiten kann, wenn man die Operanden übereinander anschreibt und das Ergebnis bitweise ermittelt:

```
    01101001
^   10101010
    11000011
```

In das Ergebnis wird eine 1 gesetzt, wenn in genau einem der beiden Operanden eine 1 steht, sonst 0.

8.3.4.4 Der Operator ~

Der Komplement-Operator ~ ist ein unärer Operator und kehrt die Bits eines Operanden um. Er ist quasi äquivalent zu einem XOR-Operator, bei dem alle Bits des zweiten Operanden gesetzt sind. Der Vorteil des Komplement-Operators ist jedoch, dass man sich (im Gegensatz zum XOR-Operator) keine Gedanken über die Bitbreite des verwendeten ganzzahligen Datentyps machen muss.

Bit n des Operanden	Bit n des Ergebnisses
0	1
1	0

Tabelle 8.13: Der Bit-Operator ~

Beispielsweise ergibt das Komplement der binären Zahl 01101001 die Zahl 10010110:

```
~   01101001
    10010110
```

8.3.4.5 Der Operator <<

Der Operator << schiebt eine Bitkombination um eine angegebene Anzahl von Stellen nach links (in Richtung des höchstwertigen Bits). Dabei werden Stellen links aus dem Bitbereich herausgeschoben. Rechts rücken Nullen nach. Soll beispielsweise char wert = 0x16 (entspricht 00010110) um 2 Stellen nach links geschoben werden, so kann dafür der Befehl wert << 2 verwendet werden. Das Ergebnis lautet somit 0x58 (entspricht 01011000):

Ein üblicher „Trick", um ein bestimmtes Bit zu setzen, ist eine 1, um die entsprechende Anzahl von Stellen nach links zu schieben, was in Tabelle 8.14 für ein Objekt vom Typ long gezeigt ist. Zu beachten ist, dass man eine Bitkombination nicht um mehr Stellen nach links schieben kann, als Stellen in einem Objekt vorhanden sind.

Setze Bit n	Ergebnis (binär)
1 << 0	00000000 00000000 00000000 0000000**1**
1 << 1	00000000 00000000 00000000 000000**1**0
1 << 2	00000000 00000000 00000000 00000**1**00
1 << 3	00000000 00000000 00000000 0000**1**000
1 << 4	00000000 00000000 00000000 000**1**0000
1 << 5	00000000 00000000 00000000 00**1**00000
1 << 6	00000000 00000000 00000000 0**1**000000
1 << 7	00000000 00000000 00000000 **1**0000000
...	...
1 << 29	00**1**00000 00000000 00000000 00000000
1 << 30	0**1**000000 00000000 00000000 00000000
1 << 31	**1**0000000 00000000 00000000 00000000

Tabelle 8.14: Linksschieben von 1

Gerne verwendet man diese Eigenschaft des Operators << auch, um Bits in einem Datenwort auszu-zeichnen, die dann später gesetzt, gelöscht, abgefragt oder kombiniert werden können. Die Operation 1 << n bedeutet somit „Bit n". Typische Beispiele, in denen Bits verknüpft werden, sind Stati, Feh-lerzustände oder Signale. Für solche Anwendungen kann man sich beispielsweise Bitkombinationen für Signallämpchen (eventuell LEDs) vorstellen, die einzeln oder in gewissen Kombinationen leuchten.

Erwähnt sei auch, dass das Linksschieben einer beliebigen Bitkombination um eine Stelle rein rechne-risch einer Multiplikation mit 2 entspricht, dabei immer vorausgesetzt, dass für positive Zahlen links keine 1 aus dem Darstellungsbereich herausgeschoben wird bzw. bei vorzeichenbehafteten Zahlen das Vorzeichenbit durch das Schieben nicht verändert wird. Ein Linksschieben um n Stellen kommt also einer Multiplikation mit 2^n gleich. Die folgenden beiden Operationen liefern dasselbe Resultat:

```
a = b << 3;   // Multiplikation mit 2 hoch 3 (nicht zu empfehlen)
a = b * 8;    // Multiplikation mit 8 (besser!!!)
```

In manchen Literaturquellen wird ein Linksschieben einer Multiplikation explizit vorgezogen, da es schneller sei als eine tatsächliche Multiplikation. Das ist zwar bedingt wahr, da Multiplikationen in mo-dernen Prozessoren immer noch wesentlich aufwendiger sind als Schiebeoperationen, jedoch gilt heute längst als Stand der Technik, dass sich der Compiler um solche Optimierungsaufgaben kümmert. Compi-ler können von sich aus erkennen, dass beispielsweise eine Multiplikation mit 5 durch ein Linksschieben um 2 und hinzuaddieren der Zahl selber ersetzt werden kann, wenn das Geschwindigkeitsvorteile bringt:

```
a = b << 2 + b; // Multiplikation mit 5 (verwirrend)
a = b * 5;      // Multiplikation mit 5 (besser!!!)
```

 Wenn Sie multiplizieren wollen, verwenden Sie den Operator * und nicht den Operator <<. Überlassen Sie diese Optimierung dem Compiler.

8.3.4.6 Der Operator >>

Der Operator >> schiebt eine Bitkombination um eine angegebene Anzahl von Stellen nach rechts (in Richtung des niederwertigsten Bits). Dabei werden Stellen rechts aus dem Bitbereich herausgeschoben. Links wiederum rücken Vorzeichenbits nach. Soll beispielsweise char wert = 0x58 (entspricht

01011000) um 2 Stellen nach rechts geschoben werden, so kann dafür der Befehl `wert >> 2` verwendet werden. Das Ergebnis lautet `0x16` (entspricht 00010110):

Da der Operator `>>` die beim Schieben links frei werdenden Stellen mit dem Vorzeichenbit auffüllt, ist es notwendig zu wissen, dass ein und dieselbe Bitkombination unterschiedlich behandelt wird, wenn sie *signed* oder *unsigned* interpretiert wird. Das folgende Programm gibt in der ersten Zeile *FFF0F0F0* und in der zweiten *F0F0F0* aus.

```c
#include <stdio.h>
main()
{
    long          x1 = 0xF0F0F0F0; // signed
    unsigned long x2 = 0xF0F0F0F0; // unsigned

    x1 = x1 >> 8 ;
    x2 = x2 >> 8 ;
    printf("Das Ergebnis ist: %lx\n", x1);
    printf("Das Ergebnis ist: %lx\n", x2);
} // end main
```

Das Rechtsschieben einer beliebigen Bitkombination um eine Stelle entspricht einer Ganzzahlendivision durch 2. Das gilt für vorzeichenbehaftete und nicht vorzeichenbehaftete ganze Zahlen.

 Wenn Sie Zahlen dividieren wollen, verwenden Sie den Operator `/` und nicht den Operator `>>`. Überlassen Sie die Optimierung von Divisionsoperationen dem Compiler. Der Operator `>>` ist zum Rechtsschieben von Bitkombinationen da.

8.3.5 Der Operator ,

Der Komma-Operator wird eher selten verwendet. Sein Haupteinsatzgebiet ist innerhalb der `for`-Schleife (siehe Abschnitt 10.1). Der Komma-Operator gleicht dem Semikolon, dem ' ; '. Beide Zeichen dienen zum Trennen von Ausdrücken. Der einzige Unterschied: Das Komma ist ein Operator, das Semikolon nicht. Der Komma-Operator ist ein binärer Operator – die Teilausdrücke werden daher von links nach rechts bearbeitet. Wie jeder Operator, hat auch der Komma-Operator einen Rückgabewert, den Wert des letzten Ausdruckes:

```c
a = 0, b = 1
```

Der linke Teilausdruck bewirkt die Zuweisung von 0 an a, der Rechte die Zuweisung von 1 an b. Der Rückgabewert des Komma-Operators ist somit 1.

Das Auswertungsdiagramm ergibt sich damit wie folgt:

```
  a = 0   ,    b = 1
 ─────────────────────
    0     ,    b = 1
 ─────────────────────
    ×     ,      1
 ─────────────────────
              1
```

Das '×' symbolisiert, dass der Rückgabewert des ersten Teilausdruckes verworfen wird. Ein bekannter Fehler bei der Verwendung des Komma-Operators ist die Angabe einer Gleitpunkt-Zahl (a und b sind hier als `double` definiert):

```
a =  3,2;  // Fehler
b = (3,2); // Fehler
```

Wie in Abschnitt 6.2 beschrieben, wird die Dezimalstelle – anders als im Deutschen – in C mit einem Punkt geschrieben. Das ist für Programmierneulinge meist verwirrend, ist man im Umgang mit dem Computer von vielen Anwendungsprogrammen im deutschsprachigen Raum das Komma gewohnt. Wird irrtümlich das Komma verwendet, passiert etwas Unerwartetes, was gelegentlich für Verwirrung sorgt: Der Komma-Operator hat eine niedere Priorität als der Zuweisungsoperator. Dadurch wird in der ersten Zeile a zuerst 3 zugewiesen. Erst nach der Zuweisung wird das Komma ausgeführt. Dadurch ist das Ergebnis des gesamten Ausdruckes das Ergebnis des Komma-Operators (2), was aber nicht gespeichert wird. Der Effekt der Zeile: Die Variable a ist 3.

In der zweiten Zeile sei der Komma-Operator jedoch geklammert. Es wird zuerst der Komma-Operator ausgeführt und b die 2 zugewiesen. Nun ist das Ergebnis des Zuweisungsoperators (2) das Ergebnis des gesamten Ausdruckes.

 In Punktzahlen muss der Punkt und nicht das Komma verwendet werden!

Auch die folgende Zeile ist falsch:

```
double d = 3,2; // Fehler
```

Wenigstens in diesem Fall sollten Compiler eine Fehlermeldung – einen Syntax-Error ausgeben – da nach dem Komma bei der Variablendefinition Variablennamen erwartet werden.

8.3.6 Der Operator ? :

Die bedingte Zuweisung ist ein Ausdruck für die `if-else` Anweisung, die in Abschnitt 9.1 besprochen wird, und besteht aus drei Teilen: Der Bedingung, dem `if`-Ausdruck und dem `else`-Ausdruck. Alle drei Teile müssen angegeben werden. Die Syntax lautet dann

```
Bedingung ? if-Ausdruck : else-Ausdruck
```

Ergibt die Bedingung „*wahr*", wird der `if`-Ausdruck bearbeitet, andernfalls der `else`-Ausdruck. In folgendem Beispiel wird der Variablen `abfrage` vom Typ `char` das Zeichen `'j'` zugewiesen, wenn die Variable a positiv ist, sonst `'n'`:

```
abfrage = (a > 0) ? 'j' : 'n';
```

8.4   Abstände

Wie bereits in Abschnitt 4.7 erwähnt, werden in C sämtliche Füllzeichen (*engl. whitespaces*), also Abstände, Tabulatorsprünge oder Leerzeilen ignoriert. Dennoch sind sie gelegentlich notwendig. Ein Beispiel:

```
a+++b          // Fehler!
```

Dieser Ausdruck kann nicht kompiliert werden. Der C-Compiler kann hier nicht erkennen, ob

```
a + ++b
```

oder

```
a++ + b
```

gemeint ist. Es sind also Abstände zwischen den Operatoren notwendig. Ein anderes Beispiel wiederum ist

```
a = = b          // Fehler!
```

Operatoren, die aus mehreren Zeichen bestehen, müssen zusammen geschrieben sein! Richtig ist vielmehr:

```
a == b
```

Abstände sind aber auch dann notwendig, wenn Schlüsselwörter von Namen getrennt werden müssen. Ein Beispiel:

```
long abstand;    // Richtig
longabstand;     // Fehler !
```

In C sind Abstände notwendig, um Operatoren zu trennen, wenn Mehrdeutigkeiten entstehen könnten. Abstände trennen auch Namen bzw. Schlüsselwörter voneinander.

8.5 Beispiele

8.5.1 Teilbarkeit einer Zahl

Erstellen Sie einen Ausdruck um festzustellen, ob eine Zahl durch eine andere teilbar ist oder nicht.

Lösung:

Der folgende Ausdruck liefert 1 zurück, wenn der Wert der Variablen a durch b teilbar ist:

```
(a % b) == 0
```

8.5.2 Übungen zu logischen Ausdrücken

Ermitteln Sie die Rückgabewerte der folgenden logischen Ausdrücke:

```
4 < 8 && 21 + 3 != 10
10 > 4 || 12 > 9
```

```
4 > 5 && 3 * 4 == 12
2 * 8 != 41 || 4 == 5
!3 || 4 - 2 != 2
16 + 5 > 15 && 3 * 5 == 16
```

Lösung:

Fügen Sie zunächst Klammern gemäß der Prioritäten (Tabelle 8.1) ein, um die Übersichtlichkeit zu erhöhen:

```
(4 < 8) && ((21 + 3) != 10)
(10 > 4) || (12 > 9)
(4 > 5) && ((3 * 4) == 12)
((2 * 8) != 41) || (4 == 5)
!3 || ((4 - 2) != 2)
((16 + 5) > 15) && ((3 * 5) == 16)
```

Dadurch ergibt sich:

$$
\begin{array}{cccccccc}
\underline{4 < 8} & \&\& & 21 + 3 & != & 10 \\
1 & \&\& & \underline{21 + 3} & != & 10 \\
1 & \&\& & \underline{24} & != & 10 \\
1 & \&\& & & \underline{1} \\
& & 1
\end{array}
$$

$$
\begin{array}{cccc}
\underline{10 > 4} & || & 12 > 9 \\
1 & || & \underline{12 > 9} \\
& \underline{1}
\end{array}
$$

$$
\begin{array}{ccccc}
\underline{4 > 5} & \&\& & 3 * 4 & == & 12 \\
0 & \&\& & 3 * 4 & == & 12 \\
& & \underline{0}
\end{array}
$$

$$
\begin{array}{cccccc}
\underline{2 * 8} & != & 41 & || & 4 == 5 \\
16 & \underline{!= & 41} & || & 4 == 5 \\
& 1 & & || & \underline{4 == 5} \\
& & \underline{1}
\end{array}
$$

$$
\begin{array}{cccccc}
\underline{!3} & || & 4 - 2 & != & 2 \\
0 & || & \underline{4 - 2} & != & 2 \\
0 & || & \underline{2} & != & 2 \\
0 & || & & \underline{0} \\
& & 0
\end{array}
$$

$$
\begin{array}{ccccccc}
\underline{16 + 5} & > & 15 & \&\& & 3 * 5 & == & 16 \\
21 & \underline{> & 15} & \&\& & 3 * 5 & == & 16 \\
& 1 & & \&\& & \underline{3 * 5} & == & 16 \\
& 1 & & \&\& & \underline{15 & == & 16} \\
& 1 & & \&\& & & 0 \\
& & & 0
\end{array}
$$

8.5.3 Berechnung der Signum-Funktion

Entwickeln Sie einen Ausdruck zur Berechnung der Signum-Funktion. Ändern Sie dazu den Ausdruck aus Abschnitt 8.3.3.2 so ab, dass die Signum-Funktion der Variablen x berechnet und in der Variablen sig gespeichert wird.

Lösung:

```
((x < 0) && (sig = -1)) || ((x > 0) && (sig = 1)) || (sig = 0)
```

8.5.4 Berechnung des Schaltjahres

Entwickeln Sie einen Ausdruck zur Berechnung eines Schaltjahres. Die Variable jahr enthält die Jahreszahl. Der Ausdruck soll 1 liefern, wenn das Jahr ein Schaltjahr ist, sonst 0.

Ein Jahr ist dann ein Schaltjahr, wenn die Jahreszahl durch 4 teilbar, jedoch nicht, wenn sie durch 100 teilbar ist. Ist die Jahreszahl durch 400 teilbar, so ist das Jahr trotzdem ein Schaltjahr. Noch ein Tipp: Verwenden Sie den Modulo-Operator um festzustellen, ob die Jahreszahl jahr teilbar ist.

Lösung:

Es gibt verschiedene Lösungen dieses Problems. Will man zu einer Lösung kommen, muss die Fragestellung so umformuliert werden, dass sie für eine Codierung brauchbar ist:

„Ein Jahr ist ein Schaltjahr, wenn die Jahreszahl durch 4 teilbar ist und wenn sie nicht durch 100 teilbar ist oder wenn die Jahreszahl durch 400 teilbar ist."

```
((jahr % 4 == 0) && (jahr % 100 != 0)) || (jahr % 400 == 0)
```

In der westlichen Zeitrechnung existiert das Jahr 0 nicht – diese „Feinheit" wird hier nicht berücksichtigt.

Kapitel 9

Selektionen

Selektionen werden in der Programmierung eingesetzt, um verschiedene Programmteile in Abhängigkeit einer Bedingung auszuführen. Im Folgenden sei unter „Anweisung" entweder ein Ausdruck (siehe Kapitel 8) oder eine elementare Anweisung (wie `if-else` oder `switch-case`) verstanden.

9.1 Die `if` – Anweisung

Die `if`-Anweisung ermöglicht das alternative Ausführen zweier Programmteile abhängig davon, ob eine Bedingung „wahr" oder „falsch" ergibt. Die Syntax lautet:

```
if (Bedingung)
    Block
else
    Block
```

Die Bedingung ist ein allgemeiner Ausdruck (siehe Kapitel 8). Ergibt sie „wahr" – ist sie ungleich 0 – so wird der erste Block ausgeführt. Ergibt sie „falsch" – ist sie gleich 0 – so wird der zweite Block durchlaufen.

Ein Block in C ist entweder eine einzelne Anweisung oder mehrere Anweisungen in geschwungene Klammern gesetzt. Der erste Block wird `if`-Block bzw. `if`-Zweig genannt, weil der Block dann ausgeführt wird, wenn die `if`-Bedingung zutrifft. Der zweite Block, `else`-Block bzw. `else`-Zweig genannt, wird ausgeführt, wenn die Bedingung „falsch" ergibt. Er kann auch weggelassen werden:

```
if (Bedingung)
    Block
```

Trifft die Bedingung nicht zu, so wird die `if`-Anweisung übersprungen, da kein `else`-Block vorhanden ist. Der `if`-Zweig kann nicht weggelassen werden. Soll ein Block aber nur dann durchlaufen werden, wenn die Bedingung *nicht* zutrifft, so muss die Bedingung negiert werden (siehe Abschnitt 8.3.3.4):

```
if (!Bedingung)
    Block
```

Das Verschachteln von `if`-Anweisungen ist ebenfalls möglich:

```
if (Bedingung1)
    if (Bedingung2)
        Block
    else
        Block
else
    if (Bedingung3)
        Block
    else
        Block
```

Die erste if-Anweisung wird „äußere" if-Anweisung genannt, die eingerückten werden als „innere" if-Anweisungen bezeichnet.

Bei manchen Konstrukten stellt sich die Frage, zu welchem if das else eigentlich gehört:

```
if (Bedingung1)
    if (Bedingung2)
        Block
    else
        Block
else
    Block
```

Ein else gehört immer zum nächstliegenden if. Die Einrückung ist in obigem Beispiel richtig, da das erste else zum darüberliegenden if (dem zweiten if) gehört. Das zweite else gehört zum ersten if.

Die Einrückung dient nur der besseren Lesbarkeit. Syntaktisch spielt sie keine Rolle. Es sei aber empfohlen, einheitlich einzurücken und das else unter dem dazugehörigen if gleich eingerückt zu platzieren. In folgendem Beispiel ist die Einrückung nicht korrekt, da sie suggeriert, dass das else zum ersten if gehört.

```
if (Bedingung1)
    if (Bedingung2)
        Block
else
    Block
```

 Achten Sie auf korrekte und konsistente Einrückung. Falsche Einrückung sorgt für Missverständnisse.

Soll das else jedoch zum ersten, äußeren if gehören, so muss das innere if geklammert werden, da das else sonst – unabhängig von der Einrückung – zum zweiten if gehören würde.

```
if (Bedingung1)
{   if (Bedingung2)
        Block
}
else
    Block
```

Verschachtelte if-Anweisungen werden gerne verwendet. Da es bei unvorsichtiger Benutzung allerdings leicht zu Fehlern kommen kann, sei das Verhalten an einem einfachen Beispiel gezeigt. Es soll eine Meldung ausgegeben werden, ob zwei Zahlen gleich sind. Die if-Anweisung sieht so aus:

```
if (a == b)
    printf("a und b sind gleich groß.\n");
```

Zusätzlich zu dieser Anweisung soll noch eine weitere Meldung am Bildschirm erfolgen, die aussagt, ob a kleiner war als b.

```
if (a == b)
    printf("a und b sind gleich groß.\n");
if (a < b)
    printf("a ist kleiner als b.\n");
```

Angenommen, a ist gleich b. In diesem Fall kann a nicht kleiner b sein und die zweite Abfrage ist nicht mehr notwendig. Sie kann durch ein `else` übersprungen werden:

```
if (a == b)
    printf("a und b sind gleich groß.\n");
else
    if (a < b)
        printf("a ist kleiner als b.\n");
```

Soll schließlich noch eine Meldung erfolgen im Falle, dass a größer ist als b, so kann dies vorerst so erfolgen:

```
if (a == b)
    printf("a und b sind gleich groß.\n");
else
    if (a < b)
        printf("a ist kleiner als b.\n");
if (a > b)
    printf("a ist größer als b.\n");
```

Die Überprüfung auf a > b ist aber dann nicht mehr notwendig, wenn eine der beiden `if`-Bedingungen zuvor schon erfüllt war. Das letzte `if` muss nur ausgeführt werden, wenn beide Bedingungen davor schon fehlgeschlagen sind:

```
if (a == b)
    printf("a und b sind gleich groß.\n");
else
    if (a < b)
        printf("a ist kleiner als b.\n");
    else
        if (a > b)
            printf("a ist größer als b.\n");
```

Dieses Konstrukt ist jetzt vom Ablauf (fast) korrekt – es wird weiter unten weiter verbessert. Dieses Konstrukt wird häufig als sogenannter „if-Rechen" bezeichnet. Will man den Ablauf „optimieren" (ist beispielsweise a meist kleiner als b), kann man die `if`-Anweisungen umreihen. Dabei muss aber die Struktur der `if` und `else` Anweisungen – die Struktur des `if`-Rechens – gleich bleiben.

Man kann sich vorstellen, dass ein solches `if-else`-Konstrukt immer weiter eingerückt wird, je mehr Abfragen hinzugefügt werden. Üblicherweise wird daher der obige Programmtext wie folgt eingerückt:

```
if (a == b)
    printf("a und b sind gleich groß.\n");
else if (a < b)
    printf("a ist kleiner als b.\n");
else if (a > b)
    printf("a ist größer als b.\n");
```

An den Anweisungen selbst hat sich nichts geändert. Wie bereits erwähnt, hat die Einrückung keinerlei Einfluss auf den Ablauf eines C-Programmes. Der Vorteil der hier gezeigten Einrückmethode ist jedoch, dass bei vielen if-Abfragen die Zeilen nicht beliebig weit „nach rechts wachsen" – also immer weiter eingerückt wird.

Bei genauer Betrachtung des obigen if-Rechens erkennt man, dass die letzte if-Bedingung redundant ist. Es lässt sich zu guter letzt schreiben:

```
if (a == b)
    printf("a und b sind gleich groß.\n");
else if (a < b)
    printf("a ist kleiner als b.\n");
else
    printf("a ist größer als b.\n");
```

Was würde passieren, wenn das erste else weggelassen würde?

```
if (a == b)
    printf("a und b sind gleich groß.\n");
if (a < b)
    printf("a ist kleiner als b.\n");
else
    printf("a ist größer als b.\n");
```

Viele Programmierer in den Anfängen neigen dazu, das erste else wegzulassen. Wie oben gezeigt, ist ein if-Rechen eine einzige Struktur, die aus dem Zusammenfügen und Schachteln von if-Anweisungen entstanden ist. Eine Veränderung des Konstruktes muss zu einer Veränderung des Verhaltens führen.

Ist a gleich b, so erhält man nämlich die Ausgabe

```
a und b sind gleich groß.
a ist größer als b.
```

Die erste Zeile ist klar. Sie ergibt sich aus der ersten if-Anweisung. Diese ist aber dann beendet, da kein else folgt – es ist hier weggelassen. Die Bearbeitung setzt mit dem nächsten Befehl fort, dem zweiten if. Das zweite if ist also eine zweite *unabhängige* Anweisung. Da a nicht kleiner b ist (beide Zahlen sind ja gleich), wird der else-Zweig bearbeitet. Man erhält die zweite Zeile als Ausgabe.

Ein häufiger Fehler bei der Benutzung der if-Anweisung ist, wenn in der Bedingung statt einer Abfrage auf Gleichheit (Operator ==) eine Zuweisung erfolgt:

```
if (a = b)
    Block
```

Die Bedingung enthält eine Zuweisung. Das Ergebnis der Zuweisung und somit das Ergebnis der Bedingung ist der Wert von b. Die Bedingung ist daher immer „wahr" bzw. „falsch", je nachdem welchen Wert b hat.

Ein weiterer sehr häufiger Fehler ist folgender:

```
if (Bedingung);
   Block
```

Das unscheinbare Semikolon hinter der Bedingung bewirkt, dass im Falle, dass die Bedingung „wahr" ergibt, *nichts* gemacht wird. Die if-Anweisung ist zu Ende und der Block wird in jedem Fall ausgeführt. Nach der Bedingung erwartet die if-Anweisung einen Block. Dieser ist mit dem Semikolon die Leeranweisung „tue nichts".

Gute Compiler finden manche dieser Fehler – die zugehörige Option, penible Warnungen auszugeben muss eingeschaltet sein. Dennoch: Wird bei einem if-Rechen ein else weggelassen, ist auch der beste Compiler machtlos.

9.2   Die switch – Anweisung

Die switch-Anweisung ermöglicht das selektive Ausführen von beliebig verschiedenen Programmteilen. Die Syntax lautet:

```
switch (Ausdruck)
{case Marke1: Anweisungen
             break;
 case Marke2: Anweisungen
             break;
 ...
 default:    Anweisungen
             break;
}
```

Die Reihenfolge der Marken ist beliebig – es sei denn, es wird ein break weggelassen (siehe weiter unten). Der Ausdruck kann ein beliebiger C-Ausdruck sein. Er wird zu Beginn der Anweisung ausgewertet. Stimmt der Wert des Ausdruckes mit dem Namen einer Sprungmarke (*engl. label*) überein, wird zu dieser Sprungmarke verzweigt. Eine Sprungmarke ist also keine Anweisung, sondern lediglich eine Kennzeichnung einer Programmstelle. Eine Programmstelle kann auch mehrere Kennzeichner (Sprungmarken) haben. Existiert die erforderliche Sprungmarke nicht, so wird zur default-Sprungmarke verzweigt. Existiert auch diese Sprungmarke nicht, so wird die gesamte switch-Anweisung übersprungen. Wurde zu einer Sprungmarke verzweigt, so wird die Ausführung unabhängig von weiteren Sprungmarken solange fortgesetzt, bis ein break auftritt oder die switch-Anweisung beendet ist.

Das break kann für den letzten Zweig (den Programmteil nach der letzten Sprungmarke) weggelassen werden, da die switch-Anweisung am Ende der Anweisung auf jeden Fall verlassen wird. Es ist aber empfohlen trotzdem für die letzte Sprungmarke ein break anzuschreiben, damit, wenn neue Zweige darunter hinzugefügt werden, diese nicht unbeabsichtigt abgearbeitet werden.

Sprungmarken dürfen nur Zeichen oder ganze Zahlen sein. Auf Grund dieser Einschränkung wird die switch-Anweisung relativ selten verwendet.

Ein Beispiel: Die Variable zahl ist vom Typ long, und enthält eine beliebige ganze Zahl.

```
switch (zahl)
{case 1:   printf("eins\n");
           break;
 case 2:   printf("zwei\n");
           break;
 case 3:   printf("drei\n");
           break;
 default:  printf("sonst\n");
           break;
}
```

Ist zahl 1, so wird eins ausgegeben. Anschließend wird die switch-Anweisung durch das break beendet. Die Programmausführung setzt nach der switch-Anweisung fort. Ist zahl 2 oder 3, so erfolgt der Ablauf analog. Bei jeder anderen Zahl wird jedoch sonst ausgegeben.

Ein weiteres Beispiel: Die Variable zahl ist wieder vom Typ long, und enthält eine beliebige ganze Zahl. Was bewirkt das folgende Konstrukt (dieses Konstrukt dient nur der Übung und wird in der Praxis, wie man sich vorstellen kann, nicht eingesetzt):

```
switch (zahl)
{case 0:   zahl = zahl + 1;
 case 1:   zahl = zahl + 1;
 case 2:   zahl = zahl + 1;
 case 3:   zahl = zahl + 1;
 case 4:   zahl = zahl + 1;
 case 5:   zahl = zahl + 1;
 case 6:   zahl = zahl + 1;
 case 7:   zahl = zahl + 1;
 case 8:   zahl = zahl + 1;
 case 9:   zahl = zahl + 1;
}
```

Ist zahl eine ganze Zahl zwischen 0 und 9, so wird zur jeweiligen Sprungmarke verzweigt. Da kein break auftritt, wird zahl solange erhöht, bis die switch-Anweisung beendet ist. Die Variable zahl enthält anschließend den Wert 10. Lag zahl zuvor nicht im Intervall von 0 bis 9, so bleibt zahl unverändert.

9.3   Beispiele

9.3.1   Lösen quadratischer Gleichungen

Schreiben Sie das Programm aus Abschnitt 6.8.2 um, indem Sie den Ausdruck unter der Wurzel überprüfen. Ist er negativ, so geben Sie eine Fehlermeldung am Bildschirm aus.

Lösung:

```
/* Lösen quadratischer Gleichungen korrekt
*/

#include <stdio.h>
#include <math.h>

main()
{  double a, b, c, wurzel, wertInWurzel, x1, x2;
```

bsp-9-1.c

```
// Eingabe
printf("Lösen quadratischer Gleichungen\n");
printf("a * x^2 + b * x + c = 0\n");
printf("a = ");
scanf("%lf", &a);
printf("b = ");
scanf("%lf", &b);
printf("c = ");
scanf("%lf", &c);

// Berechnung
wertInWurzel = b * b - 4 * a * c;
// Überprüfung des Werts unter der Wurzel
if (wertInWurzel < 0)
    printf("Keine reelle Lösung!\n");
else
{   wurzel       = sqrt(wertInWurzel);
    x1 = (- b + wurzel) / (2 * a);
    x2 = (- b - wurzel) / (2 * a);

    // Ausgabe
    printf("Die Lösungen lauten:\n");
    printf("x1 = %g\n", x1);
    printf("x2 = %g\n", x2);
}
}   // end main
```

9.3.2 Berechnung der Einkommensteuer

Schreiben Sie ein Programm zur Berechnung der Einkommensteuer. Es sollen hier sämtliche Absetzbeträge, Steuerbefreiungen und Sozialversicherungsbeiträge vernachlässigt werden.

Seit 2009 wird die Einkommensteuer in Österreich wie folgt nach Tabelle 9.1 ermittelt:

Einkommen in EURO			Steuersatz
$0,-$	...	$11.000,-$	0
$11.000,-$	...	$25.000,-$	$5110/14000$
$25.000,-$	...	$60.000,-$	$15125/35000$
$60.000,-$	...		$0,5$

Tabelle 9.1: Einkommensteuersätze

Dabei wird nur der Betrag des zu versteuernden jährlichen Einkommens – im Folgenden nur Einkommen genannt – mit dem jeweiligen Prozentsatz besteuert, der in das angegebene Intervall fällt.

Angenommen eine Person hat ein Einkommen von 27.000, – Euro. Von den unteren 11.000, – der gesamten 27.000, – fallen keine Steuern an. Von den nächsten 14.000, –, die im Intervall von 11.000, – bis 25.000, – liegen, 5.110, – und für die verbleibenden 2.000, – im Intervall von 25.000, – bis 60.000, – ergeben sich 864, 29. Das macht eine Summe (Einkommensteuerschuld) von 5.974, 29 Euro.

Lösung:

Das Problem wird verkehrt aufgerollt. Man beginnt zunächst beim höchsten Intervall und bearbeitet alle Intervalle in absteigender Reihenfolge. Für jedes Intervall wird abgefragt, ob das Einkommen in das Intervall fällt. Wenn ja, wird der aktuelle Steuersatz zur laufenden Steuersumme addiert und das Einkommen auf das Bereichsminimum gesetzt, damit die folgenden if-Anweisungen aufgerufen werden.

Dieses Beispiel lässt sich auch innerhalb einer Schleife (siehe Kapitel 10) lösen, wobei nur mehr eine einzige `if`-Anweisung für die Intervallsabfrage notwendig ist. In Kapitel 13 wird dieses Beispiel weiter vereinfacht.

```c
/* Berechnung der Einkommensteuer nach dem
 * Einkommensteuergesetz 2009
 * Variante 1: Steuer wird iterativ bestimmt
 */

#include <stdio.h>

main()
{ const double grenze0 =     0.0;
  const double grenze1 = 11000.0;
  const double grenze2 = 25000.0;
  const double grenze3 = 60000.0;

  const double steuersatz1 = 0.0;
  const double steuersatz2 = 5110.0/14000.0;
  const double steuersatz3 = 15125.0/35000.0;
  const double steuersatz4 = 0.50;

  double einkommen, steuer = 0, einkommenLaufend;

  // Eingabe
  printf("Berechnung der Einkommensteuer nach dem \n");
  printf("Einkommensteuergesetz 2009\n\n");
  printf("Geben Sie ihr jährliches Einkommen in EURO ein: ");
  scanf("%lf", &einkommen);

  einkommenLaufend = einkommen;

  // Eingabe korrekt?
  if (einkommen < 0)
     printf("Negatives Einkommen angegeben!\n");
  else
  { // Berechnung
    if (einkommenLaufend > grenze3)
    { steuer          += (einkommenLaufend - grenze3) * steuersatz4;
      einkommenLaufend = grenze3;
    }
    if (einkommenLaufend > grenze2)
    { steuer          += (einkommenLaufend - grenze2) * steuersatz3;
      einkommenLaufend = grenze2;
    }
    if (einkommenLaufend > grenze1)
    { steuer          += (einkommenLaufend - grenze1) * steuersatz2;
      einkommenLaufend = grenze1;
    }
    if (einkommenLaufend > grenze0)
       steuer          += (einkommenLaufend - grenze0) * steuersatz1;

    // Ausgabe
    printf("Die Einkommensteurer beträgt EURO %g\n", steuer);
  }
} // end main
```

bsp-9-2.c

9.3.3   Ein Menü

Programmieren Sie ein Menü nach Ihrer Wahl. Geben Sie zunächst eine Menüauswahl aus. Wählt der Benutzer einen der angegebenen Menüpunkte aus, so bestätigen Sie die Auswahl. Gibt der Benutzer eine falsche Auswahl ein, so geben Sie eine Warnung aus.

Lösung:

```c
#include <stdio.h>

main()
{ char zeichen;

    printf("Menü\n");
    printf("====\n");
    printf("N ... Neuer Datensatz eingeben\n");
    printf("A ... Alles ausgeben\n");
    printf("B ... Beenden\n");
    printf("Ihre Wahl: ");
    scanf("%c", &zeichen);

    switch (zeichen)
    {case 'n':
     case 'N':
       printf("Neuer Datensatz eingeben\n");
       break;
     case 'a':
     case 'A':
       printf("Alles ausgeben\n");
       break;
     case 'b':
     case 'B':
       printf("Beenden\n");
       break;
     default:
       printf("Falsche Eingabe\n");
       break;
    }
} // end main
```

bsp-9-3.c

9.3.4   Osterregel nach Gauß

Die Osterregel nach Gauß lautet: Ist jahr das Jahr, sind zunächst die Terme a bis n nach Tabelle 9.2 zu bestimmen. Ostern ist am n+1. Tag des m+3. Monats im Jahr jahr mit folgenden Ausnahmen: Ist das berechnete Datum der 26. April, so ist Ostern am 19. April. Ist das berechnete Datum der 25. April und k == 28 und h > 10, so Ostern am 18. April.

Schreiben Sie ein Programm, das die Jahreszahl einliest und Ostern berechnet.

Zähler	Nenner	Quotient	Rest
jahr	100	a	b
a	4	c	—
a-15	25	d	—
a-d	3	e	—
a+15-c-e	30	—	f
a+4-c	7	—	g
jahr	19	—	h
b	4	—	i
b	7	—	j
19*h+f	30	—	k
14+a+g+2*i+4*j-k	7	—	l
21+k+l	31	m	n

Tabelle 9.2: Terme der Osterregel nach Gauß

Lösung:

```
// Osterregel nach Gauß
#include <stdio.h>

main()
{ long jahr, a, b, c, d, e, f, g, h, i, j, k, l, m, n, hilf;
  long tag, monat;

  printf("Osterregel nach Gauß:\n\n");
  printf("Jahreszahl: ");
  scanf("%ld", &jahr);

  a = jahr / 100;
  b = jahr % 100;
  c = a / 4;
  d = (a-15) / 25;
  e = (a-d) / 3;
  f = (a+15-c-e) % 30;
  g = (a+4-c) % 7;
  h = jahr % 19;
  i = b % 4;
  j = b % 7;
  k = (19*h+f) % 30;
  l = (14+a+g+2*i+4*j-k) % 7;
  hilf = 21+k+l;
  m = hilf / 31;
  n = hilf - m * 31;

  tag   = n + 1;
  monat = m + 3;

  if ((tag == 26) && (monat == 4))
     tag = 19;
  if ((tag == 25) && (monat == 4) && (k == 28) && (h > 10))
     tag = 18;

  printf("Ostern ist am %ld. %ld. %ld\n", tag, monat, jahr);
} // end main
```

bsp-9-4.c

Kapitel 10

Iterationen

In den Anfängen der Informationstechnik wurden Programme in Form von gelochten Karten oder Papierstreifen eingelesen. Der Computer interpretierte anhand des Vorhandenseins oder der Abwesenheit eines Loches im Papier ein Bit und arbeitete dadurch „tastend" das Programm ab. Sollte ein Vorgang öfters wiederholt werden, konnte man sich nur dadurch helfen, den Papierstreifen zu einer Schleife zusammen zu binden. Der Ausdruck „Schleife" hat sich seither als Bezeichnung für das mehrmalige Wiederholen eines Programmteiles etabliert.

Eine Schleife wird in C solange durchlaufen, solange eine Bedingung – die *Schleifenbedingung* – erfüllt ist. Prinzipiell gibt es zwei Arten von Schleifen: Die vorprüfenden und die nachprüfenden Schleifen. Vorprüfende Schleifen prüfen vor dem sogenannten *Schleifenrumpf* (oder *Schleifenkörper*) ob eine Bedingung wahr ist, nachprüfende Schleifen nach dem Schleifenrumpf.

10.1 Die `for` - Anweisung

Die `for`-Anweisung ist die komplexeste Schleife in C, aber in ihrer einfachen Form zugleich die verständlichste. Aus diesem Grund sei sie zuerst besprochen. Die `for`-Anweisung ist eine vorprüfende Schleife. Sie kommt meist dann zum Einsatz, wenn sogenannte „Iteratoren[1]" verwendet werden.

 Verwenden Sie die `for`-Anweisung für Schleifen, in denen Iteratoren zum Einsatz kommen!

Ein Beispiel ist hier ein Zähler `i` vom Typ `long`, der zu Beginn auf 0 gesetzt und nach jedem Schleifendurchlauf um eins erhöht (inkrementiert) wird. Die Schleife wird hier solange wiederholt, solange der Zähler kleiner als 10 ist.

```
for (i = 0; i < 10 ; i = i + 1)
    printf("%ld\n", i);
```

Eine vorteilhafte Eigenschaft der `for`-Anweisung ist, dass das Verhalten der Schleife in einer Zeile ausgedrückt werden kann, was nicht nur die Übersichtlichkeit erhöht, sondern wodurch Fehler auch leichter vermieden werden. Die Syntax der `for`-Anweisung lautet:

---

[1]In prozeduralen Hochsprachen, wie C, sind Iteratoren zumeist als simple Zähler oder als Zeiger (siehe Kapitel 14) implementiert. Als komplexere Datentypen werden Iteratoren zumeist gerne in objektorientierten Sprachen, wie C++, verwendet. Iteratoren werden verwendet, um sich durch eine Menge von Objekten zu bewegen.

```
for (Initialisierung ; Bedingung ; Inkrement)
  Block
```

Ein Block ist, wie bereits in Abschnitt 9.1 besprochen, in C eine einzelne Anweisung oder mehrere Anweisungen in geschwungene Klammern gefasst. Die Ausdrücke Initialisierung, Bedingung und Inkrement sind C-Ausdrücke. Ihre Bedeutung wird im Folgenden genauer beleuchtet. Beachten Sie die Strichpunkte zum Trennen der Ausdrücke voneinander. Der C-Compiler erkennt die Bedingung beispielsweise als den Ausdruck, der zwischen den zwei Strichpunkten steht. Soll ein Ausdruck weggelassen werden, so müssen jedoch die Strichpunkte als „Markierungen" der Ausdrücke bleiben (siehe Abschnitt 10.4).

Der erste Ausdruck ist der Initialisierungsteil. Vor dem ersten Durchlauf einer Schleife müssen meist Vorbereitungen getroffen werden (oft werden Zähler gesetzt – initialisiert). Dies kann im Initialisierungsteil erfolgen.

Der zweite Ausdruck – die Bedingung – wird *vor* jedem Schleifendurchlauf überprüft. Der Schleifenrumpf Block wird solange durchlaufen, solange die Bedingung „wahr" ergibt. Ergibt die Bedingung bei der Auswertung „falsch", wird die Schleife „abgebrochen" – der Schleifenrumpf also kein weiteres Mal durchlaufen.

Da im Zusammenhang mit for-Schleifen sogenannte Schleifenvariablen eingesetzt werden, die oftmals den Zweck eines Zählers haben, werden diese üblicherweise nach einem Schleifendurchlauf für den nächsten vorbereitet. Zähler werden im Allgemeinen erhöht oder vermindert. Der Ausdruck Inkrement ist für diesen Zweck vorgesehen.

In obigem Beispiel werden die Zahlen von 0 bis 9 ausgegeben. Aber was passiert wirklich? Das Verständnis über den Ablauf einer for-Anweisung ist wichtig, um sie zielgerecht einsetzen zu können. Es sei das obige Beispiel hier etwas genauer betrachtet:

```
for (i = 0; i < 10 ; i = i + 1)
  printf("%ld\n", i);
```

Vor dem ersten Durchlauf wird die Variable i auf 0 gesetzt. Unmittelbar darauf wird die Bedingung überprüft – sie ergibt „wahr". Der Schleifenrumpf wird einmal komplett mit i gleich 0 durchlaufen – es wird 0 ausgegeben. Anschließend wird der Inkrement-Ausdruck ausgeführt und die Variable i um 1 erhöht auf 1.

Vor dem nächsten Schleifendurchlauf wird wiederum die Bedingung abgefragt. Diese ergibt „wahr" (1 ist kleiner als 10), weshalb der Schleifenrumpf erneut durchlaufen wird usw.

Wie sieht die Ausführung des letzten Schleifendurchlaufes aus? Die Variable i ist 9. Die Bedingung ist gerade noch erfüllt. 9 wird also noch ausgegeben und i anschließend um eins auf 10 (!) erhöht. Anschließend wird wieder die Bedingung ausgewertet, die jetzt „falsch" ergibt: Die Schleife wird abgebrochen und das Programm nach der Schleife fortgesetzt. Nach dem Durchlauf hat i also den Wert 10, obwohl 10 nicht ausgegeben wird!

Ein weiteres Beispiel gibt alle geraden Zahlen im Intervall von 2 bis 10 aus:

```
for (i = 2; i <= 10; i = i + 2)
  printf("%ld\n", i);
```

Nach dem Schleifendurchlauf hat i den Wert 12.

Verallgemeinert lässt sich sagen: Wird eine for-Schleife ordnungsgemäß (also nicht früh-zeitig) beendet, so hat nach der Schleife der Zähler den Wert, der die Bedingung nicht mehr erfüllt.

Ein schlechtes Beispiel einer for-Schleife ist die Verzögerungsschleife:

```
for (i = 1; i <= 100000; i = i + 1)
    ;
```

Nach dem Durchlauf dieser Schleife hat i den Wert 100001. Diese Schleife tut nichts weiter, als den Wert der Variablen i ständig zu erhöhen. Es wird also nur Rechenzeit verbraucht. Schleifen dieser Art wurden früher gerne verwendet, um Verzögerungen in Spielen zu erreichen. Die Verzögerungszeiten hängen aber vom Prozessor ab. Heutzutage werden derartige Verzögerungsschleifen (*engl. busy loop*) daher kaum noch verwendet. An dieser Stelle sei jedoch davor gewarnt, solche Schleifen trotzdem zu verwenden: Wird der Optimierer beim Übersetzen des Programmes eingeschaltet, kann dies zu einem unerwarteten Effekt führen: Gute Optimierer erkennen, dass diese Schleife nichts weiter macht, als i letztendlich auf 100001 zu setzen und optimieren die komplette Schleife weg zu:

```
i = 100001;
```

Die for-Anweisung weist noch ein paar Besonderheiten auf, auf die in Abschnitt 10.4 näher eingegangen wird.

10.2 Die while - Anweisung

Die while-Schleife ist die mächtigste Schleife in C. Sie ist ebenfalls, wie die for-Schleife, eine vorprüfende Schleife. Alle anderen Schleifenarten können letztendlich durch eine while-Schleife ausgedrückt werden, auch wenn aus semantischen Gründen davon abgeraten wird! Die Syntax lautet wie folgt:

```
while (Bedingung)
    Block
```

Ein Block ist wieder entweder eine einzelne Anweisung oder mehrere Anweisungen in geschwungene Klammern gefasst.

Bevor der Schleifenrumpf – der Block – jedoch durchlaufen wird, wird die Bedingung ausgewertet. Ergibt die Bedingung „falsch" (0), so wird die gesamte Schleife übersprungen und mit der nächsten Anweisung nach der Schleife fortgesetzt.

Ergibt die Bedingung „wahr" (ist sie ungleich 0), so wird der Block durchlaufen. Nach einem Durchlauf, wird die Bedingung erneut überprüft. Der Schleifenrumpf wird solange wiederholt, bis die Bedingung „falsch" ergibt.

Die Bedingung wird immer zu Schleifenbeginn ausgewertet. Ändern sich während des Schleifendurch-laufes die Variablen, die in der Schleifenbedingung verwendet wurden, so wird dies erst bei der Auswertung der Bedingung beim nächsten Schleifendurchlauf berücksichtigt.

 Die while-Anweisung wird dann verwendet, wenn sich die an der Schleifenbedingung beteiligten Variablen innerhalb des Schleifenrumpfes ändern.

Als Beispiel sei hier der Euklidische Algorithmus aus Abschnitt 1.2.1 zur Berechnung des größten gemeinsamen Teilers gezeigt:

```
// Berechnung des ggT nach Euklid
while (a != b)
{  if (a > b)
      a = a - b;
   else if (a < b)
      b = b - a;
}
```

Das obige Beispiel ist 1 : 1 aus dem Algorithmus in Abschnitt 1.2.1 in C codiert worden. Eine (kleine) Optimierung dieses Programmes ist im Beispiel in Abschnitt 10.8.2 gezeigt.

Ein häufiger Fehler im Zusammenhang mit Schleifen ist folgender:

```
while (Bedingung);
   Block
```

Irrtümlich wurde hinter die Bedingung ein Semikolon platziert – mit einer bemerkenswerten Auswirkung: Das Semikolon hinter der Bedingung stellt den Schleifenrumpf (als Leeranweisung) dar. Ist die Schleifenbedingung „wahr", wird wegen der Leeranweisung *nichts* gemacht und anschließend die Bedingung erneut abgefragt. Man erhält eine Endlosschleife. Im anderen Fall – ist die Bedingung „falsch" – wird die Schleife übersprungen und der Block in jedem Fall ausgeführt. Gute Compiler warnen hier, erkennen aber manche Konstellationen nicht, da dieser Ausdruck ein formal gültiger Ausdruck ist.

10.3 Die do - while - Anweisung

Die do – while-Schleife ist eine nachprüfende Schleife. Die Syntax lautet wie folgt:

```
do
   Block
while (Bedingung);
```

Ein Block ist wieder eine einzelne Anweisung oder mehrere Anweisungen in geschwungene Klammern gefasst. Vorsicht – das Semikolon hinter der Bedingung wird gerne vergessen, es ist aber notwendig!

Der einzige Unterschied der do – while-Schleife zur while-Schleife ist, dass der Block mindestens einmal durchlaufen wird, bevor das erste Mal die Bedingung abgefragt wird. Ergibt diese „wahr", so wird die Schleife wiederholt, ergibt sie „falsch", so wird die Schleife abgebrochen. Die do – while-Schleife wird also im Gegensatz zur for- oder while-Schleife zumindest ein Mal durchlaufen.

```
#include <stdio.h>

main()
{  char c;

   do
   {  // ...
      // falls scanf verwendet wurde eventuell auch
      // hier ein getchar()
      printf("nochmals?\n");
```

```
        c = getchar(); // lese ein Zeichen
        getchar();     // entferne das '\n' aus dem Eingabepuffer
    } while (c == 'j' || c == 'J');
}   // end main
```

Bei der Ausführung des Programmes wird sofort in die Schleife verzweigt, und der Text `nochmals` ausgegeben. Anschließend wird ein Zeichen von der Tastatur mit Hilfe von `getchar`[2] gelesen und in `c` gespeichert. Die Eingabe von Zeichen ist nicht so „tolerant“, wie das Lesen von Zahlen, wo Füllzeichen (*engl. white spaces*), wie Leerzeichen oder der Zeilenvorschub ('\n'), überlesen werden. Da die Eingabe mit der Eingabetaste (*engl. enter key*) bestätigt werden muss, ist das zweite `getchar` sehr wohl erforderlich, um das '\n' aus dem Eingabepuffer zu lesen. Wird es weggelassen, wird im nächsten Durchlauf das '\n' gelesen, was zum Abbruch der Schleife führt.

Nach einem Schleifendurchlauf wird in der Bedingung der Schleife abgefragt, ob `c` das Zeichen 'j' oder 'J' enthält. Ist dies der Fall, wird die Schleife wiederholt, bei jedem anderen Zeichen wird die Schleife abgebrochen.

Das zusätzliche `getchar` ist nicht sehr elegant, aber unbedingt notwendig. In Abschnitt 11.3.1 wird eine Funktion entwickelt, die den Eingabepuffer leert.

10.4 Besonderheiten der `for` - Anweisung

10.4.1 Weglassen von Ausdrücken

Wie in Abschnitt 10.1 erläutert, besteht die `for`-Anweisung aus drei Ausdrücken, dem Initialisierungsteil, der Bedingung und dem Inkrement-Ausdruck. Ist einer dieser Ausdrücke jedoch nicht erforderlich, so kann er weggelassen werden.

 Die Semikolons innerhalb der `for`-Anweisung dienen als Markierungen. Sie können nicht weggelassen werden. Welcher der drei Ausdrücke welche Bedeutung hat, wird anhand der Position zu den Markierungen ermittelt. So ist die Bedingung der Ausdruck, der zwischen den beiden Semikolons steht.

War der Schleifenzähler `i` vor der Schleife bereits richtig gesetzt – die Variable `i` wurde zum Beispiel eingelesen – so kann die Initialisierung entfallen:

```
// ...
for (; i <= 10 ; i = i + 1)
    printf("%ld\n", i)
```

Wie oft diese Schleife durchlaufen wird kann anhand dieser `for`-Anweisung allerdings nicht mehr gesehen werden – es hängt davon ab, welchen Wert `i` vor der Schleife hat.

Eine `for`-Schleife lässt sich prinzipiell auch als `while`-Schleife darstellen: In der Schleife

```
i = 1;
for (; i <= 10 ;)
{   printf("%ld\n", i);
    i = i + 1;
}
```

---

[2]Statt `getchar` könnte hier auch `scanf("%c", &c)` verwendet werden.

fehlt auch der Inkrement-Ausdruck. Er wurde in den Schleifenrumpf gesetzt, was semantisch unklug ist. Diese Schleife ist jetzt vollkommen ident zu

```
i = 1;
while (i <= 10)
{  printf("%ld\n", i);
   i = i + 1;
}
```

Wie in Abschnitt 10.1 erwähnt, sollte für zählende Schleifen die `for`-Anweisung verwendet werden.

Es ist nicht empfohlen, den Inkrement-Ausdruck einer `for`-Anweisung wegzulassen und in den Schleifenrumpf zu setzen, da dieser ein wesentliches Charakteristikum der `for`-Anweisung ist. Ist kein Inkrement als solches notwendig, so sollte eine `while`-Schleife verwendet werden.

Wird schließlich die Bedingung der `for`-Anweisung weggelassen, so handelt es sich um eine Endlosschleife – die Bedingung gilt immer als „wahr":

```
for (i = 0; ; i = i + 1)
   printf("%ld\n", i);
```

Endlosschleifen können mit der `break`-Anweisung (siehe Abschnitt 10.5) abgebrochen werden.

Endlosschleifen werden dann verwendet, wenn eine Schleife nicht *vor* oder *nach* sondern *innerhalb* des Schleifenrumpfes beendet werden muss. In diesem Fall ist die Formulierung einer speziellen Schleifenbedingung nicht zielführend. Endlosschleifen werden mit der `break`-Anweisung abgebrochen (siehe Abschnitt 10.5).

Hat eine `for`-Schleife weder einen Initialisierungsteil, noch eine Bedingung, noch einen Inkrement-Ausdruck, dient die Schleife also lediglich dazu, unabhängig von Variablen einen Vorgang immer wieder zu wiederholen. So kann entweder die Anweisung

```
for (;;)
   // ...
```

oder

```
while (1)
   // ...
```

dazu verwendet werden.

Für Endlosschleifen dieser Art existiert in C leider keine eigene Anweisung, obwohl dieser Befehl semantisch eine andere Art Schleife darstellt – es ist keine prüfende Schleife mehr.

10.4.2 Mehrere Zähler

Sollen mehrere Initialisierungen durchgeführt werden, so können diese, durch Kommata getrennt, im Initialisierungsteil angeführt werden. Mehrere Inkrement-Ausdrücke werden im Inkrementteil – ebenfalls durch Kommata getrennt – angeschrieben.

Im folgenden Beispiel werden alle 2er-Potenzen von 1 bis 2^{10} berechnet:

```
for (i = 0, n = 1; i <= 10 ; i = i + 1, n = n * 2)
    printf("%2ld ^ %2ld = %4ld\n", 2L, i, n);
```

Wenn die Verständlichkeit darunter leidet, ist es aber meist besser, die zweite Laufvariable in der Schleife zu erhöhen:

```
n = 1;
for (i = 0; i <= 10 ; i = i + 1)
{   printf("%2ld ^ %2ld = %4ld\n", 2L, i, n);
    n = n * 2;
}
```

Eine besondere Ausnahme gilt, wenn die continue-Anweisung verwendet wird (siehe Abschnitt 10.6). Sie verhindert, dass die Laufvariablen am Ende der Schleife verändert werden. In diesem Fall müssen die Laufvariablen im Inkrementteil des Schleifenkopfes aktualisiert werden.

10.5   Die break - Anweisung

Um eine Schleife abzubrechen, kann die break-Anweisung verwendet werden. Sie wird dann eingesetzt, wenn ein Ereignis innerhalb der Schleife auftritt, wodurch diese beendet werden soll. Ein Beispiel:

```
long zahl1, zahl2;
while (1)
{   printf("1. Zahl:");
    scanf("%ld", &zahl1);
    printf("2. Zahl:");
    scanf("%ld", &zahl2);
    if (zahl1 == 0 || zahl2 == 0)
    {   printf("Schleifenende\n");
        break;
    }
    printf("Der Quotient lautet: %ld\n", zahl1 / zahl2);
}
```

In einer Endlosschleife werden zwei Zahlen eingelesen und der Quotient berechnet. Die Schleife wird verlassen, wenn eine der beiden Zahlen 0 ist. Da die Überprüfung innerhalb des Schleifenrumpfes erfolgen muss, kann keine Schleifenbedingung formuliert werden.

Die break-Anweisung funktioniert für alle Schleifen (while, do-while und for) gleich.

10.6   Die `continue` - Anweisung

Die `continue`-Anweisung wird dazu verwendet, vorzeitig die nächste Schleifeniteration auszulösen. Ein Beispiel:

```
#include <stdio.h>

main()
{ char zeichen;
  while ((zeichen = getchar()) != EOF)
  { if ((zeichen < 'A') || (zeichen > 'Z'))
      continue;
    printf("%c", zeichen);
  }
} // end main
```

In diesem Beispiel werden solange Zeichen von der Tastatur gelesen, bis mit EOF die Eingabe abgebrochen wird (siehe Abschnitt 7.2). Nur Großbuchstaben werden mit `printf` ausgegeben. Alle anderen Zeichen werden überlesen.

Das folgende Programm gibt alle Zahlen zwischen 1 und 10 aus, die nicht durch 3 teilbar sind.

```
const long teiler = 3;
long i;
for (i = 0; i < 10; i = i + 1)
{ if ((i % teiler) == 0)
    continue;
  printf("Die Zahl %ld ist durch %ld nicht teilbar\n", i, teiler);
}
```

Ob eine Zahl teilbar ist, wird mit dem Modulo-Operator festgestellt. In diesem Fall wird mit `continue` die nächste Schleifeniteration ausgelöst: Zuerst wird `i` um 1 erhöht, anschließend die Bedingung abgefragt.

Die `continue`-Anweisung innerhalb einer `while`-Anweisung hat ein anderes Verhalten, wie im Beispiel davor gezeigt wurde. Hier wird kein Inkrementteil ausgeführt – es ist in einer `while`-Anweisung per se ja keiner vorhanden.

Im Folgenden ist das zweite Beispiel bewusst unschön mit einer `while`-Schleife noch einmal implementiert, um das unterschiedliche Verhalten der `continue`-Anweisung bei einer `for`- und einer `while`-Schleife zu demonstrieren. Es wird sehr deutlich, warum – wie bereits mehrfach erwähnt – bei Iteratoren die `for`-Anweisung verwendet werden sollte:

```
const long teiler = 3;
long      i       = 0;
while (i < 10)
{ if ((i % teiler) == 0)
  { i = i + 1;
    continue;
  }
  printf("Die Zahl %ld ist durch %ld nicht teilbar\n", i, teiler);
  i = i + 1;
}
```

Ein `continue` innerhalb einer `for`-Anweisung bewirkt – wie bei einer `while`-Anweisung oder einer `do-while`-Anweisung – dass die nächste Schleifeniteration ausgelöst wird. Diese beginnt aber bei einer for-Schleife bei der Auswertung des Inkrement-Ausdruckes, noch bevor die Bedingung ausgewertet wird! Da eine while-Anweisung über keinen Inkrementteil verfügt, muss das Inkrement explizit zweimal codiert werden – sehr unschön!

Ob eine continue-Anweisung sinnvoll ist oder nicht, sollte genau abgewogen werden. In vielen Fällen ist sie nicht notwendig und kann mit einer if-Anweisung innerhalb der Schleife umgangen werden. Das obige Programm kann daher besser auch wie folgt geschrieben werden:

```
const long teiler = 3;
long i;
for (i = 0; i < 10; i = i + 1)
{  if ((i % teiler) != 0)
      printf("Die Zahl %ld ist durch %ld nicht teilbar\n", i, teiler);
}
```

10.7   Schachteln von Schleifen

Eine Schleife wird dazu verwendet, um einen Vorgang beliebig oft zu wiederholen. Soll eine komplette Schleife wiederholt werden, so können Schleifen *geschachtelt* werden. Dies soll an einem Beispiel erarbeitet werden:

Aufgabenstellung: Erstellen Sie ein Programm, das das kleine Ein-mal-eins in folgender Form ausgibt:

```
     |   1   2   3   4   5   6   7   8   9  10
-----+---------------------------------------
   1 |   1   2   3   4   5   6   7   8   9  10
   2 |   2   4   6   8  10  12  14  16  18  20
   3 |   3   6   9  12  15  18  21  24  27  30
   4 |   4   8  12  16  20  24  28  32  36  40
   5 |   5  10  15  20  25  30  35  40  45  50
   6 |   6  12  18  24  30  36  42  48  54  60
   7 |   7  14  21  28  35  42  49  56  63  70
   8 |   8  16  24  32  40  48  56  64  72  80
   9 |   9  18  27  36  45  54  63  72  81  90
  10 |  10  20  30  40  50  60  70  80  90 100
```

Lösungsweg: Lösen Sie das Problem schrittweise. Schreiben Sie zuerst ein Programm, dass die Zahlen von 1 bis 10 ausgibt:

```
long zahl1;

for (zahl1 = 1; zahl1 <= 10; zahl1 = zahl1 + 1)
   printf("%4i", zahl1);
printf("\n");
```

Dieses Programm war wahrscheinlich noch keine große Hürde. Der Platzhalter %4i gibt eine Zahl rechtsbündig auf 4 Stellen formatiert aus. Die Ausgabe lautet:

```
   1   2   3   4   5   6   7   8   9  10
```

Schreiben Sie nun ein Programm, dass diese Zeile 10-mal untereinander ausgibt. Dazu wird die Ausgabe der Zahlen als ein Vorgang betrachtet, der seinerseits 10-mal wiederholt werden soll. Es ergibt sich:

```
long zahl1, zahl2;

for (zahl2 = 1; zahl2 <= 10; zahl2 = zahl2 + 1)
{  for (zahl1 = 1; zahl1 <= 10; zahl1 = zahl1 + 1)
      printf("%4i", zahl1);
   printf("\n");
}
```

Hier wurden zwei Schleifen geschachtelt. Die Schleife mit dem Zähler zahl2 wird *äußere Schleife* genannt, die Schleife mit dem Zähler zahl1 bezeichnet man als *innere Schleife*. Für spätere Beispiele ist es wichtig zu erkennen, dass die äußere Schleife 10-mal aufgerufen wird, die innere Schleife jedoch 100 mal – sie zählt 10-mal[3] von 1 bis 10.

Um nun das Ein-mal-eins zu erhalten, ist lediglich die Ausgabe mit printf zu verändern:

```
long zahl1, zahl2;

for (zahl2 = 1; zahl2 <= 10; zahl2 = zahl2 + 1)
{  for (zahl1 = 1; zahl1 <= 10; zahl1 = zahl1 + 1)
      printf("%4i", zahl1 * zahl2);
   printf("\n");
}
```

In der inneren Schleife werden die Zähler beider Schleifen (zahl1 und zahl2) verwendet.

Für die geforderte Ausgabe in der Aufgabenstellung sind nur noch einige zusätzliche Befehle notwendig. Das endgültige Programm lautet:

```
long zahl1, zahl2;

// Ausgabe der Spaltenbeschriftung
printf("Das kleine Ein-Mal-Eins\n\n");
printf("    |");
for (zahl1 = 1; zahl1 <= 10; zahl1 = zahl1 + 1)
   printf("%4i", zahl1);
printf("\n");
printf("----+-----------------------------------------\n");

// Ausgabe des Ein-mal-eins
for (zahl2 = 1; zahl2 <= 10; zahl2 = zahl2 + 1)
{  printf("%4i |", zahl2); // Zeilenbeschriftung
   for (zahl1 = 1; zahl1 <= 10; zahl1 = zahl1 + 1)
      printf("%4i", zahl1 * zahl2);
   printf("\n");
}
```

10.8   Beispiele

10.8.1   Ein Kalender

Schreiben Sie ein Programm, dass ein Kalendermonat in folgender Form ausgibt (hier für den Jänner 2008 gezeigt):

---

[3]Eigentlich wird von 1 bis 11 gezählt. Die 11 wird jedoch nicht mehr ausgegeben, da hier die Schleife abgebrochen wird.

```
Mo   Di   Mi   Do   Fr   Sa   So
--------------------------------
      1    2    3    4    5    6
 7    8    9   10   11   12   13
14   15   16   17   18   19   20
21   22   23   24   25   26   27
28   29   30   31
```

Lösungsweg:

Schreiben Sie das Programm in Etappen, versuchen Sie *nie* sofort die Gesamtlösung zu implementieren.

Schritt 1: Geben Sie alle Zahlen von 1 bis 31 hintereinander aus. Formatieren Sie die Ausgabe der Zahlen rechtsbündig mit der Ausgabebreite von 4 Stellen.

Lösung:

Die Konstante TAGE enthält die Anzahl der Tage des Monates – hier 31. Es wird der Ausgabeplatzhalter %4i für die Ausgabe genutzt.

```c
#include <stdio.h>

main()
{ const long TAGE = 31;
  long tag;

  for (tag = 1; tag <= TAGE; tag = tag + 1)
    printf("%4i", tag);
  printf("\n");
} // end main
```

bsp-10-1a.c

Schritt 2: Brechen Sie die Ausgabe nach jedem siebenten Tag um. Vernachlässigen Sie dabei, dass der 1. Jänner 2008 ein Dienstag ist. Die Ausgabe sollte wie folgt aussehen:

```
 1    2    3    4    5    6    7
 8    9   10   11   12   13   14
15   16   17   18   19   20   21
22   23   24   25   26   27   28
29   30   31
```

Lösung:

Der Umbruch erfolgt nach jeder siebenten Zahl – also nach Zahlen, die durch 7 teilbar sind. Die Teilbarkeit kann mit dem Modulo-Operator festgestellt werden.

```c
#include <stdio.h>

main()
{ const long TAGE = 31;
  long tag;

  // Ausgabe des Kalenders
  for (tag = 1; tag <= TAGE; tag = tag + 1)
  { printf("%4i", tag);
    if (tag % 7 == 0)
      printf("\n");
  }
  printf("\n");
} // end main
```

bsp-10-1b.c

Schritt 3: Verschieben Sie den Zeitpunkt des Umbrechens so, dass nach dem 6., 13., 20. und 27. des Monates umgebrochen wird, wenn der Erste des Monates ein Dienstag ist. Ist der Erste ein Mittwoch, wird nach dem 5., 12., usw. umgebrochen. Vernachlässigen Sie das korrekte Einrücken. Die Ausgabe für Dienstag als Ersten des Monates sieht dann so aus:

```
 1   2   3   4   5   6
 7   8   9  10  11  12  13
14  15  16  17  18  19  20
21  22  23  24  25  26  27
28  29  30  31
```

Lösung:

Es wird die Konstante ERSTER eingeführt. Ist sie 0, so ist der erste Tag ein Montag, ist sie 1 ein Dienstag usw. Um das Problem zu lösen, muss man sich zunächst die Frage stellen, wie der Umbruch zu erfolgen hat. In der obigen Lösung wurde mit der Bedingung tag % 7 == 0 festgestellt, wann umgebrochen werden soll. Durch ein geeignetes „Verschieben" dieses Kriteriums wird das Problem gelöst.

```c
#include <stdio.h>

main()
{ const long TAGE    = 31;
  // ERSTER: 0=Mo, 1=Di, 2=Mi, 3=Do, 4=Fr, 5=Sa, 6=So
  const long ERSTER = 1;

  long tag;

  // Ausgabe des Kalenders
  for (tag = 1; tag <= TAGE; tag = tag + 1)
  { printf("%4i", tag);
    if ((tag + ERSTER) % 7 == 0)
      printf("\n");
  }
  printf("\n");
} // end main
```

bsp-10-1c.c

Schritt 4: Lösen Sie das Gesamtproblem.

Lösung:

Das korrekte Einrücken des Monatsersten kann auf unterschiedliche Arten erfolgen: Entweder mit einer Schleife, in der ERSTER * 4 Abstände ausgegeben werden, oder unter Verwendung der formatierten Ausgabe mit dem Zeichen *. In der Lösung des Beispiels wird die zweite Methode verwendet:

```c
#include <stdio.h>

main()
{ const long TAGE    = 31;
  // ERSTER: 0=Mo, 1=Di, 2=Mi, 3=Do, 4=Fr, 5=Sa, 6=So
  const long ERSTER = 1;

  long tag;

  // Spaltenbeschriftung
  printf("  Mo  Di  Mi  Do  Fr  Sa  So\n");
  printf("----------------------------\n");

  // Einrücken des ersten Kalendertags
```

bsp-10-1d.c

```
printf("%*s", 4 * ERSTER, "");

// Ausgabe des Kalenders
for (tag = 1; tag <= TAGE; tag = tag + 1)
{  printf("%4i", tag);
   if ((tag + ERSTER) % 7 == 0)
      printf("\n");
}
printf("\n");
} // end main
```

10.8.2   Der Euklidische Algorithmus

Es stellt sich die Frage, ob sich das Programm zur Berechnung des größten gemeinsamen Teilers nach Euklid aus Abschnitt 10.2 weiter verbessern lässt.

Bei näherer Betrachtung stellt man fest, dass die zweite `if`-Abfrage nicht notwendig ist. Denn ist die Schleifenbedingung „wahr", so ist a ungleich b. Gesetzt den Fall, dass die erste `if`-Anweisung „falsch" ergibt, kann a somit nur noch kleiner als b sein, da im Falle der Gleichheit von a und b die Schleifenbedingung bereits zum Abbruch der Schleife geführt hätte. Das vollständige Programm lautet daher:

```
#include <stdio.h>

main()
{ long a, b;

   printf("Berechnung des größten gemeinsamen Teilers:\n");

   // Eingabe
   printf("Gegen Sie zwei positive ganze Zahlen ein!\n");
   printf("1. Zahl: ");
   scanf("%ld", &a);
   printf("2. Zahl: ");
   scanf("%ld", &b);

   // Berechnung des ggT nach Euklid
   while (a != b)
   { if (a > b)
        a = a - b;
     else // if (a < b)
        b = b - a;
   }
   // Ausgabe
   printf("Der größte gemeinsame Teiler ist %ld\n", a);
} // end main
```

bsp-10-2.c

Im Laufe der Programmiergeschichte ist bereits viel Energie für Optimierungsaufgaben verwendet worden. Auch wenn die Optimierung von Algorithmen oder Programmen tiefere Einsichten in die Funktionsweise eines Programmes fördert aber auch fordert (!), sei an dieser Stelle darauf hingewiesen, dass der Einsatz der Optimierung durch den Programmierer relativiert werden muss: „Lohnt sich der Aufwand?" Denn hinter dieser Frage verbirgt sich die Abschätzung, wieviel durch eine Optimierung an Einfachheit und Effizienz gewonnen wird und welcher „Schaden" dadurch entstehen kann. Denn jede Optimierung ist eine Veränderung von bestehendem, funktionierendem Code und kann seine Korrektheit und Verständlichkeit bedeutend vermindern!

Um die Verständlichkeit des Programmes zu gewährleisten wurde die zweite `if`-Anweisung im Kommentar belassen.

Ein Beispiel, wie es nicht gemacht werden sollte, aber von „C-Profis" gerne gemacht wird, um Tipparbeit zu sparen, sei hier gezeigt. Die Schleife könnte auch geschrieben werden als:

```
while (a != b)
  (a > b) ? a = a - b : b = b - a;
```

In Summe ist die Ersparnis aber gering, die Verständlichkeit allerdings auch. Diese Schreibweise bringt hingegen keinerlei Vorteile.

10.8.3 Die ASCII-Tabelle

Geben Sie die ASCII-Tabelle aus Abschnitt 6.3.2 im Bereich 32 . . . 127 untereinander aus. Implementieren Sie das Programm mit dem Datentyp `char`.

Lösung:

```
#include <stdio.h>

main()
{ unsigned char c;

  for (c = 32; c <= 127; c = c + 1)
    printf("%2c ... %ld\n", c, (long)c );
} // end main
```

bsp-10-3.c

Der Qualifizierer `unsigned` ist hier erforderlich, wenn der Typ `char` verwendet werden soll!

Fragen:

- Warum funktioniert das Programm nicht, wenn der Datentyp `char` verwendet wird?

- Wie muss das Programm aussehen wenn Sie die Tabelle im Bereich 32 . . . 255 oder 0 . . . 255 ausgeben wollen. Welchen Datentyp müssen Sie verwenden und warum?

Antworten:

- Die Schleife wäre eine Endlosschleife: Beim letzten Schleifendurchlauf hat c den Wert 127. Die Zahl 127 wird ausgegeben und um eins erhöht. 128 kann in einem `char` nicht gespeichert werden, weshalb c den Wert -128 annimmt (siehe Kapitel 6). Diese Zahl ist kleiner als 127, wodurch die Bedingung wieder „wahr" ergibt usw.

- Der Bereich 0 . . . 255 ist mit einem `char` nicht darstellbar. Auch mit `unsigned char` kommt man hier nicht weiter (ein ähnliches Problem wie zuvor). Es muss der Typ `long` verwendet werden, wodurch das Programm so auszusehen hat:

  ```
  long c;

  for (c = 32; c <= 127; c = c + 1)
    printf("%2c ... %ld\n", (char)c, c );
  ```

10.8.4 Gerade und ungerade Zahlen

Geben Sie die Zahlen von 1 bis 10 aus, mit einer Information, ob die Zahl gerade oder ungerade ist.

Lösung:

Eine mögliche Lösung ist mit einer `switch-case`-Anweisung realisiert:

```
#include <stdio.h>

main()
{ long i;

    for (i = 1; i <= 10; i = i + 1)
    { printf("%2i ... ", i);
      switch (i % 2)
      {case 0: printf("gerade\n");
         break;
       case 1: printf("ungerade\n");
         break;
      }
    }
}
```

bsp-10-4a.c

Fortgeschrittene C-Programmierer verwenden hier die bedingte Zuweisung:

```
#include <stdio.h>

main()
{ long i;

    for (i = 1; i <= 10; i = i + 1)
      printf("%2i ... %s\n", i, (((i % 2)==0) ? "gerade" : "ungerade"));
} // end main
```

bsp-10-4b.c

10.8.5 Der Weihnachtsbaum

Das "Weihnachtsbaum-Problem" ist ein bekanntes Beispiel zum Üben verschachtelter Schleifen: Schreiben Sie ein Programm, das folgenden Weihnachtsbaum ausgibt:

```
    *
   ***
  *****
   ***
  *****
 *******
  *****
 *******
*********
```

Gestalten Sie das Programm so, dass mit dem Ändern einer Konstanten, die Anzahl der Äste (Trapeze) und mit dem Ändern einer anderen Konstanten die Anzahl der Zeilen pro Ast einstellbar ist. Lösen Sie das Problem Schritt für Schritt!

Schritt 1: Geben Sie eine beliebige Anzahl (beispielsweise 10) Sternchen aus.

Lösung:

```
#include <stdio.h>

main()
{ long i;

    for (i = 1; i <= 10; i = i + 1)
        printf("*");
    printf("\n");
} // end main
```

bsp-10-5a.c

Schritt 2: Wiederholen Sie die Ausgabe 3 mal.

Lösung:

Das Problem wird mit zwei verschachtelten Schleifen gelöst:

```
#include <stdio.h>

main()
{ const long ZEILEN = 3;

    long z, i;

    for (z = 1; z <= ZEILEN; z = z + 1)
    { for (i = 1; i <= 10; i = i + 1)
        printf("*");
        printf("\n");
    }
} // end main
```

bsp-10-5b.c

Man erhält:

```
* * * * * * * * * *
* * * * * * * * * *
* * * * * * * * * *
```

Schritt 3: Erzeugen Sie einen Ast ohne Einzurücken:

```
*
* * *
* * * * *
```

Lösung:

Die Ausgabe der Sternchen erfolgt in der inneren Schleife. Die Anzahl der Sternchen je Zeile wird von der Bedingung der inneren Schleife festgelegt. Die Anzahl ist jedoch von der Zeilennummer abhängig, weshalb die Bedingung der inneren Schleife von der äußeren abhängig gemacht werden muss.

```
#include <stdio.h>

main()
{ const long ZEILEN = 3;

    long z, i;
    long anzahl;
```

bsp-10-5c.c

```
    for (z = 1; z <= ZEILEN; z = z + 1)
    {  anzahl = z * 2 - 1;
       for (i = 1; i <= anzahl; i = i + 1)
          printf("*");
       printf("\n");
    }
}  // end main
```

Mit Hilfe der Konstanten ZEILEN wird die Anzahl der Zeilen der „Rampe" festgelegt.

Schritt 4: Wiederholen Sie die Ausgabe aus Schritt 3 beliebig oft. Für 3 Wiederholungen soll die Ausgabe wie folgt aussehen:

```
*
* * *
* * * * *
*
* * *
* * * * *
*
* * *
* * * * *
```

Lösung:

Es werden die zwei verschachtelten Schleifen wiederholt. Daraus ergeben sich drei ineinander verschachtelte Schleifen.

```
#include <stdio.h>

main()
{  const long AESTE  = 3;
   const long ZEILEN = 3;

   long a, z, i;
   long anzahl;

   for (a = 1; a <= AESTE; a = a + 1)
   {  for (z = 1; z <= ZEILEN; z = z + 1)
      {  anzahl = z * 2 - 1;
         for (i = 1; i <= anzahl; i = i + 1)
            printf("*");
         printf("\n");
      }
   }
}  // end main
```

bsp-10-5d.c

Die Konstante AESTE gibt die Anzahl der Äste an.

Schritt 5: Verändern Sie das Programm aus Schritt 4 so, dass die Äste mit der korrekten Anzahl (der erste Ast mit 1, der zweite mit 3, der dritte mit 5 Sternchen usw.) beginnen. Die Ausgabe soll lauten:

```
*
* * *
* * * * *
* * *
* * * * *
```

```
* * * * * * *
* * * * *
* * * * * * *
* * * * * * * *
```

Lösung:

Es verändert sich wieder die Anzahl der auszugebenden Sternchen (ähnlich Schritt 3). Es muss daher wieder die Bedingung der innersten Schleife verändert werden, abhängig welcher Ast ausgeben wird.

```
#include <stdio.h>

main()
{ const long AESTE  = 3;
  const long ZEILEN = 3;

  long a, z, i;
  long anzahl;

  for (a = 1; a <= AESTE; a = a + 1)
  { for (z = 1; z <= ZEILEN; z = z + 1)
    { anzahl = z* 2 + a * 2 - 3;
      for (i = 1; i <= anzahl; i = i + 1)
         printf("*");
      printf("\n");
    }
  }
} // end main
```

bsp-10-5e.c

Die komplizierter gewordene Bedingung berücksichtigt die Zeile und den Ast, der ausgegeben wird.

Schritt 6: Rücken Sie korrekt ein.

Lösung:

Dazu muss vor der Ausgabe einer Zeile die korrekte Anzahl der Abstände ausgegeben werden. Das Problem lässt sich ebenfalls auf mehrere Arten lösen. Eine Methode ist, die Anzahl laufend zu berechnen und die Abstände in einer Schleife unmittelbar vor der eigentlichen Ausgabe zu setzen.

```
#include <stdio.h>

main()
{ const long AESTE  = 3;
  const long ZEILEN = 3;

  long a, z, i;
  long anzahl;

  for (a = 1; a <= AESTE; a = a + 1)
  { for (z = 1; z <= ZEILEN; z = z + 1)
    { for (i = 1; i <= ZEILEN - z + AESTE - a; i = i + 1)
         printf(" ");
      anzahl = z* 2 + a * 2 - 3;
      for (i = 1; i <= anzahl; i = i + 1)
         printf("*");
      printf("\n");
    }
  }
} // end main
```

bsp-10-5f.c

Man erhält:

```
     *
    ***
   *****
    ***
   *****
  *******
   *****
  *******
 *********
```

Aufgabe: Um den Baum „zu schmücken" können Kerzen (i) anstatt des ersten und des letzten Sternchens der jeweils letzten Zeile eines Astes ausgegeben werden:

```
     *
    ***
   i***i
    ***
   *****
  i*****i
   *****
  *******
 i*******i
```

10.8.6   Ein Menü

Ändern Sie das Beispiel aus Abschnitt 9.3.3 so ab, dass das Programm solange wiederholt wird, bis der Benutzer ein ′b′ für *beenden* eingibt. Erweitern Sie das Beispiel um einen Punkt ′m′, bei dem wieder das komplette Menü ausgegeben wird.

Lösung:

Die Hilfsvariable beenden wird dazu verwendet, außerhalb der switch-case-Anweisung zu erkennen, ob der Benutzer das Programm beenden möchte. Es ist nicht möglich, im Falle des Beendens mit einem break gleichzeitig sowohl das switch-case als auch die Schleife zu verlassen, da die break-Anweisung nur den Befehl unmittelbar verlässt, in dem sie steht.

```c
#include <stdio.h>

main()
{ char zeichen;
  long beenden = 0;

  printf("Menü\n");
  printf("====\n");
  printf("N ... Neuer Datensatz eingeben\n");
  printf("A ... Alles ausgeben\n");
  printf("M ... Dieses Menü\n");
  printf("B ... Beenden\n");

  do
  { printf("Ihre Wahl: ");
    scanf("%c", &zeichen);
    getchar(); // Lese Zeilenvorschub aus Eingabepuffer
    switch (zeichen)
```

bsp-10-6.c

```
{case 'n':
 case 'N':
   printf("Neuer Datensatz eingeben\n");
   break;
 case 'a':
 case 'A':
   printf("Alles ausgeben\n");
   break;
 case 'b':
 case 'B':
   printf("Beenden\n");
   beenden = 1;
   break;
 case 'm':
 case 'M':
   printf("Menü\n");
   printf("====\n");
   printf("N ... Neuer Datensatz eingeben\n");
   printf("A ... Alles ausgeben\n");
   printf("M ... Dieses Menü\n");
   printf("B ... Beenden\n");
   break;
 default:
   printf("Falsche Eingabe\n");
   break;
 }
} while (beenden == 0);
} // end main
```

10.8.7   Ein Zahlenratespiel

Das folgende Problem ist auch als „binäres Suchen" bekannt: Der Benutzer denkt sich eine Zahl zwischen 0 und 1000. Entwickeln Sie ein Programm, das durch sukzessives Halbieren des Suchintervalls die gedachte Zahl ermittelt. Dazu wird der Benutzer gefragt, ob die Zahl in der Mitte des aktuellen Suchintervalls größer, kleiner oder gleich der gesuchten Zahl ist. Entsprechend der Antwort, wird das neue Suchintervall auf die obere bzw. unter Hälfte des aktuellen Intervalls gesetzt und so lange fortgefahren, bis die gewünschte Zahl gefunden ist.

Lösung:

In der folgenden Lösung wird nicht kontrolliert, ob der Benutzer unrichtige Angaben gemacht hat. Die gesuchte Zahl wird mit der Intervallmitte verglichen. Ist sie größer, so wird die untere Grenze des neuen Intervalls auf die nächst höhere, ist sie niedriger, so wird die obere Grenze auf die nächst niedrigere Zahl als die Intervallmitte gesetzt. Im Fall der Gleichheit, wird die Schleife abgebrochen. Im Falle der Gleichheit, werden beide Grenzen auf die gefundene Zahl gesetzt. Die Lösung steht schließlich in den Variablen oben bzw. unten, denn im Falle eines Schleifenabbruchs durch die Bedingung wird die Variable zahl nicht neu gesetzt.

```
#include <stdio.h>

const long OBERE_GRENZE = 1000;

main()
{ long oben  = OBERE_GRENZE;
  long unten = 0;
  long zahl;
  char eingabe;
```

bsp-10-7.c

```
  while (oben > unten)
  {  zahl = (oben + unten) / 2;
     printf("Ist die gedachte Zahl kleiner, größer\n");
     printf("oder gleich %ld?\n", zahl);
     printf("Mögliche Eingabe <, >, = \n");
     printf(": ");
     eingabe = getchar();
     getchar();
     switch (eingabe)
     {case '<': oben  = zahl - 1;
        break;
      case '>': unten = zahl + 1;
        break;
      case '=': oben  = unten = zahl;
        break;
      default:
        printf("Ungültige Eingabe! Wählen Sie zwischen <, >, =\n");
     }
  }
  printf("Die gedachte Zahl war %ld\n", unten);
}  // end main
```

Kapitel 11

Funktionen

Funktionen werden in C benötigt, um

- die Funktionalität zu erweitern.

- das Programm zu strukturieren.

- immer wieder vorkommende Programmteile einsetzen zu können.

- in sich abgeschlossene definierte Teilaufgaben zu programmieren.

11.1 Definition einer Funktion

Unter einer Funktionsdefinition versteht man die Angabe des Funktionsnamens, des Rückgabetyps, der Parameter und des kompletten Funktionsrumpfes – die eigentliche Funktion. Der Begriff *Definition* wird oft mit einer *Deklaration* verwechselt (mehr über Deklarationen in Abschnitt 11.2).

Die Struktur einer Definition lautet wie folgt, wobei die einzelnen Teile in den folgenden Abschnitten erklärt werden:

```
Typ Funktionsname (Parameterliste)
{  Funktionsrumpf
}  // end Funktionsname
```

Es empfiehlt sich, am Ende einer Funktionsdefinition den Funktionsnamen als Kommentar anzuführen. Die Lesbarkeit vor allem bei längeren Quelltextdateien wird dadurch sehr erhöht.

11.1.1 Namen von Funktionen

Funktionsnamen unterliegen denselben Einschränkungen, wie Namen von Variablen und Konstanten (siehe Abschnitt 5.2.2). Namen müssen eindeutig sein. Ist ein Name bereits für eine Variable oder Konstante vergeben, kann er für eine Funktion nicht mehr verwendet werden.

Konvention ist oft, Funktionsnamen mit einem Großbuchstaben zu beginnen.

11.1.2 Parameter

Funktionen können eine beliebige Anzahl an Parametern haben. Sie werden durch Beistriche getrennt in der *Parameterliste* innerhalb der runden Klammern nach dem Funktionsnamen angegeben. Dabei wird für jeden Parameter auch sein Typ festgelegt.

```
Summe(double x, double y)
{ double ergebnis;

  ergebnis = x + y;
  printf("Die Summe von %g und %g lautet: %g\n", x, y, ergebnis);
} // end Summe
```

Die obige Funktion erhält zwei Parameter x und y, beide vom Typ double. Die Funktion berechnet die Summe der beiden Zahlen und gibt das Ergebnis aus. Die Funktion ließe sich kürzer auch so schreiben, indem die Variable ergebnis aufgelöst wird:

```
Summe(double x, double y)
{ printf("Die Summe von %g und %g lautet: %g\n", x, y, x + y);
} // end Summe
```

Der Aufruf der Funktion Summe innerhalb der Funktion main könnte folgendermaßen aussehen:

```
#include <stdio.h>

Summe(double x, double y)
{ printf("Die Summe von %g und %g lautet: %g\n", x, y, x + y);
} // end Summe

main()
{ double wert1, wert2;

  printf("Erste  Zahl: ");
  scanf ("%lf", &wert1);
  printf("Zweite Zahl: ");
  scanf ("%lf", &wert2);
  Summe(wert1, wert2);
} // end main
```

Die Reihenfolge der Parameter ist für die Parameterübergabe signifikant, auch wenn sie für die Berechnung der Summe irrelevant ist, da die Operation + kommutativ ist.

Hat eine Funktion keine Parameter so bleibt die Parameterliste leer:

```
Ausgabe()
{ printf("Hallo Welt!\n");
} // end Ausgabe
```

Es kann aber auch

```
Ausgabe(void)
```

geschrieben werden. Der „Typ" void (siehe Abschnitt 6.5) bedeutet in C soviel wie „nichts".

11.1.3 Rückgabewerte

Funktionen können einen Rückgabewert haben. Der Typ des Rückgabewertes muss gleich bei der Funktionsdefinition unmittelbar vor dem Funktionsnamen angegeben werden:

```
double Summe(double x, double y)
{ ...
}  // end Summe
```

Das `double` vor dem Funktionsnamen bedeutet, dass die Funktion `Summe` an den Aufrufer jetzt einen Wert vom Typ `double` zurückgibt.

Im Beispiel in Abschnitt 11.1.2 wurde der Rückgabetyp der Einfachheit halber weggelassen. Das Weglassen des Rückgabetyps bedeutet aber nicht, dass die Funktion nichts zurückliefert – im Gegenteil. In diesem Fall wird für den Rückgabetyp automatisch der Typ `int` angenommen. Eine Funktionsdefinition der Art

```
Summe(double x, double y)
{ ...
}  // end Summe
```

ohne Rückgabewert ist also nicht besonders schön. Nachdem die Funktion `Summe` aus Abschnitt 11.1.2 keinen Wert zurückliefert, sollte der Rückgabetyp als `void` definiert werden[1]:

```
void Summe(double x, double y)
{ double ergebnis;

    ergebnis = x + y;
    printf("Die Summe von %g und %g lautet: %g\n", x, y, ergebnis);
}  // end Summe
```

Soll die Funktion einen Wert zurückliefern, muss ein Rückgabetyp festgelegt werden. Der Wert selbst wird mit dem `return`-Befehl an den Aufrufer zurückgegeben:

```
#include <stdio.h>

double Summe(double x, double y)
{ double ergebnis;

    ergebnis = x + y;
    return ergebnis;
}  // end Summe
main()
{ double wert1, wert2, sum;

    printf("Erste  Zahl: ");
    scanf ("%lf", &wert1);
    printf("Zweite Zahl: ");
    scanf ("%lf", &wert2);

    sum = Summe(wert1, wert2);
    printf("Die Summe von %g und %g lautet: %g\n", wert1, wert2, sum);
}  // end main
```

---

[1] Pascal-Programmierern sind solche „Funktionen" als Prozeduren bekannt.

Die Summe wurde in der Funktion Summe berechnet und in der Variablen ergebnis vom Typ double abgelegt. Der Rückgabewert der Funktion ist ebenfalls vom Typ double. Wäre der Typ des Rückgabewertes der Funktion (der Typ vor dem Funktionsnamen) unterschiedlich zu dem des tatsächlich zurückgegebenen Wertes, würde hier eine Typumwandlung stattfinden. Ist die Typumwandlung nicht möglich, wird während des Übersetzens des Programmes durch den Compiler eine Fehlermeldung ausgegeben.

Der Funktionswert wird nun in der Variablen sum gespeichert, die ebenfalls als double definiert wurde. Man erkennt, dass der Datentyp des Funktionswertes übereinstimmen muss, andernfalls findet eine Typumwandlung statt.

Ein Beispiel:

```
double Summe(long x, long y)
{   long ergebnis;

    ergebnis = x + y;
    return ergebnis;
}   // end Summe
```

In dieser Funktion wird die Summe als long berechnet. Da der Rückgabewert der Funktion Summe vom Typ double sein muss, wird bei der Rückgabe ergebnis in ein double konvertiert.

```
main()
{   long sum;
    sum = Summe(1.2, 3.2);
}   // end main
```

Hier findet eine weitere Umwandlung des Rückgabewertes bei der Zuweisung der Variable sum statt. Der Rückgabewert ist vom Typ double, die Variable vom Typ long. Die Variable sum enthält nach der Zuweisung den Wert 4.

11.1.4   Der Rückgabewert der Funktion main

Bisher wurde die Funktion main schlicht als

```
main()
{   // ...
}   // end main
```

geschrieben. Die Funktion main hat jedoch auch einen Rückgabewert, nämlich int, der aus Gründen der Übersichtlichkeit bisher meist weggelassen wurde.

```
int main()
{   // ...
}   // end main
```

Mit diesem Rückgabewert, signalisiert das Hauptprogramm dem Aufrufer, ob ein Fehler aufgetreten ist. Das kann für automatische Programmabläufe in Skripts besonders in Unix-Systemen hilfreich sein. Die Betriebssysteme Unix, Windows und MSDOS gehen hier jedoch unterschiedliche Wege. In der Unix-Welt gilt ein Rückgabewert von 0 als „Programm erfolgreich", eine Zahl ungleich 0 gibt eine Fehlernummer an. In den Anfängen der Programmierung und auch der Benutzerführung waren diese Fehlernummern wichtig, um erkennen zu können, mit welchem Fehler ein Programm terminiert hat. Auch heute noch wird der Rückgabewert eingesetzt, um aufrufenden Skripts die Ursache des Terminierens eines Programms mitzuteilen und somit eine Entscheidungsgrundlage für eine eventuelle Fehlerbehandlung zu liefern.

In der MSDOS-Welt verhält es sich mit den Rückgabewerten genau umgekehrt. Es wird 0 zurückgegeben, um einen Fehler zu signalisieren, während 1 bedeutet, dass das Programm erfolgreich terminiert hat. Der Rückgabewert ist hier also vielmehr ein Wahrheitswert. Unter Windows ist der Rückgabewert schlicht belanglos und kann nicht abgefragt werden.

Da der Rückgabewert der Funktion `main` betriebssystemabhängig ist und in den meisten Beispielen in diesem Buch nicht benötigt wird, wird die Funktion `main` in diesem Buch absichtlich ohne Rückgabewert definiert:

```
main()
{  // ...
}  // end main
```

In den wenigen Beispielen, in denen der Rückgabewert von Interesse ist, wurde das Unix-Schema gewählt. Es sei darauf hingewiesen, dass manche Compiler explizit einen Rückgabewert der Funktion `main` erwarten – erkennbar an der Warnung des Compilers. Uns soll es dann nicht stören, in solchen Fällen dem Compiler zu Liebe das Folgende zu schreiben:

```
#include <stdlib.h>

int main()
{  // ...
   return EXIT_SUCCESS; // ist in stdlib.h definiert und bedeutet OK
                        // EXIT_FAILURE würde Fehler bedeuten
}  // end main
```

11.1.5 Ablauf eines Funktionsaufrufes

Bei der Verwendung von Funktionen ist es sehr wichtig, den Ablauf bei der Bearbeitung einer Funktion zu kennen. Prinzipiell kann gesagt werden, dass bei einem Funktionsaufruf – abgesehen von einer Ausnahme, die in Abschnitt 13.5 behandelt wird – Werte an die Funktionsparameter in C – im Gegensatz zu Programmiersprachen, wie Java[2] – immer in Form von *Kopien*[2] übergeben werden, nicht im Original[3]!

Die relevanten Teile aus dem Programm aus Abschnitt 11.1.3 sind:

```
// ...

double Summe(double x, double y)
{  double ergebnis;

   ergebnis = x + y;
   return ergebnis;
}  // end Summe

main()
{  double wert1, wert2, sum;
```

---

[2]Man nennt dieses Verfahren *call by value*.
[3]*call by reference*

```
// ...
sum = Summe(wert1, wert2);
// ...
} // end main
```

Wird die Funktion Summe aufgerufen, so werden dabei die Variablen (bzw. Parameter) x und y innerhalb der Funktion Summe erzeugt und mit den Werten der Variablen wert1 und wert2 initialisiert. Die Variablen x und y enthalten jetzt Kopien (!) der Werte der Variablen wert1 und wert2. Werden also x und y innerhalb der Funktion Summe geändert, so wirken sich diese Änderungen nicht auf die Variablen wert1 und wert2 der Funktion main aus. Ein Beispiel:

```
long Erhoehe(long a)
{  a = a + 1;
   return a;
} // end Erhoehe
```

Wird die Funktion in einem Programm mit

```
long y, x = 1;

// ...
y = Erhoehe(x);
```

aufgerufen, so wird die Variable a erschaffen und mit 1 initialisiert. Anschließend wird a (die Kopie) um eins erhöht und schließlich 2 retourniert. Die Variable y ergibt sich dadurch zu 2, x enthält nach wie vor 1.

Auch das Verfahren bei der Rückgabe von Werten ist interessant. In Kapitel 8 wurden Ausdrücke bereits im Detail betrachtet. Unklar ist bisher nur noch, wie der Rückgabewert einer Funktion in Ausdrücken verwendet wird. Aus der Sicht des Aufrufers kann die Funktion als ihr Rückgabewert gesehen werden.

Das Auswertungsdiagramm für den Ausdruck y = Erhoehe(x) aus obigem Beispiel lautet daher:

$$
\begin{array}{rl}
y & = \text{Erhoehe}(\underline{\quad x \quad}) \\
y & = \underline{\text{Erhoehe}(\underline{\quad 1 \quad})} \\
y & = \underline{\quad\quad 2 \quad\quad} \\
  & \quad\quad 2
\end{array}
$$

Ein weiteres Beispiel soll verdeutlichen, dass Variablennamen, die innerhalb von Funktionen definiert wurden, nur innerhalb dieser Funktion gelten. Dazu wird das obige Beispiel der Funktion Summe herangezogen, wobei die Variablen umbenannt sind.

```
#include <stdio.h>

double Summe(double x, double y)
{  double ergebnis;

   ergebnis = x + y;
   return ergebnis;
} // end Summe

main()
{  double x, y, ergebnis;
```

```
    printf("Erste  Zahl: ");
    scanf ("%lf", &x);
    printf("Zweite Zahl: ");
    scanf ("%lf", &y);

    ergebnis = Summe(x, y);
    printf("Die Summe von %g und %g lautet: %g\n", x, y, ergebnis);
}  // end main
```

Innerhalb der Funktion main sind nur die lokalen Variablen x, y und ergebnis sichtbar. Die gleichlautenden Variablen der Funktion Summe sind nicht sichtbar – sie existieren noch nicht. Wird die Funktion Summe aufgerufen, werden zunächst die Variablen x und y – die gleichlautenden Parameter der Funktion Summe – erzeugt und die Werte aus den Argumenten des Funktionsaufrufes hineinkopiert. Innerhalb der Funktion Summe sind die Variablen der Funktion main unsichtbar, obwohl sie immer noch existieren – sie sind nur lokal in der Funktion main sichtbar. Erst beim Rücksprung wird das Ergebnis, das in der lokalen Variable ergebnis gespeichert ist, in die Variable ergebnis der Funktion main kopiert und anschließend alle lokalen Variablen der Funktion Summe beim Verlassen der Funktion zerstört. Variablen mit gleichen Namen in verschiedenen Funktionen sind in C also durchaus erlaubt.

11.2   Deklaration einer Funktion

Unter einer Deklaration einer Funktion versteht man eine Bekanntmachung einer Funktion innerhalb einer C-Datei. Ein Compiler liest und übersetzt den Quelltext (*engl. source code*) von oben nach unten. Stößt er in einer Stelle des Quelltextes auf ein Wort – beispielsweise einen Funktionsnamen –, das ihm bis dahin noch nicht bekannt ist, wird eine Fehlermeldung ausgegeben. Es ist daher notwendig, Funktionen bekanntzumachen, bevor sie verwendet werden. Ein Beispiel:

```
main()
{  Ausgabe();
}  // end main

void Ausgabe()
{  printf("Hallo Welt!\n");
}  // end Ausgabe
```

Bereits in der dritten Zeile wird der Übersetzungsvorgang abgebrochen mit einer Fehlermeldung der Art: „Funktion Ausgabe unbekannt". Die Definition der Funktion Ausgabe erfolgt nur wenige Zeilen später. Trotzdem ist es hier notwendig, die Funktion Ausgabe bekanntzumachen – zu deklarieren. Dabei wird lediglich der Funktionskopf (*engl. function header*) angeschrieben. Die Deklaration wird mit einem Strichpunkt abgeschlossen:

```
void Ausgabe();

main()
{  Ausgabe();
}  // end main

void Ausgabe()
{  printf("Hallo Welt!\n");
}  // end Ausgabe
```

Natürlich kann hier die Deklaration umgangen werden, indem die Funktionsdefinition der Funktion `Ausgabe` vor dem Hauptprogramm `main` erfolgt. Das Einhalten einer Reihenfolge ist aber nicht immer möglich – vor allem dann, wenn unterschiedliche Module (Quelltextdateien) in einem Projekt vorhanden sind oder wenn sich Funktionen gegenseitig aufrufen. Will man Funktionen aus einem anderen Modul nutzen, müssen sie dem Compiler bekanntgemacht werden. Dies geschieht mit Funktionsdeklarationen, die üblicherweise in eigenen Header-Dateien abgelegt werden.

Die Deklaration der Funktion `Summe` aus Abschnitt 11.1.5 lautet:

```
double Summe(double x, double y);
```

Eine Deklaration teilt dem Compiler folgendes mit: Den Funktionsnamen, die Anzahl und die Typen der Argumente, den Typ des Rückgabewertes. Mehr Information ist für den Compiler auch nicht notwendig. Sie reicht aus, um Funktionsaufrufe auf syntaktische Korrektheit überprüfen zu können. Die Namen der Parameter können in einer Deklaration weggelassen werden.

```
double Summe(double, double);
```

Es ist aber trotzdem empfohlen, *Funktionsdeklarationen* vollständig mit „möglichst sprechenden" Parameternamen zu schreiben. Diese können in eigenen Header-Dateien zusammengestellt werden. Die Header-Dateien sollten zu Beginn jeder C-Datei inkludiert werden, innerhalb der diese Funktionen verwendet werden. Für jede Funktion sollte die Bedeutung aller Parameter und der Rückgabewert in Kommentaren erläutert werden. Die Funktion selbst muss bei Funktionsdeklarationen aus der Sicht des Benutzers der Funktion erklärt werden. Innerhalb der *Funktionsdefinition* sollte eine detaillierte Erklärung erfolgen, die dem Verständnis dienen oder für spätere Arbeiten an der Funktion selbst erforderlich sind.

Wird eine Funktion verwendet, ohne dass sie zuvor definiert oder deklariert wurde, so nimmt der C-Compiler automatisch den Rückgabetyp `int` an. Dieses Verhalten ist historisch begründet aber sehr problematisch, da der Rückgabetyp der tatsächlichen Funktion anders lauten kann, wodurch dann ein unbestimmter Wert zurückgeben wird:

```
#include <stdio.h>

main()
{ double x;

    x = F();        // <- Der Rückgabetyp von F wird mit 'int' angenommen
    printf("%g\n", x);
    return 0;
} // end main

double F()          // <- Der tatsächliche Rückgabetyp von F ist 'double'
{ return 1.1;
} // end F
```

Das Problem wird durch das Angeben der fehlenden Deklaration behoben:

```
#include <stdio.h>

double F();        // Deklaration von F

main()
{ double x;

  x = F();         // <- Der Rückgabetyp von F ist 'double'
  printf("%g\n", x);
  return 0;
} // end main

double F()         // <- Der tatsächliche Rückgabetyp von F ist 'double'
{ return 1.1;
} // end F
```

Auch für die Parameter können an der Stelle eines Aufrufes einer Funktion, die noch nicht bekannt gemacht wurde, die Typen nur aus den angegebenen Argumenten des Funktionsaufrufes „geraten" werden. Dadurch können unvorhergesehene Fehler entstehen, wie das folgende Beispiel zeigt:

```
#include <stdio.h>

main()
{ F(3);           // <- Der Datentyp 'int' wird "geraten"...
} // end main

void F(double x)  // <- der tatsächliche Datentyp ist 'double'
{ printf("%g\n", x);
} // end F
```

Die Ausgabe von x lautet nicht 3, wie man vermuten könnte. Stattdessen wird eine scheinbar zusammenhanglose Punktzahl ausgegeben. Die Ursache für dieses Verhalten liegt darin, dass ein „intelligenter" Compiler auf Grund des angegebenen Wertes 3 den Datentyp int „rät" und einen entsprechenden Funktionsaufruf generiert. Erst später wird die Funktion F tatsächlich definiert, wobei der Typ des Parameters jedoch double lautet. Da aber die Datentypen int und double intern unterschiedlich dargestellt werden (siehe Kapitel 6), wird ein falscher Wert übergeben.

Abhilfe schafft die Deklaration der Funktion F vor der Funktion main., die Ausgabe lautet korrekt.

```
#include <stdio.h>

void F(double x); // Deklaration von F

main()
{ F(3);            // <- Der Datentyp des Parameters ist 'double'
} // end main

void F(double x)  // <- der tatsächliche Datentyp ist 'double'
{ printf("%g\n", x);
} // end F
```

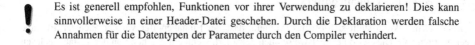 Es ist generell empfohlen, Funktionen vor ihrer Verwendung zu deklarieren! Dies kann sinnvollerweise in einer Header-Datei geschehen. Durch die Deklaration werden falsche Annahmen für die Datentypen der Parameter durch den Compiler verhindert.

Da die Begriffe *Definition* und *Deklaration* einer Funktion oft für Verwirrung sorgen, seien die Unterschiede nochmals kurz zusammengefasst:

Merkmal	Definition	Deklaration
Eigenschaft	Die Definition einer Funktion ist die komplette Beschreibung der Funktion. Die Definition enthält also auch den Funktionsrumpf.	Die Deklaration ist eine Bekanntmachung einer Funktion an den Compiler.
Sichtweise	Die komplette Funktion wird von *innen* betrachtet und beschreibt die Implementierung von Algorithmen.	Die Funktion wird als Black Box von *außen* betrachtet.
Parameter	Parameter müssen jeweils mit Datentyp und Name angegeben werden.	Für die Sichtweise von außen sind die Namen der Parameter nicht relevant. Sie können weggelassen werden.

Tabelle 11.1: Definition versus Deklaration einer Funktion

11.2.1 Externe Funktionen

Funktionen können in C nur global definiert werden. Soll eine Funktion auch in anderen Modulen (Quelltextdateien) verwendet werden können (exportiert werden), so ist sie zunächst als externe Funktion zu *definieren*: Alle Funktionen sind automatisch extern definiert, es sei denn, das Schlüsselwort `static` ist im Funktionskopf angegeben. Damit diese Funktion in einem anderen Modul verwendet werden kann, ist sie dort zu deklarieren. Dies kann aber auch in Header-Dateien geschehen, wie bereits oben beschrieben ist.

11.2.2 Statische Funktionen

Soll eine Funktion nur innerhalb eines Moduls sichtbar sein, so muss das Schlüsselwort `static` zu Beginn des Funktionskopfes angeschrieben werden. Statische Funktionen können nicht exportiert werden.

```
static void StatischeFunktion()
{ // ...
} // end StatischeFunktion
```

Statische Funktionen müssen innerhalb derselben Datei ebenfalls *deklariert* werden, wenn sie vorher verwendet werden.

```
static void StatischeFunktion();
```

11.3 Beispiele

11.3.1 Leeren des Eingabepuffers

Bei Benutzerinteraktion stellt sich oft das Problem, dass der Eingabepuffer vor der nächsten Eingabe geleert werden soll. Dies wird beispielsweise auch gefordert, wenn ein Zeichen von der Tastatur gelesen werden soll, zuvor aber eine Zahl gelesen wurde:

```
scanf("%ld", &zahl);
scanf("%c", &zeichen);
```

Der Zeilenvorschub, der für den Abschluss der Eingabe der Zahl benötigt wurde, wird von dem folgenden scanf nicht überlesen, da mit dem zeichenweisen Einlesen auch der Zeilenvorschub gelesen werden kann. Das Problem wurde bis jetzt (siehe Abschnitt 10.3) durch das Duplizieren des zweiten Lesebefehles umgangen:

```
scanf("%ld", &zahl);
scanf("%c", &zeichen);
scanf("%c", &zeichen);
```

Im Folgenden wird eine elegantere Lösungen vorgeschlagen.

Aufgabe: Schreiben Sie eine Funktion LeereEingabepuffer. Leeren Sie den Eingabepuffer mittels getchar bis zum nächsten Zeilenvorschub. Entwickeln Sie auch ein geeignetes Testprogramm und testen Sie die Funktion mit verschiedenen Eingaben.

Lösung:

```
#include <stdio.h>

void LeereEingabepuffer()
{ while (getchar() != '\n');
} // end LeereEingabepuffer

main()
{ long zahl;
  char zeichen;

  printf("Zahl: ");
  scanf("%ld", &zahl);

  LeereEingabepuffer();
  printf("Zeichen: ");
  scanf("%c", &zeichen);
  printf("Das gelesene Zeichen ist: %c\n", zeichen);
} // end main
```

bsp-11-1.c

Der Nachteil dieser Lösung ist, dass der Eingabepuffer nicht komplett geleert wird. Es wird nur eine Zeile entfernt. Es wird dabei von der Annahme ausgegangen, dass der Puffer einen Zeilenvorschub enthält. Trifft dies nicht zu, so wartet LeereEingabepuffer solange, bis ein Zeilenvorschub eingegeben wird. Das kann leicht verifiziert werden, indem man die Funktion LeereEingabepuffer bereits vor der ersten Eingabe ein erstes Mal aufruft.

11.3.2 Kalender für ein Jahr

Aufgabe: Schreiben Sie ein Programm, welches einen Kalender für ein bestimmtes Jahr ausgibt. Verwenden Sie dazu das Programm aus Abschnitt 10.8.1.

Lösungsweg:

Entwickeln Sie eine Funktion KalenderMonat. Sie soll im Hauptprogramm main für jedes Kalendermonat (also 12 mal) aufgerufen werden. Überlegen Sie das Problem und gehen Sie wieder in Schritten vor.

Schritt 1: Schreiben Sie das Programm aus Abschnitt 10.8.1 als Funktion um. Die Funktion hat keinen Rückgabewert. Sie bekommt zwei Parameter, nämlich `anzahlTage` für die Anzahl der Tage des Monates und `erster` für den Wochentag des ersten des Monates.

Lösung:

Im Hauptprogramm wird die Funktion KalenderMonat mit den Parametern 31 und 1 aufgerufen.

```
#include <stdio.h>

/* Kalendermonat: Gibt einen Kalendermonat aus
 * Parameter:
 *     anzahlTage: 28 <= anzahlTage <= 31
 *                 Anzahl der Tage des Monats
 *     erster: 0=Mo, 1=Di, 2=Mi, 3=Do, 4=Fr, 5=Sa, 6=So
 *             bestimmt Wochentag des ersten Tag des Monats
 * Rückgabewert: Keiner
 */
void KalenderMonat(long anzahlTage, long erster)
{ long tag;

    // Spaltenbeschriftung
    printf("  Mo  Di  Mi  Do  Fr  Sa  So\n");
    printf("----------------------------\n");

    // Einrücken des ersten Kalendertags
    printf("%*s", (int)(4 * erster), "");

    // Ausgabe des Kalenders
    for (tag = 1; tag <= anzahlTage; tag = tag + 1)
    { printf("%4li", tag);
        if ((tag + erster) % 7 == 0)
            printf("\n");
    }
    printf("\n");
} // end KalenderMonat

main()
{ // Ausgabe des Monats Jänner,
    // wobei der 1. Jänner ein Dienstag ist
    KalenderMonat(31, 1);
} // end main
```

bsp-11-2a.c

Schritt 2: Lesen Sie das Jahr ein. Erweitern Sie das Hauptprogramm so, dass 12 Kalendermonate ausgegeben werden, jedoch mit den korrekten Monatslängen. Berücksichtigen Sie, dass ein Jahr auch ein Schaltjahr sein kann. Schreiben Sie eine Funktion `Schaltjahr`, die die Information, ob ein Jahr ein Schaltjahr war oder nicht, als Rückgabewert hat und einen Parameter, das Jahr, bekommt. Verwenden Sie dazu den Ausdruck aus Abschnitt 8.5.4.

Lösung:

Im Hauptprogramm `main` wird eine `switch-case`-Anweisung verwendet, um die Anzahl der Tage für ein Kalendermonat zu ermitteln. Das Monat wird in einer Schleife von 1 bis 12 erhöht.

```
#include <stdio.h>

/* Schaltjahr: Berechnet, ob das angegebene Jahr
 *             ein Schaltjahr war.
 * Parameter:
 *     jahr: Das Kalenderjahr
```

bsp-11-2b.c

```
 * Rückgabewert: 0 ... kein Schaltjahr, 1 ... Schaltjahr
 */
long Schaltjahr(long jahr)
{  return ((jahr % 4 == 0) &&
          ((jahr % 100 != 0))) || (jahr % 400 == 0);
}  // end Schaltjahr

/* Kalendermonat: Gibt einen Kalendermonat aus
 * Parameter:
 *     anzahlTage: 28 <= anzahlTage <= 31
 *                 Anzahl der Tage des Monats
 *     erster: 0=Mo, 1=Di, 2=Mi, 3=Do, 4=Fr, 5=Sa, 6=So
 *                 bestimmt Wochentag des ersten Tag des Monats
 * Rückgabewert: Keiner
 */
void KalenderMonat(long anzahlTage, long erster)
{  // Wie im Schritt zuvor
}  // end KalenderMonat

main()
{  long jahr, monat, tage;

   printf("Jahr: ");
   scanf("%ld", &jahr);
   for (monat = 1; monat <= 12; monat = monat + 1)
   {  switch(monat)
      {case 1:
       case 3:
       case 5:
       case 7:
       case 8:
       case 10:
       case 12:
         tage = 31;
         break;
       case 4:
       case 6:
       case 9:
       case 11:
         tage = 30;
         break;
       case 2:
         if (Schaltjahr(jahr))
            tage = 29;
         else
            tage = 28;
         break;
      }
      printf("Monat %ld:\n", monat);
      KalenderMonat(tage, 0);
   }
}  // end main
```

Schritt 3: Entwickeln Sie aus dem bisherigen Hauptprogramm eine Funktion KalenderJahr, das zwei Parameter bekommt: Das Jahr und eine Information, welcher Wochentag der erste Jänner des Kalenderjahres war. Geben Sie die Folgemonate mit dem Monatsersten richtig gesetzt aus.

Lösung:

Das Umschreiben der bisherigen Funktion main in eine Funktion stellt keine großen Schwierigkeiten mehr dar. Das größte Problem ist hier, wie die Information über den jeweiligen Wochentag des Monatsersten der Folgemonate ermittelt werden kann.

Die erste Frage lautet daher: „Wenn man weiß welcher Wochentag der erste dieses Monates ist, welcher Wochentag ist der erste des Folgemonates?" Diese Frage führt noch nicht zur Problemlösung.

Die zweite Frage lautet: "Welcher Wochentag ist der letzte dieses Monates?" Ist die Frage beantwortet, so kann der erste des Folgemonates leicht ermittelt werden.

Die Funktion `KalenderMonat` gibt alle Tage eines Monates aus. Sie enthält also auch die Information, welcher Wochentag ein bestimmter Tag im Monat ist. Sie muss nur extrahiert werden. Es ist also günstig, wenn die Funktion `KalenderMonat` die Information über den ersten Wochentag des Folgemonates zurückliefert. Die Information muss lauten: 0 für Montag, 1 für Dienstag usw.

Der Schleifenzähler `tag` enthält beispielsweise den Wert 32 nach einem kompletten Durchlauf für alle 31 Tage des Jänners. Die Variable `erster` gibt an, „um wieviele Tage der erste des Monats verschoben wurde". Es gilt jetzt aus dieser Information den Rückgabewert zu ermitteln. Der Ausdruck muss daher wie folgt lauten:

```
(tag + erster - 1) % 7
```

wie durch einfache Verifikation festgestellt werden kann. Dieser Wert wird an den Aufrufer – die Funktion `KalenderJahr` – zurückgegeben. Er gibt den Wochentag des ersten des Folgemonates an. Es ergibt sich daher der Ausdruck

```
erster = KalenderMonat(tage, erster)
```

der hier kurz anhand eines Auswertungsdiagramms erklärt werden soll:

```
erster  =  KalenderMonat(  tage  ,  erster  )
erster  =  KalenderMonat(   31   ,    1     )
erster  =                    4
                             4
```

Nachdem die Variable `erster` in der Funktion als Argument übergeben wurde, wird es nach dem Funktionsdurchlauf auf den neuen Wert gesetzt. Es ergibt sich folgendes Programm:

```
#include <stdio.h>

/* Schaltjahr: Berechnet, ob das angegebene Jahr
 *             ein Schaltjahr war.
 * Parameter:
 *     jahr: Das Kalenderjahr
 * Rückgabewert: 0 ... kein Schaltjahr, 1 ... Schaltjahr
 */
long Schaltjahr(long jahr)
{   return ((jahr % 4 == 0) &&
           ((jahr % 100 != 0))) || (jahr % 400 == 0);
}   // end Schaltjahr

/* Kalendermonat: Gibt einen Kalendermonat aus
 * Parameter:
 *     anzahlTage: 28 <= anzahlTage <= 31
 *             Anzahl der Tage des Monats
 *     erster: 0=Mo, 1=Di, 2=Mi, 3=Do, 4=Fr, 5=Sa, 6=So
 *             bestimmt Wochentag des ersten Tag des Monats
 * Rückgabewert: Wochentag des 1. des Folgemonats
 *             0=Mo, 1=Di, 2=Mi, 3=Do, 4=Fr, 5=Sa, 6=So
 */
```

bsp-11-2c.c

```
long KalenderMonat(long anzahlTage, long erster)
{ long tag;

    // Spaltenbeschriftung
    printf("  Mo  Di  Mi  Do  Fr  Sa  So\n");
    printf("----------------------------\n");

    // Einrücken des ersten Kalendertags
    printf("%*s", (int)(4 * erster), "");

    // Ausgabe des Kalenders
    for (tag = 1; tag <= anzahlTage; tag = tag + 1)
    { printf("%4li", tag);
        if ((tag + erster) % 7 == 0)
            printf("\n");
    }
    printf("\n");

    return (tag + erster - 1) % 7;
} // end KalenderMonat

/* KalenderJahr: Gibt ein Kalenderjahr aus
 * Parameter:
 *     jahr: > 0
 *               Jahreszahl
 *     erster: 0=Mo, 1=Di, 2=Mi, 3=Do, 4=Fr, 5=Sa, 6=So
 *               bestimmt Wochentag des ersten Tag des ersten Monats
 * Rückgabewert: Keiner
 */
void KalenderJahr(long jahr, long erster)
{ long monat, tage;

    printf("Jahr %ld:\n", jahr);
    for (monat = 1; monat <= 12; monat = monat + 1)
    { switch(monat)
        {case 1:
         case 3:
         case 5:
         case 7:
         case 8:
         case 10:
         case 12:
            tage = 31;
            break;
         case 4:
         case 6:
         case 9:
         case 11:
            tage = 30;
            break;
         case 2:
            if (Schaltjahr(jahr))
                tage = 29;
            else
                tage = 28;
            break;
        }
        printf("Monat %ld:\n", monat);
        erster = KalenderMonat(tage, erster);
    }
} // end KalenderJahr
```

```
main()
{  long jahr, erster;

   // Eingabe
   printf("Welches Jahr: ");
   scanf ("%ld", &jahr);
   printf("Welcher Wochentag war der 1. Jänner\n");
   printf("(0=Mo, 1=Di, 2=Mi, 3=Do, 4=Fr, 5=Sa, 6=So): ");
   scanf ("%ld", &erster);

   // Ausgabe eines Jahres
   printf("\n");
   KalenderJahr(jahr, erster);
}  // end main
```

Schritt 4: Eine letzte Unschönheit ist noch verblieben. Es muss immer noch die Information über den Wochentag des ersten Tages im ersten Kalendermonat angegeben werden. Schreiben Sie eine Funktion, die anhand der Jahreszahl diese Information gewinnt. Die Funktion `KalenderJahr` benötigt dann nur mehr einen Parameter: Das Jahr.

Lösung:

Zunächst stellt man sich die Frage: „Woraus kann die Information gewonnen werden, welcher Wochentag der 1. 1. eines bestimmten Jahres ist?" Es gibt viele Ansätze für die Lösung dieses Problems. Eine sehr schlechte und umständliche wäre, für jedes Jahr, den Wochentag des 1. 1. zu speichern. Solche Lösungen werden oft implementiert, da das Problem nicht richtig verstanden wurde, sind fehleranfällig, da etliche Zahlen ermittelt und eingegeben werden müssen, unflexibel, schwer zu warten und unübersichtlich.

Daher eine weitere Frage: „Wenn man weiß, welcher Wochentag der 1. 1. des Jahres 1 war, wie kann der Wochentag des 1. 1. eines beliebigen Jahres ermittelt werden?"

Die Antwort auf diese Frage ist einfach: Man ermittle die Anzahl der Tage, die seit dem 1. 1. des Jahres 1 und dem des geforderten Jahres verstrichen sind. Nimmt man diese Anzahl modulo 7 (für sieben Wochentage), erhält man den Wochentag des 1. 1. des geforderten Jahres relativ zu dem des 1. 1. des Jahres 1.

Schaltjahre müssen berücksichtigt werden. Die Gesamtzahl der Tage lässt sich daher mit der Regel für Schaltjahre aus Abschnitt 8.5.4 ermitteln:

```
(vorjahr * 365 + (vorjahr / 4) - (vorjahr / 100) + (vorjahr / 400)) % 7;
```

Die Variable `vorjahr` enthält die Jahreszahl des Vorjahres und ist daher `vorjahr = jahr - 1`. Der obige Ausdruck liefert den Wochentag des 1. 1. eines beliebigen Jahres relativ zum Wochentag des 1. 1. des Jahres 1 nach christlicher Zeitrechnung[4]. Da man aber nicht weiß, welcher Wochentag der 1. 1. des Jahres 1 war, wertet man diesen Ausdruck für ein bekanntes Jahr aus. Man erhält hier zufällig eine relative Verschiebung (*engl. offset*) von 0. Somit ist der Ausdruck korrekt.

Im Programm ergeben sich folgende Änderungen: Neu ist die Funktion `WochentagErsterJanuar`. In der Funktion `main` wird keine Information mehr über den 1. 1. des Jahres eingelesen. Die Funktion `KalenderJahr` ruft jetzt die neue Funktion `WochentagErsterJanuar` auf und ermittelt dadurch den Wochentag des 1. 1. selbst.

---

[4]In der christlichen Zeitrechnung war bis zum 4. 10. 1582 der julianische Kalender, der in seiner ursprünglichen Version von Julius Cäsar entwickelt wurde, in Verwendung. Im Jahre 1582 wurde durch Papst Gregor XIII der sogenannte gregorianische Kalender eingeführt, der noch heute in Verwendung ist. Auf Grund der Ungenauigkeit des julianischen Kalenders, war es notwendig, das Datum zu korrigieren. Beim Umstieg auf den neuen Kalender folgte unmittelbar auf den 4. 10. 1582 der 15. 10. 1582. Diese Besonderheiten sind in obigem Programm natürlich nicht berücksichtigt.

```
#include <stdio.h>

/* Schaltjahr: Berechnet, ob das angegebene Jahr
 *             ein Schaltjahr war.
 * Parameter:
 *      jahr: Das Kalenderjahr
 * Rückgabewert: 0 ... kein Schaltjahr, 1 ... Schaltjahr
 */
long Schaltjahr(long jahr)
{ // Wie im Schritt zuvor
} // end Schaltjahr

/* Kalendermonat: Gibt einen Kalendermonat aus
 * Parameter:
 *      anzahlTage: 28 <= anzahlTage <= 31
 *                  Anzahl der Tage des Monats
 *      erster: 0=Mo, 1=Di, 2=Mi, 3=Do, 4=Fr, 5=Sa, 6=So
 *                  bestimmt Wochentag des ersten Tag des Monats
 * Rückgabewert: Wochentag des 1. des Folgemonats
 *                  0=Mo, 1=Di, 2=Mi, 3=Do, 4=Fr, 5=Sa, 6=So
 */
long KalenderMonat(long anzahlTage, long erster)
{ // Wie im Schritt zuvor
} // end KalenderMonat

/* WochentagErsterJanuar: Ermittelt den Wochentag des
 *                        1. 1. des angegebenen Jahres
 * Parameter:
 *      jahr: > 0
 *              Jahreszahl
 * Rückgabewert: Zahl von 0 bis 6
 *              0=Mo, 1=Di, 2=Mi, 3=Do, 4=Fr, 5=Sa, 6=So
 */
long WochentagErsterJanuar(long jahr)
{ long vorjahr = jahr - 1;

    return (vorjahr * 365 + (vorjahr / 4) -
           (vorjahr / 100) + (vorjahr / 400)) % 7;
} // end WochentagErsterJanuar

/* KalenderJahr: Gibt ein Kalenderjahr aus
 * Parameter:
 *      jahr: > 0
 *              Jahreszahl
 * Rückgabewert: Keiner
 */
void KalenderJahr(long jahr)
{ long monat, tage, erster;

    printf("Jahr %ld:\n", jahr);

    erster = WochentagErsterJanuar(jahr);

    for (monat = 1; monat <= 12; monat = monat + 1)
    { switch(monat)
        {case 1:
         case 3:
         case 5:
         case 7:
         case 8:
         case 10:
         case 12:
           tage = 31;
```

bsp-11-2d.c

```
      break;
    case 4:
    case 6:
    case 9:
    case 11:
      tage = 30;
      break;
    case 2:
      if (Schaltjahr(jahr))
        tage = 29;
      else
        tage = 28;
      break;
    }
    printf("Monat %ld:\n", monat);
    erster = KalenderMonat(tage, erster);
  }
} // end KalenderJahr

main()
{ long jahr;

  // Eingabe
  printf("Welches Jahr: ");
  scanf ("%ld", &jahr);

  // Ausgabe eines Jahres
  printf("\n");
  KalenderJahr(jahr);
} // end main
```

11.3.3   Einfacher Taschenrechner

Schreiben Sie ein Programm für einen einfachen Taschenrechner, der die Grundrechnungsarten unterstützt. Der Taschenrechner soll keine Assoziativitäten kennen, sondern nur Befehle der Art

```
17 + 4
```

bearbeiten können. Überlesen Sie in diesen Ausdrücken alle Leerzeichen vor dem Operator. Die Eingabe soll mit EOF (*end of file*) beendet werden (siehe Abschnitt 7.2). In Unix-Systemen kann das mit der Tastenkombination Control-d, in Windows-Systemen mit Control-z, ausgelöst werden.

Lösung:

Zum Löschen des Eingabepuffers wird die Funktion aus Abschnitt 11.3.1 verwendet. Die neue Funktion LeseOperator überliest alle Abstände und *newlines* und gibt den Operator zurück. In der Funktion main wird in einer Endlosschleife überprüft, ob eine der Eingabefunktionen EOF zurückgeliefert hat. In diesem Fall wird das Programm beendet. Die Berechnung erfolgt in einer switch-case-Anweisung.

```
#include <stdio.h>

void LeereEingabepuffer()
{ while (getchar() != '\n'); }
} // end LeereEingabepuffer

long LeseOperator()
{ long zeichen;
```

bsp-11-3.c

```
    for (;;)
    { zeichen = getchar();
        if ((zeichen != ' ') && (zeichen != '\n'))
            break;
    }
    return zeichen;
} // end LeseOperator

main()
{   double ergebnis, wert1, wert2;
    long   operator;
    long   fehler;

    for(;;)
    { printf("Wert Operator Wert:\n");
        if (scanf("%lf", &wert1) == EOF)
            break;
        operator = LeseOperator();
        if (operator == EOF)
            break;
        if (scanf("%lf", &wert2) == EOF)
            break;
        fehler = 0;
        switch (operator)
        {case '+': ergebnis = wert1 + wert2;
            break;
         case '-': ergebnis = wert1 - wert2;
            break;
         case '*': ergebnis = wert1 * wert2;
            break;
         case '/': ergebnis = wert1 / wert2;
            break;
         default:
            printf("Unbekannte Operation\n");
            LeereEingabepuffer();
            fehler = 1;
        }
        if (fehler == 0)
            printf("Ergebnis: %g\n", ergebnis);
    }
} // end main
```

Kapitel 12

Speicherklassen

Variablen haben einen gewissen Gültigkeitszeitraum und einen gewissen Sichtbarkeitsbereich (siehe Abschnitt 5.1). Diese Eigenschaften werden mit Speicherklassen festgelegt. C unterstützt verschiedene Arten von Speicherklassen für Variablen.

12.1 Lokale Variablen

In den Kapitel zuvor wurden hauptsächlich *lokale* Variablen verwendet. Die *Lokalität* beschränkt sich dabei auf die Funktionen, in denen sie definiert wurden. Der Vorteil von lokalen Variablen ist, dass sie innerhalb dieser Funktion *gekapselt* sind: Sie sind nur lokal in der Funktion sichtbar und können nur innerhalb der Funktion modifiziert werden (eine Ausnahme bilden jene Variablen, deren Adresse an Funktionen übergeben wird, die sie dadurch verändern können).

Ein Beispiel:

```
long Faktorielle(long a)
{   long f = 1;

    for (; a > 1; a = a - 1)
        f = f * a;

    return f;
}   // end Faktorielle
```

Die obige Funktion (für positive Zahlen definiert) berechnet die Faktorielle einer Zahl. Sie hat zwei Variablen, a und f. Die Variable a ist der Parameter der Funktion, die Variable f wird zur Berechnung des Ergebnisses verwendet. Beide gelten nur innerhalb der Funktion Faktorielle, beide Variablen sind daher lokale Variablen der Funktion Faktorielle.

12.1.1 Die Blockstruktur von C

Lokale Variablen müssen in C (im Gegensatz zu C++) zu Beginn einer Funktion definiert werden. Diese Tatsache hat zwar den Vorteil, dass alle Variablen am Anfang der Funktion zu finden sind, hat aber den gravierenderen Nachteil, dass Variablen oft erzeugt werden, auch wenn sich im Verlauf der Funktion herausstellt, dass sie nicht verwendet werden. Ein Beispiel:

```
long Faktorielle(long a)
{  long f = 1;

   if (a < 0)
   {  printf ("Fehler!");
      return 0;
   }

   for (; a > 1; a = a - 1)
      f = f * a;

   return f;
}  // end Faktorielle
```

Wird an die obige Funktion zur Berechnung der Faktoriellen eine negative Zahl übergeben, so wird die Funktion frühzeitig beendet und 0 als Fehlerkennung zurückgegeben. Die Variable f wird also definiert, aber nicht verwendet.

Um das Problem zu lösen, wurden in C Blöcke eingeführt. Ein Block ist hier ein Programmbereich, der in geschwungenen Klammern eingefasst ist – also auch ein Funktionsrumpf oder ein Schleifenrumpf, der mehr als zwei Anweisungen enthält. Generell gilt: Variablendefinitionen müssen zu Beginn eines Blockes stehen.

Werden lokale Variablen nicht initialisiert, so ist ihr Wert bei der Definition unbestimmt – mit einer Ausnahme: Statische lokale Variablen (siehe Abschnitt 12.1.4)

 Es ist allerdings nicht empfohlen, Variablen innerhalb von Schleifen zu definieren. Sie würden zu Beginn jedes Schleifendurchlaufes angelegt und am Ende jedes Schleifendurchlaufes wieder zerstört, was zeitaufwendig und auch nicht notwendig ist.

Das obige Beispiel kann auch wie folgt implementiert werden:

```
long Faktorielle(long a)
{  if (a < 0)
   {  printf ("Fehler!");
      return 0;
   }

   {  long f = 1;

      for (; a > 1; a = a - 1)
         f = f * a;

      return f;
   }
}  // end Faktorielle
```

Im unteren Teil der Funktion wurde ein zusätzlicher Block eingeführt. Blöcke haben auf die Ausführungsgeschwindigkeit keinen Einfluss. Sie ermöglichen nur die Definition von Variablen an Stellen, wo sie gebraucht werden und können zugleich die Übersichtlichkeit des Programmes erhöhen. Die Variable f gilt lokal innerhalb des Blockes und wird bei Verlassen des Blockes zerstört.

Ein Sonderfall sei hier noch erwähnt: Variablen mit gleichen Namen verdecken Variablen aus äußeren Blöcken. Ein Beispiel:

```
main()
{  long a = 1;
   {  long a = 2;
      printf("a = %ld\n", a);
   }
   {  printf("a = %ld\n", a);
   }
}  // end main
```

Blöcke übernehmen die Variablen von Blöcken, in denen sie stehen. Im ersten Block innerhalb der Funktion `main` wird jedoch die lokale Variable `a` der Funktion `main` verdeckt. In diesem Beispiel wird zuerst 2 ausgegeben, dann 1.

Vermeiden Sie gleichlautende Variablennamen in inneren Blöcken, da dies zu Missverständnissen führt!

Eine weitere Empfehlung:

Kommen in nacheinander folgenden Blöcken dieselben Variablen vor, definieren Sie besser die Variablen lokal für die ganze Funktion! Das erhöht die Übersichtlichkeit, denn es wird klargestellt, dass die Variablen in der ganzen Funktion gebraucht werden.

12.1.2 Variablen der Speicherklasse `auto`

Alle lokalen Variablen, denen kein spezielles Schlüsselwort, wie `register` oder `static` vorangestellt ist, sind *automatische* Variablen. Sie heißen automatische Variablen, da sie zu Blockanfang automatisch für den Block angelegt und zu Blockende automatisch gelöscht werden. Es wird also automatisch Speicher für diese Variablen angelegt und freigegeben. Alle lokalen Variablen, die bisher verwendet wurden, sind also sogenannte automatischen Variablen.

12.1.3 Variablen der Speicherklasse `register`

Um Programme zu beschleunigen, können Variablen, beispielsweise Zähler oder Zeiger in Schleifen, von der Speicherklasse `register` definiert werden. Die Variablen werden dann nicht im Speicher angelegt. Ihnen wird vielmehr ein Register des Prozessors zugeordnet. Die Datentypen, die für diese Variablen verwendet werden können, sind daher nur `char`, `long`, `double` (auch `float`) und Zeiger – allerdings keine selbstdefinierten Datentypen: Es sind nur Datentypen erlaubt, die der Prozessor mit seinen Registern unterstützt.

Ein Beispiel:

```
double Mittelwert(register double x, register double y)
{  return (x + y) / 2;
}  // end Mittelwert
```

Sind jedoch keine Register mehr frei, werden Variablen, die mit `register` definiert wurden, wie automatische Variablen behandelt. Die Optimierer vieler Compiler setzen häufig gebrauchte Variablen aber automatisch als Registervariablen um. Die Angabe von `register` ist also fast nie notwendig.

Da Register keine Adresse haben, kann der Adressoperator nicht auf Registervariablen angewendet werden!

12.1.4 Variablen der Speicherklasse `static`

Lokale Variablen der Speicherklasse `static` werden wie automatische Variablen definiert und verwendet. Bei der Definition ist jedoch das Schlüsselwort `static` vor dem Datentyp anzuschreiben. Lokale Variablen der Speicherklasse `static` unterscheiden sich von automatischen Variablen durch ihren Gültigkeitszeitraum: Sie existieren, solange das Programm läuft. Der Sichtbarkeitsbereich ist trotzdem nur lokal: Die Variable wird beim Einsprung in die Funktion „sichtbar", und beim Verlassen der Funktion „unsichtbar".

Ein Beispiel:

```
void AufrufZaehler()
{ static long aufrufe = 0;

  aufrufe = aufrufe + 1;
  printf ("Die Funktion wurde %ld mal aufgerufen.\n", aufrufe);
} // end AufrufZaehler
```

Bei jedem Funktionsaufruf wird die Variable `aufrufe` sichtbar. Ihr Wert wird ausgegeben und anschließend um 1 erhöht. Beim Verlassen der Funktion wird die Variable `aufrufe` wieder unsichtbar.

Lokale Variablen der Speicherklasse `static` können ebenfalls initialisiert werden. Die Initialisierung findet jedoch nur zu Programmstart statt. Wird kein Initialwert angegeben, wird die Variable automatisch mit 0 initialisiert (die Initialisierung in obigem Beispiel könnte also entfallen).

 Initialisieren Sie auch statische Variablen. Die Übersichtlichkeit des Programmes wird dadurch erhöht.

12.2   Globale Variablen

Globale Variablen werden außerhalb jeder Funktion definiert. Ihr Gültigkeitszeitraum erstreckt sich über die gesamte Programmlaufzeit. Globale Variablen werden, wenn sie nicht explizit initialisiert werden, automatisch mit 0 initialisiert. Ihre Initialwerte müssen entweder Literale sein oder zur Übersetzungszeit feststellbar sein, wie beispielsweise das Produkt zweier Zahlen oder der Wert einer vorhergehenden globalen Variablen.

 Initialisieren Sie globale Variablen immer, selbst wenn diese mit 0 initialisiert werden sollen. Einerseits wird dadurch die Übersichtlichkeit des Programmes erhöht, andererseits wird verhindert, dass bei einer Programm-Modifikation, bei der eine globale Variable in eine Funktion verschoben wird (sie wird dadurch lokal definiert), nicht initialisiert ist.

Globale Variablen haben aber den Nachteil, dass sie aus verschiedensten Funktionen heraus modifiziert werden können. Es ist oft schwierig festzustellen, welche Funktionen globale Variablen und somit globale Strukturen und Abläufe in welcher Weise verändern. Werden viele globale Variablen in einem Programm verwendet, liegt eine Entwurfsschwäche vor.

Werden globale Variablen definiert, die nur in einer einzigen Funktion verwendet werden, so sollte stattdessen eine lokale Variable der Speicherklasse `static` innerhalb der Funktion verwendet werden, um die Zugriffsmöglichkeit aus anderen Funktionen zu verhindern.

12.2.1 Variablen der Speicherklasse `extern`

Globale Variablen, die nicht mit dem Schlüsselwort `static` definiert sind, sind sogenannte *externe* Variablen. Das Schlüsselwort `extern` darf allerdings bei einer *Definition* nicht angegeben werden.

```
Typ Variablenname;
```

Externe globale Variablen sind innerhalb der Datei, in der sie definiert wurden sichtbar – natürlich erst ab der Position in der Quelltextdatei an der sie stehen, da ein Compiler von oben nach unten "liest". Sie können aber auch *exportiert* werden. Das bedeutet, dass ihr Name und ihr Datentyp in anderen Dateien, die zum selben Projekt bzw. Programm gehören, (oder auch in derselben Datei an einer früheren Position) bekanntgemacht wird. Dazu muss die Variable mit dem Schlüsselwort `extern` *deklariert* werden. Sie sind dann auch dort sichtbar.

```
extern Typ Variablenname;
```

 Unter der Deklaration einer Variablen versteht man das Bekanntmachen ihres Namens und ihres Typs. Nur externe globale Variablen können *deklariert* werden! Variablen anderer Arten von Speicherklassen können nur *definiert* werden!

Ein Beispiel:

```
// Modul file1.c
long oeffentlicheZahl; // Definition von oeffentlicheZahl
// ...

// Modul file2.c
extern long oeffentlicheZahl; // Deklaration
// ...
```

In der Datei `file1.c` wird die externe, globale Variable `oeffentlicheZahl` *definiert*. Sie kann ab dieser Stelle in dieser Datei in allen Funktionen verwendet werden.

In der Datei `file2.c` wird die externe, globale Variable `oeffentlicheZahl` *deklariert* und somit dem Compiler bekannt gemacht. Sie kann somit ebenfalls in dieser Datei in allen Funktionen verwendet werden.

 Das Exportieren globaler Variablen ist aber sehr unschön, da die Variable dann auch in anderen Modulen ohne Kontrolle modifiziert werden kann.

Bei globalen Variablen ist daher dringend die Verwendung statischer Variablen (siehe Abschnitt 12.2.2) zu empfehlen. Ist der Zustand einer statischen Variable auch für andere Module (Quelltextdateien) wichtig, so sollte, um externe globale Variablen zu vermeiden, eine zusätzliche Funktion – eine sogenannte *Schnittstellen-Funktion* (*engl. interface function*) – angeboten werden, die lediglich den Wert dieser Variablen zurückzugeben braucht. Andere Module müssen diese Funktion verwenden, um den Wert der Variablen auslesen zu können. Es wird aber zumindest das Schreiben auf diese Variable verhindert.

12.2.2 Variablen der Speicherklasse `static`

Soll eine globale Variable nicht exportiert werden, ist sie mit dem Schlüsselwort `static` zu versehen. Die Speicherklasse der *globalen* statischen Variable ist verwandt mit der einer *lokalen* statischen Variable. Beide existieren solange das Programm läuft. Globale statische Variablen sind nur innerhalb eines Moduls ab der Position ihrer Definition sichtbar, lokale nur innerhalb einer Funktion.

Ein Beispiel:

```
static long statischeVariable;
```

12.3   Übersicht über alle Speicherklassen in C

Eine Übersicht über alle lokalen Speicherklassen von C gibt Tabelle 12.1. Die Sichtbarkeit der Variablen beschränkt sich lokal auf die Funktionen oder die Blöcke innerhalb derer die Variablen definiert sind.

Speicher-klasse	Merkmale	Gültigkeit	Initialisierung
`auto`	Ist bei der Definition einer Variablen innerhalb einer Funktion keine Speicherklasse angegeben, so erfolgt die Definition automatisch mit der Speicherklasse `auto`.	Die Variable wird zu Beginn eines Blockes erzeugt und am Blockende zerstört.	Wird die Variable nicht initialisiert, ist ihr Initialwert *nicht definiert!*
`register`	Wie Variablen vom Typ `auto`. Die Variablen werden aber nach Möglichkeit in den Registern des Prozessors untergebracht. Erlaubte Typen sind `char`, `long`, `double` und Zeiger. Der Adressoperator kann auf Registervariablen nicht angewendet werden.	Wie Variablen vom Typ `auto`.	Wie Variablen vom Typ `auto`.
`static`	Wie Variablen vom Typ `auto`.	Variablen dieser Speicherklasse existieren solange das Programm läuft.	Die Variablen werden zu Beginn des Programmes einmal initialisiert. Ist der Initialwert nicht angegeben, wird die Variable auf 0 gesetzt.

Tabelle 12.1: Übersicht über alle lokalen Speicherklassen in C

Tabelle 12.2 gibt eine Übersicht über die Merkmale globaler Variablen. Globale Variablen werden zu Programmstart erzeugt und initialisiert und erst mit Programmende zerstört.

Speicher-klasse	Merkmale	Sichtbarkeit	Initialisierung
extern	Das Schlüsselwort extern darf bei der *Definition* nicht angegeben werden. Die Angabe von extern ist bei der *Deklaration* der Variablen erforderlich. Globale Variablen werden außerhalb jeder Funktion (aber nicht zwingend am Dateianfang) angegeben. Es sei aber dennoch aus Gründen der Übersicht empfohlen, globale Variablen am Dateianfang zu definieren. Wird eine globale Variable nur innerhalb einer einzigen Funktion benötigt, sollte stattdessen eine lokale Variable vom Typ static verwendet werden.	Externe globale Variablen sind nicht nur innerhalb des Moduls sichtbar, in dem die Variable definiert wurde. Sie sind auch in allen Modulen sichtbar, in denen die Variable *deklariert* wurde.	Wird der Initialwert nicht angegeben, wird die Variable auf 0 gesetzt.
static	Wie Variablen vom Typ extern.	Variablen dieser Speicherklasse sind *nur* innerhalb des Moduls sichtbar, innerhalb dessen sie definiert wurden.	Wie Variablen vom Typ extern.

Tabelle 12.2: Übersicht über alle globalen Speicherklassen in C

Kapitel 13

Felder

Gleichartige Daten kommen in der Datenverarbeitung immer wieder vor, wie zum Beispiel als Tabelle von Zahlen, Datumswerten oder Namen. Bisher wurden nur einfache Variablen oder Konstanten verwendet, in denen jeweils nur ein Wert abgespeichert werden kann. Felder (*engl. arrays*) stellen einen Verbundtyp dar. Sie werden verwendet, um mehrere Daten desselben Typs zu speichern.

 In der Literatur wird für Felder oft der unpassende Ausdruck „Vektoren" verwendet. Im mathematischen Sinne sind Vektoren ein Datentyp, auf dem mathematische Operatoren und Funktionen definiert sind. Dies ist bei Feldern in C nicht der Fall.

Felder können auch als Gruppe oder Aneinanderreihung von mehreren Variablen desselben Typs verstanden werden, die unter einem gemeinsamen Namen und einem Index referenziert werden können.

Im Zusammenhang mit Zeigern wird oft die Zeiger-Feld Dualität erwähnt, die in Abschnitt 14.3 besprochen wird.

13.1   Eindimensionale Felder

Eindimensionale Felder werden wie folgt definiert:

```
Feldtyp feldname[Feldlaenge];
```

Ein Beispiel:

```
long zahlen[10];
```

Feldtyp gibt den Datentyp für alle Feldelemente an. Es können alle Datentypen in C (mit Ausnahme von void) und selbstdefinierte Datentypen (siehe Kapitel 16) als Datentyp verwendet werden. Im obigen Beispiel wird der Datentyp long vereinbart.

Mit Feldlaenge wird die Anzahl der Elemente des Feldes festgelegt. Die Feldlänge kann nach der Definition nicht mehr geändert werden. Seit dem C-Standard 1999 kann die Feldlänge ein allgemeiner Ausdruck sein. Felder können aber nur dort eingesetzt werden, wo die Feldlänge im vorhinein festgelegt werden kann. In obigem Beispiel ist die Feldlänge mit 10 festgelegt. Es werden also 10 Variablen vom Typ long angefordert und somit $32 * 10 = 320$ Bit (40 Byte) verbraucht.

Der Name des Feldes wird durch `feldname` bezeichnet. Alle Objekte (Elemente) eines Feldes werden im Speicher *hintereinander* angelegt. Der Name eines Feldes steht für die Adresse, an der das Feld im Speicher liegt. Diese Adresse wird automatisch vergeben, der Programmierer braucht sich darum nicht zu kümmern. Die Adresse ist konstant und kann nicht verändert werden.

Im Allgemeinen ist es unerheblich, an welcher Adresse ein Feld im Speicher liegt. Es wird der Name des Feldes verwendet, um das Feld zu identifizieren.

Beim Zugriff auf die einzelnen Feldelemente wird der Feldname und der Index innerhalb des Feldes angegeben. Der Index wird dabei in eckige Klammern gesetzt. Will man also in obigem Beispiel das Feldelement mit Index 3 auf 27 setzen, so lautet die Anweisung:

```
zahlen[3] = 27;
```

Die Nummerierung der Feldindizes beginnt immer bei 0! Das letzte Element eines Feldes der Länge 10 hat also den Index 9!

In der obigen Zuweisung wurde somit das vierte Element (mit dem Index 3) gesetzt. C ermöglicht keine variablen Feldgrenzen. Ein Feld, das die Indizes 100...200 hat, ist nicht möglich. In diesem Fall muss ein Feld der Länge 101 definiert (mit den Indizes von 0...100) und die Indizes umgerechnet werden.

Die Speicherbelegung kann man sich also wie folgt vorstellen:

```
zahlen
```

long	long	long	long	long	long	long	long	long	long
0	1	2	3	4	5	6	7	8	9

Im folgenden Beispiel werden 10 Zahlen vom Typ `long` eingelesen und in der verkehrten Reihenfolge wieder ausgegeben:

```
#include <stdio.h>

main()
{ long zahlen[10];  // Definition von 10 long Werten
  long i;

  // Eingabe
  for (i = 0; i < 10; i = i + 1)
  { printf("%2ld.te Zahl: ", i + 1);
    scanf("%ld", &zahlen[i]);
  }

  // Ausgabe
  for (i = 9; i >= 0; i = i - 1)
    printf("%2ld.te Zahl: %ld\n", i + 1, zahlen[i]);
}  // end main
```

Man sieht, dass Feldelemente wie einfache Variablen benutzt werden können. Lediglich der Variablenname lautet anders – er besteht aus dem Feldnamen und dem Index, der die Position des Elementes innerhalb des Feldes angibt.

Vorsicht ist allerdings bei den Feldgrenzen geboten! Der Indexbereich 0...9 muss strengstens eingehalten werden. Wird außerhalb der Feldgrenzen gelesen oder geschrieben, können zwei Dinge passieren:

Das Programm stürzt ab, da vom Betriebssystem ein illegaler Speicherzugriff auf einen Speicherbereich, der dem Programm nicht zugeordnet ist, erkannt wird. Oder – viel schlimmer noch – es passiert *nichts* sofort Erkennbares, weil der Speicherbereich, auf den zugegriffen wurde, zum Programm gehört: Es werden andere Daten oder sogar ein Teil des Programmes direkt überschrieben! Fehler dieser Art sind meist nur schwer zu entdecken.

 C bietet bei der Verwendung von Feldern keinerlei Schutzmechanismen! Einer der folgenschwersten Fehler im Umgang mit Feldern ist das Verwenden von Indizes außerhalb der Feldgrenzen!

Mittlerweile existieren zahlreiche Software-Werkzeuge, die dem Entwickler beim Aufspüren von Zugriffsfehlern helfen. Hier seien jedoch ein paar Anmerkungen zur Fehlervermeidung gegeben.

Sehen Sie sich das obige Beispiel nochmals an. Die erste Schleife läuft von 0 bis kleiner 10, die zweite von 9 bis größer gleich 0. Dadurch wird gewährleistet, dass der Bereich von 0...9 eingehalten wird und die Laufvariable i in jeder Iteration einen gültigen Wert für den Feldindex enthält. Die Startwerte und die Bedingungen werden bei aufsteigenden und fallenden Schleifen somit anders definiert. Es ist also Vorsicht geboten!

Ein anderes Problem wird offensichtlich, wenn die Feldlänge verändert werden soll. Soll in obigem Beispiel die Feldlänge auf 5 Zahlen reduziert werden, gestaltet sich das Abändern sämtlicher Grenzen im Programm als schwierig. Es ist daher empfehlenswert, bei Feldern auch die Feldlänge zu definieren und diese bei der Felddefinition zu verwenden. Dies wird durch C jedoch nicht vollständig unterstützt. Es ist daher notwendig die #define-Anweisung (siehe Abschnitt 3.7.2) zu verwenden:

```
#include <stdio.h>

#define ZAHLEN_LEN 5
main()
{   long zahlen[ZAHLEN_LEN]; // Definition von ZAHLEN_LEN long Werten
    long i;

    // Eingabe
    for (i = 0; i < ZAHLEN_LEN; i = i + 1)
    {   printf("%2ld.te Zahl: ", i + 1);
        scanf("%ld", &zahlen[i]);
    }

    // Ausgabe
    for (i = ZAHLEN_LEN - 1; i >= 0; i = i - 1)
        printf("%2ld.te Zahl: %ld\n", i + 1, zahlen[i]);
}   // end main
```

Durch das Einführen der Präprozessorkonstanten ZAHLEN_LEN wird das Programm gegenüber Änderungen der Feldlänge flexibler.

13.2 Mehrdimensionale Felder

C unterstützt auch mehrdimensionale Felder. Jedes Feldelement hat dadurch zwei oder mehr Indizes. Ein Beispiel:

```
long matrix[3][4];
```

Hier wurde ein zweidimensionales Feld mit 3 mal 4 Werten definiert. Es können beliebig viele Indizes angegeben werden. Der tatsächliche Speicherverbrauch ist jedoch durch das Betriebssystem und die Rechnerarchitektur begrenzt. Die Feldlängen können, wie bei eindimensionalen Feldern, allgemeine Ausdrücke sein, wobei der erste die Zeilen und der zweite die Spalten angibt. Die Indizierung der Elemente erfolgt ebenfalls nach denselben Regeln, wie in Abschnitt 13.1 beschrieben: Der Index beginnt mit 0 und endet bei $N - 1$. Somit läuft der erste Index von 0 bis 2, der zweite von 0 bis 3.

```
matrix
  0   | long | long | long | long |
  1   | long | long | long | long |
  2   | long | long | long | long |
        0      1      2      3
```

Der Zugriff auf die einzelnen Elemente erfolgt ähnlich, wie in Abschnitt 13.1 beschrieben. Soll das Element in der ersten Zeile (Index 0) und zweiten Spalte (Index 1) auf 27 gesetzt werden, so lautet die Anweisung:

```
matrix[0][1] = 27;
```

Mehrdimensionale Felder sind in C in Wirklichkeit eindimensionale Felder, bei denen jedes Feldelement wieder ein Feld ist. Sie werden zeilenweise abgespeichert. Werden alle Elemente in der Reihenfolge durchlaufen in der sie im Speicher stehen, so ändert sich der Index, der am weitesten rechts steht, am schnellsten. Deshalb werden mehrdimensionale Felder in C mit mehreren eckigen Klammern, wie

```
long matrix[3][4];
```

definiert und nicht durch

```
long matrix[3, 4]; // Falsch!
```

Diese Definition ist streng genommen aber syntaktisch korrekt, der Operator , wird angewendet (siehe Abschnitt 8.3.5), die 3 verworfen und ein Feld von 4 long-Werten definiert. Viele Compiler warnen hier nur, wenn sie dazu aufgefordert werden.

Mit der Anweisung

```
long feld2D[2][4];
```

werden genaugenommen 2 Felder mit 4 Elementen vom Typ long hintereinander als ein Block zu 8 Elementen angelegt. Das zweidimensionale Feld feld2D

```
feld2D
  0   | long | long | long | long |
  1   | long | long | long | long |
        0      1      2      3
```

wird im Speicher eigentlich als

```
feld2D
 | long | long | long | long | long | long | long | long |
```

abgelegt. Eine falsche Indizierung, wie feld2D[0][4] würde daher das 1. Element in der 2. Zeile setzen (feld2D[1][0]). Vorsicht!

Ein Beispiel für ein dreidimensionales Feld:

```
long feld3D[2][3][4];
```

Zu groß gewählte Feldindizes führen bei mehrdimensionalen Feldern schnell zu Speicherproblemen: Das dreidimensionale Feld

```
long feld3D[1000][1000][1000];
```

benötigt nahezu 4 Gigabyte Speicher. Die Auswahl von Datenstrukturen ist bei hohen Datenmengen daher gut zu überlegen.

Im folgenden Beispiel wird eine 3 mal 3 Matrix elementweise eingelesen und als Matrix ausgegeben. Dabei werden jeweils zwei ineinander verschachtelte Schleifen verwendet, die innere, „schnellere" mit dem Zähler j, die äußere mit dem Zähler i.

```
#include <stdio.h>

#define MATRIX_LEN 3
main()
{   long matrix[MATRIX_LEN][MATRIX_LEN];
    long i, j;

    // Eingabe
    for (i = 0; i < MATRIX_LEN; i = i + 1)
       for (j = 0; j < MATRIX_LEN; j = j + 1)
       {  printf("Element (%2ld, %2ld): ", i, j);
          scanf("%ld", &matrix[i][j]);
       }

    // Ausgabe
    for (i = 0; i < MATRIX_LEN; i = i + 1)
    {  for (j = 0; j < MATRIX_LEN; j = j + 1)
          printf("%ld ", matrix[i][j]);
       printf("\n");
    }
}   // end main
```

13.3   Initialisierung von Feldern

Beim Initialisieren von Feldern muss für jedes Feldelement der Reihe nach ein Wert angegeben werden:

```
long zahlen[5] = {11, 22, 33, 44, 55};
```

Ein Überspringen von Elementen ist nicht möglich. Werden zu wenig Werte angegeben, so werden nur die ersten Elemente aufgefüllt, die restlichen werden auf 0 gesetzt.

Werden bei der Definition eines Feldes jedoch keine Initialwerte angegeben, so werden nur globale und statische Felder automatisch mit 0 initialisiert. Felder, die als automatische Variablen definiert wurden, werden *nicht* automatisch mit 0 initialisiert.

Soll ein globales Feld mit 0 initialisiert werden, ist empfohlen es explizit mit 0 zu initialisieren. Dadurch ist gewährleistet, dass das Feld auch dann mit 0 vorinitialisiert ist, wenn das Feld bei einer Programm-Modifikation in eine Funktion verschoben und somit lokal definiert wird.

Im folgenden Beispiel wird das gesamte Feld auf 0 gesetzt, da eine Teilinitialisierung des Feldes stattfindet: Das erste Elemente ist mit 0 angegeben, die restlichen Elemente – da sie nicht angegeben sind – mit 0 aufgefüllt.

```
long zahlen[5] = {0};
```

Die Feldlänge kann bei einer Initialisierung auch offengelassen werden:

```
long primzahlen[] = {2, 3, 5, 7, 11, 13, 17, 19};
```

Der Compiler ermittelt die Feldlänge dadurch selbständig. Die Feldlänge kann mit Hilfe des sizeof() Operators (siehe Abschnitt 6.7) festgestellt werden.

Die Festlegung der Feldlänge durch den Compiler ist jedoch bei Feldern, die veränderbar sind, problematisch. Wird das Feld innerhalb des Programmes verändert, so wird in einem Feld unbekannter Länge „gearbeitet" – die Länge des Feldes hängt schließlich von der Anzahl der Initialwerte ab. Verwenden Sie daher Präprozessorkonstanten zur Angabe der Feldlängen für veränderbare Felder.

Das automatische Ermitteln der Feldlängen bei konstanten Feldern durch den Compiler ist hingegen zulässig. Der Ausdruck

```
sizeof(primzahlen)
```

liefert die Größe des Feldes primzahlen in Bytes: 32. Um die Feldlänge als Anzahl der Elemente zu erhalten, muss dieser Wert durch die Anzahl der Bytes pro Element dividiert werden. Die Feldlänge wird dann zur Übersetzungszeit ermittelt, da alle beteiligten Operanden konstant sind. Ein Beispiel:

```
#include <stdio.h>

main()
{ long primzahlen[] = {2, 3, 5, 7, 11, 13, 17, 19};
  // Ermittlung der Feldlänge:
  const long PRIMZAHLEN_LEN = sizeof(primzahlen) / sizeof(long);
  long i;

  // Ausgabe
  for (i = 0; i < PRIMZAHLEN_LEN; i = i + 1)
    printf("%ld\n", primzahlen[i]);
} // end main
```

Das Feld primzahlen ist hier nicht als konstantes Feld definiert. Die Angabe der Feldlänge kann hier dennoch entfallen, da diese mit Hilfe des sizeof-Operators ermittelt wird.

Mehrdimensionale Felder werden ähnlich initialisiert:

```
long feld[3][3] =
{ { 1 , 2 , 3 },
  { 4 , 5 , 6 },
  { 7 , 8 , 9 }
};
```

13.4   Konstante Felder

Sind die Elemente eines Feldes Konstanten, so sollte das Schlüsselwort `const` bei der Definition des Feldes angeschrieben werden:

```
const long primzahlen[] = {2, 3, 5, 7, 11, 13, 17, 19};
```

 Der Einsatz des Schlüsselwortes `const` ist sinnvoll. Es verursacht eine Warnung durch den Compiler bei einem Schreibzugriff auf Felder, deren Werte als konstant definiert sind.

13.5   Felder als Parameter

Wie bereits in Abschnitt 11.1.5 besprochen, werden Parameter an Funktionen immer in Form von Kopien übergeben – außer Felder. Felder werden immer im Original (*engl. call by reference*) übergeben. Der Grund dafür ist, dass das Erzeugen von Kopien von Feldern zu einem zu hohen Speicherverbrauch und Geschwindigkeitsverlust führen würde.

Ein möglicher Funktionsaufruf sieht so aus:

```
AusgabeFeld(primzahlen, 8);
```

Das Feld `primzahlen` wird hier im Original an eine Funktion `AusgabeFeld` übergeben[1]. Um einer Funktion die Länge eines Feldes mitzuteilen, muss ein weiterer Parameter für die erste Feldlänge übergeben werden. Durch diesen Mechanismus können Felder beliebiger Länge an die Funktion übergeben werden.

Die Funktion selbst wird wie folgt definiert:

```
void AusgabeFeld(long feld[], long len)
{ long i;

    for (i = 0; i < len; i = i + 1)
      printf("%ld\n", feld[i]);
} // end AusgabeFeld
```

Durch das leere eckige Klammernpaar bei der Definition des ersten Parameters wird ausgedrückt, dass für den Parameter `feld` ein eindimensionales Feld beliebiger Länge erwartet wird. Wird eine Feldlänge trotzdem angegeben, wird sie durch den Compiler ignoriert. Die Länge wird durch einen weiteren Parameter (`len`) bestimmt.

---

[1]Der Name `primzahlen` steht genaugenommen für die Adresse, an der das Feld im Speicher steht. Bei genauerem Hinsehen wird also sehr wohl eine Kopie übergeben: Die Adresse des Feldes! Greift die Funktion allerdings auf die Daten zu, die an dieser Adresse stehen, wird auf die Originalelemente des Feldes `primzahlen` zugegriffen.

Bei der Parameterübergabe von mehrdimensionalen Feldern wird ähnlich vorgegangen:

```
#define MATRIX_SPALTEN 3

void AusgabeMatrix(long matrix[][MATRIX_SPALTEN], long len)
{  long i, j;

   for (i = 0; i < len; i = i + 1)
   {  for (j = 0; j < MATRIX_SPALTEN; j = j + 1)
         printf("%ld ", matrix[i][j]);
      printf("\n");
   }
}  // end AusgabeMatrix
```

Die Größe der ersten Dimension eines mehrdimensionalen Feldes muss durch einen weiteren Parameter an die Funktion übergeben werden. Alle anderen Dimensionen müssen in der Funktionsdefinition korrekt angegeben werden.

Um genau zu sein, muss noch angemerkt werden, dass Felder, die als Parameter übergeben werden, innerhalb der Funktionen „keine Felder mehr sind". Es handelt sich vielmehr um konstante Zeiger (siehe Abschnitt 14.3). Dies kann leicht mit dem sizeof-Operator überprüft werden. Der Ausdruck sizeof(matrix) liefert unabhängig von der Größe des Feldes auf 32-Bit Architekturen den Wert 4 – den Speicherverbrauch eines Zeigers in Byte.

13.6   Einfache Sortierverfahren

Es kommt immer wieder vor, dass Daten nach bestimmten Kriterien sortiert werden müssen. Vorsortierte Daten erleichtern auch die Suche nach einem bestimmten Wert bzw. Datensatz erheblich. Es existiert eine Reihe von verschiedensten einfachen und komplexen Sortieralgorithmen, welche sich teils sehr stark voneinander unterscheiden. Kriterien für Sortieralgorithmen sind die Anzahl der Vergleiche und Kopieraktionen, die durchgeführt werden müssen. Welcher Algorithmus für ein bestimmtes Problem gut geeignet ist, hängt von den Eigenschaften der zu sortierenden Daten ab.

Im Folgenden werden einige Sortieralgorithmen betrachtet, die einfach zu verstehen und zu erlernen sind und nach wie vor auch zum Sortieren kleiner Datenmengen eingesetzt werden, bei denen kompliziertere Mehrzweckverfahren nicht notwendig sind.

In den folgenden Kapiteln wird das Sortieren von ganzen Zahlen behandelt. Die vorgestellten Verfahren lassen sich aber mit relativ geringem Modifikationsaufwand auch auf andere Datentypen anwenden.

13.6.1   Minimum-Suche

Die „Minimum-Suche" oder auch „Selection Sort" ist einer der einfachsten Sortieralgorithmen. Das Verfahren lässt sich wie folgt beschreiben: Suche in einer Folge von Zahlen das kleinste Element und tausche es gegen das Element an Position 0 (Feldindizes in C beginnen bei 0!). Suche nun das zweitkleinste Element und tausche es gegen das Element an Position 1. Fahre so fort, bis das gesamte Feld sortiert ist. Es wird also wiederholt das kleinste verbleibende Element nach vorne getauscht.

Dazu ein einfaches Beispiel. Gegeben ist die unsortierte Zahlenfolge

Hierbei markieren vertikale Striche den Bereich des Feldes, das noch nicht sortiert ist. Das Zeichen ⇑ markiert das Element, das sortiert werden soll (hier also das kleinste im jeweiligen Bereich). Mit ↑ wird die Tauschposition bezeichnet.

Im ersten Schritt wird das kleinste Element (die 2) gesucht und anschließend gegen das Element an Position 0 (die 6) getauscht.

$$\boxed{2} \quad \boxed{4} \quad \boxed{8} \quad \boxed{3} \quad \boxed{6}$$
$$| \quad \uparrow \qquad \quad \Uparrow \qquad |$$

Nach dem ersten Schritt ist gewährleistet, dass das kleinste Element an der richtigen Stelle steht. Alle folgenden Elemente sind größer oder gleich. Im verbleibenden, unsortierten Teil des Feldes wird nun wieder das kleinste Element gesucht (die 3) und gegen das Element an der Position 1 (die 4) getauscht.

$$\boxed{2} \quad \boxed{3} \quad \boxed{8} \quad \boxed{4} \quad \boxed{6}$$
$$| \quad \uparrow \quad \Uparrow \qquad \quad |$$

Nun wird das kleinste verbleibende Element (die 4) gesucht und gegen die 8 getauscht.

$$\boxed{2} \quad \boxed{3} \quad \boxed{4} \quad \boxed{8} \quad \boxed{6}$$
$$| \quad \uparrow \quad \Uparrow \quad |$$

Zuletzt werden die 6 und die 8 vertauscht. Man erhält die sortierte Zahlenfolge

$$\boxed{2} \quad \boxed{3} \quad \boxed{4} \quad \boxed{6} \quad \boxed{8}$$

„Minimum-Suche" ist ein langsames, einfaches Verfahren. Für kleine Zahlenmengen ist es allerdings durchaus ausreichend. Da beim gesamten Sortiervorgang jedes Element nur einmal bewegt wird, wird es auch gerne zum Sortieren von Datensätzen in Dateien verwendet, für welche der Schreibzugriff aufwendig ist.

Um den obigen Algorithmus implementieren zu können, sind noch einige Überlegungen notwendig. Die Aufgabe kann in zwei Teilaufgaben zerlegt werden, die in einer Schleife durchgeführt werden müssen:

- Suche das kleinste Element

- Tausche das gefundene Element gegen die erste Position im verbleibenden Feld

Dazu eine paar Bemerkungen: Ist die kleinste Zahl gefunden, muss ihre Position gemerkt werden! Es nützt nichts, nur die Zahl selbst zu merken, da sonst die Information, wo die Zahl steht verloren geht.

Um schließlich zwei Zahlen zu tauschen, wird der sogenannte Dreieckstausch verwendet, der in Abschnitt 5.5.3 zu entwickeln war.

Gehen Sie bei der Entwicklung des Programmes wieder Schritt für Schritt vor. Zunächst wird ein Gerüst entwickelt, um das Programm testen zu können:

```c
#include <stdio.h>

void Ausgabe(long feld[], long len)
{   long i;

    for (i = 0; i < len; i = i + 1)
        printf("%ld  ", feld[i]);
    printf("\n");
}  // end Ausgabe
main()
{   long zahlen[] = {531, 12, 34, 218, 103, 604, 0, 99, 481, 369};
    const long ZAHLEN_LEN = sizeof(zahlen) / sizeof(long);
```

```
// MinimumSuche(zahlen, ZAHLEN_LEN);
   Ausgabe(zahlen, ZAHLEN_LEN);
}  // end main
```

Schreiben Sie anschließend eine Funktion MinimumSuche, die das Minimum des Feldes findet. Das Programm soll später zum Sortierverfahren „Minimum-Suche" ausgebaut werden.

```
void MinimumSuche(long feld[], long len)
{  long i, min;

   // Suche das Minimum
   // Minimum vor Suchbeginn bei Index 0
   min = 0;
   for (i = 1; i < len; i = i + 1)
      if (feld[i] < feld[min])
         min = i;
   printf("Minimum = %ld\n", feld[min]);
}  // end MinimumSuche
```

Letztendlich ist der Weg zum fertigen Programm frei:

```
void MinimumSuche(long feld[], long len)
{  long i, j, min, h, len1;

   len1= len - 1;
   for (j = 0; j < len1; j = j + 1)
   {  // Suche das Minimum
      // Minimum vor Suchbeginn bei Index 0
      min = j;
      for (i = j + 1; i < len; i = i + 1)
         if (feld[i] < feld[min])
            min = i;
      // Tausche
      if (min != j)
      {  h         = feld[j];
         feld[j]   = feld[min];
         feld[min] = h;
      }
   }
}  // end MinimumSuche
```

13.6.2 Bubble Sort

Ein anderes einfaches Sortierverfahren ist „Bubble Sort". Dabei werden in einem Schritt immer zwei benachbarte Elemente miteinander verglichen. War das Element mit dem kleineren Index größer als das andere, wird getauscht. Ist kein Tausch mehr erforderlich, so ist das Feld sortiert.

Im folgenden Beispiel ist nicht der komplette Sortiervorgang gezeigt, sondern nur der erste Durchlauf. Gegeben ist wieder die unsortierte Zahlenfolge

6 ist größer als 4. Es muss getauscht werden.

Die 6 ist kleiner als 8. Es ist daher kein Tausch erforderlich.

Die 8 ist allerdings größer als die 3, wodurch wieder getauscht wird.

Schließlich ist 8 auch größer als 2, wodurch auch diese beiden Zahlen getauscht werden müssen:

Nach einem Durchgang steht das größte Element – die 8 – ganz rechts. Sie wurde von der ursprünglichen Position 3 langsam nach rechts verschoben. Da dieser Vorgang einem Bläschen (*engl. bubble*) gleicht, das im Wasser aufsteigt, wird dieser Vorgang „Bubble Sort" genannt.

Der nächste Durchlauf beginnt wieder bei Position 0 (am Anfang) des Feldes und endet beim vorletzten Element – bei Position 3. Denn die 8 steht bereits an der richtigen Stelle usw. Man erhält:

```
void BubbleSort(long feld[], long len)
{   long i, j, h;

    for (j = len - 1; j > 0; j = j - 1)
    {   for (i = 0; i < j; i = i + 1)
        {   if (feld[i] > feld[i + 1])
            {   // Tausche
                h          = feld[i];
                feld[i]    = feld[i + 1];
                feld[i + 1] = h;
            }
        }
    }
}   // end BubbleSort
```

„Bubble Sort" ist ein sehr anschauliches Verfahren und eignet sich daher sehr gut zur Demonstration.

13.7 Einfache Suchverfahren

Beim Suchen eines Elementes in einer Menge von Daten hängt das Suchverfahren sehr stark von der Organisation der Daten ab. Liegen die Daten als Elemente in einem Feld vor, ist es wesentlich, ob die Daten sortiert sind oder nicht. Im Folgenden werden zwei Verfahren vorgestellt, von denen das zweite (Binäres Suchen) von sortierten Elementen ausgeht und gegenüber dem ersten dadurch einen wesentlichen Geschwindigkeitsvorteil erzielt.

13.7.1 Sequenzielles Suchen

Sequenzielles Suchen ist das einfachste Suchverfahren. Eine Datenmenge wird beim ersten Element beginnend bis zum letzten durchsucht. Dieses Verfahren eignet sich nur für nicht sortierte, kleine Datenmengen.

```
long SequenziellesSuchen(long feld[], long len, long wert)
{  long i;

   for (i = 0; i < len; i = i + 1)
      if (feld[i] == wert)
         return i;

   return -1;
} // end SequenziellesSuchen
```

Der Aufwand dieses Verfahrens ist proportional der Feldlänge. Ist das Feld sehr groß, ist der Suchaufwand enorm.

13.7.2 Binäres Suchen

Bei großen Datenmengen kann die Suchdauer durch das Schema „Teile und Erobere" (*engl. divide and conquer*) erheblich verringert werden: Teile die Menge der Daten in zwei Hälften. Bestimme den Teil, der den gewünschten Wert enthalten kann, und setze das Schema in diesem Teil fort, bis das Datum gefunden ist, oder festgestellt ist, dass das gesuchte Datum nicht in der Datenmenge enthalten ist.

Im Fall des Suchverfahrens „Binäres Suchen" [3,24] wird von einer sortierten Datenmenge ausgegangen! Unter dieser Voraussetzung lässt sich der Algorithmus wie folgt beschreiben:

- Die Variable l bezeichnet die linke Feldgrenze (zu Beginn 0), die Variable r die rechte Feldgrenze (zu Beginn $N - 1$).

- Ermittle den Index m des Elementes in der Mitte des Feldes.

- Ist das Element an der Position m der gesuchte Datensatz, ist der Datensatz gefunden.

- Ist das Element an der Position m kleiner als der gesuchte Datensatz, setze die linke Feldgrenze neu auf $l = m + 1$. Ansonsten wird die rechte Feldgrenze auf $r = m - 1$ gesetzt. Dadurch ist das Feld für den nächsten Suchvorgang halbiert worden.

- Wiederhole das Verfahren ab dem zweiten Schritt, solange $r >= l$.

- Konnte kein Wert gefunden werden, ist das Ergebnis -1, „nicht gefunden".

```
long BinaeresSuchen(long feld[], long len, long wert)
{  long l = 0;
   long r = len - 1;
   long m;

   while (r >= l)
   {  m = (l + r) / 2;
      if (feld[m] == wert)
         return m;
      if (feld[m] < wert)
         l = m + 1;
      else
         r = m - 1;
   }
   return -1;
} // end BinaeresSuchen
```

Der Aufwand dieses Verfahrens ist proportional dem Logarithmus der Feldlänge N – also $\log_2(N)$. Hat das Feld die Länge $N = 2^x - 1$, so ist der Eintrag mit maximal x Vergleichen gefunden. Bei 1023 Elementen werden also nur maximal 10 Vergleiche benötigt. Der Aufwand der Verfahren „Binäres Suchen" und „Sequenzielles Suchen" ist in Abbildung 13.1 in Abhängigkeit der Feldlänge N dargestellt.

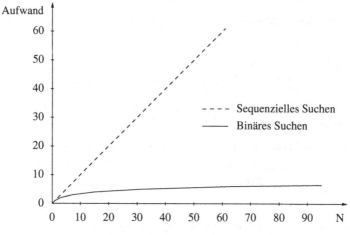

Abbildung 13.1: Aufwand von Suchverfahren

13.8 Beispiele

13.8.1 Multiplikation von Matrizen

Entwickeln Sie ein Programm zur Multiplikation zweier Matrizen. Verwenden Sie auch die Funktion AusgabeMatrix aus Abschnitt 13.5.

Lösung:

Im Folgenden ist die Lösung zur Multiplikation zweier Matrizen gezeigt. Es werden drei Felder benötigt – je eines für die beiden Matrizen und eines für das Ergebnis.

bsp-13-1.c

```
#include <stdio.h>

#define LEN 3

/* AusgabeMatrix: Ausgabe einer Matrix
 * Parameter:
 *     matrix: n x n Matrix
 *             n = LEN
 * Rückgabewert: keiner
 */
void AusgabeMatrix(double matrix[][LEN])
{  long i, j;

   for (i = 0; i < LEN; i = i + 1)
   {  for (j = 0; j < LEN; j = j + 1)
         printf("%8g  ", matrix[i][j]);
      printf("\n");
   }
}  // end AusgabeMatrix
```

```
/* EingabeMatrix: Liest eine n x n Matrix zeilenweise ein
 * Parameter:
 *     matrix: n x n Matrix
 *              n = LEN
 * Rückgabewert: keiner
 */
void EingabeMatrix(double matrix[][LEN])
{ long i, j;

   for (i = 0; i < LEN; i = i + 1)
   {  for (j = 0; j < LEN; j = j + 1)
      {  printf("Element (%2ld, %2ld): ", i, j);
         scanf("%lf", &matrix[i][j]);
      }
   }
} // end EingabeMatrix

/* MatrixMultiplikation: Multipliziert zwei n x n Matrizen
 * Parameter:
 *     ergebnis: Ergebnismatrix
 *     matrix1:  Linke  Matrix
 *     matrix2:  Rechte Matrix
 * Rückgabewert: keiner
 */
void MatrixMultiplikation(double ergebnis[][LEN],
        double matrix1[][LEN],
        double matrix2[][LEN])
{ long    i, j, k;
  double sum;

   for (i = 0; i < LEN; i = i + 1)
   {  for (j = 0; j < LEN; j = j + 1)
      {  sum = 0;
         for (k = 0; k < LEN; k = k + 1)
            sum += matrix1[i][k] * matrix2[k][j];
         ergebnis [i][j] = sum;
      }
   }
} // end MatrixMultiplikation

main()
{  double arg1[LEN][LEN];
   double arg2[LEN][LEN];
   double erg [LEN][LEN];

   // Eingabe
   printf("Eingabe Matrix 1:\n");
   EingabeMatrix(arg1);
   printf("Eingabe Matrix 2:\n");
   EingabeMatrix(arg2);

   // Matrixmultiplikation
   MatrixMultiplikation(erg, arg1, arg2);

   // Ausgabe
   printf("Ergebnismatrix:\n");
   AusgabeMatrix(erg);
} // end main
```

13.8.2   Berechnung der Einkommensteuer – verbesserte Variante

Ändern Sie das Programm aus Abschnitt 9.3.2 zur Berechnung der Einkommensteuer so ab, dass innerhalb einer Schleife nur mehr eine if-Anweisung notwendig ist. Verwenden Sie für die Steuergrenzen und die Steuersätze Felder.

Lösung:

bsp-13-2.c

```c
/* Berechnung der Einkommensteuer nach dem
 * Einkommensteuergesetz 2009
 * Variante 2: Steuer wird iterativ in
 * einer Schleife bestimmt
 */

#include <stdio.h>

#define LEN 4
const double grenzen[LEN] =
{   0.0,
    11000.0,
    25000.0,
    60000.0
};

const double steuersaetze[LEN] =
{   0.0,
    5110.0/14000.0,
    15125.0/35000.0,
    0.50
};

main()
{   double einkommen, steuer = 0, einkommenLaufend;
    long   i;

    // Eingabe
    printf("Berechnung der Einkommensteuer nach dem \n");
    printf("Einkommensteuergesetz 2009\n\n");
    printf("Geben Sie ihr jährliches Einkommen in EURO ein: ");
    scanf("%lf", &einkommen);

    einkommenLaufend = einkommen;

    // Eingabe korrekt?
    if (einkommen < 0)
        printf("Negatives Einkommen angegeben!\n");
    else
    {   // Berechnung
        for (i = LEN - 1; i >= 0; --i)
            if (einkommenLaufend > grenzen[i])
            {   steuer          += (einkommenLaufend - grenzen[i]) *
                                    steuersaetze[i];
                einkommenLaufend = grenzen[i];
            }

        // Ausgabe
        printf("Die Einkommensteurer beträgt EURO %g\n", steuer);
    }
} // end main
```

13.8.3 Kopieren von Feldern

Entwickeln Sie eine Funktion `KopiereFeld`, die ein Feld von `long`-Werten mit beliebiger Länge kopiert (die Felder überlappen einander nicht). Die Funktion soll drei Argumente haben: Das Zielfeld, das Quellfeld und die Länge des Feldes.

Lösung:

Die Felder `zahlen` und `ziel` innerhalb der Funktion `main` sind als getrennte Felder definiert. Das Kopieren überlappender Felder[2] wurde hier nicht berücksichtigt. Die Funktion `KopiereFeld` arbeitet jedoch auch dann für überlappende Felder korrekt, wenn das „Zielfeld" im Speicher vor dem „Quellfeld" liegt, da der Feldindex aufsteigend durchlaufen wird. Würden die Felder einander derart überlappen, dass das „Zielfeld" nach dem „Quellfeld" liegt, muss der Feldindex absteigend durchlaufen werden. Diese Unterscheidung ist dann deshalb notwendig, da beim Kopieren überlappender Felder auch das „Quellfeld" modifiziert wird.

```
#include <stdio.h>

/* Ausgabe: Ausgabe eins Feldes
 * Parameter:
 *     feld: das auszugebende Feld
 *     len:  Länge des Feldes
 * Rückgabewert: keiner
 */
void Ausgabe(long feld[], long len)
{ long i;

    for (i = 0; i < len; i = i + 1)
        printf("%ld ", feld[i]);
    printf("\n");
} // end Ausgabe

/* KopiereFeld: Kopiert das Feld src der Länge len nach dst
 * Bedingung:   Das Feld dst muss mindest genau so groß sein wie src
 * Parameter:
 *     dst:  destination -- Ziel
 *     src:  source      -- Quelle
 *     len:  length      -- Länge
 * Rückgabewert: keiner
 */
void KopiereFeld(long dst[], long src[], long len)
{ long i;

    for (i = 0; i < len; i = i + 1)
        dst[i] = src[i];
} // end KopiereFeld

main()
{ long zahlen[] = {1, 5, 10, 50, 100, 500, 1000};
# define ZAHLEN_LEN sizeof(zahlen) / sizeof(long)
    long ziel [ZAHLEN_LEN];

    KopiereFeld(ziel, zahlen, ZAHLEN_LEN);
    Ausgabe(ziel, ZAHLEN_LEN);
} // end main
```

bsp-13-3.c

---

[2]In C existiert kein Befehl, mit dem Felder überlappend definiert werden können. Die Angabe von überlappenden Feldern ist in C nur dann möglich, wenn Adressen und somit Zeiger (siehe Kapitel 14) auf Elemente in einem bestehenden Feld verwendet und diese als Feld interpretiert werden.

Kapitel 14

Zeiger

Ein Zeiger (*engl. pointer*) ist eine Variable, die eine Adresse enthält. Zeiger werden in der Programmiersprache C häufig verwendet, da sie oft die einzige Möglichkeit der Realisierung mancher Programmierkonzepte darstellen. Zeiger und Felder sind sehr eng verknüpft. Die folgenden Abschnitte widmen sich dieser Beziehung ausführlich. Dieses Kapitel ist Kapitel 15 („Zeichenketten") vorangestellt, zum einen, weil Zeichenketten sehr gerne mit Zeigern bearbeitet werden, zum anderen, weil der Umgang mit Zeichenketten in C durch ein fundiertes Wissen über Zeiger erleichtert wird.

Die Anwendung von Zeigern ist sehr vielseitig. Zeiger scheiden allerdings die Geister in der Programmierwelt: Von manchen werden sie bejubelt als vielseitige Hilfsmittel in Programmen eingesetzt. Andere verteufeln sie als nicht zeitgemäße Konstrukte, die in moderneren Programmiersprachen durch leistungsfähigere Konstrukte ersetzt sind. Oft hört man auch: „Wer C beherrschen will, muss Zeiger beherrschen!"

Nun, all dies ist im Prinzip wahr. Ein Zeiger ist ein vielseitiges Hilfsmittel, er bringt aber eine Unmenge an Gefahren. Werden Zeiger in Programmen verwendet, wird die Wahrscheinlichkeit von Fehlern und fatalen Programmabstürzen stark erhöht.

Zeiger in C nicht zu verwenden ist kaum möglich, einerseits auf Grund fehlender Konzepte der Datenorganisation, andererseits, da, sobald mit Feldern oder Zeichenketten gearbeitet wird, im Prinzip Zeiger verwendet werden.

 Vertrauen Sie nicht blind auf das Instrument Zeiger! Der gezielte Einsatz von Zeigern ist durchaus vorteilhaft. Programme, die Zeiger verwenden, erfordern jedoch meist einen höheren Testaufwand. Dadurch werden die Entwicklungszeiten länger! Wägen Sie ab, wann Sie Zeiger einsetzen und wann nicht!

14.1 Allgemeines

Wie erwähnt ist ein Zeiger eine Variable, die eine Adresse enthält. Bevor jedoch die eigentliche Beschreibung der Zeiger erfolgt, sei ein kurzes Beispiel gebracht, da der Einsatz und die Bedeutung von Zeigern erfahrungsgemäß nicht leicht verständlich ist.

Stellen Sie sich vor, Sie haben eine Visitenkarte einer Person in der Hand. Auf der Karte steht die Adresse, wo die Person wohnt, oder wo sie erreichbar ist. Was werden Sie tun, wenn Sie dieser Person beispielsweise ein Buch geben wollen? Sie werden zu der Adresse gehen, die auf der Karte abgedruckt ist und der Person das Buch aushändigen. In der Programmierwelt ist die Visitenkarte der Zeiger, die Person das Objekt. Ein Objekt ist in C eine Variable oder ein beliebiger Lvalue (siehe Kapitel 8).

! Zusammenfassend lässt sich sagen: Ein Zeiger ist eine Variable, die eine Adresse enthält. Da eine Variable ein Objekt darstellt, ist streng genommen auch ein Zeiger ein Objekt. Dennoch spricht man im Zusammenhang mit Zeigern nicht von Objekten.

In Abbildung 14.1 wird das Prinzip in einem Beispiel anhand der Speicherorganisation erläutert:

Abbildung 14.1: Speicherorganisation

Irgendwo im Hauptspeicher befinden sich die beiden Variablen `ptr` und `v`. Die Variable `ptr` ist ein Zeiger, `v` eine Variable vom Typ `long`. Angenommen die Variable `ptr` enthält die Adresse der Variablen `v` und `v` selbst beispielsweise den Wert 9. Weiters sei angenommen, `ptr` liegt bei der Adresse 300 im Speicher, `v` bei Adresse 500. Man erhält dadurch die folgende Situation:

Abbildung 14.2: Beispiel eines Zeigers und einer beliebigen Variablen im Speicher

Beachten Sie, dass die Variable `ptr` nun den Wert 500 enthält, das ist die Adresse der Variablen `v`.

Es stellt sich die Frage, woher man weiß, an welcher Adresse eine Variable im Speicher steht. Dazu gibt es den unären Adressoperator `&`. Er liefert die Adresse einer beliebigen Variablen oder allgemeiner, die Adresse eines beliebigen Lvalues. Die Adresse wird durch die Anweisung

```
ptr = &v;
```

der Variablen `ptr` zugewiesen. Die Zuweisung läuft also „anonym" ab, es ist für den Programmierer in der Regel ohne Belang, an welcher genauen Adresse eine Variable im Speicher steht[1]. Man sagt: „`ptr` zeigt auf `v`." Grafisch wird dieses Verhalten meist durch einen Pfeil dargestellt:

Abbildung 14.3: Zeigerschema

Der Adressoperator kann nur auf Lvalues angewendet werden, also nicht auf Ausdrücke, Konstante oder `register`-Variable.

Will man das Objekt erreichen, auf das ein Zeiger zeigt, so muss der unäre Inhaltsoperator `*` dem Zeiger vorangestellt werden.

```
*ptr = 3;
```

---

[1]Eine Ausnahme bilden Hardwareregister, die bei bestimmten Adressen im Speicher abgebildet sind. Will man auf Hardwareregister zugreifen, ist die Kenntnis der Adresse des Registers notwendig.

Dabei wird der Wert der Variablen v neu gesetzt. Dieses Beispiel dient lediglich der Erklärung der Funktionsweise von Zeigern. Es ist aber im allgemeinen nicht empfohlen, einzelne Variablen durch Zeiger zu verändern, es sei denn, Zeiger werden als Parameter (siehe Abschnitt 14.2) verwendet!

Die obige Zuweisung wird wie folgt gelesen: „Dem Objekt, auf das ptr zeigt, wird 3 zugewiesen."

 Wird einem Zeiger der Operator * vorangestellt, so erhält man das Objekt, auf das er zeigt. Man sagt: Der Zeiger wird „dereferenziert".

Die beiden Operatoren & und * kehren einander um: *&v ist also äquivalent zu v, der Ausdruck &*ptr ist äquivalent zu ptr.

Zeiger werden wie folgt definiert:

```
Typ *Zeiger;
```

Ein Beispiel ist:

```
long *ptr;
```

Zeiger haben, wie reguläre Variablen, einen Datentyp. Der Datentyp von ptr ist long *.

Die Definition von Zeigern sollte als Muster verstanden werden: Im obigen Beispiel soll ausgedrückt werden, dass *ptr ein Wert vom Typ long ist.

Im Folgenden soll die Bedeutung der Operatoren & und * demonstriert werden. (Vorsicht! In der Praxis wird für derartige Zuweisungen natürlich nicht der Umweg über Zeiger gewählt.)

```
long *ptr;
long v;
long feld[3];

v     = 0;
ptr   = &v;          // Zeige auf v
*ptr  = 5;           // Überschreibe Objekt, auf das ptr zeigt, mit 5

feld[0] = 2;
ptr     = &feld[0];  // Setze Adresse von feld[0]
*ptr    = 3;         // Überschreibe Objekt, auf das ptr zeigt, mit 3
```

Nochmals: Dieses Beispiel dient nur der Demonstration der Operatoren & und *. Um das Obige zu erreichen würde man selbstverständlich schreiben:

```
v       = 5;         // Überschreibt v mit 5
feld[0] = 3;         // Überschreibt feld[0] mit 3
```

 Es ist wichtig, Zeiger zu initialisieren! Nicht initialisierte Zeiger enthalten irgendeinen Wert – also irgendeine willkürliche Adresse. Beim Zugriff auf das Objekt durch Dereferenzieren des Zeigers wird somit auf einen Speicherbereich zugegriffen, der dem Prozess im Allgemeinen nicht zugeordnet ist. Dadurch kann es zu fatalen Programmabstürzen kommen!

Zeiger sollten also immer initialisiert werden. Manchmal ist es aber auch wichtig, Zeiger als ungültig zu markieren, um auszusagen, dass sie auf *kein* Objekt zeigen.

 Um zu signalisieren, dass ein Zeiger ungültig ist (auf kein Objekt zeigt) und daher noch nicht benutzt werden kann, muss er auf 0 gesetzt werden! Die Adresse 0 wird nur vom Betriebssystem verwendet, ein Zugriff darauf ist nicht erlaubt. Will man also wissen, ob ein Zeiger auf gültige Daten zeigt, wird er mit der 0 verglichen. Ist sein Wert gleich 0, darf der Zeiger nicht verwendet werden.

Ein Beispiel:

```
long feld[3];
long *ptr = &feld[0]; // ptr ist gesetzt

// ptr darf verwendet werden
// ...

ptr = 0; // ptr ist ungültig!
// ptr darf nicht mehr verwendet werden!
// ...
```

Letztendlich ist auch ein Zeiger eine Variable. Man kann ihm also auch Werte von anderen Zeigern zuweisen, wobei beide Zeiger denselben Datentyp haben müssen.

```
long a;
long *ap, *ptr;

ap  = &a;
ptr = ap;
```

Dadurch zeigen beide Zeiger `ap` und `ptr` auf dieselbe Variable, nämlich `a`.

Beachten Sie die Definition der beiden Zeiger in einer Anweisung. Der Operator * muss vor beiden Variablennamen stehen, da er als unärer Operator *rechts* bindend ist. Mit

```
long * ap, ptr; // ptr ist kein Zeiger!
```

wird `ap` als Zeiger auf ein `long` definiert, `ptr` als ganze Zahl vom Typ `long`.

Mit Objekten, auf die ein Zeiger weist, kann wie mit normalen Variablen gearbeitet werden. So wird der Wert eines Objekt, auf das `ptr` zeigt mit

```
*ptr = *ptr + 1;
```

um eins erhöht. Um den Zeiger selbst zu erhöhen wird geschrieben (siehe Abschnitt 14.4):

```
ptr = ptr + 1;
```

14.2 Zeiger als Parameter

Wie in Abschnitt 11.1.3 besprochen, haben Funktionen in C nur einen Rückgabewert. Soll eine Funktion mehr als einen Wert an den Aufrufer zurückgeben, müssen Zeiger als Parameter verwendet werden. Ein bekanntes Beispiel ist die Funktion Swap (hier SwapLong), die zwei Zahlen vertauscht.

```
void SwapLong(long *x, long *y)
{  long h;

   // Dreieckstausch
   h  = *x;
   *x = *y;
   *y = h;
}  // end SwapLong
```

Die Funktion SwapLong hat keinen Rückgabewert – sie ist vom Typ void. Sie hat die Parameter x und y, beide sind vom Typ long *. Es werden also Adressen von zwei Variablen des Typs long übergeben, deren Werte in der Funktion SwapLong mittels der Hilfsvariable h vertauscht werden. Die „Rückgabe" erfolgt somit über die Zeiger. Ein möglicher Aufruf der Funktion SwapLong könnte so aussehen:

```
long a, b;
// ...
SwapLong(&a, &b);
```

Wären die Parameter x und y keine Zeiger, sondern „reguläre" Variablen, würden sie lediglich Kopien der Werte von a und b aus dem Funktionsaufruf erhalten. Ein Tauschen bliebe dann wirkungslos, da innerhalb der Funktion SwapLong nur Kopien getauscht würden.

In folgendem Beispiel wird die Funktion SwapLong im Sortieralgorithmus „Minimum Suche" verwendet (dieses Vorgehen ist zwar nicht besonders effizient, dient hier aber der Demonstration):

```
void MinimumSuche(long feld[], long len)
{  long i, j, min;

   for (j = 0; j < len; j = j + 1)
   {  // Suche das Minimum
      // Minimum vor Suchbeginn bei Index 0
      min = j;
      for (i = j + 1; i < len; i = i + 1)
         if (feld[i] < feld[min])
            min = i;
      // Tausche
      SwapLong(&feld[j], &feld[min]);
   }
}  // end Minimum
```

Beim Aufruf der Funktion SwapLong innerhalb der Funktion MinimumSuche werden die Adressen der Feldelemente feld[j] und feld[min] übergeben. Wie in Abschnitt 11.1.5 gezeigt, sind alle lokalen Variablen der *aufrufenden* Funktion in der *aufgerufenen* Funktion nicht sichtbar. Das heißt, das Feld feld der Funktion MinimumSuche ist innerhalb der Funktion SwapLong nicht sichtbar und somit auch nicht die zu tauschenden Elemente. Da aber die Adressen der Elemente übergeben werden, ist der Zugriff auf die Elemente in SwapLong möglich. Genau aus demselben Grund ist in der Funktion scanf die Angabe von Adressen der einzulesenden Variablen notwendig.

14.3   Die „Dualität" von Zeigern und Feldern

Zwischen Zeigern und Feldern besteht eine so enge Beziehung, dass es in manchen Situationen auch für
den fortgeschrittenen C-Programmierer schwierig ist, diese zwei Konstrukte sauber auseinanderzuhalten.
Der Zusammenhang zwischen Zeigern und Feldern ist zwar sehr nützlich, macht Programme aber oft
undurchschaubar. Daher schon jetzt ein Tipp:

> Vermeiden Sie schwer durchschaubare Konstrukte im Zusammenhang mit Zeigern und Fel-
> dern. Diese Ausdrücke sind schwer zu warten!

Leider machen die besten Absichten hier oft bereits bestehende komplexe Datenstrukturen zunichte, die
den Einsatz von komplexen Konstrukten erzwingen.

Software-technisch gesehen sind Zeiger und Felder zwei völlig verschiedene Konstrukte. In C wurden
jedoch gewollt semantische Parallelen eingeführt, die oft leider verwirrend sind. Auch wenn die Zusammenhänge in der Fachliteratur oft ausgiebig und bedenkenlos erklärt sind, sei hier vieles, das zu
schlechtem Programmierstil verleitet, weggelassen und nur das Notwendige erklärt.

Wie bereits in Kapitel 13 besprochen, ist ein Feld ein Verbundtyp. Es besteht aus mehreren Elementen
desselben Typs. Ein Zeiger ist eine Variable, die eine Adresse speichert. Wird der Operator `sizeof`
auf ein Feld angewendet (`sizeof(feld)`), erhält man den Speicherverbrauch des Feldes in Bytes.
Wird der Operator `sizeof` auf einen Zeiger angewendet, erhält man die Anzahl der Bytes, die zur Speicherung einer Adresse auf der jeweils zu Grunde liegenden Rechnerarchitektur benötigt werden[2]. Mit
Feldern wird also ihre Größe in Byte assoziiert – sie existieren im Speicher als ein Block. Zeiger hingegen sind Variablen – ihre Größe ist aber abhängig davon, wieviele Bits zur Darstellung einer Adresse
in einem Rechner verwendet werden. Diese Tatsache ist mitverantwortlich für Portierungsprobleme von
32-Bit-Architekturen auf 64-Bit-Architekturen.

Warum kann überhaupt von einer „Dualität" von Zeigern und Feldern gesprochen werden? Hauptverant-
wortlich dafür ist, dass in C der Name eines Feldes als konstanter Zeiger verwendet werden kann[3] – der
Feldname steht für die Adresse, an der sich das Feld befindet. Er kann somit einem Zeiger zugewiesen
werden. Ein Beispiel:

```
long feld[10];
long *ptr;

ptr  = feld; // Gültig, aber schlechter Programmierstil!
feld = ptr;  // Fehler! Die Adresse des Feldes ist nicht veränderbar!
```

Der Feldname kann in C wie ein Zeiger verwendet werden – das Mischen von Feldern und Zeigern wird
also sprachlich unterstützt, verleitet aber zu schlechtem Programmierstil und ist daher zu vermeiden.
Programme werden sonst schnell unübersichtlich, schwer zu warten und schwer zu erweitern.

Vollkommen äquivalent zu obiger Zuweisung an `ptr`, aber leichter zu lesen (und daher zu bevorzugen)
ist folgende Schreibweise:

```
ptr = &feld[0];
```

---

[2] Auf einer 32-Bit Rechnerarchitektur 4, auf einer 64-Bit Rechnerarchitektur 8 Bytes.
[3] Diese Festlegung in C geht nicht nur auf die maschinennahe Definition der Sprache C zurück. Zeiger werden in C auf
Grund mangelnder sprachlicher Konzepte zur Verwaltung von Objekten benötigt. Zeiger werden auch eingesetzt, um die mangelnde Flexibilität beim Umgang mit Feldern, wie die starre Feldlänge, zu umgehen. Ein genaue Ausführung ist aber aus
didaktischen Gründen bewusst weggelassen und würde auch den Rahmen dieses Kapitels sprengen.

Hierdurch wird leserlicher ausgedrückt, dass `ptr` auf das erste Element des Feldes `feld` zeigt. Was bei der obigen Zuweisungen passiert, ist in Abbildung 14.4 gezeigt:

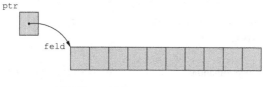

Abbildung 14.4: `ptr = feld;`

 Felder dienen der Speicherung von mehreren Daten gleichen Typs. Ein Zeiger ist kein Datenspeicher im eigentlichen Sinn. Er dient als Merker einer Speicheradresse.

Auf Grund der „Zeiger-Feld-Dualität" kann der Indexoperator `[ ]` auch auf Zeiger, der Dereferenzierungsoperator `*` auch auf Felder angewendet werden (siehe Abschnitt 14.4). Das Mischen der Operatoren sollte aber vermieden werden, da Programme dadurch sehr schnell unleserlich werden!

Die sprachliche „Dualität" von Zeigern und Feldern tritt auch dann zu Tage, wenn Felder als Parameter an eine Funktion übergeben werden (siehe Abschnitt 13.5). Denn auch wenn die Parameter einer Funktion als Felder definiert werden, sie werden als Zeiger verwendet. Das wird schnell deutlich, wenn der `sizeof`-Operator auf sie angewendet wird. Beispielsweise handelt es sich bei dem Parameter `feld` in der Funktion `AusgabeFeld` aus Abschnitt 13.5 um einen *konstanten* Zeiger, nicht um ein Feld, wie man vielleicht vermuten könnte. Dies kann mit dem `sizeof`-Operator überprüft werden:

```
void AusgabeFeld(long feld[], long len)
{  // ...
   printf("%d\n", sizeof(feld));
}  // end AusgabeFeld
```

Praktische Relevanz hat dies für die Funktion `AusgabeFeld` aber nicht. Der Parameter `feld` kann auf Grund der „Zeiger-Feld-Dualität" wie ein Feld verwendet werden, obwohl er streng genommen ein konstanter Zeiger ist.

Häufig angewendet wird die „Zeiger-Feld-Dualität" auch dann, wenn mit dynamischem Speicher gearbeitet wird (siehe Kapitel 20) oder wenn Felder von Zeigern zum Einsatz kommen (siehe Abschnitt 14.5).

Der allgemeine Vorteil von Zeigern gegenüber der Verwendung von Feldern ist ihre Flexibilität. Ein Beispiel: Die beiden Felder

```
long feld1[10];
long feld2[10];
```

sollen ausgetauscht werden. Werden im Programm Felder verwendet, ist das zeitaufwändige elementweise Austauschen notwendig. Werden in einem Programm jedoch die Zeiger `ptr1` und `ptr2` verwendet,

```
ptr1 = &feld1[0];
ptr2 = &feld2[0];
```

so brauchen nur die Zeiger vertauscht zu werden. Dies kann wieder mit einem Dreieckstausch geschehen oder simpel durch

```
ptr2 = &feld1[0];
ptr1 = &feld2[0];
```

14.4 Zeigerarithmetik

Gegeben ist wieder folgende Situation:

```
long feld[10];
long *ptr;
ptr = &feld[0];
```

Es sind dann folgende Ausdrücke dem Wert nach äquivalent:

```
&feld[0]
ptr
```

In Erweiterung dessen und als Konsequenz der „Zeiger-Feld-Dualität" (siehe Abschnitt 14.3) gilt auch die Äquivalenz von

```
&feld[n]
ptr + n
```

wobei n eine ganze Zahl ist.

 Wird ein Zeiger um n erhöht, so wird seine Adresse auf das n-te im Speicher unmittelbar folgende Objekt vom selben Typ gesetzt – ähnlich der Indizierung in einem Feld. Die Objektgröße wird dabei also berücksichtigt!

Eine Erhöhung eines Zeigers um 1 beispielsweise, bewirkt also nicht die Erhöhung der Adresse im Zeiger um den Wert 1, wie man vielleicht zuerst vermutet hätte, sondern um die Größe des Objektes, auf das gezeigt wird, in Bytes. Ist ptr beispielsweise ein Zeiger auf long, bewirkt der Ausdruck

```
ptr = ptr + 1;
```

dass die Adresse in ptr (auf 32-Bit Rechnerarchitekturen) um 4 Byte erhöht wird. In Abbildung 14.5 ist die Situation schematisch dargestellt.

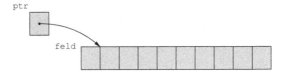

Abbildung 14.5: Zeigerarithmetik: ptr = feld + 1;

Durch das Erhöhen eines Zeigers kann also über ein Feld iteriert werden.

Zeiger können auch als Iteratoren von Feldern verwendet werden.

Tabelle 14.1 fasst die Zeigerarithmetik als Gegenüberstellung zur Feld-Darstellung zusammen.

	Zeigerschreibweise	Feldschreibweise
Adresse:	`ptr + n`	`&feld[n]`
Objekt:	`*(ptr + n)`	`feld[n]`

Tabelle 14.1: Dualität von Zeigern und Feldern

Der Vollständigkeit halber sei erwähnt, dass Zeiger auf Grund der „Zeiger-Feld-Dualität" auch mit Feldindizes dereferenziert werden können, was bei Feldern von Zeigern häufig ausgenutzt wird (siehe Abschnitt 14.5).

Will man ermitteln, wieviele Objekte zwischen zwei Zeigern liegen, bildet man die Differenz der Zeiger. Ein Beispiel: Die Zeiger `ptr1` und `ptr2` zeigen auf zwei Objekte (siehe Abbildung 14.6).

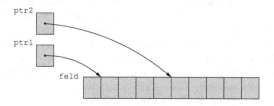

Abbildung 14.6: Differenz zweier Zeiger

Der Zeiger `ptr2` hat eine höhere Adresse als der Zeiger `ptr1` (Felder werden im Speicher mit aufsteigenden Adressen abgelegt). Die Differenz der beiden Zeiger `ptr2 - ptr1` ergibt 4.

Die Multiplikation und Division von Adressen ist nicht erlaubt aber auch nicht sinnvoll. Weitere sinnvolle Operatoren im Zusammenhang mit Zeigern sind die Vergleichsoperatoren <, <=, >=, >, == und !=. Der Ausdruck `ptr2 > ptr1` ergibt daher 1, logisch „wahr".

14.5 Komplexere Fälle: Felder von Zeigern, Zeiger auf Zeiger

Zeiger können sehr gut eingesetzt werden, wenn viele Felder unterschiedlicher Länge verwaltet werden sollen. Mit mehrdimensionalen Feldern (siehe Abschnitt 13.2) kommt man hier nicht weiter, da dann alle Teilfelder gleich lang sind. Hier werden in C Felder von Zeigern verwendet. Eine häufige Anwendung sind Felder von Zeigern auf Zeichenketten (siehe Abschnitt 15.6). Ein Beispiel zeigt Abbildung 14.7.

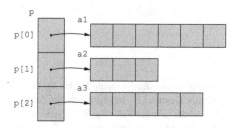

Abbildung 14.7: Felder von Zeigern

Es existieren drei Felder a1, a2 und a3 unterschiedlicher Länge von Elementen vom Typ `long`:

```
long a1[6];
long a2[3];
long a3[5];
```

Gesucht ist eine Struktur, wie in Abbildung 14.7 dargestellt, die Zeiger auf die drei Felder verwaltet. Diese Zeiger sind wiederum Elemente eines Feldes nämlich p[0], p[1] und p[2].

Die gesuchte Definition des Feldes von Zeigern lautet:

```
long *p[3];
```

Diese Schreibweise ist wieder als Muster zu verstehen. Es bedeutet, dass das Feld p[3] Elemente vom Typ `long` * – also Zeiger – hat.

Um derartige Definitionen besser verstehen zu können, gibt es eine weitere Möglichkeit diese Konstrukte zu lesen: Beginnen Sie dazu immer beim Namen (hier p) und „gehen" Sie zum Typ des Objektes (hier `long`), wobei jedes Element der Definition beachtet und durchlaufen werden muss. Beachten Sie dabei die Prioritäten, wobei Klammern eine höhere Priorität haben als der Operator *. In obigem Beispiel geht man also von p zur eckigen Klammer (sie hat eine höhere Priorität als das *) und liest: „p ist ein Feld mit 3 Elementen..." Anschließend geht man weiter zum * und liest: „p ist ein Feld mit 3 Elementen, die Zeiger sind..." Zuletzt geht man zum „Ziel" – dem `long` – und liest: „p ist ein Feld mit 3 Elementen, die Zeiger auf `long` sind." Damit ist die Definition vollständig. Man bewegt sich beim Lesen also teilweise nach rechts, teilweise wieder nach links.

Die einzelnen Elemente des Feldes p sind Zeiger auf `long`. Daher kann ihnen die Startadresse der Felder a1, a2 und a3 zugewiesen werden:

```
p[0] = &a1[0];
p[1] = &a2[0];
p[2] = &a3[0];
```

Die obige Zuweisung kann alternativ auch im Zuge einer Initialisierung erfolgen:

```
long *p[3] = {&a1[0], &a2[0], &a3[0]};
```

Die einzelnen Elemente p[0], p[1] und p[2] können genau wie die Felder a1, a2 und a3 verwendet werden. Es sind praktisch nur die Namen zu tauschen. Will man also auf das 3. Element mit dem Index .2 in a1 zugreifen, so kann einer der folgenden beiden Ausdrücke geschrieben werden, da a1 und p[0] dasselbe Feld bezeichnen:

```
a1[2]
p[0][2]
```

Die letzte Schreibweise erinnert sehr an zweidimensionale Felder. Im Prinzip handelt es sich mit p auch um ein solches. Aber nur im Prinzip: Denn p[0] ist eigentlich ein Zeiger, der mit dem Index [2] dereferenziert wird. Dies ist auf Grund der „Zeiger-Feld-Dualität" (siehe Abschnitt 14.3) möglich. Formal korrekt müsste der letzte Ausdruck geschrieben werden als

```
*(p[0] + 2)
```

da p ein Feld, p[0] aber ein Zeiger ist. Dies ist aber bei weitem nicht so anschaulich wie die erstere Schreibweise mit p[0][2], weshalb die „Zeiger-Feld-Dualität" im Zusammenhang mit Feldern von Zeigern oft ausgenutzt wird. Der Nachteil, den man dabei aber sofort in Kauf nimmt, ist, dass dadurch ein zweidimensionales Feld „vorgegaukelt" wird.

 Verwenden Sie die „Dualität" von Zeigern und Feldern nur in einfachen Konstrukten, wenn die Lesbarkeit des Programmes dadurch verbessert wird. Vermeiden Sie ansonsten ihren Einsatz, vor allem in komplexeren Strukturen!

Felder von Zeigern werden dann eingesetzt, wenn Felder unterschiedlicher Länge verwaltet werden müssen. Zu jedem Feld muss aber auch seine Länge verwaltet werden! Dies kann mit einem separaten Feld, das nur die Längenangaben enthält, geschehen. Bei Zeichenketten ist dies allerdings nicht erforderlich, da sie mit einem Null-Byte abgeschlossen sind (siehe Kapitel 15).

Soll die Position der Felder getauscht werden, sind hier nur noch die Zeiger zu vertauschen (siehe Abbildung 14.8). Es ist nicht notwendig, die gesamten Felder elementweise zu tauschen, was bei Feldern unterschiedlicher Länge auch nicht möglich wäre. Sind die Felder unterschiedlich lang, darf nicht vergessen werden, die Längeninformation über die getauschten Felder zu aktualisieren (dazu werden die zugehörigen Elemente in dem Feld für die Längenangaben ebenfalls getauscht).

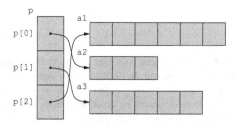

Abbildung 14.8: Verändern der Reihenfolge durch Tauschen von Zeigern

Zeiger können auf einen beliebigen Datentyp zeigen. So können Zeiger auch auf weitere Zeiger gesetzt werden. Das Anwendungsgebiet von Zeigern auf Zeiger ist allerdings sehr begrenzt. Dennoch sind gelegentlich solche Konstrukte zu finden, da sie manchmal die einzige Möglichkeit der Realisierung eines schlechten Programm-Konzeptes sind. Da in C leider Konstrukte, wie „Zeiger auf Zeiger auf Felder von Zeigern" und ähnliches geschaffen werden können, kann bei unüberlegtem Einsatz dieser Konstrukte ein Programm sehr schnell unleserlich und nicht mehr wartbar werden. Das führt oft dazu, dass für die Programmierung auch nur von kleinen Teilaufgaben viel Denkarbeit vor allem für das Verstehen solcher Datentypen und das Abwägen aller möglichen Kombinationen von erwünschten und unerwünschten Konstellationen aufgewendet werden muss. Die Programmentwicklung aber auch das Finden von Fehlern dauert dadurch oft erheblich länger und wird teuer!

 Schlecht gewählte Datentypen und Datenstrukturen (siehe Kapitel 16) verkomplizieren sowohl alle beteiligten Algorithmen als auch das Finden und Beheben von Fehlern erheblich. Zeiger auf Zeiger auf Zeiger usw. sind zu meist Hinweis auf eine Entwurfsschwäche.

Der Vollständigkeit halber sind Zeiger auf Zeiger im Folgenden erklärt, um den Leser zumindest das Lesen solcher Programme zu ermöglichen. Ein sinnvolles Anwendungsbeispiel von Zeigern auf Zeiger ist im Folgenden gezeigt:

Denken Sie an die Funktion SwapLong aus Abschnitt 14.2 zurück, die zwei Objekte vom Typ long tauscht. Um zwei Zeiger zu tauschen wird eine Funktion SwapZeiger benötigt:

```
long *ptr1;
long *ptr2;
long  a1[6];
long  a2[3];
//...
ptr1 = &a1[0];
ptr2 = &a2[0];
//...
SwapZeiger(&ptr1, &ptr2); // Tausch
//...
```

Die Funktion SwapZeiger wird ähnlich wie die Funktion SwapLong geschrieben:

```
void SwapZeiger(long **p1, long **p2)
{  long *h;

   // Dreieckstausch
   h   = *p1;
   *p1 = *p2;
   *p2 = h;
}  // end SwapZeiger
```

Um zwei zu tauschende Variablen (hier Zeiger vom Typ long *) als Parameter an eine Funktion im Original zu übergeben, muss, wie in Abschnitt 14.2 erklärt, deren Adresse übergeben werden. Es ergibt sich daher long ** als Typ für die Parameter p1 und p2: Sie sind Zeiger auf die zu tauschenden Objekte vom Typ long *. Der Dreieckstausch ist derselbe geblieben. Geändert hat sich nur der Typ der Parameter: Von long * (siehe Abschnitt 14.2) auf long **. Es ist ein * dazugekommen, was aussagt, dass die Originalvariable verändert werden soll.

Ein weiteres Beispiel, das so *nicht* empfohlen, dennoch aber sehr anschaulich ist, soll die Schreibweise und Verwendung von „höheren" Zeigern verdeutlichen:

```
long    feld[6];
long    *ptr1 = &feld[0];
long    **ptr2 = &ptr1;
long ***ptr3 = &ptr2;
```

Abbildung 14.9 zeigt die Situation grafisch:

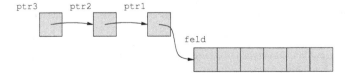

Abbildung 14.9: Zeiger auf Zeiger

Man sieht sehr schön die Weitergabe der Adressen an „höhere" Zeiger. Für einen Zeiger ist die Länge des Feldes, auf das er zeigt, aber nicht relevant – der Programmierer muss es nur wissen. Ist das Objekt eine einzelne Variable sieht das Beispiel wie folgt aus:

```
long    wert;
long    *ptr1 = &wert;
long    **ptr2 = &ptr1;
long    ***ptr3 = &ptr2;
```

14.6 Konstante Zeiger

Ein Zeiger ist ein sehr mächtiges Werkzeug, das jedoch sehr vorsichtig verwendet werden sollte. Es ist daher sehr zu empfehlen, die Bedeutung von Zeigern im jeweiligen Kontext zu analysieren. Es hat sich gezeigt, dass eine vom Programmierer selbst auferlegte „Selbstbeschränkung" bei der Verwendung von Zeigern sehr hilfreich ist, Fehler zu vermeiden.

Eine typische Definition eines Zeigers ist beispielsweise

```
char *ptr;
```

Der Zeiger ptr zeigt auf ein Objekt von Typ char. Er kann verändert, das heißt auf die Adresse eines beliebigen Speicherbereichs gesetzt werden. Mit Hilfe des Operators * kann weiters das Element im Speicher gelesen oder modifiziert werden.

Oft wird von einem Zeiger jedoch nur gelesen (gemeint ist der Speicherbereich, auf den der Zeiger weist). Die obige Definition des Zeigers erlaubt aber auch das Schreiben. Sollte irrtümlich aber auf den Speicher geschrieben werden, wird dies nicht erkannt. Es ist daher notwendig, den Speicher, auf den der Zeiger weist, als konstant zu definieren:

```
const char *ptr;
```

Das Schlüsselwort const steht bei dem Element, das konstant sein soll. Diese Definition liest sich wie folgt: ptr zeigt auf ein Objekt von Typ char, das konstant ist.

Ein anderer Bedarfsfall kann sein, dass ein Zeiger nicht modifiziert werden darf. Er muss konstant auf ein bestimmtes Objekt weisen. Die Definition lautet:

```
char * const ptr = &feld[0];
```

In diesem Beispiel ist der Zeiger konstant. Wieder steht das Schlüsselwort const bei dem Element, das konstant sein soll. Da der Zeiger nachträglich nicht mehr geändert werden darf, ist er sofort bei der Definition zu initialisieren. Die Definition wird wie folgt gelesen: ptr ist ein konstanter Zeiger auf ein Objekt vom Typ char und wird mit der Adresse des ersten Elementes des Feldes feld initialisiert.

Soll sowohl das Element, auf das gezeigt wird, als auch der Zeiger selbst konstant sein, so ist das entsprechende const bei beiden Stellen einzufügen:

```
const char * const ptr = &feld[0];
```

Um diese Definition zu lesen, beginnt man wieder beim Namen und „geht" zum Typ ganz links (wobei man der Priorität eventuell angegebener Operatoren folgt, wie in Abschnitt 14.5 gezeigt): `ptr` ist ein konstanter Zeiger auf ein Objekt vom Typ char, das ebenfalls konstant ist. Der Zeiger wird mit der Adresse des ersten Elementes des Feldes `feld` initialisiert.

14.7 Zeiger auf Funktionen

In C können auch Zeiger auf Funktionen vereinbart werden. Sie werden in C nicht allzu häufig eingesetzt. Dennoch sind sie bei der Verwendung von externen Bibliotheken, wie beispielsweise grafischen Benutzerschnittstellen (*engl. graphical user interfaces, GUIs*), kaum wegzudenken. Man sollte sie aber mit Bedacht einsetzen, da man bei ihrem zu häufigen Einsatz schnell die Übersicht über den Programmablauf verliert.

14.7.1 Adressen von Funktionen

Nicht nur Daten haben Adressen sondern auch Funktionen. Gegeben ist folgende einfache Funktion:

```
void HalloWelt()
{ printf("Hallo Welt!\n");
} // end HalloWelt
```

Um die Adresse einer Funktion zu erhalten, sollte der Adressoperator verwendet werden:

```
&HalloWelt
```

 Der Operator `&` ist zur Feststellung der Adresse einer Funktion in C jedoch nicht zwingend erforderlich. Bereits der Funktionsname steht für die Adresse der Funktion. Dennoch ist die Verwendung des Operators `&` empfohlen, da er die Lesbarkeit erhöht.

Auf Grund des ausdruck-orientierten Aufbaus von C (siehe Kapitel 8) sind leider auch die ersten zwei der folgenden Ausdrücke für sich alleine gültig. Es sei an dieser Stelle auf die Verwechslungsgefahr mit dem Funktionsaufruf hingewiesen:

```
&HalloWelt;  // Adresse der Funktion HalloWelt (empfohlen)
HalloWelt;   // Adresse der Funktion HalloWelt (nicht empfohlen)
HalloWelt(); // Aufruf  der Funktion HalloWelt
```

Wie gesagt ermitteln die ersten beiden Ausdrücke die Adresse der Funktion `HalloWelt` und sind allein in einem Ausdruck wirkungslos. Für einen Funktionsaufruf müssen die runden Klammern verwendet werden (siehe Kapitel 11). Vergisst man auf die Klammern, ist die Adresse einer Funktion gemeint und der Funktionsaufruf findet nicht statt.

14.7.2 Definition

Ähnlich, wie Zeiger auf Daten, können auch Zeiger auf Funktionen definiert werden. Die Definition des Zeigers auf eine Funktion lautet wie folgt:

```
Typ (* Funktionsname) (Parameterliste); // Zeiger auf eine Funktion
```

Vergleichen Sie diese Definition eines Zeigers auf eine Funktion mit einer Deklaration einer Funktion:

```
Typ Funktionsname (Parameterliste); // Funktionsdeklaration
```

Die beiden Zeilen unterscheiden sich lediglich durch ein Klammernpaar und einen Asterisk (*). In Abschnitt 14.5 wurde eine Methode vorgestellt, um komplexe Definitionen von Zeigern richtig lesen zu können: Beim Namen beginnend „geht" man zum Typ ganz links und beachtet dabei die Prioritäten der Operatoren[4]: Klammern binden höher als der *. Ein Beispiel:

```
long (*fptr) (long, long); // Zeiger auf eine Funktion
```

Um diese Definition zu lesen, beginnt man beim Namen (hier fptr) und geht zum nächsten Operanden, dem *, und liest: „fptr ist ein Zeiger..." Der Ausdruck *fptr bzw. somit auch (*fptr) ist somit gelesen. Man geht weiter zur Parameterliste (der Klammer) und liest: „fptr ist ein Zeiger auf eine Funktion, die zwei Parameter vom Typ long hat..." Geht man weiter zum Typ long, erhält man: „fptr ist ein Zeiger auf eine Funktion, die zwei Parameter vom Typ long hat und ein long zurückliefert."

Die Klammerung des Funktionsnamens ist notwendig, da andernfalls

```
long *funk (long, long); // Deklaration einer Funktion
```

eine Deklaration einer Funktion bedeutet, die zwei Parameter vom Typ long hat und einen *Zeiger* auf ein long zurückliefert, strikt nach dem obigen Schema.

Zeiger auf Funktionen können wie normale Zeiger auch Bestandteil einer Struktur (ein Attribut) sein (siehe Kapitel 16). Die einzigen Operatoren, die auf Zeiger auf Funktionen angewendet werden können, sind der Dereferenzierungsoperator * und der Adressoperator &. Letzterer ist selbstverständlich, da der Adressoperator auf alle Variablen und somit auch auf alle Zeiger angewendet werden kann. Die Verwendung des Dereferenzierungsoperators * ist allerdings nutzlos und wahrscheinlich nur der Vollständigkeit halber implementiert.

14.7.3 Verwendung

Zeiger auf Funktionen können ähnlich zu „normalen" Zeigern gesetzt und kopiert werden. Bei Zuweisungen ist darauf zu achten, dass die Datentypen übereinstimmen. Dazu müssen die Typen der Parameter der Funktionen und die Typen der Rückgabewerte gleich sein.

Ein Beispiel: Gegeben ist folgender Zeiger auf eine Funktion, die zwei Parameter vom Typ long hat und ein long zurückliefert:

```
long (*fptr) (long, long); // Zeiger auf eine Funktion
```

Gegeben sind weiters die zwei Funktionen:

---

[4]Genaugenommen ist die runde Klammer kein Operator und hat somit keine Priorität, weil sie lediglich zur Gruppierung dient.

```
long Summe (long x, long y)
{ return x + y;
} // end Summe

long Differenz (long x, long y)
{ return x - y;
} // end Differenz
```

Mit der Anweisung

```
fptr = &Summe;
```

wird der Zeiger `fptr` auf die Adresse der Funktion Summe gesetzt. Um die Funktion aufrufen zu können, auf die der Zeiger `fptr` zeigt, muss eine Parameterliste angegeben werden:

```
long erg;

fptr = &Summe;
erg  = fptr(1, 2);
```

In diesem Beispiel wird mit `fptr(1, 2)` die Funktion aufgerufen, auf die `fptr` zeigt (die Funktion `Summe`) und das Resultat in der Variable `erg` abgespeichert. Setzt man `fptr` auf die Adresse der Funktion `Differenz`,

```
fptr = &Differenz;
erg  = fptr(1, 2);
```

so wird mit dem gleichen Aufruf von `fptr(1, 2)` die Funktion `Differenz` aufgerufen.

Die obigen Funktionsaufrufe über Zeiger auf Funktionen dienen nur der Demonstration, sind aber in dieser Form nicht sinnvoll. Einsatzgebiete für Zeiger auf Funktionen sind beispielsweise *call back functions* (Funktionen, die vom Betriebssystem beim Eintreten eines Ereignisses aufgerufen werden) oder Menüs. Im zweiten Fall werden die einzelnen Einträge des Menüs durch Strukturen beschrieben, die jeweils einen Zeiger auf die Menüfunktion speichern, die bei der Auswahl des Menüpunktes aufgerufen wird.

Wie man erkennt, unterscheidet sich die Verwendung von Zeigern auf Funktionen beim Aufruf nicht von gewöhnlichen Funktionsaufrufen. Statt dem Funktionsnamen wird der Name des Zeigers auf die Funktion verwendet. Der wesentliche Unterschied ist, dass man allein am Aufruf

```
erg = fptr(1, 2);
```

nicht erkennen kann, welche Funktion eigentlich aufgerufen wird.

14.7.4   Typdefinitionen mit `typedef`

Wie mit der Vereinbarung `typedef` neue Typnamen erschaffen werden können, ist in Abschnitt 16.7 bereits erklärt worden. Mit `typedef` können aber auch genauso Typnamen für Zeiger auf Funktionen generiert werden. Ein Beispiel:

```
typedef long Funktion_t(long, long);
```

Auf den ersten Blick sieht diese Vereinbarung wie eine Funktionsdeklaration aus. Das Schlüsselwort `typedef` zeigt eine Typdefinition an. Analog zu Abschnitt 16.7 wird der Typname des neu zu erschaffenden Typs (hier `Funktion_t`) anstatt des Funktionsnamens geschrieben. `Funktion_t` steht nun für eine Funktion, die zwei Parameter vom Typ `long` erwartet und ein `long` zurückliefert. Der Zeiger `fptr` aus dem Beispiel in Abschnitt 14.7.3 könnte damit auch mit

```
Funktion_t *fptr;
```

definiert werden. Seine Verwendung erfolgt analog zu oben. Der Vorteil der Vereinbarung `typedef` liegt aber in der erhöhten Übersichtlichkeit und geringeren Fehleranfälligkeit dieser Schreibweise.

14.8 Beispiele

14.8.1 Inkrement-Funktion

Schreiben Sie zwei Funktionen `Inkrement` und `InkrementEffektlos`, die jeweils einen `long`-Wert um eins erhöhen. Übergeben Sie dazu der Funktion `Inkrement` den Zeiger auf eine Variable vom Typ `long`, der Funktion `InkrementEffektlos` den Wert der Variablen selbst. Erklären Sie den Unterschied der beiden Funktionen.

Lösung:

Im Folgenden sind beide Funktionen codiert. Die Funktion `Inkrement` erwartet die Adresse der Variablen, die modifiziert werden soll, als Argument. Ein Wert wird bei einem Aufruf somit im „Original" übergeben (*engl. call by reference*), wodurch eine Änderung Auswirkungen auf die Originalvariable hat.

Die Funktion `InkrementEffektlos` erwartet als Argument einen Wert vom Typ `long` (*engl. call by value*). Bei Aufruf der Funktion wird ein Wert in den Parameter der Funktion kopiert und dieser lokal innerhalb der Funktion modifiziert. Da alle lokalen Variablen und somit auch die Funktionsparameter bei Verlassen der Funktion wieder zerstört werden, bleibt die Funktion effektlos.

```
#include <stdio.h>

/* Inkrement: Erhöht einen long-Wert um 1
 * Parameter:
 *      wert: Zeiger auf Variable, die erhöht werden soll
 * Rückgabewert: keiner
 */
void Inkrement(long *wert)
{   *wert = *wert + 1;
}   // end Inkrement
/* InkrementEffektlos:
 * Parameter:
 *      wert: Kopie eines Werts, der erhöht werden soll
 * Rückgabewert: keiner
 */
void InkrementEffektlos(long wert)
{   wert = wert + 1;
}   // end InkrementEffektlos

main()
{   long i = 1;

    printf("i = %ld\n", i);
    Inkrement(&i);
```

bsp-14-1.c

```
  printf("i = %ld\n", i);
  InkrementEffektlos(i);
  printf("i = %ld\n", i);
} // end main
```

14.8.2 Lösen quadratischer Gleichungen – verbesserte Variante

Schreiben Sie eine Funktion, die beide Lösungen einer quadratischen Gleichung berechnet. Verwenden Sie Zeigerparameter, um die beiden Funktionswerte zurückzugeben. Ändern Sie dazu das Beispiel aus Abschnitt 9.3.1 ab.

Lösung:

Die Funktion QuadGl gibt 1 zurück, wenn die Lösungen berechnet werden konnten. Ist die Lösung nicht reell, wird 0 retourniert.

```
/* Lösen quadratischer Gleichungen korrekt
*/

#include <stdio.h>
#include <math.h>
```

bsp-14-2.c

```
/* QuadGl: Berechnet die Lösungen x1 und x2 der
 *         quadratischen Gleichung
 *         ax^2 + bx + c = 0
 * Parameter:
 *     x1, x2: Lösungen der Gleichung
 *     a, b, c: Koeffizienten der quadr. Gl.
 * Rückgabewert: 1 wenn OK
 *               0 bei  Fehler
 */
long QuadGl(double *x1, double *x2,
            const double a, const double b, const double c)
{ double wurzel, wertInWurzel;

  // Berechnung
  wertInWurzel = b * b - 4 * a * c;
  // Überprüfung des Werts unter der Wurzel
  if (wertInWurzel < 0.0)
     return 0; // Lösung imaginär

  wurzel = sqrt(wertInWurzel);
  *x1 = (- b + wurzel) / (2 * a);
  *x2 = (- b - wurzel) / (2 * a);

  return 1; // OK
} // end QuadGl

main()
{ double a, b, c, x1, x2;

  // Eingabe
  printf("Lösen quadratischer Gleichungen\n");
  printf("a * x^2 + b * x + c = 0\n");
  printf("a = ");
  scanf("%lf", &a);
  printf("b = ");
  scanf("%lf", &b);
```

```
   printf("c = ");
   scanf("%lf", &c);

   if (!QuadGl(&x1, &x2, a, b, c))
      printf("Keine reelle Lösung!\n");
   else
   {  // Ausgabe
      printf("Die Lösungen lauten:\n");
      printf("x1 = %g\n", x1);
      printf("x2 = %g\n", x2);
   }
}  // end main
```

Kapitel 15

Zeichenketten

Zeichenketten (*engl. strings*) kommen in jedem Programm vor. Zumindest zur Ausgabe werden Zeichenketten verwendet. Dennoch kann eine vollständige Erklärung erst jetzt erfolgen, da Zeichenketten in C nicht als ein unabhängiger Datentyp implementiert sind. Zeichenketten sind Felder von Zeichen. Ohne es zu wissen, wurde also längst mit Feldern gearbeitet.

15.1 Literale

Literale von Zeichenketten sind Zeichenfolgen, die in doppelte Anführungszeichen gesetzt sind. Ein Beispiel:

```
"Hallo Welt!"
```

Soll ein sehr langer Text verwendet werden, der nicht mehr in einer Zeile im Texteditor dargestellt werden kann, so kann man entweder über den Zeilenrand hinausschreiben, was sehr unleserlich ist, oder den Text aufteilen und verketten. Ein kurzes Beispiel:

```
"Hallo Welt!"
```

ist dasselbe, wie

```
"Hallo "    "Welt!"
```

Der Text wurde durch Anführungszeichen unterbrochen. Stehen zwischen den Textteilen nur Füllzeichen (*engl. white spaces*), wie Leerzeichen, Tabulatoren oder der Zeilenvorschub, so gelten die Textteile als eine Zeichenkette. Ein langer Text kann also unterbrochen und in der nächsten Zeile wieder fortgesetzt werden:

```
"Das ist ein längerer Text, "
"der über mehrere Zeilen geht. "
"Dennoch ist es eine Zeile."
```

Wird ein Text nicht unterbrochen, dennoch über mehrere Zeilen geschrieben, so stehen auch sämtliche Füllzeichen, wie Zeilenumbrüche, innerhalb der Zeichenkette somit auch alle vorangestellten und eventuelle abschließende Füllzeichen:

```
"Dieser Text
 geht über zwei Zeilen."
```

Vor der Verwendung mehrzeiliger Texte in dieser Form sei ausdrücklich gewarnt! Diese Zeichenkette ist nicht sehr übersichtlich angeschrieben. Zwischen den Wörtern Text und geht wird ein Zeilenvorschub abgespeichert, gefolgt von vier Leerzeichen, da die Zeilen eingerückt sind. Soll eine Zeichenkette Zeilenumbrüche enthalten, wird folgende Schreibweise empfohlen:

```
"Dieser Text\n"
"geht über zwei Zeilen.\n"
```

15.2   Zeichenketten in C

 Zeichenketten sind „nullterminierte" Folgen von Zeichen, die in Feldern von Zeichen abgespeichert werden.

Nullterminiert bedeutet, dass eine Zeichenkette mit einer $'\backslash 0'$ abgeschlossen wird – dem sogenannten Null-Byte. Das Null-Byte wird bei einer Zeichenkette, die in Anführungszeichen angegeben ist, automatisch angehängt. Der Text "Hallo" beispielsweise ist zwar 5 Zeichen lang, er benötigt aber 6 Zeichen Speicherplatz, wie in Abbildung 15.1 dargestellt.

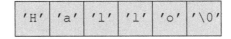

Abbildung 15.1: Eine Zeichenkette

Das Null-Byte ist das Zeichen mit dem ASCII-Code 0 (siehe Abschnitt 6.3.2). Das Null-Byte ist also die Zahl 0, nicht zu verwechseln mit dem Zeichen '0' mit ASCII-Code 48.

Die Nullterminiertheit von Zeichenketten ist eine Konvention von C. Das Null-Byte darf nicht weggelassen werden! Es dient sämtlichen Funktionen für Zeichenketten als Markierung des Textendes. Ist es nicht vorhanden, werden beispielsweise bei der Ausgabe eines Textes solange Zeichen ausgegeben, bis ein Null-Byte gelesen wird. Dadurch kann es zu fatalen Programmabstürzen kommen, wenn über die Feldgrenzen hinausgelesen wird.

Wird eine Zeichenkette in doppelten Anführungszeichen angegeben, wird – wie oben gezeigt – das Null-Byte automatisch angehängt. Das ist auch der Grund, weshalb die Ausgabe von

```
printf("Hallo Welt!");
```

nach dem Rufzeichen beendet wird – es wird das Null-Byte gelesen, printf beendet die Ausgabe. Dabei ist es für alle C-Funktionen für Zeichenketten vollkommen unerheblich, ob hinter dem Null-Byte noch ein weiterer Text steht. Ein Beispiel:

```
printf("Hallo\0Welt!\n");
```

Manche Compiler warnen hier, dass nicht der ganze Text ausgegeben werden kann. Das soll für dieses Beispiel aber nicht weiter stören: Es wird der Text Hallo ausgegeben.

Die Nullterminiertheit hat den Vorteil, dass beliebig lange Texte abgespeichert werden können. Der Text endet mit dem Null-Byte. Der Nachteil dieses Verfahrens ist, dass die Textlänge im Vorhinein nicht feststeht – will man wissen, wie lang eine Zeichenkette ist, müssen alle Zeichen bis zum Null-Byte gelesen und gezählt werden.

Der Text `"Hallo"` hat die Länge 5, er benötigt daher zum Speichern 6 Zeichen (das Null-Byte wird bei der Ermittlung der Textlänge nicht mitgezählt). Der obige Text `"Hallo\0Welt!\n"` hat ebenfalls die Länge 5 (dann tritt das erste Null-Byte im Text auf) und benötigt 13 Zeichen Speicher.

Zum Feststellen der Länge einer Zeichenkette wird die Funktion `strlen` verwendet. Sie wird in Abschnitt 15.5 erläutert.

15.3 Datentyp

Zeichenketten sind also Felder von Zeichen. Zum Speichern des Textes `"Hallo"` sind, wie in Abschnitt 15.2 besprochen, 6 Zeichen notwendig:

```
char text[6];
```

Da `text` jedoch ein Feld ist, ist eine einfache Zuweisung der Art

```
text = "Hallo";
```

nicht möglich. Eine Ausnahme stellt die Initialisierung dar. Für eine Zuweisung muss die Funktion `strcpy` verwendet werden (siehe Abschnitt 15.5), die den Text `"Hallo"` zeichenweise in das Feld `text` überträgt. Die Zeichen werden also Zeichen für Zeichen kopiert – inklusive dem Null-Byte.

```
strcpy(text, "Hallo");
```

Die Abbildung 15.2 zeigt den Kopiervorgang.

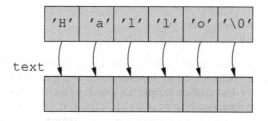

Abbildung 15.2: Die Funktion `strcpy`

Wie man aus Abbildung 15.2 ersehen kann, ist `"Hallo"` selbst ein Feld – ein anonymes Feld, das keinen Feldnamen hat. Es wird vom Compiler bei der Übersetzung in den Datenbereich der Objektdatei geschrieben. Wird zur Laufzeit des Programmes das Feld `text` erzeugt, können mit der Funktion `strcpy` anschließend die Zeichen einzeln übertragen werden.

Genauer gesagt, ist auch der Text `"Hallo"` ein Feld – und zugleich ein konstanter Zeiger! Felder und Zeiger wurden also bereits die längste Zeit verwendet.

Da "Hallo" als konstanter Zeiger interpretiert werden kann, ist die Zuweisung an einen Zeiger möglich. Ein Beispiel:

```
char *ptr;
char  text[6];

ptr  = "Hallo";  // OK, aber gefährlich (siehe weiter unten)
text = "Hallo";  // Fehler! Zuweisung an ein Feld nicht möglich!
```

Es kann genau so auch

```
ptr = text;
```

geschrieben werden. Zeiger auf char werden für Texte gerne verwendet.

15.4   Initialisierung von Zeichenketten

Felder von Zeichen können auch initialisiert werden. Analog zu Abschnitt 13.3 könnte eine Initialisierung wie folgt aussehen (wird in der Praxis jedoch nicht so gemacht):

```
char text[6] = {'H', 'a', 'l', 'l', 'o', '\0'};
```

Üblicherweise werden Initialisierungen von Zeichenkettenfeldern jedoch wie folgt vorgenommen (die obigen Initialisierungen sind dazu vollkommen ident):

```
char text[6] = "Hallo";
```

Bei der Initialisierung kann, wie in Abschnitt 13.3 erklärt, die Feldlänge auch weggelassen werden, sie wird dann automatisch durch den Compiler ermittelt:

```
char text[] = "Hallo"; // Vorsicht!
```

Die Festlegung der Feldlänge durch den Compiler ist bei veränderbaren Feldern allerdings problematisch. Die Feldlänge wird nur in Abhängigkeit vom Initialtext festgelegt, was problematisch ist, wenn der Initialtext nachträglich geändert wird. Wird der Text anschließend innerhalb des Programmes modifiziert, so wird in einem Text unbekannter Länge „gearbeitet". Verwenden Sie daher Präprozessorkonstanten zur Angabe der Feldlängen für veränderbare Zeichenketten.

Bei konstanten Feldern ist das Weglassen der Feldlängen hingegen zulässig:

```
const char text[] = "Hallo"; // OK
```

Wie bereits in Abschnitt 14.3 erwähnt, besteht jedoch ein wesentlicher Unterschied zwischen Zeigern und Feldern – zwischen char * und char []: Ein Zeiger ist eine Variable, die nicht zur Speicherung von Daten (in diesem Fall einer Zeichenkette) verwendet werden kann – er zeigt auf ein Feld. Felder hingegen dienen der Speicherung von Daten – hier der Zeichenkette. Ein Beispiel:

```
char  text[6] = "Hallo";
char *ptr     = "Hallo"; // Schlecht!!!
```

 Es wird abgeraten, Zeiger (hier `ptr`) auf konstante Zeichenketten zu setzen! Wird der Zeiger verändert, kann auf den Text nicht mehr zugegriffen werden!

Abbildung 15.3 zeigt die Speicherorganisation für obiges Beispiel:

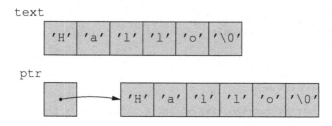

Abbildung 15.3: Speicherorganisation für Felder und Zeiger

15.5 Elementare Funktionen für Zeichenketten

Die C-Standard-Bibliothek stellt eine Vielzahl an Funktionen für Zeichenketten zur Verfügung. Eine Auswahl an Funktionen für die Manipulation von Zeichenketten ist in Tabelle 15.1 angeführt. Die Parameter s und t sind Zeichenketten, n ist eine ganze Zahl und c ein Zeichen vom Typ int. Um eine oder mehrere dieser Funktionen verwenden zu können, muss die Header-Datei `string.h` inkludiert werden.

Funktion	Beschreibung
`strcat(s, t)`	hängt t an s an
`strncat(s, t, n)`	hängt die ersten n Zeichen von t an s an
`strcmp(s, t)`	vergleicht s und t zeichenweise und liefert eine negative Zahl, 0 oder eine positive Zahl, wenn s < t, s == t oder s > t ist
`strncmp(s, t, n)`	wie strcmp, vergleicht jedoch nur die ersten n Zeichen
`strcpy(s, t)`	kopiert t nach s
`strncpy(s, t, n)`	wie strcpy, kopiert jedoch nur die ersten n Zeichen
`strlen(s)`	liefert die Länge von s ohne dem Null-Byte
`strchr(s, c)`	liefert einen Zeiger auf die Position in s, bei der das erste Zeichen c gefunden wurde, oder 0, wenn nicht vorhanden
`strrchr(s, c)`	liefert einen Zeiger auf die Position in s, bei der das letzte Zeichen c gefunden wurde, oder 0, wenn nicht vorhanden
`strstr(s, t)`	sucht die Zeichenkette t in s und liefert einen Zeiger auf das erste Vorkommnis

Tabelle 15.1: Funktionen zur Manipulation von Zeichenketten aus `string.h`

In vorangegangenen Abschnitten wurden bereits die Funktionen `strlen` und `strcpy` erwähnt, die tatsächlich auch zwei der meist verwendeten Funktionen für Zeichenketten darstellen.

Die viel verwendete Funktion `strcpy` hat zwei Parameter s und t. Dabei wird die Zeichenkette t nach s kopiert. Wenn man sich nicht sicher ist, ob es doch umgekehrt war (was natürlich ungewünschte Auswirkungen zur Folge hätte), hilft vielleicht die folgende Eselsbrücke: Man stellt sich die „Zuweisung" s = t vor. Dieser Ausdruck funktioniert zwar als Zuweisung bei Zeigern, kopiert aber keine Felder und somit auch keine Zeichenketten. Dennoch ist dieser ungültige Ausdruck hilfreich bei der Bestimmung der Reihenfolge der Parameter für die Funktion `strcpy`: Die Zeichenkette s steht links als erstes Argument, die Zeichenkette t steht rechts als zweites Argument.

Ein Beispiel:

```
#include <stdio.h>
#include <string.h>

main()
{ char vorname [20] = "Robert";
  char nachname[6] = "Klima";
  char name     [30];

  strcpy(name, vorname);
  strcat(name, " ");
  strcat(name, nachname);

  printf("%s ist %d Zeichen lang\n", name, strlen(name));
} // end main
```

 Beim Verwenden der Funktionen `strcpy` und `strcat` ist Vorsicht geboten! Sind die zu kopierenden Texte länger als das Feld selbst, so wird über die Feldgrenzen hinausgeschrieben!

Tabelle 15.2 zeigt eine Auswahl an Ausgabefunktionen für Zeichenketten. Der Parameter f symbolisiert eine Zeichenkette, die ein Format mit der Hilfe von Platzhaltern angibt (siehe Kapitel 7). Um eine oder mehrere dieser Funktionen verwenden zu können, muss die Header-Datei `stdio.h` inkludiert werden.

Funktion	Beschreibung
`printf(f, ...)`	gibt eine formatierte Zeichenkette aus (siehe Abschnitt 7.1)
`snprintf(s, n, f, ...)`	wie printf, schreibt den Text allerdings in das Feld s, wobei nicht mehr als n Zeichen geschrieben werden

Tabelle 15.2: Ausgabefunktionen für Zeichenketten aus `stdio.h`

Ein Beispiel: Die folgende Anweisung schreibt den Text `"i = 4"` in das Feld `text`:

```
#include <stdio.h>
// ...

main()
{ char text[21];
  long i = 4;

  snprintf(text, 20, "i = %ld", i); // nur die ersten 20 Zeichen verwenden
  // 21. Zeichen zur Sicherheit auf das 0-Byte setzen:
  text[20] = 0;
  // ...
} // end main
```

Wird die Funktion `snprintf` verwendet, muss der 2. Parameter die Größe des Feldes angeben – er kann auch kleiner gewählt werden. Wird er größer gewählt, so werden lange Zeichenketten über die Feldgrenzen hinaus geschrieben, wodurch es zu einem Absturz oder zumindest einem Fehlverhalten des Programmes kommt.

Die Funktion `atol(s)` wandelt die Zeichenkette s in ein `long` um und liefert dieses zurück. Fehler bei der Umwandlung – wenn beispielsweise eine Buchstabenfolge angegeben wird – werden allerdings nicht erkannt. Um die Funktion `atol` verwenden zu können muss die Header-Datei `stdlib.h` inkludiert werden.

Ein Beispiel:

```
#include <stdlib.h>
// ...

main()
{  long i;
   char text[3] = "41";

   i = atol(text);
   // ...
}  // end main
```

15.6 Felder von Zeigern auf Zeichenketten

Felder von Zeigern wurden bereits in Abschnitt 14.5 besprochen. Ein häufiges Anwendungsgebiet sind Felder von Zeigern auf Zeichenketten. Abbildung 15.4 zeigt ein Beispiel.

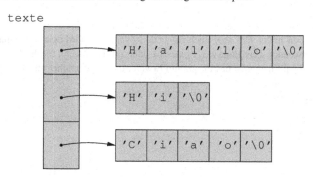

Abbildung 15.4: Felder von Zeigern auf Zeichenketten

Das Feld `texte` besteht aus drei Elementen. Jedes Element ist ein Zeiger auf eine Zeichenkette. Durchläuft man die Elemente der Reihe nach, erhält man eine Zeichenkette nach der anderen. In diesem Beispiel sind die Zeichenketten unterschiedlich lang. In manchen Problemstellungen kann es somit vorkommen, dass zur Verwaltung der Zeichenketten auch deren Längen verwaltet werden müssen, was im Folgenden aber nicht erforderlich ist. Das folgende kurze Programm gibt die Texte der Reihe nach aus:

```
#include <stdio.h>

#define TEXTE_LEN  3
main()
{  char *texte[TEXTE_LEN] =
```

```
    {   "Hallo",
        "Hi",
        "Ciao"
    };
    long i;

    for (i = 0; i < TEXTE_LEN; i = i + 1)
        printf("%s\n", texte[i]);
}   // end main
```

Das Feld texte ist ein Feld von Zeigern auf Zeichenketten, wobei die Feldlänge konstant auf 3 gesetzt ist. Der Nachteil dieser Lösung ist, dass die Präprozessorkonstante TEXT_LEN aktualisiert werden muss, falls das Feld durch weitere Texte erweitert wird. In Kapitel 13 wurde zur Lösung dieses Problems der sizeof-Operator verwendet, mit dem die Länge des Feldes bestimmt werden kann:

```
#include <stdio.h>

main()
{   char *texte[] =
    {   "Hallo",
        "Hi",
        "Ciao"
    };
#define TEXTE_LEN sizeof(texte) / sizeof(char *)

    long i;

    for (i = 0; i < TEXTE_LEN; i = i + 1)
        printf("%s\n", texte[i]);
}   // end main
```

In vielen Programmen findet sich aber auch folgende Lösung: Es wird eine „Endemarkierung" – beispielsweise 0 – verwendet. Das Ende des Feldes ist dann erreicht, wenn die Endemarkierung gelesen wird. Wie in der obigen Lösung ist das Programm Erweiterungen gegenüber unabhängig:

```
#include <stdio.h>

main()
{   char *texte[] =
    {   "Hallo",
        "Hi",
        "Ciao",
        0
    };
    char **ptr;

    for (ptr = texte; *ptr; ptr = ptr + 1)
        printf("%s\n", *ptr);
}   // end main
```

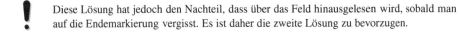

Diese Lösung hat jedoch den Nachteil, dass über das Feld hinausgelesen wird, sobald man auf die Endemarkierung vergisst. Es ist daher die zweite Lösung zu bevorzugen.

15.7 Argumente der Funktion `main`

Bei vielen Programmen ist es möglich bei Programmstart Argumente oder Optionen anzugeben, die den Programmablauf beeinflussen. Diese werden als Zeichenketten gespeichert und an die Funktion `main` übergeben. Bisher wurden diese Argumente ignoriert, indem die Parameter weggelassen wurden. Will man diese Argumente im Programm abfragen, so muss der Funktionskopf der Funktion `main` zunächst umgeschrieben werden, denn eigentlich lautet die Parameterliste vollständig[1]:

```
main(int argc, char *argv[]);
```

Der Parameter `argv` (*engl. argument value*) ist ein Feld von Zeigern auf Zeichenketten (siehe Abschnitt 15.6). Die erste Zeichenkette ist immer der Programmname selbst. Der erste Parameter `argc` (*engl. argument counter*) gibt die Länge des Feldes `argv` an.

Abbildung 15.5 zeigt die Parameter der Funktion `main`, wenn das Programm selbst `prog` heißt und die zwei Parameter `Hallo` und `Welt` bekommt.

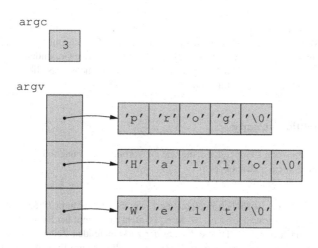

Abbildung 15.5: Parameter von `main`

Das folgende kurze Programm gibt den Programmnamen und alle Argumente in der angegebenen Reihenfolge aus:

```
#include <stdio.h>

main(int argc, char *argv[])
{ long i;

    // Ausgabe des Programmnamens und aller Argumente
    for (i = 0; i < argc; i = i + 1)
        printf("%s\n", argv[i]);
} // end main
```

---

[1]Der zweite Parameter `argv` könnte auch als `char **argv` definiert werden.

15.8   Beispiele

15.8.1   Vorzeitiges Ende einer Zeichenkette

Schreiben Sie ein Programm, in dem der Text "Hallo Welt!" in einem Feld abgelegt wird. Überschreiben Sie ein Zeichen des Feldes mit dem Null-Byte und geben Sie die Zeichenkette wieder aus.

Lösung:

```
#include <stdio.h>

#define TEXT_LEN 12
main()
{   char text[TEXT_LEN] = "Hallo Welt!";

    text[5] = 0;

    printf("%s\n", text);
}   // end main
```

bsp-15-1.c

Das Feld text enthält den Text "Hallo Welt!". Wird das Element mit dem Index 5 (das Leerzeichen) mit dem Null-Byte überschrieben, so steht in text die Zeichenkette "Hallo\0Welt!", wodurch printf bereits nach der Ausgabe von "Hallo" abbricht. Die Gesamtlänge von text ist nach dem Einfügen des Null-Bytes mit der Funktion strlen() nicht mehr feststellbar. Es wurde daher die Präprozessorkonstante TEXT_LEN eingeführt.

15.8.2   Die Funktion `strcpy`

Schreiben Sie eine Funktion strcpyNeu, die wie ihr Vorbild – die Funktion strcpy – eine Zeichenkette von einem Feld in ein anderes kopiert.

Lösung:

Die Funktion strcpyNeu ist ähnlich implementiert, wie die in Abschnitt 13.8.3 vorgestellte Funktion KopiereFeld. Der Ausdruck dst[i] = src[i] steht im Rumpf der Schleife und kopiert ein Zeichen von src[i] nach dst[i]. Da die Anzahl der zu kopierenden Zeichen nicht bekannt ist, wird solange kopiert, bis das Nullbyte erreicht ist. Wurde das Null-Byte am Ende der Zeichenkette gelesen, ergibt auch die Bedingung 0 (logisch „falsch"), die for-Schleife wird abgebrochen und das Nullbyte im Anschluss separat kopiert.

```
#include <stdio.h>

/* strcpyNeu: Kopiert eine Zeichenkette
 * Parameter:
 *      dst: destination  -- Zielzeichenkette
 *      src: source       -- Quellzeichenkette
 * Rückgabewert: Keiner
 */
void strcpyNeu(char dst[], const char src[])
{   long i;

    for (i = 0; src[i] != 0; i = i + 1)
        dst[i] = src[i];
    dst[i] = 0;
}   // end strcpyNeu
```

bsp-15-2.c

```
#define TEXT_LEN    16
main()
{   char text[TEXT_LEN] = "Ein kurzer Text";
    char ausgabeText[TEXT_LEN];

    strcpyNeu(ausgabeText, text);
    printf("%s\n", ausgabeText);
}   // end main
```

Kurz erwähnt sei an dieser Stelle eine andere Möglichkeit der Implementierung. Sie hat auf modernen Prozessoren und unter Verwendung von üblichen Compilern gegenüber der oberen Variante kaum Vorteile jedoch gravierende Nachteile. Sie sei hier diskutiert, da sie in vielen Büchern vorgestellt wird:

```
void strcpyAlt(char *dst, const char *src)
{   while (*dst++ = *src++)
        ;
}   // end strcpyAlt
```

Diese Lösung erfordert ein tiefes Verständnis der Programmiersprache C und wurde vor allem auf Grund ihrer Kürze geliebt. Die Variablen dst und src sind Zeiger, die beide innerhalb der Bedingung inkrementiert werden. Die Bedingung selbst ist ein Ausdruck, der die ganze Arbeit erledigt. Da das Postinkrement angewendet wird, findet das Inkrement erst nach der Auswertung des Ausdruckes statt. Dieser ist die Zuweisung *dst = *src, wobei das aktuelle Zeichen kopiert wird. Im Anschluss werden beide Zeiger inkrementiert. Der Schleifenrumpf selbst ist leer, da das Zeichen innerhalb der Bedingung kopiert wird. Das Ergebnis der Zuweisung ist das Ergebnis der Bedingung der while-Schleife und ist für den Schleifenabbruch genau dann *false*, wenn das Nullbyte für das Zeichenkettenende kopiert wird.

So kompakt diese Lösung auch ist, so gravierend sind ihre Nachteile im Hinblick auf einen guten Programmierstil und auf mögliche Fehlerquellen: Denn einerseits wird eine Zuweisung als Schleifenbedingung eingesetzt (viele Compiler warnen bei solchen Konstrukten nicht zu Unrecht). Es wird also der Zuweisungsoperator = anstatt dem in Bedingungen zulässigen Gleichheitsoperator == eingesetzt, was irreführend ist. Darüber hinaus kommen zwei Inkremente innerhalb des Ausdrucks sogar in Kombination mit dem Dereferenzierungsoperator * vor. Diese Lösung ist sehr fehleranfällig und muss darüber hinaus genau so codiert werden, wie sie hier abgedruckt ist. Schon leichte, unüberlegte Modifikationen reichen aus, um ein falsches Verhalten zu bewirken. Ein Beispiel: Warum funktionieren keine der beiden folgenden Modifikationen der Funktion strcpyAlt?

```
void strcpyAltFehlerhaft1(char *dst, const char *src)
{   while ((*dst)++ = (*src)++)
        ;
}   // end strcpyAltFehlerhaft1

void strcpyAltFehlerhaft2(char *dst, const char *src)
{   while (*src)
        *dst++ = *src++;
}   // end strcpyAltFehlerhaft2
```

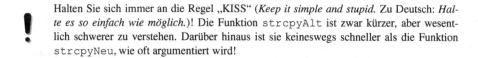

Halten Sie sich immer an die Regel „KISS" (*Keep it simple and stupid*. Zu Deutsch: *Halte es so einfach wie möglich*.)! Die Funktion strcpyAlt ist zwar kürzer, aber wesentlich schwerer zu verstehen. Darüber hinaus ist sie keineswegs schneller als die Funktion strcpyNeu, wie oft argumentiert wird!

15.8.3 Die Funktion `strlen`

Schreiben Sie eine Funktion `strlenNeu`, die wie die Funktion `strlen` die Länge einer Zeichenkette ermittelt.

Lösung:

In der Funktion `strlenNeu` wird in einer `for`-Schleife ein Zähler i solange erhöht, bis das Zeichen `str[i]` das Null-Byte ist und die Schleife abgebrochen wird.

```
#include <stdio.h>

/* strlenNeu: Ermittelt die Länge einer
 *            Zeichenkette
 * Parameter:
 *     str: die Zeichenkette
 * Rückgabewert: Länge der Zeichenkette in Byte
 *          Typ: long
 */
long strlenNeu(char str[])
{   long i;

    for (i = 0; str[i]; i = i + 1)
        ;

    return i;
}   // end strlenNeu

#define TEXT_LEN 16
main()
{   char text[TEXT_LEN] = "Ein kurzer Text";

    printf("Die Länge von \"%s\" ist %ld\n", text, strlenNeu(text));
}   // end main
```

bsp-15-3.c

15.8.4 Die Funktion `strcmp`

Schreiben Sie eine Funktion `strcmp`, die zwei Zeichenketten miteinander vergleicht und im Falle der Gleichheit beider Zeichenketten 0 zurückliefert, eine positive Zahl, wenn die erste Zeichenkette größer ist, eine negative, wenn die erste Zeichenkette kleiner ist.

Lösung:

In einer Schleife wird ein Zähler solange erhöht, bis die Position gefunden ist, an der zwei Zeichen differieren oder das Zeichen der ersten Zeichenkette s das Null-Byte ist. Die zweite Zeichenkette t muss nicht explizit nach dem Null-Byte untersucht werden, denn tritt das Null-Byte in t auf, bricht die Schleife auf Grund des logischen Ausdruckes (s[i] == t[i]) ab, da beide Zeichen ungleich sind. Die Gleichheit bzw. Ungleichheit wird durch die Differenz der Zeichen festgestellt und als Ergebnis zurückgegeben.

```
#include <stdio.h>

/* strcmpNeu: Vergleicht zwei Zeichenketten
 * Parameter:
 *     s: die erste  Zeichenkette
 *     t: die zweite Zeichenkette
 * Rückgabewert: 0:        Beide Zeichenketten sind ident
 *               positiv : Die erste war größer
```

bsp-15-4.c

```
*              negativ : Die erste war kleiner
*        Typ: long
*/
long strcmpNeu(char s[], char t[])
{ long i;

    for (i = 0; s[i] && (s[i] == t[i]); i = i + 1)
        ;

    return s[i] - t[i];
} // end strcmpNeu

#define TEXT1_LEN  9
#define TEXT2_LEN 10
main()
{ char text1[TEXT1_LEN] = "Bernhard";
  char text2[TEXT2_LEN] = "Elisabeth";

    printf("%ld\n", strcmpNeu(text1, text1));
    printf("%ld\n", strcmpNeu(text1, text2));
    printf("%ld\n", strcmpNeu(text2, text1));
} // end main
```

15.8.5 Die Funktion `atol`

Schreiben Sie eine Funktion `atolNeu`, die wie die Funktion `atol` (siehe Abschnitt 15.5) einen Text in eine ganze Zahl vom Typ `long` umwandelt. Die Funktion bekommt zwei Parameter: Den Text und einen Zeiger auf die Variable, in der der umgewandelte Wert abzuspeichern ist. Kann die Zeichenkette ordnungsgemäß konvertiert werden (sie besteht ausschließlich aus Ziffern) wird 1 retourniert, sonst 0.

Lösung:

In einer Schleife wird die Zeichenkette durchlaufen. Dabei steht `str[i]` für das aktuelle Zeichen. Um ein Zeichen in eine Zahl zu konvertieren, wird vom Zeichen die `'0'` (ASCII-Code 48) subtrahiert. Tritt ein Fehler auf, wird eine Fehlermeldung ausgegeben und 0 retourniert.

bsp-15-5.c

```
#include <stdio.h>
#include <ctype.h>

/* atolNeu: Wandelt eine Zeichenkette in ein long
 * Parameter:
 *      str:  Die Zahl als Zeichenkette
 *      wert: Ergebnis: Konvertierte Zahl
 * Rückgabewert: 0 ... Fehler, 1 ... OK
 *          Typ: long
 */
long atolNeu(char str[], long *wert)
{ long i;

    *wert = 0;
    for (i = 0; str[i]; i = i + 1)
        if (isdigit(str[i]))
            *wert = *wert * 10 + str[i] - '0';
        else
        { printf("Fehler: Keine Zahl!\n");
          return 0;
        }

    return 1;
```

```
}   // end atolNeu

#define TEXT_LEN 5
main()
{   char text[TEXT_LEN] = "1234";
    long wert;

    if (atolNeu(text, &wert))
        printf("%ld\n", wert);
}   // end main
```

15.8.6 Kalender für ein Jahr – verbesserte Variante

Schreiben Sie das Programm zur Ausgabe eines Kalenderjahres aus Abschnitt 11.3.2 so um, dass die Monate nicht mit Nummern sondern mit ihren Namen ausgegeben werden.

Lösung:

Die einzige Modifikation betrifft die Funktion `KalenderJahr`. Es wird ein Feld von Zeigern definiert und mit den Monatsnamen initialisiert. Statt Nummern werden jetzt die entsprechenden Zeichenketten ausgegeben.

bsp-15-6.c

```
/* KalenderJahr: Gibt ein Kalenderjahr aus
 * Parameter:
 *      jahr: > 0
 *                  Jahreszahl
 * Rückgabewert: Keiner
 */
#define ANZAHLMONATE 12
void KalenderJahr(long jahr)
{   long monat, tage, erster;
    char *monatsnamen[ANZAHLMONATE] =
    {   "Januar",
        "Februar",
        "März",
        "April",
        "Mai",
        "Juni",
        "Juli",
        "August",
        "September",
        "Oktober",
        "November",
        "Dezember"
    };

    printf("Jahr %ld:\n", jahr);

    erster = WochentagErsterJanuar(jahr);

    for (monat = 1; monat <= ANZAHLMONATE; monat = monat + 1)
    {   switch(monat)
        {case 1:
         case 3:
         case 5:
         case 7:
         case 8:
         case 10:
         case 12:
```

```
        tage = 31;
        break;
     case 4:
     case 6:
     case 9:
     case 11:
        tage = 30;
        break;
     case 2:
        if (Schaltjahr(jahr))
           tage = 29;
        else
           tage = 28;
        break;
     }
     printf("%s:\n", monatsnamen[monat - 1]);
     erster = KalenderMonat(tage, erster);
  }
} // end KalenderJahr
```

Die restlichen der hier verwendeten Funktionen wurden in Abschnitt 11.3.2 definiert. Sie werden hier nicht verändert und sind daher auch nicht nocheinmal abgedruckt.

15.8.7 Sortieren von Zeichenketten

Schreiben Sie eine Funktion, die Zeichenketten sortiert. Verwenden Sie dazu das Sortierverfahren „Minimumsuche" aus Abschnitt 13.6.1. Die Zeichenketten werden in einem Feld von Zeigern auf Zeichenketten (siehe Abschnitt 15.6) gespeichert.

Lösung:

bsp-15-7.c

```
#include <stdio.h>
#include <string.h>

void Ausgabe(char **strp, long len)
{  for (; len--; strp = strp + 1)
      printf("%s\n", *strp);
} // end Ausgabe

void MinimumSuche(char **strp, long len)
{  long i, j, min, len1;
   char *h;

   len1= len - 1;
   for (j = 0; j < len1; j = j + 1)
   {  // Suche das Minimum
      min = j;
      for (i = j + 1; i < len; i = i + 1)
         if (strcmp(strp[i], strp[min]) < 0)
            min = i;
      // Tausche
      if (min != j)
      {  h         = strp[j];
         strp[j]   = strp[min];
         strp[min] = h;
      }
   }
} // end MinimumSuche
```

```
main()
{ char *namen[] =
    { "Thomas",
      "Sabine",
      "Christian",
      "Bernadette",
      "Hans",
      "Klaus",
      "Maria",
      "Walter",
      "Robert"
    };
    const long namen_LEN = sizeof(namen) / sizeof(char *);

    MinimumSuche(namen, namen_LEN);
    Ausgabe(namen, namen_LEN);
} // end main
```

15.8.8   Einfaches Verschlüsseln nach Julius Cäsar

Schreiben Sie ein Programm, das ein einfaches Verschlüsselungsverfahren von Texten anwendet, das auch schon Julius Cäsar in den gallischen Kriegen benutzte: Lesen Sie einen Text und eine ganze Zahl (den Schlüssel) ein. Die Nachricht besteht der Einfachheit halber nur aus Großbuchstaben ohne Umlaute.

Addieren Sie zu jedem Zeichen des Textes den Schlüssel. Wird zu 'A' beispielsweise 2 addiert ergibt sich 'C'. Wird zu 'Z' jedoch 2 addiert, ergibt sich wieder 'B'! Die Buchstaben werden also „rotiert". Geben Sie anschließend den verschlüsselten Text aus. Soll ein Text wieder decodiert werden, wird die verschlüsselte Nachricht und der negative Schlüssel eingegeben.

Lösung:

In einer Schleife wird für jedes Zeichen *ptr zunächst 'A' subtrahiert um Zahlen von 0 bis 25 zu bekommen. Anschließend wird der Schlüssel addiert und das Ergebnis modulo 26 genommen um auch große Schlüssel behandeln zu können und die Buchstaben zu „rotieren". Es ergibt sich wieder eine Zahl von 0 bis 25 zu der 'A' wieder addiert wird.

```
#include <stdio.h>

main()
{ char text[100];   // Maximale Textlänge ist 100
  long schluessel;
  char *ptr;

  printf("Die Nachricht: \n");
  scanf ("%s",  text);
  printf("Der Schlüssel: \n");
  scanf ("%ld", &schluessel);

  for (ptr = text; *ptr; ptr = ptr + 1)
     *ptr = (*ptr - 'A' + schluessel) % 26 + 'A';

  printf("Das Ergebnis: %s\n", text);
} // end main
```

bsp-15-8.c

Vorsicht! Die Feldlänge von text wurde mit 100 festgelegt. Da die Funktion scanf die Feldlänge bei der Eingabe nicht überprüft, wird das Feld bei längeren Texten über die Feldgrenzen hinaus beschrieben. Bei praxistauglichen Programmen ist die Funktion scanf durch eine geeignete Funktion (siehe Funktion fgets in Abschnitt 17.3) zu ersetzen.

Kapitel 16

Abgeleitete Datentypen

Aufbauend auf den vorhandenen Datentypen können in C abgeleitete Datentypen eingeführt werden. Sogenannte *Verbunddatentypen* ermöglichen durch das Kombinieren mehrerer Elemente unterschiedlichen Datentyps die Definition komplexer Datentypen. Aufzählungen werden zur Gruppierung von Konstanten mit Namen verwendet.

16.1 Richtlinien

Verbunddatentypen erlauben, je nach Einsatzzweck, durch Kombination und durch Schachteln verschiedener Datentypen auf sehr einfache Weise die Definition komplexer Datentypen.

Datenstrukturen haben erheblichen Einfluss auf die darauf angewendeten Algorithmen und Funktionen eines Programmes. Die Folgen wenig überlegter Datenstrukturen sind nicht abschätzbar. Schlecht aufgebaute Datentypen verkomplizieren die zugehörigen Algorithmen bzw. machen es eventuell sogar ökonomisch gesehen unmöglich, eine bestimmte Funktionalität eines Programmes zu realisieren. Sie verkomplizieren die Wartung, verlängern die Entwicklungszeiten und erschweren die Fehlersuche. Es ist beim Entwurf von Datenstrukturen daher in mehrfacher Hinsicht Vorsicht geboten:

- Datenstrukturen müssen in Hinblick auf die zu verwendenden Funktionen und Algorithmen entworfen werden.

- C bietet mit den Elementen struct und union verschiedene Möglichkeiten Datenstrukturen zu realisieren. Verwenden Sie die jeweiligen Konstrukte ihrem Einsatzzweck entsprechend.

- Datenstrukturen sollten möglichst einfach und verständlich aufgebaut sein. Es wird dadurch die Verständlichkeit des Programmes erhöht. Kommentieren Sie definierte Datenstrukturen ausführlich.

- Vermeiden Sie zu tiefe Schachtelungsebenen. Nehmen Sie innere Datenstrukturen heraus und definieren Sie diese separat. Diese können dann wie gewünscht in neuen Strukturen kombiniert werden.

- Vermeiden Sie Datenstrukturen mit einer hohen Anzahl an Attributen (Komponenten). Teilen Sie lange Datenstrukturen in mehrere kleine, übersichtlichere und problemorientierte Datenstrukturen auf und kombinieren Sie diese Datentypen nach Erfordernis.

- Definieren Sie zu allen Datenstrukturen das benötigte Set an Funktionen, sogenannte Zugriffs- oder Schnittstellenfunktionen (*engl. interface functions*), um sie zu bedienen. Greifen Sie dann nur mit diesen Funktionen auf die Datenstrukturen zu. Werden mehrere Datenstrukturen zu einer neuen kombiniert, darf aus den Schnittstellenfunktionen der neuen Struktur nicht direkt auf die Elemente der Substrukturen zugegriffen werden. Es sollten vielmehr die den Substrukturen zugehörigen Zugriffsfunktionen verwendet werden.

Diese Vorgangsweise ist unumgänglich in Software-Projekten, da dadurch einerseits die Kompetenzen eindeutig festgelegt werden und andererseits verhindert wird, dass Datenstrukturen aus unterschiedlichsten Stellen im Programm modifiziert werden. Dies ist ein wesentliches Konzept objektorientierter Programmierung und hat sich sehr bewährt. Weiters werden die Wartbarkeit und die Fehlersuche in Programmen erheblich verbessert.

- Vermeiden Sie redundante Informationen. Dies trifft auch dann zu, wenn mehrere vorhandene Strukturen kombiniert werden. Die Synchronisation gleicher Information ist schwierig. Inkonsistenzen dieser Art verursachen darüber hinaus schwer zu findende Fehler.

16.2   Strukturen

In der Informationstechnik hat man es mit unterschiedlichsten Arten von Information zu tun. Diese dienen im Allgemeinen dazu, reale Objekte, Strukturen, Abläufe und dergleichen zu abstrahieren und zu beschreiben. Um eine Person beispielsweise genau zu beschreiben, sind eine Vielzahl an Attributen denkbar. Je nach Anwendung werden Name, Alter, Wohnort, Sozialversicherungsnummer, Größe, Gewicht, Fähigkeiten, Kenntnisse, Familienstand, Einkommen, Krankengeschichte, etc. gesammelt.

Zusammengehörige Daten lassen sich in C zu Strukturen zusammenfassen, die letztendlich auf den eingebauten Datentypen basieren. Strukturen können beliebig komplex sein und aus unterschiedlichen Datentypen bestehen. Dadurch ist es möglich, zusammengehörige Informationen als eine Einheit zu behandeln.

Strukturen dienen also dazu, neue Datentypen aufzubauen, mit denen eine Problemlösung besser gelingt. Strukturen sind wesentlich dafür verantwortlich, wie einfach bzw. wie kompliziert, wie erweiterbar bzw. wie starr die Programme letztendlich werden. Der Aufbau geeigneter Datenstrukturen ist extrem wichtig. Dennoch wird das Problem in der Praxis oft unterschätzt.

Denken Sie nur an das Jahr 2000-Problem (Y2K), das in Abschnitt 6.3 erwähnt wurde. In Sozialversicherungsnummern werden auch heute noch nur die letzten beiden Ziffern der Jahreszahl gespeichert.

Ein anderes Beispiel ist die Verwaltung von Personendaten. Es sollen die Daten von Personen eines Landes erfasst werden. Neben Name und Adresse sei auch das Alter der Person relevant. Es werden also Einträge für Name, Adresse und das Alter vorgesehen. Dies ist allerdings eine schlechte Wahl. Denn will man das Alter der Personen in einem Jahr wieder ermitteln, muss zu jedem Eintrag für das Alter 1 addiert werden. Was aber tun, wenn das Alter von Personen bereits nach einem Monat oder 2 Tagen wieder bestimmt werden muss? Besser ist es, das Geburtsdatum abzuspeichern und eine Funktion anzubieten, die das Alter einer Person anhand des Geburtsdatums und des aktuellen Datums bestimmt.

Was ist zu tun, wenn eine Person heiratet und sich dadurch ihr Name ändert? Der Name vor der Heirat soll aber ebenfalls gespeichert werden. Keine gute Idee ist es, jetzt ein weiteres Feld für den Mädchennamen einer Person zu schaffen, denn was passiert, wenn die Person nach einer Trennung wieder heiratet?

Was tun, wenn sich der Hauptwohnsitz ändert, die alten Hauptwohnsitze aber für statistische Auswertungen gespeichert bleiben sollen? Das Einführen eines weiteren Feldes für einen alten Hauptwohnsitz ist hier ebenfalls nicht zu empfehlen, ebenso die Einführung eines Feldes von alten Wohnsitzen. Eine bessere Lösung ist hier, bei Änderungen einen neuen Datensatz zu schaffen. Dieser wird mit einer Kennung für sein Entstehungsdatum versehen. Der alte Datensatz wird als ungültig markiert und mit dem neueren „verknüpft" – beispielsweise durch eine Datensatznummer. Die Struktur braucht also zusätzliche Einträge für das Entstehungsdatum, eine Markierung, ob sie noch gültig ist oder nicht, und einen Eintrag für eine Verknüpfung mit einem neueren oder älteren Eintrag usw.

Ein weiteres Beispiel: Es soll ein Rechteck gespeichert werden, wie in Abbildung 16.1 gezeigt.

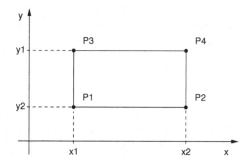

Abbildung 16.1: Beschreibung eines Rechtecks

Um ein solches Rechteck zu beschreiben, sollten nicht alle Punkte gespeichert werden – es genügen die Punkte $P1$ und $P4$.

Als Abschluss eine Empfehlung:

 Vermeiden Sie redundante Information! Beispielsweise ist das Abspeichern des Geburtsdatums und des Alters einer Person ungünstig, da dadurch der Verwaltungsaufwand für das Garantieren der Datenkonsistenz erheblich steigt!

16.2.1 Einfache Strukturen

Mit der `struct`-Vereinbarung kann ein neuer Datentyp aus vorhandenen zusammengesetzt werden. Eine Struktur ist also ein Verbunddatentyp. Mit einer Typdefinition wird jedoch kein Speicherplatz reserviert, es wird lediglich die Struktur eines neuen Datentyps beschrieben. Eine Struktur wird wie folgt definiert:

```
struct Strukturname
{  Typ Attributname;
   // ...
};
```

Variablen, die in einer Struktur angegeben sind, nennt man Komponenten oder Attribute. Die Namen der Komponenten innerhalb derselben Struktur müssen verschieden sein.

Als Beispiel sei eine Struktur `Punkt_s` definiert, die die Koordinaten eines Punktes speichert:

```
struct Punkt_s
{  double x, y;
};
```

 Für Strukturnamen wird oft das Postfix `_s` verwendet, um die Strukturnamen besser von Variablennamen unterscheiden zu können.

Um Variablen eines so erzeugten Typs zu definieren, wird der Typname angeschrieben gefolgt von einer Liste von Variablennamen.

```
struct Strukturname Variablenliste;
```

Die Variablendefinition mit selbstdefinierten Typen ist syntaktisch ident zu der von eingebauten Typen, mit der Ausnahme, dass das Schlüsselwort `struct` verwendet werden muss:

```
struct Punkt_s p1, p2;
long           i1, i2;
```

Der Vollständigkeit halber sei erwähnt, dass C die Möglichkeit bietet, innerhalb der `struct`-Vereinbarung unmittelbar nach der Typdefinition (nach der schließenden geschwungenen Klammer) eine Liste von Variablennamen anzuhängen, wodurch auch gleich Variablen dieses Typs definiert werden können:

```
struct Strukturname
{  Typ Attributname;
   // ...
} Variablenliste;
```

Hierbei wird zunächst innerhalb der geschwungenen Klammern, wie bisher, ein neuer Datentyp definiert, also eine Struktur beschrieben, und im Anschluss daran Variablen dieses Typs mit der Variablenliste definiert. Ein Beispiel:

```
struct Punkt_s
{  double x, y;
} p1, p2;
```

Es werden die Struktur `Punkt_s` und in derselben Vereinbarung auch die beiden Variablen `p1` und `p2` definiert.

> Diese Schreibweise ist aber nicht empfohlen, da Typdefinitionen und Variablendefinitionen gemischt werden. Durch die getrennte Definition von Datentypen und Variablen wird die Übersichtlichkeit erhöht. Üblicherweise werden Datentypdefinitionen sogar getrennt in Header-Dateien gesammelt, wie weiter unten beschrieben.

Bei kombinierten Typ- und Variablendefinitionen könnte nach dem C-Standard sogar der Typname entfallen, wenn der Datentyp nur an einer Stelle im Programm verwendet wird. Die Struktur wird dann anonym definiert:

```
struct
{  Typ Attributname;
   // ...
} Variablenliste;
```

> Auch diese Variante ist nicht zu empfehlen. Trennen Sie Typdefinitionen und Variablendefinitionen strikt!

Da die Struktur aber anonym ist, können Variablen dieses Typs nur innerhalb dieser `struct`-Vereinbarung angelegt werden – die Struktur hat keinen Namen, mit dem sie angesprochen werden könnte.

Obwohl der Standard diese Möglichkeit anbietet, ist die Verwendung anonymer Strukturen ebenfalls nicht zu empfehlen. Wie erwähnt erschwert das Mischen von Datentypdefinitionen, Variablendefinitionen und Programmtext die Übersichtlichkeit des Programmes. Anonyme Datenstrukturen bieten dem Programmierer wenig Flexibilität. Im Gegenteil sollte versucht werden, Datenstrukturen möglichst sprechende, treffende Namen zu geben.

Die Typdefinitionen werden meist getrennt in Header-Dateien gesammelt, zum einen um sie verschiedenen Modulen zugänglich zu machen, zum anderen um Datentypdefinitionen und Programmtext zu trennen. Diese Header-Dateien werden am Anfang der Quelltextdateien inkludiert. Ein Beispiel:

```
// Datei grafik.h
struct Punkt_s
{ double x, y;
};
// ...
```

```
// Datei grafik.c
#include "grafik.h"
// ...
struct Punkt_s p1, p2;
// ...
```

Struktur-Variablen können auch initialisiert werden. Die Initialwerte werden dabei in geschwungene Klammern gefasst und der Reihe nach angegeben. Ein Beispiel:

```
struct Punkt_s p1 =
{   4,
    3
}, p2;
```

In diesem Beispiel werden die Variablen p1 und p2 definiert. Die Variable p1 wird dabei auch initialisiert, die Initialwerte sind durch Beistriche voneinander getrennt.

Um auf die Attribute so definierter Struktur-Variablen zuzugreifen, wird der Punkt-Operator '.' – der Selektionsoperator – verwendet: An den Variablennamen werden die Attributnamen angehängt – getrennt durch einen Punkt. Ein Beispiel:

```
p2.x = 4;
p2.y = 3;
```

Durch die folgenden Anweisungen wird der Abstand zweier Punkte berechnet:

```
#include <math.h>
// ...
double dist, dx, dy;
// ...
dx = p2.x - p1.x;
dy = p2.y - p1.y;
dist = sqrt(dx * dx + dy * dy);
```

Strukturen können auch geschachtelt werden. Ein Beispiel:

```
struct Rechteck_s
{  struct Punkt_s pmin, pmax;
};
```

Es wurde die Struktur `Rechteck_s` definiert, die zwei Attribute vom Typ `struct Punkt_s` enthält: Das Attribut `pmin` bezeichnet den linken unteren Eckpunkt eines Rechtecks, `pmax` den rechten oberen.

```
struct Rechteck_s r =
{  {  4,  3},
   {15,  8},
};
```

Die Variable `r` wurde vom Typ `Rechteck_s` definiert und initialisiert. Der Zugriff auf die Koordinaten der Punkte innerhalb der Variable `r` erfolgt mit Hilfe des Operators `.`:

```
double flaeche;
// ...
flaeche = (r.pmax.x - r.pmin.x) * (r.pmax.y - r.pmin.y);
```

Die Attributnamen werden jeweils durch Punkte getrennt und geben so einen „Pfad" durch die Struktur an. Sollen ganze Strukturen kopiert werden, so kann der Zuweisungsoperator verwendet werden:

```
p2 = p1;  // Kopiert die komplette Struktur p1 nach p2
```

Wie man sieht, sind Strukturen zusammengesetzte Datentypen – sogenannte Verbunddatentypen. Um aber einen Datentyp sicher verwenden zu können, sollte eine Funktionalität für Zugriffe auf den Datentyp angeboten werden. Diese Funktionalität muss gut überlegt sein.

 Leider bietet C keine Mechanismen, um Zugriffe auf Strukturen nur ausgewählten Funktionen zu gestatten. Der Programmierer muss sich daher selbst auf die Benutzung dieser Funktionen beschränken, will er die Wartbarkeit des Programmes gewährleisten.

16.2.2 Funktionen und Strukturen

Struktur-Variablen können ähnlich verwendet werden wie Variablen von eingebauten Typen. Dies gilt auch für Funktionen:

```
struct Rechteck_s NeuesRechteck(const struct Punkt_s p1,
                                const struct Punkt_s p2)
{  struct Rechteck_s rect;

   rect.pmin = p1;
   rect.pmax = p2;

   return rect;
}
```

Die Funktion `NeuesRechteck` hat zwei Parameter `p1` und `p2` – zwei Punkte, die in der Funktion zu einer Rechteckstruktur kombiniert und anschließend als Rechteck zurückgegeben werden. Das Schlüsselwort `const` bedeutet, dass die Parameter innerhalb der Funktion nur gelesen werden und somit nicht geändert werden können. Die folgende Funktion überprüft die Koordinaten der Punkte und stellt sicher, dass das Attribut `pmin` die Koordinaten des linken unteren und `pmax` die Koordinaten des rechten oberen Eckpunktes enthält. Dabei wurden die Präprozessormakros `MIN` und `MAX` aus Abschnitt 3.7.3 verwendet:

```
struct Rechteck_s NeuesRechteck(const struct Punkt_s p1,
                                const struct Punkt_s p2)
{   struct Rechteck_s rect;

    rect.pmin.x = MIN(p1.x, p2.x);
    rect.pmin.y = MIN(p1.y, p2.y);
    rect.pmax.x = MAX(p1.x, p2.x);
    rect.pmax.y = MAX(p1.y, p2.y);
    return rect;
}
```

Strukturen können also als Ganzes an Funktionen übergeben und auch als Funktionwert zurückgegeben werden.

Die obigen Funktionen weisen somit in dieser Form einen Nachteil auf, der sich vor allem bei großen Strukturen auswirkt: In C werden Werte an Funktionen grundsätzlich in Kopie übergeben (siehe Abschnitt 11.1.5). Werden große Strukturen an Funktionen übergeben, so müssen große Datenmengen in die lokalen Variablen – die Parameter der Funktion – kopiert werden. Dies ist auch bei der Rückgabe von Funktionswerten der Fall, wenn große Strukturen zurückgegeben werden.

Es empfiehlt sich daher, bei zeitkritischen Funktionen bereits ab einer Strukturgröße von 4 bis 8 Byte, nicht die Kopien von Strukturen, sondern ihre Adressen zu übergeben (*engl. call by reference*), wie im folgenden Abschnitt gezeigt. Dadurch wird aufwendiges Kopieren vermieden – es werden nur Zeiger (also Adresswerte) kopiert.

16.2.3   Zeiger auf Strukturen

Im Zusammenhang mit Strukturen werden, wie oben beschrieben, gerne Zeiger verwendet, um das Kopieren größerer Strukturen zu verhindern.

```
struct Punkt_s  p1 = {4, 3};
struct Punkt_s *pp = &p1;
```

Die Variable pp ist ein Zeiger auf eine Struktur vom Typ `struct Punkt_s`. Ihr wird die Adresse des Punktes p1 zugewiesen – sie zeigt auf p1. Das Objekt selbst – die Struktur `Punkt_s` – erhält man mit Hilfe des Operators `*` mit `*pp`. Um ein Attribut ansprechen zu können, könnte man schreiben:

```
(*pp).x
```

Die Klammerung ist notwendig, da der Selektionsoperator '`.`' eine höhere Priorität hat als der Operator `*`: Dadurch wird zuerst das Objekt selbst ausgewählt und anschließend durch den Punkt das Attribut angesprochen. Da diese Schreibweise aber sehr umständlich ist, wurde dafür der Selektionsoperator `->` (die Zeichen Bindestrich und Größer) eingeführt. Der folgende Ausdruck ist dem obigen vollkommen äquivalent:

```
pp->x
```

Man spricht: „pp zeigt auf x." Leider ist diese Sprechweise missverständlich. Denn der Zeiger pp zeigt schließlich *nicht* auf x sondern auf p1. Das Attribut x ist nur ein Teil von p1. Vielmehr ist gemeint: „Hole das Attribut x aus dem Objekt, auf das pp zeigt." Diese Sprechweise hat sich aber nicht eingebürgert.

Im Folgenden ist die Funktion NeuesRechteck ein weiteres Mal mit Zeigern implementiert:

```
void NeuesRechteck(       struct Rechteck_s * const rectp,
                    const struct Punkt_s   * const pp1,
                    const struct Punkt_s   * const pp2)
{ rectp->pmin.x = MIN(pp1->x, pp2->x);
  rectp->pmin.y = MIN(pp1->y, pp2->y);
  rectp->pmax.x = MAX(pp1->x, pp2->x);
  rectp->pmax.y = MAX(pp1->y, pp2->y);
} // end NeuesRechteck
```

Der Ausdruck rectp->pmin.x bedeutet also, dass aus dem Objekt, auf das der Zeiger rectp zeigt, das Attribut pmin.x ausgewählt wird. Man spricht: „rectp zeigt auf pmin Punkt x."

Im Vergleich zu der Funktion NeuesRechteck aus Abschnitt 16.2.2 wird jedes Objekt im Original an die Funktion übergeben. Es entfällt dadurch das Kopieren der Objekte. Nachteilig ist jedoch, dass die Objekte, auf die die Zeiger pp1 und pp2 zeigen, auch innerhalb der Funktion ungehindert modifiziert werden könnten – sie liegen schließlich im Original vor.

Wägen Sie genau ab, ob Sie Strukturen im Original oder als Kopie übergeben. Die Übergabe im Original spart Speicherplatz und ist bei größeren Datenstrukturen effizienter. Objekte, die innerhalb einer Funktion nicht modifiziert werden dürfen, sollten aber vorrangig (im Gegensatz zur obigen Funktion) als Kopie übergeben werden. Es gilt also beides abzuwägen. Die obige Lösung dient nur der Demonstration. Es wurde für dieses Beispiel die nötige Effizienz höher bewertet, als das Risiko, konstante Objekte „preiszugeben", was bei derart kleinen Strukturen *nur* bei Funktionen angewendet werden sollte, die extrem häufig aufgerufen werden, was wiederum aus einer Programmanalyse (*engl. profiling*) hervorgeht.

In Abschnitt 3.7.3 wird die obige Funktion durch die Verwendung von Makros weiter verbessert.

16.2.4   Felder von Strukturen

Strukturen werden gerne eingesetzt, um in Programmen zusammengehörige Daten zusammenzufassen. Felder (siehe Kapitel 13) von Strukturen können verwendet werden, um mehrere Strukturen verwalten zu können. Ein Beispiel:

```
#define ADRESSE_NAME_LEN    30
#define ADRESSE_ORT_LEN     20
#define ADRESSE_STRASSE_LEN 50
struct Adresse_s
{ char name[ADRESSE_NAME_LEN];        // Name der Person
  long plz;                           // Postleitzahl
  char ort[ADRESSE_ORT_LEN];          // Wohnort
  char strasse[ADRESSE_STRASSE_LEN];  // Strasse
  long nummer;                        // Hausnummer
};

#define ADESSBUCH_LEN 100
struct Adresse_s Adressbuch[ADESSBUCH_LEN];
```

Es wurde die Struktur `Adresse` definiert, die die Attribute `name`, `plz`, `ort`, `strasse` und `nummer` enthält. Wie man sieht, können auch Felder – in diesem Fall Zeichenketten – innerhalb von Strukturen auftreten. Ein Objekt vom Typ `struct Adresse_s` verbraucht somit auf einer 32 Bit-Rechnerarchitektur theoretisch 108 Bytes (= 864 Bits). Anschließend wird das Feld `Adressbuch` mit 100 Einträgen definiert, das somit theoretisch $100 \cdot 108$ Bytes (= 86400 Bits) Speicher verbraucht. Wieviele Bytes bzw. Bits genau für eine Struktur verwendet werden, ist compiler- und systemabhängig. Auf vielen Systemen wird gefordert, dass Variablen vom Typ `long` oder `double` auf durch 2, 4 bzw. 8 teilbaren Adressen beginnen. Daher wird einerseits oft die Startadresse von Strukturen auf durch 8 teilbare Adressen gelegt, andererseits werden nach Erfordernis Füllbytes eingefügt. Enthält eine Datenstruktur beispielsweise ein Attribut vom Typ `char` und danach ein Attribut vom Typ `long`, so werden Füllbytes eingefügt, wodurch garantiert wird, dass das Attribut vom Typ `long` auf einer korrekten Adresse zu liegen kommt. Als Konsequenz weicht daher einerseits der tatsächliche Speicherverbrauch einer Struktur oft von dem theoretischen ab, andererseits schließen die einzelnen Attribute einer Struktur nicht notwendigerweise unmittelbar aneinander an, was für den Programmierer in der Praxis aber meist ohne Belang ist. Die tatsächliche Größe einer Struktur in Bytes lässt sich mit dem `sizeof`-Operator feststellen. Die Abweichung von der theoretischen Größe entsteht durch Füllbytes.

Felder von Strukturen können aber auch initialisiert werden. Dabei gilt, wie für alle Felder, dass bei *Teilinitialisierungen* – also bei nicht vollständigen Initialisierungen – nicht initialisierte Einträge auf 0 gesetzt werden. Statische und globale Felder werden automatisch mit 0 vorinitialisiert, automatische Felder hingegen nicht. Ein Beispiel eines vollständig initialisierten Adressbuches:

```
struct Adresse_s KleinesAdressBuch[3] =
{   {  "Joseph Haydn",
       2471,
       "Rohrau",
       "Obere Hauptstraße",
       25
    },
    {  "Wolfgang Amadeus Mozart",
       5020,
       "Salzburg",
       "Getreidegasse",
       9
    },
    {  "Franz Schubert",
       1090,
       "Wien",
       "Nußdorfer Straße",
       54
    }
};
```

Initialisierte Strukturen werden zwischen geschwungenen Klammern geschrieben. Sie werden durch Beistriche von einander getrennt.

Um auf die einzelnen Strukturen und deren Felder zuzugreifen, ist, je nach Erfordernis, der Selektionsoperator oder der Indexoperator anzuwenden. Um beispielsweise auf die erste Struktur zuzugreifen, verwendet man

```
KleinesAdressBuch[0]
```

da `KleinesAdressBuch` ein Feld ist. Für die beiden folgenden Strukturen sind die Indizes 1 bzw. 2 zu verwenden. Soll innerhalb dieser Struktur auf das Attribut `nummer` zugegriffen werden, so muss an die Struktur wie gehabt das Attribut angefügt werden:

```
KleinesAdressBuch[0].nummer = 23;
```

Soll eine Zeichenkette nachträglich geändert werden, muss der neue Text in die Zeichenkette (sie ist ein Feld von Zeichen) kopiert werden:

```
strcpy(KleinesAdressBuch[0].name, "Johannes Brahms");
```

Um ein Zeichen aus dem Attribut name anzusprechen, muss folgender Ausdruck verwendet werden.

```
KleinesAdressBuch[0].name[0] = 'J';
```

Attribute in Strukturen werden wie Variablen verwendet. Durch die Verwendung von Feldern und Strukturen ändert sich aber ihr Name. Es muss, je nach Typ, entweder der Indexoperator zum Referenzieren eines Feldelementes oder der Selektionsoperator für Strukturen verwendet werden.

Enthält eine Struktur Zeichenketten oder Felder allgemein, ist zu überlegen, ob statt Felder nicht besser Zeiger verwendet werden sollen. Felder haben den Vorteil, dass sie einfacher zu verwalten sind – sie werden automatisch mit der geforderten Feldlänge angelegt. Felder sind aber starr. Für viele Namen wird die Feldlänge des Attributs name überdimensioniert sein. Für lange Namen ist sie zu kurz.

Zeiger hingegen haben den Vorteil der Flexibilität. Sie erfordern aber wesentlich mehr Anstrengung, da die Verwaltung der Felder bzw. Speicherblöcke, auf die sie zeigen, sehr aufwendig sein kann. Hier sei der Vollständigkeit halber die obige Struktur Adresse_s platzsparender mit Zeigern organisiert gezeigt:

```
struct Adresse_s
{   char *name;      // Name der Person
    long  plz;       // Postleitzahl
    char *ort;       // Wohnort
    char *strasse;   // Strasse
    long  nummer;    // Hausnummer
};

struct Adresse_s Adressbuch[100];
```

Die Struktur kann genau so verwendet werden wie die Variante mit Feldern! Das Anlegen der Strukturelemente ist hier im Detail aber nicht gezeigt. Dazu sei auf Kapitel 20 verwiesen, in dem dynamischer Speicher vorgestellt wird.

Zeiger auf Strukturen sind genau so zu behandeln wie Zeiger auf einfache Datentypen. Ein Beispiel:

```
struct Adresse_s *ptr = Adressbuch;
```

Mit obiger Anweisung wird ein Zeiger definiert, der auf den Beginn des Feldes Adressbuch zeigt. Der Zugriff auf die Attribute der Struktur kann vollkommen analog zu oben erfolgen:

```
ptr->nummer = 23;
strcpy(ptr->name, "Johannes Brahms");
ptr->name[0] = 'J';
```

Es sei darauf hingewiesen, dass der Zeiger name auf einen gültigen Speicherbereich zeigen muss.

16.2.5 Bitfelder

Für speicherkritische Anwendungen werden sogenannte Bitfelder definiert. Wahrheitswerte können beispielsweise nur zwei Zustände annehmen („wahr" oder „falsch"), die mit 1 bzw. 0 dargestellt werden. Zur Speicherung von Wahrheitswerten wurde bisher der Datentyp long verwendet, obwohl eigentlich auch ein Bit genügt hätte. In Bitfeldern werden also mehrere ganzzahlige Objekte in einem Maschinenwort zusammengefasst, was beispielsweise auch zur Nachbildung von Hardwareregistern vorteilhaft ist:

```
struct Bitfelder_s
{   unsigned int a : 1; // Bitfeld der Länge 1
    unsigned int b : 2; // Bitfeld der Länge 2
    unsigned int c : 3; // Bitfeld der Länge 3
    unsigned int d : 5; // Bitfeld der Länge 5
};
```

Die Struktur Bitfelder_s besteht aus den vier Attributen (Bitfeldern) a, b, c und d, die jeweils 1, 2, 3 bzw. 5 Bit breit sind. In diesem Fall ist die Darstellung von vier Objekten in einem Maschinenwort möglich, was für die Darstellung von Hardwareregistern notwendig ist.

Bitfelder dürfen nur als int vereinbart werden, wobei das Schlüsselwort signed (vorzeichenbehaftet) oder unsigned (vorzeichenlos) aus Gründen der Portabilität erforderlich ist. Anschließend wird der Variablenname angegeben. Wird er weggelassen (das Bitfeld ist dann anonym), so wird ein Zwischenraum geschaffen. Bitfelder werden durch den Doppelpunkt gefolgt von der Anzahl der Bits definiert. Wird für anonyme Bitfelder die Länge mit 0 angegeben, so wird das nächste Bitfeld in ein neues Maschinenwort gesetzt. Ein Beispiel:

```
struct Bitfelder_s
{   unsigned int a : 10; // Bitfeld der Länge 10
    unsigned int   : 6;  // Anonymes Bitfeld
    unsigned int b : 10; // Bitfeld der Länge 10
    unsigned int   : 0;  // Anonymes Bitfeld
    signed   int c : 2;  // Bitfeld der Länge  2
};
```

Es werden drei Attribute a, b und c definiert. Die Attribute a und b haben die Länge 10 Bit und sind vorzeichenlos. Dazwischen ist ein Zwischenraum von 6 Bits. Das Bitfeld c ist vorzeichenbehaftet. Es wird im nächsten Maschinenwort erzwungen.

Bitfelder können wie andere ganzzahlige Datentypen verwendet werden. Ein Beispiel:

```
struct Bitfeld_s bf;
// ...
bf.a = 36;
bf.b = 29;
bf.c = -1;
```

Bitfelder werden meist eingesetzt, um Speicherplatz zu sparen. Es kann damit aber auch ein spezieller Aufbau eines Hardware-Registers konstruiert werden. Bitfelder sind aber maschinenabhängig. Je nachdem wieviele Bits ein Maschinenwort hat, werden Füllbits eingefügt oder nicht. Verschiedene Compiler verfolgen unterschiedliche Strategien beim „Füllen" eines Maschinenwortes. Des weiteren haben Bitfelder keine Adresse, weil sie Teil eines Maschinenwortes sind, weshalb auch keine Zeiger auf Bitfelder definiert werden können. Ebenso sind Felder von Bitfeldern nicht möglich.

16.3   Aufzählungen

Aufzählungen werden in C verwendet, um mehrere Konstanten zu definieren und zu einem Typ zu kombinieren. Alle Konstanten müssen ganzzahlig sein. Diese Zahlen werden der Reihe nach aufsteigend mit 0 beginnend vergeben.

```
enum Enumname_e
{ NAME1,
  NAME2,
  NAME3
};
```

Somit steht NAME1 für 0, NAME2 für 1 und NAME3 für 2. Ein Beispiel:

```
enum Boolean_e
{ FALSE,    // ist 0
  TRUE      // ist 1
};
```

Variablen werden analog zu Strukturen definiert,

```
enum Enumname_e Variablenliste;
```

wobei Variablenliste für einen oder mehrere Variablennamen steht, die durch Beistriche voneinander getrennt sind.

Den einzelnen Konstanten können auch ganzzahlige Werte[1] explizit zugeordnet werden, wie das folgende Beispiel zeigt:

```
enum Farbe_e
{ FARBE_ROT   = 1,
  FARBE_GRUEN = 2,
  FARBE_BLAU  = 4
};
```

Werden Zahlenwerte weggelassen, so werden die Zahlen wieder aufsteigend vergeben. Die obige Struktur könnte somit (etwas ungünstiger) auch durch

```
enum Farbe_e
{ FARBE_ROT   = 1,
  FARBE_GRUEN,        // automatisch 2, jedoch problematisch
  FARBE_BLAU  = 4
};
```

definiert werden, da sich die 2 für FARBE_GRUEN automatisch ergibt.

---

[1]Welcher Datentyp verwendet wird (short int oder long int), ist compiler- bzw. maschinenabhängig. Auf 32-Bit-Rechnerarchitekturen wird ein Aufzählungstyp zumeist mit einem long dargestellt. Auf 16-Bit-Rechnerarchitekturen wird ein 16-Bit-int, auf 64-Bit-Rechnerarchitekturen, teilweise ein 32-, teilweise ein 64-Bit-int verwendet.

Es ist jedoch fehleranfällig, die automatische Vergabe von Zahlen mit der Angabe von expliziten Werten zu mischen.

Ein weiteres Beispiel zeigt die sinnvolle Definition von Monaten durch eine Aufzählung:

```
enum Monat_e
{ MONAT_JANUAR = 1,
  MONAT_FEBRUAR,
  MONAT_MAERZ,
  MONAT_APRIL,
  MONAT_MAI,
  MONAT_JUNI,
  MONAT_JULI,
  MONAT_AUGUST,
  MONAT_SEPTEMBER,
  MONAT_OKTOBER,
  MONAT_NOVEMBER,
  MONAT_DEZEMBER
};
```

Aufzählungstypen werden gerne eingesetzt, um Mengen gleichartiger Namen zu erzeugen, die voneinander unterschieden werden sollen. Der Aufzählungstyp soll garantieren, dass jeder Name für einen eindeutigen Zahlenwert steht. Durch das explizite Zuordnen von Zahlen wird dies jedoch gefährdet.

 Vermeiden Sie für Aufzählungstypen die explizite Zuordnung von Zahlen. Ist dies nicht zu vermeiden, so ist Vorsicht geboten, da die Eindeutigkeit der Zahlenwerte durch den Compiler nicht überprüft wird! Es ist in diesem Sinne jedoch unbedenklich, wenn nur dem ersten Namen eine Zahl zugeordnet wird.

Ein weiterer Vorteil von Aufzählungstypen ist, dass die Eindeutigkeit auch beim Umsortieren der Namen gewährleistet bleibt, sofern keine expliziten Werte angegeben werden. Im folgenden Beispiel wird die Woche zunächst mit Montag beginnend definiert:

```
enum Wochentag_e
{ WT_MONTAG,
  WT_DIENSTAG,
  WT_MITTWOCH,
  WT_DONNERSTAG,
  WT_FREITAG,
  WT_SAMSTAG,
  WT_SONNTAG
};
```

Durch ein simples Umstellen beginnt die Woche mit Sonntag:

```
enum Wochentag_e
{ WT_SONNTAG,
  WT_MONTAG,
  // ...
  WT_SAMSTAG
};
```

Zu beachten ist auch, dass durch das Umsortieren den Namen andere Werte zugeordnet werden. Beispielsweise steht `WT_MONTAG` im ersten Fall für 0, im zweiten für 1.

Eine Definition einer Konstanten und einer Variablen des Typs `enum Wochentag_e` zeigt das folgende Beispiel:

```
const enum Wochentag_e fronleichnam = WT_DONNERSTAG;
      enum Wochentag_e neujahr      = WT_DIENSTAG;
```

Die Variable `neujahr` wird mit `WT_DIENSTAG` initialisiert, während die Konstante `fronleichnam` immer ein Donnerstag ist. Wird die Reihenfolge der Wochentage in `enum Wochentag_e` verändert, so braucht das Programm nicht nachgebessert werden, da jeder Konstanten ein eindeutiger Wert zugeordnet ist und die Werte der Konstanten selbst nicht interessieren.

Folgendes Beispiel zeigt die Definition zweier Variablen des Typs `enum Farbe_e`:

```
enum Farbe_e ferrari1 = FARBE_ROT;
enum Farbe_e ferrari2 = FARBE_ROT + FARBE_GRUEN;
```

Hierbei ist die Tatsache ausgenutzt, dass durch das Überlagern der Spektralfarben *rot* und *gruen* die Farbe *gelb* entsteht. Wird die Farbe *gelb* selbst jedoch mit 3 abgefragt, ist das Programm Änderungen gegenüber fehleranfällig. C erlaubt daher das Verwenden von „gerade definierten" Aufzählungskonstanten innherhalb desselben Aufzählungstyps:

```
enum Farbe_e
{ FARBE_SCHWARZ = 0, // schwarz ist genaugenommen keine Farbe...
  FARBE_ROT     = 1,
  FARBE_GRUEN   = 2,
  FARBE_BLAU    = 4,
  FARBE_GELB    = FARBE_ROT + FARBE_GRUEN,
  FARBE_MAGENTA = FARBE_ROT +               FARBE_BLAU,
  FARBE_TUERKIS =             FARBE_GRUEN + FARBE_BLAU,
  FARBE_WEISS   = FARBE_ROT + FARBE_GRUEN + FARBE_BLAU
};
```

Die Farben ergeben sich nun durch Addition der Spektralfarben.

16.4   Variante Strukturen

Variante Strukturen haben große Ähnlichkeit mit regulären Strukturen, die mit `struct` definiert werden. Während jedoch die Attribute von regulären Strukturen hintereinander im Speicher angelegt werden, belegen Attribute varianter Strukturen denselben Speicherbereich, ihre Attribute liegen quasi übereinander. Dies bedingt, dass beim Schreiben eines Attributs alle anderen überschrieben und somit ungültig werden, ihre Werte sind in Folge somit *nicht definiert*!

Variante Strukturen werden eingesetzt, wenn verschiedene Attribute zu einer Struktur zusammengefasst werden sollen, die jedoch nicht gleichzeitig auftreten können. Ein geometrisches Objekt kann beispielsweise ein Kreis oder ein Rechteck sein, nicht aber beides.

Variante Strukturen werden mit dem Schlüsselwort `union` definiert. Die Definition von neuen Datentypen bzw. Variablen ist äquivalent zu der Definition von Strukturen mit `struct`:

```
union Unionname_u
{  Typ Attributname;
   // ...
};
```

Ein Beispiel:

```
union Zahl_u
{  double punktZahl;
   long   ganzeZahl;
};
```

Die Länge einer varianten Struktur entspricht der Länge des größten Attributs. Das erste Attribut ist hier vom Typ double, das zweite vom Typ long. Auf einer 32-Bit-Rechnerarchitektur benötigt das Attribut punktZahl daher 64 Bit (8 Byte) und ganzeZahl 32 Bit (4 Byte). Die Länge der varianten Struktur Zahl_u ergibt sich zu 64 Bit. Wird das Attribut ganzeZahl verwendet, bleiben die oberen 32 Bit der Struktur ungenutzt, wie Abbildung 16.2 zeigt.

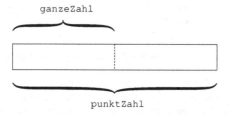

Abbildung 16.2: Speicheraufteilung der varianten Struktur union Zahl_u

Variablen des Typs Zahl_u werden äquivalent zu Variablen von struct-Datentypen definiert:

```
union Unionname_u Variablenliste;
```

Variablenliste steht wieder für einen oder mehrere Variablennamen, die durch Beistriche voneinander getrennt sind.

Ein Beispiel lautet:

```
union Zahl_u punktOderGanzeZahl;
```

Die Typdefinition könnte nach dem C-Standard sogar mit der Variablendefinition kombiniert werden, was aber nicht empfohlen ist:

```
union Zahl_u
{  double punktZahl;
   long   ganzeZahl;
} punktOderGanzeZahl;
```

 Trennen Sie Typ- und Variablendefinitionen strikt!

Der Vollständigkeit halber sei erwähnt, dass bei kombinierten Typ- und Variablendefinitionen der Typname nach dem C-Standard sogar entfallen könnte, wenn der Datentyp nur an einer Stelle im Programm verwendet wird. Die variante Struktur wird dann anonym definiert:

```
union
{  Typ Attributname;
   // ...
} Variablenliste;
```

Es ist jedoch nicht empfohlen anonyme Strukturen zu verwenden. Eine Ausnahme stellen anonyme variante Substrukturen dar, wie weiter unten gezeigt.

Variablen varianter Strukturen werden wie reguläre Struktur-Variablen verwendet. Um auf die einzelnen Attribute zuzugreifen, ist der Operator . zu verwenden. Ein Beispiel:

```
a.ganzeZahl = 5;   // a.ganzeZahl ist gültig, a.punktZahl ist ungültig
...                // a.ganzeZahl kann verwendet werden
a.punktZahl = 1.3; // a.punktZahl ist gültig, a.ganzeZahl ist ungültig
...                // a.punktZahl kann verwendet werden
```

Variante Strukturen können, wie reguläre Strukturen, mit dem Zuweisungsoperator = kopiert werden.

Wie oben erwähnt, werden in varianten Strukturen, sobald ein Attribut geschrieben wird, alle anderen ungültig. Die Information, welches Attribut gültig ist, muss separat gespeichert werden. Werden Variablen, die mit union definiert wurden, kopiert, muss diese Information ebenfalls weitergegeben werden.

Im folgenden Beispiel werden zwei Strukturen Kreis_s und Rechteck_s definiert und zu einer varianten Struktur mit dem Namen GeoObjekt_u kombiniert. In einer weiteren Struktur wird diese eingebunden und mit dem Attribut typ zu einer Struktur GeoObjekt_s verbunden.

```
struct Kreis_s
{ double x, y; // Position des Mittelpunktes
  double r;    // Radius
};
struct Rechteck_s
{ double x, y; // Position des linken unteren Punktes
  double b, h; // Breite, Höhe
};
union GeoObjekt_u   // Definition einer varianten Struktur
{ struct Kreis_s    kreis;
  struct Rechteck_s rechteck;
};
enum GeoObjektTyp_e
{ GEOTYP_KREIS,
  GEOTYP_RECHTECK
};
struct GeoObjekt_s
{ enum  GeoObjektTyp_e typ;
  union GeoObjekt_u    geoObjekt;
};
```

Das Attribut `typ` darf nur genau einen von zwei vorgegebenen Werten annehmen, die durch einen eigenen Aufzählungstyp definiert sind: Ist `typ` gleich `GEOTYP_KREIS`, so enthält die variante Struktur `GeoObjekt_u` einen Kreis, ist er `GEOTYP_RECHTECK` ein Rechteck.

Für das Markieren des gültigen Attributs einer varianten Struktur ist eine weitere Variable notwendig. Oft ist die Kombination dieses „Merkers" und der `union` zu einer Struktur vorteilhaft. Für den Datentyp des Merkers ist ein `enum`-Datentyp empfohlen.

Ein Beispiel für die Benutzung der Struktur könnte so aussehen:

```
struct GeoObjekt_s g;
// ...
// Setzen der Daten für einen Kreis
g.typ = GEOTYP_KREIS;
g.geoObjekt.kreis.x = 2.3;
g.geoObjekt.kreis.y = 4.5;
g.geoObjekt.kreis.r = 8;
```

Die Namen der *Attribute eines Objektes* setzen sich aus dem Objektnamen (`g`) und sämtlichen Attributnamen der Strukturen zusammen, die es beinhalten. Somit ist auch das Attribut `geoObjekt` anzugeben, wenn die Attribute der `union GeoObjekt_u` erreicht werden sollen. Da dies bei tief verschachtelten Strukturen oft zu sehr langen Variablennamen führt, werden hier gerne anonyme variante Strukturen verwendet. Dies erfordert allerdings die Definition der `union` innerhalb der Struktur.

Das folgende Beispiel zeigt die Definition des Datentyps `GeoObjekt_s` mit einer anonymen varianten Substruktur. Beim Ansprechen der Attribute braucht für die anonyme `union` kein Name angegeben zu werden.

```
struct GeoObjekt_s
{ enum GeoObjektTyp_e typ; // GEOTYP_KREIS    ... Kreis
                           // GEOTYP_RECHTECK ... Rechteck
  union
  { struct Kreis_s    kreis;
    struct Rechteck_s rechteck;
  };
};
// ...
struct GeoObjekt_s g;
// ...
g.typ = GEOTYP_KREIS;
g.kreis.x = 2.3;    // Der "Name" der anonymen varianten Struktur entfällt
g.kreis.y = 4.5;
g.kreis.r = 8;
```

Attribute anonymer Strukturen werden wie die Attribute der Struktur angesprochen, die sie enthält. Dadurch wird vorgetäuscht, dass sie Attribute der „äußeren" Struktur sind, was aber nicht der Fall ist. Bei der Verwendung von anonymen Strukturen ist daher besondere Sorgfalt auf die Namensgebung der Attribute zu legen.

16.5   Rekursive Strukturen

Rekursive Strukturen sind Strukturen, die Attribute enthalten, die auf Strukturen desselben Typs verweisen. Eine simple rekursive Struktur ist beispielsweise

```
struct Eintrag_s
{   struct Eintrag_s *naechster;
    long            wert;
};
```

Die Struktur `Eintrag_s` enthält zwei Attribute: Den Zeiger `naechster` und die ganze Zahl `wert` vom Typ `long`. Das Attribut `naechster` zeigt auf ein weiteres Objekt des Typs `Eintrag_s`. Es können also schon Zeiger auf eine Struktur angeschrieben werden, während der Typ, auf den gezeigt wird, definiert wird.

Beachten Sie bitte, dass das Attribut `naechster` ein *Zeiger* auf ein weiteres Objekt vom Typ `struct Eintrag_s` ist. Der Operator `sizeof` liefert für diese Struktur auf einer 32-Bit-Rechnerarchitektur den Wert 8, da sowohl der Zeiger als auch das `long` die Länge 32 Bit (4 Byte) haben. Die folgende Strukturdefinition ist jedoch nicht möglich:

```
struct Eintrag_s
{   struct Eintrag_s naechster; // Fehler
    long            wert;
};
```

Das Attribut `naechster` ist hier kein Zeiger. Es wird versucht, ein Attribut vom Typ einer noch nicht vollständig definierten Struktur anzuschreiben. Dies ist jedoch nicht möglich, da die Länge der Struktur nicht festgestellt werden kann. Diese Rekursion ist nicht auflösbar und eine Übersetzung durch den Compiler nicht möglich.

Rekursive Strukturen können sehr sinnvoll eingesetzt werden, im Besonderen mit dynamischer Speicherverwaltung (siehe Kapitel 20).

16.6   Deklaration von abgeleiteten Datentypen

In den Abschnitten zuvor wurde die *Definition* neuer Datentypen, sogenannter abgeleiteter Datentypen, erklärt. Diese werden aus bereits vorhandenen Datentypen zusammengesetzt. Die *Definition* solcher Datentypen in C erfolgt mit den Schlüsselwörtern `struct`, *union* und enum[2]. Ferner wird ein Name für den neuen Datentyp vergeben (bei anonymen Datenstrukturen wird dieser jedoch weggelassen). Wesentliches Charakteristikum der *Definition eines Datentyps* in C ist jedoch, dass der Rumpf, also die Beschreibung der Elemente der Struktur, der Variante bzw. der Aufzählung in geschwungenen Klammern angegeben wird. Der neue Datentyp wird dadurch beschrieben – *definiert*.

Ein abgeleiteter Datentyp kann aber auch *deklariert* werden. Dies ist speziell dann erforderlich, wenn Zeiger auf Objekte dieses Datentyps verwendet werden sollen, die Interna des Datentyps zugleich jedoch nicht interessieren. Die Definition des Datentyps selbst erfolgt dann in einem anderen Modul. Will man also Zeiger auf einen abgeleiteten Datentyp verwenden, aber nicht direkt auf die Elemente zugreifen (der Zugriff erfolgt dann beispielsweise über eigene Schnittstellenfunktionen), so interessiert die komplette Definition des Datentyps nicht. Notwendig ist in diesem Fall aber dann zumindest die *Deklaration* des Datentyps – die Bekanntmachung des Datentyps an den Compiler. Er wird darüber informiert,

---

[2]Streng genommen gehören zu einem Datentyp auch die auf ihm verwendeten Operatoren und Methoden (siehe Kapitel 6).

dass ein Datentyp an einer anderen Stelle im selben Projekt existiert und *definiert* ist. Beispiele solcher Deklarationen sind:

```
// Deklarationen von abgeleiteten Datentypen
struct Punkt_s;
union  Zahl_u;
enum   Boolean_e;
```

Der Compiler wurde darüber informiert, dass die Datentypen `Punkt_s`, `Zahl_u` und `Boolean_e` an einer anderen Stelle aber doch im selben Projekt definiert sind. Somit können Zeiger auf diese Datentypen definiert werden:

```
// Definition von Zeigern auf Objekte
struct Punkt_s    *p;
union  Zahl_u     *z;
enum   Boolean_e  *b;
```

Ist innerhalb eines Moduls ein Datentyp nur *deklariert* nicht jedoch *definiert*, können keine Objekte dieses Datentyps angelegt werden! Denn durch die *Deklaration* wurde dem Compiler nur der Name eines neuen Datentyps mitgeteilt, nicht jedoch sein Aufbau und seine Größe.

```
// Deklarationen von abgeleiteten Datentypen
struct Punkt_s;
union  Zahl_u;
enum   Boolean_e;
// ...
// Definition von Objekten
struct Punkt_s    punkt; // Fehler!
union  Zahl_u     zahl;  // Fehler!
enum   Boolean_e  bool;  // Fehler!
```

Die Objekte `punkt`, `zahl` und `bool` können nicht angelegt werden, da die Größe der Datentypen nicht bekannt ist!

Ist innerhalb eines Moduls ein Datentyp nur *deklariert* nicht jedoch *definiert*, können Zeiger auf Objekte dieses Datentyps nicht dereferenziert werden, denn es ist weder die Objektgröße noch der Aufbau des Datentyps bekannt!

```
// Deklarationen eines abgeleiteten Datentyps
struct Punkt_s;
// Definition von Zeigern auf Punkt_s
struct Punkt_s    *p1, *p2;
// ...
*p1   = *p2; // Fehler! Zugriff auf Objekt unbekannten Aufbaus
p1->x = 1;   // Fehler! Zugriff auf unbekanntes Attribut
```

Die Deklaration eines abgeleiteten Datentyps ist eine sehr nützliche Spracheigenschaft von C, damit Zeiger auf Objekte eines Datentyps zur Datenhaltung auch in anderen Modulen definiert werden können.

Die Deklaration von eingebauten Datentypen ist natürlich sinnlos.

```
long;     // Fehler!
double;   // Fehler!
```

Analog zur *Deklaration einer Funktion* (siehe Abschnitt 11.2) kann zusammenfassend gesagt werden, dass die *Deklaration eines Datentyps* lediglich die Bekanntmachung an den Compiler ist, dass ein Datentyp dieses Namens existiert. Die *Deklaration* entspricht somit der „Sicht von außen" – im Gegensatz zur *Definition*, die den Datentyp näher beschreibt als „Sicht von innen".

An dieser Stelle sei ein kurzes Resümee erlaubt: Unterscheiden Sie also sowohl zwischen der *Definition* und *Deklaration* von Funktionen (siehe Kapitel 11), Variablen (siehe Kapitel 12) und abgeleiteten Datentypen!

16.7 Typdefinition mit `typedef`

Mit der `typedef`-Vereinbarung können neue Typnamen erzeugt werden. Die neu erzeugten Typnamen sind zu der Bezeichnung, für die sie stehen, vollkommen äquivalent. Ein Beispiel: Die Vereinbarung

```
typedef char *string;
```

definiert den neuen Typnamen `string`, der ab jetzt anstatt `char *` verwendet werden kann.

Auffällig ist, dass neue Typnamen innerhalb einer `typedef`-Vereinbarung wie Variablennamen in einer Variablendefinition gebraucht werden. Tatsächlich soll obiges Beispiel auch folgendes aussagen: Wird eine Variable mit dem Typnamen `string` definiert, so wird sie so definiert, wie eine gedachte Variable `string` in der Typdefinition.

Beide der folgenden Variablendefinitionen sind daher vollkommen ident:

```
char   *text1 = "Hallo";
string  text2 = "Welt";
```

Will man einen neuen Typnamen für eine Zeichenkette der Länge 20 einführen, so muss die Vereinbarung lauten:

```
typedef char namensfeld[20];
namensfeld name;
```

In der zweiten Zeile des obigen Beispiels wird bereits eine Zeichenkette der Länge 20 definiert.

 Durch den geschickten Einsatz von `typedef` und geschickte Namensgebung kann die Lesbarkeit eines Programmes erhöht werden.

Wie in den Abschnitten zuvor gezeigt, muss bei der Verwendung eines selbst definierten Datentyps immer das Schlüsselwort `struct` angegeben werden. Das ist lästig. Die `typedef`-Vereinbarung wird daher gerade hier oft eingesetzt:

```
typedef struct Adresse_s Adresse_t;
```

Die typedef-Vereinbarung kann auch mit der Strukturdefinition kombiniert werden:

```
typedef struct Adresse_s
{   char name[30];        // Name der Person
    long plz;             // Postleitzahl
    char ort[20];         // Wohnort
    char strasse[50];     // Strasse
    long nummer;          // Hausnummer
} Adresse_t;
```

Für die Definition des Feldes Adressbuch kann jetzt geschrieben werden:

```
Adresse_t Adressbuch[100];
```

Für mit typedef definierte Typnamen wird oft das Postfix _t verwendet, um Variablennamen besser von neuen Typnamen unterscheiden zu können.

Wie bei regulären Strukturen können mit der typedef-Vereinbarung neue Typnamen auch für variante Strukturen erzeugt werden, wie im folgenden Beispiel gezeigt:

```
typedef union Zahl_u Zahl_t;
Zahl_t a, b;  // Definition der Variablen a und b des Typs union Zahl_u
```

 Es sei betont, dass mit der typedef-Vereinbarung kein neuer Datentyp definiert wird. Es wird vielmehr ein weiterer Name für einen bestehenden Typ geschaffen, der ebenfalls verwendet werden kann.

16.8 Beispiele

16.8.1 Ein Menü

Schreiben Sie ein Programm zur Ausgabe eines Menüs. Das Menü sollte folgende Form haben:

```
Menü
=====
1 ... Eingabe
2 ... Ausgabe
3 ... Suchen
4 ... Löschen
0 ... Beenden
m ... Menue
```

Verwalten Sie die Informationen über dieses Menü in einem Feld von Strukturen, wobei eine Struktur einen Menüpunkt darstellt, der ein Zeichen und einen erklärenden Text speichert.

Schreiben Sie ein kleines Hauptprogramm, um ihre Funktionen zu testen. Dieses Programm wird in Abschnitt 16.8.2 weiterverwendet werden.

Lösung:

Die Menüpunkte werden in dem globalen Feld `menuePunkte` verwaltet. Der letzte Eintrag ist 0 und soll das Ende des Feldes markieren. Die Funktion `Menue` gibt alle Einträge dieses Feldes in der oben gezeigten Form aus. Der Zeiger `mp` wird verwendet, um über alle Elemente des Feldes zu iterieren. Bei der Null-Markierung wird gestoppt.

Die Funktion `MenueAuswahl` dient der Benutzerabfrage und überprüft die Eingabe. Wurde ein Zeichen eingegeben, das im Feld `menuePunkte` eingetragen ist, wird es zurückgegeben. Andernfalls wird eine Fehlermeldung ausgegeben und die Abfrage wiederholt. Es werden somit nur gültige Zeichen retourniert.

```
#include <stdio.h>
#include <ctype.h>

typedef struct MenuePunkt_s MenuePunkt_t;
struct MenuePunkt_s                                            bsp-16-1.c
{   char  zeichen; // Auswahl: Kleinbuchstabe od. Zeichen
    char *text;    // Informeller Text
};
// Auflistung aller Menuepunkte
static MenuePunkt_t menuePunkte[] =
{   { '1', "Eingabe" },
    { '2', "Ausgabe" },
    { '3', "Suchen"  },
    { '4', "Löschen" },
    { '0', "Beenden" },
    { 'm', "Menue"   },
};
#define MENUEPUNKTE_LEN sizeof(menuePunkte) / sizeof(MenuePunkt_t)

/* LeereEingabepuffer: Leert den Standardeingabepuffer
 *                     bis zum nächsten '\n'
 * Parameter:    Keiner
 * Rückgabewert: Keiner
 */
void LeereEingabepuffer()
{   while (getchar() != '\n');
}  // end LeereEingabepuffer

/* Menue: Gibt ein Menue aus
 *        Verwendet Strukturen in menuePunkte
 * Parameter:    Keiner
 * Rückgabewert: Keiner
 */
void Menue()
{   long i;

    printf("\n");
    printf("Menü\n");
    printf("=====\n");

    for (i = 0; i < MENUEPUNKTE_LEN; i = i + 1)
       printf(" %c ... %s\n", menuePunkte[i].zeichen, menuePunkte[i].text);

    printf ("\n");
}  // end Menue

/* MenueAuswahl: Benutzerabfrage zum Menue
 * Parameter:    Keiner
 * Rückgabewert: Korrekte Benutzereingabe
 *           Typ: char
 */
```

```
char MenueAuswahl()
{  long i;
   char zeichen;

   while (1)
   {  printf("Wahl (m für Menue): ");
      zeichen = getchar();
      zeichen = tolower(zeichen);
      LeereEingabepuffer();

      if (zeichen == 'm')
      {  Menue();
         continue;
      }
      for (i = 0; i < MENUEPUNKTE_LEN; i = i + 1)
         if (zeichen == menuePunkte[i].zeichen)
            return zeichen;
      printf("Falsche Eingabe!\n");
   }
}  // end MenueAuswahl

main()
{  char zeichen;

   printf("Kleine Adressverwaltung\n");
   printf("=======================\n");
   Menue();

   do
   {  zeichen = MenueAuswahl();

      switch (zeichen)
      {case '1':
         printf("Eingabe\n");
         break;
       case '2':
         printf("Ausgabe\n");
         break;
       case '3':
         printf("Suchen\n");
         break;
       case '4':
         printf("Löschen\n");
         break;
      }
   } while (zeichen != '0');
}  // end main
```

16.8.2 Eine Adressverwaltung

Entwickeln Sie eine kleine Adressverwaltung. Dabei sollen von einer Person folgende Daten gespeichert werden: Name, Postleitzahl, Wohnort, Straße und die Hausnummer. Verwenden Sie dazu die Struktur aus Abschnitt 16.2.4. Schreiben Sie folgende Funktionen und binden Sie sie in das Hauptprogramm ein:

- Eingabe liest einen kompletten Datensatz ein. Die Gesamtanzahl der gespeicherten Datensätze wird um eins erhöht.

- Ausgabe gibt alle Datensätze aus.

- `SucheName` ermöglicht die Suche nach einem bestimmten Datensatz anhand des Namens einer Person. Schreiben Sie die Funktion so, dass nicht der komplette Name angegeben werden muss. (Hinweis: Verwenden Sie die Funktion `strncmp`.)

- `LoescheDatensatz` löscht einen Datensatz. Gehen Sie wie in der Funktion `SucheName` vor, um einen Datensatz zu finden. Bauen Sie eine Sicherheitsabfrage ein. Füllen Sie die entstandene „Lücke" durch Nachrücken der anderen Datensätze auf und korrigieren Sie die Gesamtanzahl der gespeicherten Datensätze. (Hinweis: Es entsteht nicht wirklich eine Lücke, wenn der Datensatz durch das Verschieben der anderen gelöscht wird.)

Schreiben Sie die Funktionen in dieser Reihenfolge.

Lösung:

Es wird das Programm aus Abschnitt 16.8.1 erweitert: Die Funktion `getline` dient dem Einlesen einer Zeile. Dabei kann die Länge des Zeichenfeldes angegeben werden, um ein Schreiben über die Feldgrenzen zu verhindern. Neue Strukturen werden immer hinten angefügt.

Die Funktionen `Eingabe` und `LoescheDatensatz` korrigieren die Gesamtanzahl der Datensätze selbständig. Das Suchen eines Datensatzes erfolgt auf die einfachste Art und Weise – sequenziell.

bsp-16-2.c

```c
#include <stdio.h>
#include <string.h>
#include <ctype.h>

#define NAME_LEN    30
#define ORT_LEN     20
#define STRASSE_LEN 50

typedef struct Adresse_s
{ char name[NAME_LEN];        // Name der Person
  long plz;                   // Postleitzahl
  char ort[ORT_LEN];          // Wohnort
  char strasse[STRASSE_LEN];  // Strasse
  long nummer;                // Hausnummer
} Adresse_t;

// Für das Menü werden die Funktionen aus dem vorherigen
// Beispiel gebraucht!

/* getline: Liest eine Textzeile ein
 * Parameter:
 *     str: Zeichenfeld
 *     num: Länge von Zeichenfeld
 * Rückgabewert: Keiner
 */
void getline (char *str, long num)
{ char c, *strende = str + num - 1;

  if (num > 0 && str)
  { while ((c = getchar ()) != '\n')
      if (str < strende)
      { *str = c;
        str = str + 1;
      }
      else
    break;
    *str = 0;
  }
} // end getline
```

```
/* Eingabe: Einlesen eines Datensatzes
 * Parameter:
 *      adressen: Die gesamte Datenbank
 *      index   : Index des neuen Elementes
 *                gleichzeitig Länge des Feldes
 * Rückgabewert: Keiner
 */
void Eingabe(Adresse_t adressen[], long *index)
{ printf("\n");
  printf("Name:      ");
  getline(adressen[*index].name, sizeof (adressen[*index].name));
  printf("PLZ:       ");
  scanf("%ld", &adressen[*index].plz);
  getchar();
  printf("Ort:       ");
  getline(adressen[*index].ort, sizeof(adressen[*index].ort));
  printf("Straße:    ");
  getline(adressen[*index].strasse,
          sizeof(adressen[*index].strasse));
  printf("Hausnummer: ");
  scanf("%ld", &adressen[*index].nummer);
  getchar();
  printf("\n");
  *index = *index + 1;
} // end Eingabe

/* AusgabeDatensatz: Ausgabe eines Datensatzes
 * Parameter:
 *      adressen: Die gesamte Datenbank
 *      index   : Index des Elementes
 * Rückgabewert: Keiner
 */
void AusgabeDatensatz(Adresse_t adressen[], long index)
{ printf("\n");
  printf("Name:      %s\n",  adressen[index].name);
  printf("PLZ:       %ld\n", adressen[index].plz);
  printf("Ort:       %s\n",  adressen[index].ort);
  printf("Straße:    %s\n",  adressen[index].strasse);
  printf("Hausnummer: %ld\n", adressen[index].nummer);
} // end AusgabeDatensatz

/* Ausgabe: Ausgabe aller Datensätze
 * Parameter:
 *      adressen: Die gesamte Datenbank
 *      anzahl  : Länge des Feldes
 * Rückgabewert: Keiner
 */
void Ausgabe(Adresse_t adressen[], long anzahl)
{ long i;

  for (i = 0; i < anzahl; i = i + 1)
     AusgabeDatensatz(adressen, i);

  printf("\n");
} // end Ausgabe

/* SucheName: Suchen nach einem Datensatz anhand
 *            des Namens
 * Parameter:
 *      adressen: Die gesamte Datenbank
 *      anzahl  : Länge des Feldes
 * Rückgabewert: Position im Feld. -1 bei Fehler
 *          Typ: long
```

```
*/
long SucheName(Adresse_t adressen[], long anzahl)
{  char name[NAME_LEN];
   long i;

   printf("Name: ");
   getline(name, NAME_LEN);

   for (i = 0; i < anzahl; i = i + 1)
      if (!(strncmp(name, adressen[i].name, strlen(name))))
         return i;

   return -1;
}  // end SucheName

/* LoescheDatensatz: Löschen eines Datensatzes anhand des Namens
 * Parameter:
 *      adressen: Die gesamte Datenbank
 *      anzahl  : Länge des Feldes
 * Rückgabewert: Keiner
 */
void LoescheDatensatz(Adresse_t adressen[], long *anzahl)
{  long index;

   index = SucheName(adressen, *anzahl);

   if (index == -1)
   {  printf("\n");
      printf("Datensatz nicht gefunden\n");
      printf("\n");
      return;
   }

   printf("\n");
   AusgabeDatensatz(adressen, index);
   printf("\n");

   printf("Datensatz löschen?: ");
   {  char zeichen;

      zeichen = getchar();
      getchar();
      if (tolower(zeichen) != 'j')
         return;
   }

   for (index = index + 1; index < *anzahl; index = index + 1)
      adressen[index - 1] = adressen[index];

   *anzahl = *anzahl - 1;
}  // end LoescheDatensatz

#define ADRESSBUCH_LEN 20
main()
{  char zeichen;
   Adresse_t Adressbuch[ADRESSBUCH_LEN];
   long anzahl = 0;

   printf("Kleine Adressverwaltung\n");
   printf("=======================\n");
   Menue();

   do
```

```
{   zeichen = MenueAuswahl();

    switch (zeichen)
    {case '1':
        if (anzahl < ADRESSBUCH_LEN)
            Eingabe(Adressbuch, &anzahl);
        else
            printf("Datenbank voll!\n");
        break;
     case '2':
        Ausgabe(Adressbuch, anzahl);
        break;
     case '3':
        {   long index;

            printf("\n");
            index = SucheName(Adressbuch, anzahl);
            if (index == -1)
            {   printf("\n");
                printf("Datensatz nicht gefunden\n");
                printf("\n");
            }
            else
            {   AusgabeDatensatz(Adressbuch, index);
                printf("\n");
            }
        }
        break;
     case '4':
        printf("\n");
        LoescheDatensatz(Adressbuch, &anzahl);
        printf("\n");
    }
} while (zeichen != '0');
} // end main
```

Kapitel 17

Dateien

Dateien sind Objekte, die vom Betriebssystem verwaltet werden. Die Standard-Bibliothek stellt eine Reihe an Funktionen zur Verfügung, die das komfortable Arbeiten mit Dateien ermöglichen. Eine Auswahl der meistverwendeten Befehle wird in diesem Kapitel anhand von Beispielen erläutert.

17.1 Datenströme

Die Standard-Bibliothek bietet zur Ein- und Ausgabe sogenannte Datenströme – kurz Ströme (*engl. streams*) – an. Ströme sind Objekte, in die Informationen geschrieben oder aus denen Informationen gelesen werden können. Will man von einer Datei lesen oder in eine Datei schreiben, so benötigt man einen Strom, über den die gesamte Kommunikation aber auch Positionierungen innerhalb der Datei erfolgen.

Die Standard-Bibliothek erlaubt den Zugriff auf Dateien nur über Datenströme. Unabhängig davon bieten auch Betriebssysteme Funktionen für den Zugriff auf Dateien an. Diese sind jedoch von Betriebssystem zu Betriebssystem unterschiedlich, weshalb hier lediglich Funktionen der Standard-Bibliothek erläutert werden.

Man unterscheidet zwischen gepufferten und nicht gepufferten Strömen. Gepufferte Ströme geben die Informationen nicht gleich weiter, sondern sammeln sie, bis genug Daten vorhanden sind, um als Ganzes oder in größeren Portionen beispielsweise auf die Festplatte oder den Bildschirm geschrieben zu werden. Nicht gepufferte Ströme geben die Daten sofort weiter, was bei block-orientierten Medien, wie z.B. der Festplatte, nicht sinnvoll ist. Im Folgenden werden nur gepufferte Ströme beschrieben.

Um mit Strömen arbeiten zu können, muss die Header-Datei `stdio.h` inkludiert werden. Folgende Ströme sind standardmäßig immer geöffnet:

Standard-Strom	Beschreibung
stdout	Standard-Strom für die Ausgabe
stdin	Standard-Strom für die Eingabe
stderr	Standard-Strom für Fehlermeldungen

Tabelle 17.1: Standardmäßig geöffnete Ströme

Bisher wurden Eingaben von der Standard-Eingabe gelesen und Ausgaben in die Standard-Ausgabe geschrieben. Dabei wurde bereits implizit mit Strömen gearbeitet, nämlich dem Standard-Eingabe-Strom `stdin` und dem Standard-Ausgabe-Strom `stdout`.

 Verwenden Sie für Fehlermeldungen den Standard-Strom `stderr`!

Funktionen, wie `printf` und `scanf`, verwenden implizit die Ströme `stdout` und `stdin`. Der Strom `stderr` sollte für Fehlermeldungen benutzt werden. In Unix-Systemen ist diese Konvention sehr sinnvoll, da die Ströme umgelenkt, gefiltert oder entfernt werden können. Dadurch ist es möglich, aus der regulären Ausgabe Fehlermeldungen herauszuschneiden, sie zu unterdrücken oder auch in eine eigene Datei zu lenken.

17.2   Öffnen und Schließen von Datenströmen

Ströme werden durch sogenannte *Filehandles* – Objekte des Typs `FILE` repräsentiert. Alle in diesem Kapitel vorgestellten Funktionen benötigen dieses Objekt als Argument. Für das Arbeiten mit einer Datei wird jedoch nur ein Zeiger (siehe Kapitel 14) auf das Filehandle verwendet. Die Informationen, die im Filehandle stehen, sind für den Programmierer nicht interessant. Sie werden vom Betriebssystem verwaltet und dürfen nicht geändert werden. Um auf eine Datei zugreifen zu können, muss diese zuerst mit einem Filehandle verknüpft werden. Ist die Arbeit mit einem Strom abgeschlossen, muss er geschlossen werden, wobei bei Ausgabe-Strömen alle gepufferten Daten geschrieben werden. Die Datei wird wieder freigegeben. Das Filehandle ist nach dem Schließen ungültig, da kein Strom zu der Datei mehr existiert! Jeder weitere Versuch, auf die Datei über ein ungültiges Filehandle zuzugreifen, ist nicht erlaubt.

Ein Beispiel:

```
FILE *datei;
datei = fopen("beispiel.txt", "r");
// ...
// Hier kann der Strom >datei< verwendet werden.
// ...
fclose(datei);
```

Zuerst wird ein Zeiger auf ein Objekt vom Typ `FILE` definiert. Danach wird mit dem Befehl `fopen` die Datei `beispiel.txt` zum Lesen (`"r"`) geöffnet. Ab jetzt steht der Strom, auf den `datei` zeigt, zur Verfügung – es kann aus der Datei gelesen werden. Wird die Datei nicht mehr benötigt, so wird der Strom mit `fclose` wieder geschlossen.

 Standard-Ströme sind bereits geöffnet. Werden sie geschlossen, ist ein Öffnen nicht mehr möglich!

Tabelle 17.2 zeigt einige grundlegende Funktionen für Ströme. Dabei bezeichnen s und m Zeichenketten. Der Buchstabe F steht für einen Zeiger auf ein Filehandle.

Funktion	Beschreibung
`fopen (s, m)`	Öffnet die Datei s mit dem Modus m und gibt einen Strom F zurück
`fclose(F)`	Schließt den Strom F
`fflush(F)`	Leert den Strom F

Tabelle 17.2: Grundlegende Funktionen für Ströme

Der Befehl `fopen` öffnet die Datei, deren Name als erster Parameter übergeben wird. Auch Pfadangaben sind zulässig. Der zweite Parameter – wie der erste vom Typ Zeichenkette – gibt den Modus an. Tabelle 17.3 gibt eine Übersicht über die vorhandenen Modi.

Der Befehl `fopen` liefert einen Zeiger auf ein Filehandle zurück. Konnte der Strom nicht geöffnet werden, wird 0 zurückgegeben.

Der Befehl `fclose` schließt einen Strom und löst die Verknüpfung zur Datei. Eventuell noch gepufferte Daten werden in die Datei geschrieben. Das Filehandle ist anschließend ungültig. Will man die Datei erneut verwenden, muss sie mit `fopen` wieder geöffnet werden.

Modus	Beschreibung
`"r"`	Öffnen zum Lesen
`"r+"`	Öffnen zum Lesen und Schreiben
`"w"`	Öffnen zum Schreiben. Eine eventuell vorhandene Datei wird überschrieben.
`"w+"`	Öffnen zum Lesen und Schreiben, sonst wie "w".
`"a"`	Öffnen zum Schreiben. Ist die Datei vorhanden, wird angehängt.
`"a+"`	Öffnen zum Lesen und Schreiben. Sonst wie "a".

Tabelle 17.3: Modi für `fopen`

Mit der Funktion `fflush` werden gepufferte Daten in die Datei geschrieben. Der Puffer wird also geleert. Der Befehl erwartet als einziges Argument einen Zeiger auf ein Filehandle. Wird `fflush` auf `stdout` angewendet, so werden eventuell gepufferte Ausgaben auf den Bildschirm geschrieben.

Das Puffern der Ausgabe wird oft nicht bemerkt. Daher zur Verifikation ein Beispiel:

```
#include <stdio.h>
main()
{  printf("Hallo");
   while(1)
      ;
}  // end main
```

Dieses Programm dient nur zur Demonstration, hat aber sonst keinen praktischen Nutzen. Es wird mit `printf` der Text `Hallo` in den Ausgabepuffer gestellt und anschließend in eine Endlosschleife gesprungen, wodurch das Beenden des Programmes verhindert wird. Der Text wird nicht ausgegeben, da der Ausgabepuffer nie geleert wird.

Der Befehl `fflush` wird in C implizit bei Ausgabe von '\n', durch Eingabefunktionen, durch `fclose` oder mit Programmende aufgerufen. Da einer dieser Fälle meist auftritt, konnte das Puffern der Ausgabe bisher noch nicht beobachtet werden.

Die Befehle `fclose` und `fflush` liefern 0 zurück, wenn die Befehle ordnungsgemäß ausgeführt wurden, einen anderen Wert im Fehlerfall.

Im folgenden Beispiel wird eine Datei zum Schreiben geöffnet. Anschließend wird überprüft, ob die Datei korrekt geöffnet werden konnte. Ist dies nicht der Fall, so wird eine Fehlermeldung ausgegeben und das Programm beendet.

```
#include <stdio.h>
main()
{  FILE *datei;
   if ((datei = fopen("beispiel.txt", "w")))
   {  // ...
      fclose(datei);
   }
   else
      printf("Fehler beim Öffnen der Datei!\n");
}  // end main
```

Die Fehlerausgabe geschieht hier immer noch mit `printf`. Dieses Beispiel wird im nächsten Abschnitt auch dahingehend verbessert.

17.3   Ein- und Ausgabe

Tabelle 17.4 zeigt die wichtigsten textbasierten Ein- und Ausgabefunktionen. Der Buchstabe F bezeichnet dabei einen Zeiger vom Typ `FILE *` auf einen Strom, f symbolisiert eine Zeichenkette, die ein Format mit der Hilfe von Platzhaltern angibt (siehe Kapitel 7), s bezeichnet eine Zeichenkette, c ein Zeichen und n eine ganze Zahl.

Funktion	Beschreibung
`fprintf(F, f, ...)`	Wie printf, nur erfolgt die Ausgabe in den angegebenen Strom F
`fscanf (F, f, ...)`	Wie scanf, nur wird aus dem Strom F gelesen
`fgets  (s, n, F)`	Liest eine Zeile aus dem Strom F und schreibt sie nach s, aber nicht mehr als maximal n Zeichen
`fgetc  (F)`	Liest ein Zeichen aus dem Strom F
`fputc  (c, F)`	Schreibt das Zeichen c in den Strom F

Tabelle 17.4: Textbasierte Ein- und Ausgabefunktionen für Ströme

Der Rückgabewert von `fprintf` ist die Anzahl der Zeichen, die geschrieben werden konnten. Die Funktion `fscanf` retourniert die Anzahl der an Variablen zugewiesenen Werte.

Im Fehlerfall oder wenn das Dateiende erreicht ist, retournieren scanf, fgetc und fputc die Konstante EOF (*engl. end of file*). Die Funktion fgets gibt im Fehlerfall 0 zurück. Die Funktionen fgetc und fputc liefern bzw. erwarten ein Zeichen als int. Das bedeutet, dass ein Zeichen vom Typ char in den Typ int umgewandelt wird. Das ist notwendig, um die Konstante EOF (−1) vom Zeichen mit dem ASCII-Code 255 (siehe Abschnitt 6.3.2) unterscheiden zu können.

Das folgende Beispiel schreibt den Text Hallo Welt! in eine Datei und gibt die Fehlermeldung mit fprintf auf den Standard-Strom für Fehlermeldungen (stderr) aus:

```
#include <stdio.h>
main()
{  FILE *datei;
   if ((datei = fopen("beispiel.txt", "w")))
   { fprintf(datei, "Hallo Welt!\n");
     fclose(datei);
   }
   else
      fprintf(stderr, "Fehler beim Öffnen der Datei!\n");
} // end main
```

Sollen Strukturen oder binäre Daten gelesen oder geschrieben werden, können dafür die Funktionen fread und fwrite aus Tabelle 17.5 verwendet werden.

 Binär gelesene und geschriebene Strukturen dürfen keine Zeiger enthalten, da nur Adresswerte gelesen oder gespeichert würden. Adresswerte besitzen jedoch nur im laufenden Programm Aktualität!

In Tabelle 17.5 symbolisiert der Buchstabe b einen Buffer beliebigen Typs, der mindestens g mal n Byte groß ist. F steht wieder für einen Zeiger auf ein Filehandle.

Funktion	Beschreibung
`fread (b, g, n, F)`	Liest n Elemente der Größe g Byte aus F und speichert sie in b
`fwrite(b, g, n, F)`	Schreibt n Elemente der Größe g Byte von b nach F

Tabelle 17.5: Funktionen für blockweises Lesen und Schreiben

Beide Funktionen liefern die Anzahl der erfolgreich gelesenen bzw. geschriebenen Elemente als Ergebnis zurück – im Fehlerfall 0 oder eine ganze Zahl kleiner als n.

Im folgenden Beispiel wird ein Feld von Strukturen des Typs Adresse_s binär abgespeichert. Die Anzahl der zu schreibenden Bytes wird mit dem Operator sizeof bestimmt.

```c
#include <stdio.h>
main()
{   typedef struct Adresse_s Adresse_t;
    struct Adresse_s
    {   char name[30];      // Name der Person
        long plz;           // Postleitzahl
        char ort[20];       // Wohnort
        char strasse[50];   // Strasse
        long nummer;        // Hausnummer
    };
    Adresse_t Adressbuch[] =
    {   {   "Joseph Haydn",
            2471,
            "Rohrau",
            "Obere Hauptstraße",
            25
        },
        {   "Wolfgang Amadeus Mozart",
            5020,
            "Salzburg",
            "Getreidegasse",
            9
        },
        {   "Anton Bruckner",
            4052,
            "Ansfelden",
            "Augustinerstraße",
            8
        }
    };
#define ADRESSBUCH_LEN sizeof(Adressbuch) / sizeof(Adresse_t)
    FILE *datei;

    // Öffnen der Datei zum Schreiben
    if ((datei = fopen("adressen", "w")))
    {   // Schreiben des Datensatzes
        if (fwrite(Adressbuch, sizeof(Adresse_t), ADRESSBUCH_LEN, datei)
            < ADRESSBUCH_LEN)
            fprintf(stderr, "Daten konnten nicht geschrieben werden\n");
        fclose(datei);
    }
    else
        fprintf(stderr, "Fehler beim Öffnen der Datei\n");
}   // end main
```

Beachten Sie, dass Dateien, die mit fwrite geschrieben wurden, nur noch mit dem Befehl fread gelesen werden können. Der Grund dafür ist, dass Daten mit fwrite in binärer Form abgespeichert werden. Zahlenwerte werden also nicht als Folge von Ziffern, sondern mit ihrem binären Wert abgespeichert (ein long wird somit mit 4 Byte abgespeichert). Ein Lesen einer Folge von Ziffern (wie etwa durch fscanf) ist daher nicht zielführend.

Dateien müssen aber nicht nur sequenziell gelesen werden. Zum Positionieren innerhalb einer Datei können die Funktionen aus Tabelle 17.6 verwendet werden. Das nächste Schreiben oder Lesen findet dann an der gewünschten Position innerhalb des Files statt. F ist wieder ein Zeiger auf ein Filehandle, n und p sind ganze Zahlen.

Funktion	Beschreibung
fseek(F, n, p)	Setzt die Position in F auf n Bytes relativ zu p
ftell(F)	Liefert die aktuelle Position in Bytes relativ zum Dateianfang von F

Tabelle 17.6: Funktionen zum Positionieren innerhalb einer Datei

Die Schreib-Lese-Position wird mit fseek gesetzt. Dabei wird von einer durch p bestimmten Position ausgegangen und n Bytes addiert. Der Wert von n kann auch negativ sein. Die Position p in fseek kann dabei eine der drei in stdio.h vordefinierten Präprozessorkonstanten SEEK_SET, SEEK_CUR oder SEEK_END annehmen, je nachdem ob die Positionsangabe relativ zum Dateianfang, zur aktuellen Position oder zum Dateiende erfolgt. Die Präprozessorkonstanten stehen für Zahlenwerte, die als Argument für fseek zur Positionsangabe anzugeben sind. Verwenden Sie nur diese Präprozessorkonstanten, nicht ihre zugehörigen Zahlenwerte!

Die Funktionen fseek und ftell retournieren -1, wenn ein Fehler aufgetreten ist.

Im folgenden Beispiel wird die oben geschriebene Datei geöffnet und der 2. Datensatz eingelesen. Das Überspringen wird durch das Setzen der Leseposition mit fseek erreicht.

```
#include <stdio.h>
main()
{ typedef struct Adresse_s Adresse_t;
  struct Adresse_s
  { char name[30];       // Name der Person
    long plz;            // Postleitzahl
    char ort[20];        // Wohnort
    char strasse[50];    // Strasse
    long nummer;         // Hausnummer
  };
  Adresse_t karl;

  // Öffnen der Datei zum Lesen
  FILE *datei;
  if ((datei = fopen("adressen", "r")))
  { // Lesen
    if ((fseek(datei, sizeof(Adresse_t), SEEK_SET) != -1) &&
        (fread(&karl, sizeof(Adresse_t), 1, datei) != 0))
    { // Ausgabe
      printf("Name: %s\n", karl.name);
      printf("PLZ:  %ld\n",karl.plz);
      printf("Ort:  %s\n", karl.ort);
      printf("Str.: %s\n", karl.strasse);
      printf("Nr.:  %ld\n",karl.nummer);
    }
    else
        fprintf(stderr, "Fehler!\n");
    fclose(datei);
  }
  else
      fprintf(stderr, "Fehler beim Öffnen der Datei\n");
} // end main
```

17.4   Beispiele

17.4.1   Kopieren von Dateien

Schreiben Sie ein Programm, das eine Datei kopiert. Die Dateinamen für die Quell- und die Zieldatei werden als Argumente an die Funktion `main` übergeben. Verwenden Sie zum Kopieren die Funktionen `fgetc` und `fputc`.

Lösung:

In einer Schleife wird solange ein Zeichen gelesen und kopiert, bis die Marke `EOF` gelesen wird. Alle Fehlermeldungen werden mit `fprintf` an den Standard-Strom `stderr` gesandt.

```c
#include <stdio.h>

main(int argc, char *argv[])
{  FILE *quelle, *ziel;

   if (argc != 3)
   { fprintf(stderr,
             "Verwendung: %s Quelle Ziel\n", argv[0]);
   }
   else
   { char *quelleName = argv[1];
     char *zielName   = argv[2];

     if ((quelle = fopen(quelleName, "r")))
         // Öffnen der Dateien
     { if ((ziel = fopen(zielName, "w")))
       { // Kopieren
         { char  c;
           long  v;

           while ((v = fgetc(quelle)) != EOF)
       { c = (char)v;
                 if (fputc(c, ziel) == EOF)
                 { fprintf(stderr, "Fehler beim Schreiben\n");
                   break;
                 }
       }
         }

         // Schließen der Dateien
         fclose(ziel);
         fclose(quelle);
       }
       else
       { fprintf(stderr, "Datei \"%s\" kann nicht geöffnet werden\n",
                 zielName);
         fclose(quelle);
       }
     }
     else
     { fprintf(stderr, "Datei \"%s\" nicht gefunden\n",
               quelleName);
     }
   }
} // end main
```

bsp-17-1.c

17.4.2 Ausgeben von Dateien

Schreiben Sie das obige Programm so um, dass die Ausgabe am Bildschirm erfolgt. Dabei sollen beliebig viele Namen von Dateien als Argumente angegeben werden können, deren Inhalte der Reihe nach
ausgegeben werden. In Unix-Systemen heißt dieser Befehl `cat`.

Lösung:

Die Dateien werden in einer Schleife, die über alle übergebenen Dateinamen iteriert, geöffnet, gelesen
und geschlossen. Die Ausgabe erfolgt auf `stdout`.

```c
#include <stdio.h>

main(int argc, char *argv[])
{ FILE *quelle;
  long i, v;

  if (argc < 2)
  { fprintf(stderr, "Verwendung: %s Dateiname ...\n", argv[0]);
  }
  else
  { for (i = 1; i < argc; i = i + 1)
    { // Öffnen der Dateien
      if ((quelle = fopen(argv[i], "r")))
      { // Ausgabe
        while ((v = fgetc(quelle)) != EOF)
          fputc(v, stdout);

        // Schließen der Dateien
        fclose(quelle);
      }
      else
      { fprintf(stderr, "Datei \"%s\" kann nicht gefunden werden\n",
                argv[1]);
        break;
      }
    }
  }
} // end main
```

bsp-17-2.c

17.4.3 Eine Adressverwaltung – verbesserte Variante

Schreiben Sie das Programm aus Abschnitt 16.8.2 zur Verwaltung von Adressen so um, dass die Datensätze gelesen und gespeichert werden können.

Lösung:

Neu hinzu kommen die Funktionen `Laden` und `Speichern`, die mit den Funktionen `fread` und
`fwrite` realisiert werden.

Die Header-Datei `string.h` wurde in Abschnitt 15.5 erklärt, die Header-Datei `ctype.h` in Abschnitt 6.3.4.

```c
#include <stdio.h>
#include <string.h>
#include <ctype.h>

typedef struct MenuePunkt_s MenuePunkt_t;
struct MenuePunkt_s
```

bsp-17-3.c

```
{   char  zeichen; // Auswahl: Kleinbuchstabe od. Zeichen
    char *text;     // Informeller Text
};
// Auflistung aller Menuepunkte
static MenuePunkt_t menuePunkte[] =
{   { '1', "Eingabe"  },
    { '2', "Ausgabe"  },
    { '3', "Suchen"   },
    { '4', "Löschen"  },
    { '5', "Laden"    },
    { '6', "Speichern" },
    { '0', "Beenden"  },
    { 'm', "Menue"    },
    { 0 }   // Endemarkierung ist 0
};

#define DATEINAME_LEN 50
#define ADRESSBUCH_LEN 20

#define NAME_LEN       30
#define ORT_LEN        20
#define STRASSE_LEN    50

typedef struct Adresse_s
{   char name[NAME_LEN];        // Name der Person
    long plz;                   // Postleitzahl
    char ort[ORT_LEN];          // Wohnort
    char strasse[STRASSE_LEN];  // Strasse
    long nummer;                // Hausnummer
} Adresse_t;

/* LeereEingabepuffer: Leert den Standardeingabepuffer
 *                     bis zum nächsten '\n'
 * Parameter:    Keiner
 * Rückgabewert: Keiner
 */
void LeereEingabepuffer()
{   while (getchar() != '\n');
}   // end LeereEingabepuffer

/* Menue: Gibt ein Menue aus
 *        Verwendet Strukturen aus menuePunkte
 * Parameter:    Keiner
 * Rückgabewert: Keiner
 */
void Menue()
{   MenuePunkt_t *mp;

    printf("\n");
    printf("Menü\n");
    printf("=====\n");

    for (mp = menuePunkte; mp->zeichen; mp = mp + 1)
        printf(" %c ... %s\n", mp->zeichen, mp->text);

    printf ("\n");
}   // end Menue

/* MenueAuswahl: Benutzerabfrage zum Menue
 * Parameter:    Keiner
 * Rückgabewert: Korrekte Benutzereingabe
 *               Typ: char
 */
```

```
char MenueAuswahl()
{ MenuePunkt_t *mp;
  char zeichen;

  while (1)
  { printf("Wahl (m für Menue): ");
    zeichen = getchar();
    zeichen = tolower(zeichen);
    LeereEingabepuffer();

    if (zeichen == 'm')
    { Menue();
      continue;
    }
    for (mp = menuePunkte; mp->zeichen; mp = mp + 1)
      if (zeichen == mp->zeichen)
        return zeichen;
    fprintf(stderr, "Falsche Eingabe!\n");
  }
} // end MenueAuswahl

// Für das Menü werden die Funktionen aus dem vorherigen
// Beispiel gebraucht!

/* getline: Liest eine Textzeile ein
 * Parameter:
 *     str: Zeichenfeld
 *     num: Länge von Zeichenfeld
 * Rückgabewert: Keiner
 */
void getline (char *str, long num)
{ char c, *strende = str + num - 1;

  if (num < 1 || !str)
    return;

  while ((c = getchar ()) != '\n')
    if (str < strende)
    { *str = c;
      str = str + 1;
    }

  *str = 0;
} // end getline

/* Eingabe: Einlesen eines Datensatzes
 * Parameter:
 *     adressen: Die gesamte Datenbank
 *     index   : Index des neuen Elementes
 *               gleichzeitig Länge des Feldes
 * Rückgabewert: Keiner
 */
void Eingabe(Adresse_t adressen[], long *index)
{ printf("\n");
  printf("Name:      ");
  getline(adressen[*index].name, sizeof (adressen[*index].name));
  printf("PLZ:       ");
  scanf("%ld", &adressen[*index].plz);
  getchar();
  printf("Ort:       ");
  getline(adressen[*index].ort, sizeof(adressen[*index].ort));
  printf("Straße:    ");
  getline(adressen[*index].strasse, sizeof(adressen[*index].strasse));
```

```
    printf("Hausnummer: ");
    scanf("%ld", &adressen[*index].nummer);
    getchar();
    printf("\n");
    *index = *index + 1;
}   // end Eingabe

/* AusgabeDatensatz: Ausgabe eines Datensatzes
 * Parameter:
 *      adressen: Die gesamte Datenbank
 *      index   : Index des Elementes
 * Rückgabewert: Keiner
 */
void AusgabeDatensatz(Adresse_t adressen[], long index)
{   printf("\n");
    printf("Name:      %s\n",   adressen[index].name);
    printf("PLZ:       %ld\n",  adressen[index].plz);
    printf("Ort:       %s\n",   adressen[index].ort);
    printf("Straße:    %s\n",   adressen[index].strasse);
    printf("Hausnummer: %ld\n", adressen[index].nummer);
}   // end AusgabeDatensatz

/* Ausgabe: Ausgabe aller Datensätze
 * Parameter:
 *      adressen: Die gesamte Datenbank
 *      anzahl  : Länge des Feldes
 * Rückgabewert: Keiner
 */
void Ausgabe(Adresse_t adressen[], long anzahl)
{   long i;

    for (i = 0; i < anzahl; i = i + 1)
        AusgabeDatensatz(adressen, i);

    printf("\n");
}   // end Ausgabe

/* SucheName: Suchen nach einem Datensatz anhand
 *            des Namens
 * Parameter:
 *      adressen: Die gesamte Datenbank
 *      anzahl  : Länge des Feldes
 * Rückgabewert: Position im Feld. -1 bei Fehler
 *            Typ: long
 */
long SucheName(Adresse_t adressen[], long anzahl)
{   char name[NAME_LEN];
    long i;

    printf("Name: ");
    getline(name, NAME_LEN);

    for (i = 0; i < anzahl; i = i + 1)
        if (!(strncmp(name, adressen[i].name, strlen(name))))
            return i;

    return -1;
}   // end SucheName

/* LoescheDatensatz: Löschen eines Datensatzes anhand des Namens
 * Parameter:
 *      adressen: Die gesamte Datenbank
 *      anzahl  : Länge des Feldes
```

```
 * Rückgabewert: Keiner
 */
void LoescheDatensatz(Adresse_t adressen[], long *anzahl)
{ long index;

   index = SucheName(adressen, *anzahl);

   if (index == -1)
   { printf("\n");
      fprintf(stderr, "Datensatz nicht gefunden!\n");
      printf("\n");
      return;
   }

   printf("\n");
   AusgabeDatensatz(adressen, index);
   printf("\n");

   printf("Datensatz löschen?: ");
   { char zeichen;

      zeichen = getchar();
      getchar();
      if (tolower(zeichen) != 'j')
         return;
   }

   for (index = index + 1; index < *anzahl; index = index + 1)
      adressen[index - 1] = adressen[index];

   *anzahl = *anzahl - 1;
}  // end LoescheDatensatz

/* Speichern: Speichert die Datenbank
 * Parameter:
 *      adressen: Die gesamte Datenbank
 *      anzahl  : Länge des Feldes
 * Rückgabewert: 0 bei Fehler, sonst OK
 *          Typ: long
 */
long Speichern(Adresse_t adressen[], long anzahl)
{ char   dateiname [DATEINAME_LEN];
   FILE *datei;

   printf("Dateiname: ");
   scanf("%s", dateiname);
   getchar();

   datei = fopen(dateiname, "w");
   if (!datei)
   { fprintf(stderr, "Datei \"%s\" kann nicht gefunden werden\n",
            dateiname);
      return 0;
   }

   // Speichern aller Datensätze
   if (fwrite(adressen, sizeof(Adresse_t), anzahl, datei) < anzahl)
   { fprintf(stderr, "Datei \"%s\" kann nicht gefunden werden\n",
            dateiname);
      return 0;
   }

   // Schließen der Dateien
```

```
        fclose(datei);

        return 1;
}  // end Speichern

/* Laden: Lädt die Datenbank
 * Parameter:
 *      adressen: Die gesamte Datenbank
 *      anzahl   : Länge des Feldes
 * Rückgabewert: 0 bei Fehler, sonst OK
 *          Typ: long
 */
long Laden(Adresse_t adressen[], long *anzahl)
{  char   dateiname [DATEINAME_LEN];
   long   index;
   FILE *datei;

   printf("Dateiname: ");
   scanf("%s", dateiname);
   getchar();

   datei = fopen(dateiname, "r");
   if (!datei)
   {  fprintf(stderr, "Datei \"%s\" kann nicht gefunden werden\n",
              dateiname);
      return 0;
   }

   // Laden der Datensätze
   for (index = 0; 1; index = index + 1)
      if (!fread(&adressen[index], sizeof(Adresse_t), 1, datei))
         break;

   // Merken der Anzahl der gelesenen Datensätze
   *anzahl = index;

   // Schließen der Dateien
   fclose(datei);

   return 1;
}  // end Laden

main()
{  char zeichen;
   Adresse_t Adressbuch[ADRESSBUCH_LEN];
   long anzahl;

   printf("Kleine Adressverwaltung\n");
   printf("=======================\n");

   Menue();

   do
   {  zeichen = MenueAuswahl();

      switch (zeichen)
      {case '1':
         if (anzahl < ADRESSBUCH_LEN)
            Eingabe(Adressbuch, &anzahl);
         else
            fprintf(stderr, "Datenbank voll!\n");
         break;
       case '2':
```

```
          Ausgabe(Adressbuch, anzahl);
          break;
      case '3':
        { long index;

          printf("\n");
          index = SucheName(Adressbuch, anzahl);
          if (index == -1)
          { printf("\n");
            fprintf(stderr, "Datensatz nicht gefunden!\n");
            printf("\n");
          }
          else
          { AusgabeDatensatz(Adressbuch, index);
            printf("\n");
          }
        }
        break;
      case '4':
        printf("\n");
        LoescheDatensatz(Adressbuch, &anzahl);
        printf("\n");
        break;
      case '5':
        printf("\n");
        Laden(Adressbuch, &anzahl);
        printf("\n");
        break;
      case '6':
        printf("\n");
        Speichern(Adressbuch, anzahl);
        printf("\n");
        break;
    }
  } while (zeichen != '0');
} // end main
```

Kapitel 18

Rekursive Funktionen

Funktionen wurden in Kapitel 11 eingehend behandelt, sie können sehr komplex sein und beliebige andere Funktionen aufrufen. Funktionen, die sich selbst aufrufen, heißen „rekursive Funktionen". Der Begriff der Rekursivität soll im Folgenden erläutert werden.

18.1   Rekursive Algorithmen

Viele Algorithmen lassen sich in gleichartige Teilprobleme zerlegen. Kennzeichen rekursiver Algorithmen ist, dass die Gesamtlösung durch Lösen *gleichartiger* Teilprobleme erreicht wird. Ein beliebtes Beispiel für die Erläuterung rekursiver Algorithmen stellt die Funktion *Faktorielle* dar.

Die *Faktorielle* einer ganzen Zahl N ist definiert als:

$$N! = \begin{cases} \prod_{i=1}^{N} i & \text{für } N > 0, \\ 1 & \text{für } N = 0. \end{cases} \tag{18.1}$$

wobei das Produkt auch geschrieben werden kann als $1\cdot2\cdot3\ldots(N-1)\cdot N$. Einfache Algorithmen dieser Art können und sollten mit einer Schleife realisiert werden (siehe Kapitel 12).

Der Wert 5! entspricht also dem Produkt von $1\cdot2\cdot3\cdot4\cdot5$, wobei diese Aufgabe auch wie folgt formuliert werden kann: $5! = 5\cdot4!$ oder allgemein:

$$N! = \begin{cases} N(N-1)! & \text{für } N > 0, \\ 1 & \text{für } N = 0. \end{cases} \tag{18.2}$$

Die *Faktorielle* von N ist definiert als N multipliziert mit der *Faktoriellen* von $(N-1)$. Diese Definition heißt rekursiv, da sie einen weiteren Aufruf der Funktion *Faktorielle* beinhaltet. Besonders wichtig, was aber an dieser Stelle gerne vergessen wird, ist die Angabe einer Bedingung, bei der die Rekursion abgebrochen wird. Hier wird die Rekursion ausgeführt, solange $N \geq 0$ ist. Liefert eine Funktion einen *Wert* zurück, so muss für diesen Fall ein Rückgabewert definiert werden: In obiger Definition geschieht dies durch die Angabe von 1 für $N = 0$.

Zusammenfassend gelten für rekursive Algorithmen folgende Regeln:

- Die Aufgabe wird in gleichartige Teilprobleme zerlegt. Die Teilprobleme werden rekursiv gelöst. Im Beispiel der *Faktoriellen* geschieht dies durch die Verwendung von $(N-1)!$.

- Jede Rekursion trägt zur Gesamtlösung bei. In obigem Beispiel ist dies die Multiplikation eines rekursiven Aufrufes mit N.

- Für mindestens eine Kombination der Funktionsparameter muss die Rekursion beendet werden. Dieser Fall muss auch tatsächlich auftreten, sonst terminiert der Algorithmus nicht und ist daher per Definition (siehe Abschnitt 1.2.3) kein Algorithmus mehr.

Ein praktischer Tipp für die Entwicklung von rekursiven Algorithmen lautet:

 Bei der Entwicklung von rekursiven Algorithmen *verlässt* man sich darauf, dass alle rekursiven Aufrufe korrekt funktionieren! Die Teilprobleme werden also als gelöst betrachtet.

Die Voraussetzung dafür ist, dass jede Rekursion zur Gesamtlösung beiträgt. Ein Beispiel soll dies verdeutlichen: Anstatt alle rekursiven Aufrufe von $N!$ zu verfolgen und jede Rekursion zu betrachten (was bei komplexen Algorithmen sehr aufwändig ist), wird nur eine Rekursion betrachtet und angenommen, dass das nächste rekursive Teilproblem $(N-1)!$ gelöst ist. Man schreibt daher die Multiplikation von N mit einem gelösten rekursiven Aufruf an:

$$N! = N \underbrace{(N-1)!}_{\text{gelöst}} \tag{18.3}$$

Dabei darf nicht auf die Abbruchbedingung für $N = 0$ vergessen werden!

18.2   Rekursive Funktionen in C

Rekursive Funktionen in C werden wie reguläre Funktionen (siehe Kapitel 11) definiert. Das folgende Beispiel zeigt die Codierung der Funktion *Faktorielle* aus Abschnitt 18.1:

```
long Faktorielle(long N)
{   if (N == 0)
        return 1;

    return N * Faktorielle(N - 1);
}   // end Faktorielle
```

Zu Beginn wird die Abbruchbedingung aus (18.2) codiert. Die eigentliche Berechnung der *Faktoriellen* erfolgt mit dem Ausdruck N * Faktorielle(N - 1).

Zum besseren Verständnis wird im Folgenden näher auf die Arbeitsweise von Funktionen in C eingegangen.

Wie in Kapitel 11 behandelt, werden Funktionsparameter und lokale Variablen einer Funktion beim Funktionsaufruf erschaffen und beim Beenden der Funktion zerstört. Angenommen, es gibt drei Funktionen A, B und C, die je eine lokale Variable mit dem Namen x beinhalten, so sind diese drei Variablen dennoch (trotz der Namensgleichheit) verschieden: Sie sind lokal in den jeweiligen Funktionen definiert und werden erschaffen, wenn die Funktion aufgerufen wird, und zerstört, wenn die jeweilige Funktion beendet wird.

Angenommen die Funktion A ruft die Funktion B auf, die ihrerseits die Funktion C aufruft. Warum kann C die gleichlautenden Variablen dennoch unterscheiden?

Jedes Programm besitzt einen sogenannten Programmstapel (*engl. program stack*) oder Stapel (*engl. stack*), der vom Betriebssystem verwaltet wird und auf dem die lokalen Variablen von Funktionen gespeichert werden. Beim Aufruf einer Funktion werden ihre Variablen am Stapel erzeugt. Wird sie beendet, so werden ihre Variablen wieder vom Stapel entfernt[1]. Abbildung 18.1 zeigt dies grafisch.

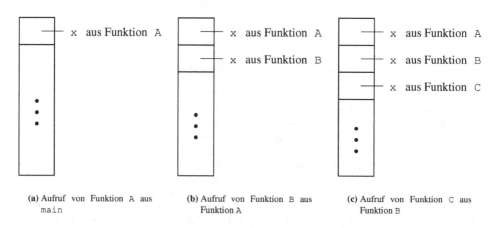

(a) Aufruf von Funktion A aus main

(b) Aufruf von Funktion B aus Funktion A

(c) Aufruf von Funktion C aus Funktion B

Abbildung 18.1: Geschachtelte Funktionsaufrufe

Abbildung 18.1(a) zeigt den Programmstapel beim Aufruf der Funktion A: Die Variable x wird am Stapel erzeugt und kann nur innerhalb der Funktion A verwendet werden. Wird innerhalb von A die Funktion B aufgerufen, so wird auch die lokale Variable x aus B am Stapel abgelegt (siehe Abbildung 18.1(b)). Abbildung 18.1(c) zeigt schließlich den Programmstapel beim Aufruf der Funktion C aus B. Man sieht, dass die Variablen – trotz Namensgleichheit – einander nicht beeinflussen.

Beim Beenden der Funktionen werden die Variablen in umgekehrter Reihenfolge wieder zerstört und somit vom Stapel entfernt. Man kann sich eine Funktion als eine „Ebene" vorstellen, in der alle Parameter und lokalen Variablen der gleichen Ebene sichtbar sind. Die Variablen der darunter oder darüberliegenden Ebenen sind nicht sichtbar. Wird eine Funktion aufgerufen, so wird eine neue Ebene erzeugt. Wird eine Funktion beendet, so wird die Ebene zerstört.

Rekursive Funktionen in C werden nicht anders behandelt: Ihre Parameter und lokalen Variablen werden am Stapel erzeugt. Der Vorgang ist in Abbildung 18.2 gezeigt. Jede *Rekursionsebene* hat ihr eigenes Variablenset am Stapel. Beim Aufruf bzw. beim Beenden der Funktionen werden diese Rekursionsebenen erzeugt bzw. zerstört. Abbildung 18.2 stellt die Rekursionsebenen der Funktion Faktorielle für die Berechnung von 5! dar.

Der erste Aufruf einer rekursiven Funktion erfolgt aus einer beliebigen Funktion, wie beispielsweise main. Innerhalb der rekursiven Funktion erfolgt an zumindest einer Stelle ein weiterer rekursiver Aufruf.

Tatsächlich ist der Programmstapel etwas komplexer aufgebaut. So merkt sich ein Programm auch die sogenannte Rücksprungadresse am Programmstapel, bevor eine Funktion tatsächlich aufgerufen wird. Der Computer „merkt" sich dabei die Position im Programm, an der ein Funktionsaufruf erfolgt, um wieder zurückkehren zu können. Die abstrakte Vorstellungshilfe der Rekursionsebenen (siehe Abbildung 18.2) ist für das Verständnis auch hier hilfreich: Wird eine Funktion beendet, so wird die zugehörige Rekursionsebene zerstört und zur vorhergehenden zurückgekehrt.

---
[1]Mehr zur Organisation von Stapeln erfahren Sie in Abschnitt 19.3.1.

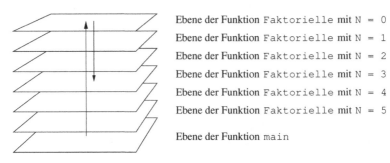

Abbildung 18.2: Geschachtelte Funktionsaufrufe

 Nicht jede Aufgabenstellung ist rekursiv lösbar bzw. in vielen Fällen ist eine rekursive Lösung erst gar nicht zu empfehlen. Rekursionen verursachen den zusätzlichen Mehraufwand von unter Umständen vielen rekursiven Funktionsaufrufen, die zeitaufwändig sein können.

Die rekursive Formulierung der *Faktoriellen* dient nur der Demonstration, da sie ein anschauliches Beispiel darstellt. Sie ist aber wesentlich langsamer als die Implementierung mit einer Schleife (siehe Kapitel 12) und keinesfalls zu empfehlen. Ob ein rekursiver Ansatz gewählt werden soll oder nicht, hängt vom Problem ab. Zu empfehlen ist die Formulierung rekursiver Algorithmen dann, wenn das Problem einfacher rekursiv beschrieben werden kann, wenn eine Lösung durch Schleifen weit umständlicher wäre, oder wenn das Problem sonst nur unter Zuhilfenahme zusätzlicher komplexer Datenstrukturen zu lösen wäre. Beispiele für Probleme, die typischerweise mit rekursiven Algorithmen gelöst werden, sind Quicksort (siehe Abschnitt 18.3.2) und das Traversieren von Bäumen (siehe Abschnitt 19.4.4.1).

Ein Problem bei rekursiven Funktionen ist die Gefahr einer „Endlosrekursion", wenn die Abbruchbedingung nicht zutrifft. Da für jeden Funktionsaufruf die Rücksprungadresse am Stapel hinterlegt wird, läuft der Stapel irgendwann über (*engl. stack overflow*) und das Programm wird vom Betriebssystem abgebrochen.

 Der Speicheraufwand, den rekursive Funktionen für größere Datenstrukturen verursachen, ist nicht zu unterschätzen, da jede Rekursionsebene bei großen Datenstrukturen viel Speicher verbraucht. Der Speicheraufwand stellt oft ein wesentliches Kriterium für rekursive Funktionen dar.

18.3   Beispiele

18.3.1   Binäres Suchen

Der Algorithmus „Binäres Suchen" wurde bereits in Abschnitt 13.7.2 vorgestellt. Es wird von einem bereits sortierten Feld ausgegangen. Ändern Sie die Funktion `BinaeresSuchen` in eine rekursive Funktion ab.

Lösung:

Im Gegensatz zur iterativen Lösung in Abschnitt 13.7.2 werden die beiden lokalen Variablen `l` und `r` als Parameter aus der Funktion herausgezogen. Beim erstmaligen Aufruf ist für `l` der Index 0 und für `r` die Feldlänge minus 1 anzugeben. Die Angabe der Feldlänge als Parameter entfällt dadurch.

Die Abbruchbedingung für „nicht gefunden" lautet r < l. Die Abbruchbedingung für „gefunden" lautet feld[m] == wert, wobei m den Index des Elementes in der Feldmitte bezeichnet.

Befindet sich das gesuchte Element links oder rechts von m, wird die Funktion rekursiv mit den korrigierten Suchgrenzen aufgerufen und als Ergebnis der Index des gefundenen Elementes zurückgegeben.

```
/* BinaeresSuchenRekursiv:
 *
 * Parameter:
 *    feld: Das Feld
 *    l:    linke  Feldgrenze (0 bei Erstaufruf)
 *    r:    rechte Feldgrenze (Feldlänge-1 bei Erstaufruf)
 *    wert: Wert, der gesucht werden soll
 * Rückgabewert: Index des gefundenen Feldelementes oder
 *               -1 wenn nicht gefunden
 */
long BinaeresSuchenRekursiv(long feld[], long l, long r, long wert)
{   if (r < l)
        return -1;

    {   long m = (l + r) / 2;

        if (feld[m] == wert)
            return m;
        if (feld[m] < wert)
            return BinaeresSuchenRekursiv(feld, m + 1, r,     wert);
        else
            return BinaeresSuchenRekursiv(feld, l,     m - 1, wert);
    }
}  // end BinaeresSuchenRekursiv
```

bsp-18-1.c

18.3.2 Quicksort

Quicksort ist ein sehr schnelles Sortierverfahren, das die zu sortierenden Daten in einem Feld erwartet. Quicksort wurde ursprünglich von C.A.R. Hoare entwickelt und arbeitet besonders effizient bei vollkommen unsortierten Datenmengen. Im Gegensatz zu vielen anderen schnellen Sortieralgorithmen kommt Quicksort mit geringem Speicherverbrauch aus und ist relativ einfach zu implementieren. Quicksort ist mathematisch, algorithmisch und experimentell gut untersucht [3, 23, 24, 33]. Es existieren eine Reihe von Varianten.

Das grundlegende Verfahren arbeitet rekursiv. Im Gegensatz zu vielen anderen Algorithmen, die in einem Durchgang für eine *bestimmte Position* das richtige Element suchen, wird bei Quicksort in jedem Schritt ein *bestimmtes Element* an seine korrekte Position gebracht. Das bedeutet, in einem Schritt wird die korrekte Position eines gegebenen Elementes gesucht und dieses eingeordnet. Die Wahl des Elementes ist beliebig. Im Folgenden wird immer das Element ganz rechts gewählt. Nach einem Durchgang ist aber nicht nur ein Element richtig platziert, vielmehr wurden auch alle Elemente rechts und links davon „grob geordnet": Alle Elemente links sind kleiner oder gleich, alle Elemente rechts sind größer oder gleich dem sortierten Element.

Zusammengefasst lässt sich ein Schritt (eine Rekursionsebene) wie folgt charakterisieren:

- Ein bestimmtes Element feld[pos] steht an seiner richtigen Position pos.

- Alle Elemente links des Elementes feld[pos] sind nicht größer als es selbst.

- Alle Elemente rechts des Elementes feld[pos] sind nicht kleiner.

Die erste Aussage folgt aus den beiden letzten. Dies ist einfach zu beweisen: Dazu betrachte man ein beliebiges Element aus einer sortierten Reihenfolge von Zahlen, beispielsweise die Zahl 5 in

Durchmischt man alle Zahlen links von 5 oder alle Zahlen rechts von 5, so bleiben alle oben angeführten Punkte erfüllt: Die 5 bleibt an der richtigen Position, alle Zahlen links sind nicht größer, alle Zahlen rechts sind nicht kleiner.

Nach einem Schritt werden die linke und die rechte nicht sortierte Teilmenge sortiert. Dazu wird Quicksort rekursiv für die jeweiligen Feldgrenzen (Feldgrenzen der linken und Feldgrenzen der rechten nicht sortierten Teilmenge) aufgerufen.

Ein Beispiel einer unsortierten Zahlenfolge ist

Es wird nun ein beliebiges Element ausgewählt, das an seine korrekte Position gebracht werden soll. Zur Demonstration sei das rechte gewählt: die 3. Nach einem Durchgang ergibt sich folgende Zahlenfolge:

Die 3, hier grau unterlegt, ist richtig platziert. Alle Elemente links sind nicht größer, alle Elemente rechts sind nicht kleiner. Nun werden die Elemente der linken Teilmenge (2, 1) und die der rechten Teilmenge (9, 4, 5, 6, 8, 7) durch zwei rekursive Aufrufe platziert.

Der grundlegende Algorithmus hat daher folgende Struktur, wobei jedem Aufruf von Quicksort die linke und die rechte Feldgrenze des zu sortierenden Bereiches übergeben wird:

```
void QuickSort(long feld[], long l, long r)
{ if (r > l)
  { long pos;

    pos = Positioniere(feld, l, r);   // Ein Schritt wie oben erklärt
    QuickSort(feld, l,      pos - 1); // linkes  Teilfeld sortieren
    QuickSort(feld, pos + 1, r);      // rechtes Teilfeld sortieren
  }
} // end QuickSort
```

Die Abbruchbedingung lautet r <= l. Der Fall r < l bedeutet: Das Feld ist leer. Ist r == l, so besteht das zu sortierende Feld aus einem Element und braucht nicht sortiert zu werden.

Der eigentliche Schritt, ein Element nach obigen Bedingungen richtig zu positionieren, ist hier durch die Funktion Positioniere angedeutet. Der Algorithmus für Positioniere wird im Folgenden anhand eines Beispiels erklärt. Gegeben ist die Zahlenfolge

Das Zeichen ⇑ markiert das Element feld[pos], das sortiert werden soll, nämlich die 3. Die Symbole ⇃ und ↿ stehen für den linken (l) bzw. den rechten (r) Feldrand. Das zu sortierende Element liegt außerhalb des Sortierbereiches.

Zunächst wird das Feld von links beginnend durchsucht, bis ein Element gefunden wird, das größer ist als 3: In diesem Beispiel ist dies die 6. Anschließend wird das Feld von rechts beginnend durchsucht, bis ein Element gefunden wird, das kleiner ist als 3, nämlich die 2. Beide Elemente werden getauscht und die Positionen l und r werden auf das nächste Element gesetzt:

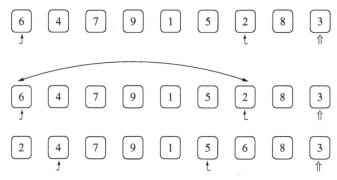

Dieser Vorgang wird solange wiederholt, bis r > l nicht mehr erfüllt ist: Es wird ein Element von links gesucht, das größer ist als 3 (die 4) und eines von rechts, das kleiner ist (die 1). Die Elemente werden getauscht und die Positionen weitergeschoben:

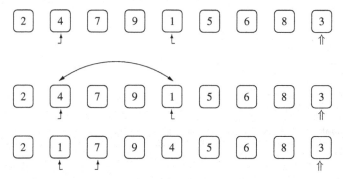

Der Vorgang wird abgebrochen, da r kleiner oder gleich l ist. Man erkennt: Es wurden alle Elemente, die größer sind als feld[pos] nach rechts, diejenigen, die kleiner sind, nach links getauscht.

Abschließend wird das zu sortierende Element an der Stelle pos (die 3) mit dem Element an der Stelle l getauscht und der Index in pos gespeichert. Das Element 3 ist nun richtig sortiert. Alle Elemente links davon sind nicht größer, alle rechts davon sind nicht kleiner:

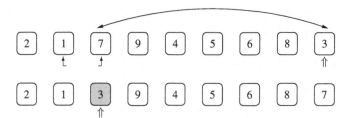

Nun wird Quicksort rekursiv für das linke und das rechte Teilfeld aufgerufen und damit das gesamte Feld rekursiv sortiert.

Schreiben Sie die Funktion Quicksort unter Verwendung des oben gegebenen Programmfragments. Ersetzen Sie die Funktion Positioniere durch den hier beschriebenen Algorithmus.

Lösung:

Die Lösung sei hier zum Selbststudium abgedruckt. Üblicherweise wird die Funktion `Positioniere` jedoch nicht als eigene Funktion implementiert, sondern der Code vielmehr innerhalb der Funktion `Quicksort` geschrieben, um einen Funktionsaufruf einzusparen.

```
void SwapFeldElement(long feld[], long index1, long index2)
{ long h;

    // Dreieckstausch
    h            = feld[index1];
    feld[index1] = feld[index2];
    feld[index2] = h;
} // end SwapFeldElement

/* Positioniere:
 *     Positioniert ein gegebenes Element richtig im Feld
 * Parameter:
 *     feld: Das Feld
 *     l:    linke  Feldgrenze
 *     r:    rechte Feldgrenze
 * Rückgabewert: Index des positionierten Feldelements
 */
long Positioniere(long feld[], long l, long r)
{ long wert, j, i;

    wert = feld[r];
    i = l;
    j = r - 1;
    while (1)
    { while (feld[i] < wert)
          i = i + 1;
      while ((feld[j] > wert) && (j > 0))
          j = j - 1;
      if (j <= i)
          break;
      SwapFeldElement(feld, i, j);
      i = i + 1;
      j = j - 1;
    }
    // Bringe das Element feld[r] an die richtige Position
    SwapFeldElement(feld, i, r);
    return i;
} // end Positioniere
```

bsp-18-2.c

Kapitel 19

Datenstrukturen

Um eine Menge von Daten gleichen Typs verwalten zu können, wurden bisher Felder verwendet. Felder sind einfach zu bedienen, da jedes Element einen eindeutigen Index hat, mit dem es angesprochen wird. Felder dienen dabei als „Behälter" (*engl. container*), in denen Daten gespeichert und verwaltet werden. Sie unterliegen jedoch einer Reihe von Restriktionen: Felder haben eine starre Feldlänge[1], sind nur mäßig gut geeignet zum Suchen und das Sortieren, Einfügen oder Löschen von Feldelementen bedarf einigen Aufwands.

In diesem Kapitel werden eine Reihe von grundlegenden Behältern vorgestellt, die in modernen Software-Projekten zu finden sind: Listen, Bäume, Hashes und Heaps.

Das Verständnis solcher grundlegenden Datenstrukturen ist für zeitgemäßes Programmieren unumgänglich.

19.1 Datenstrukturen und abstrakte Datenstrukturen

Es hat sich bewährt, zwischen „Datenstrukturen" einerseits und „abstrakten Datenstrukturen" andererseits zu unterscheiden. Dabei handelt es sich im Wesentlichen um zwei unterschiedliche Sichtweisen:

- **Datenstrukturen** werden aus der Sicht der Implementierung gesehen: Der Implementierungssicht (*engl. glass box view*). Dabei interessiert, wie die Datenstruktur intern aufgebaut ist, welche Attribute sie beherbergt, wie die Schnittstellenfunktionen definiert sind, aber auch welche Maschinenabhängigkeiten sie enthält.

- **Abstrakte Datenstrukturen** werden aus der Sicht der Anwendung gesehen: Der Zugriffssicht (*engl. black box view*). Hierbei interessiert, welche Eigenschaften eine abstrakte Datenstruktur hat, wie diese abgefragt und geändert werden können und welche Funktionen für eine Datenstruktur angeboten werden.

Die in den folgenden Abschnitten vorgestellten Datenstrukturen werden dabei von beiden Sichten betrachtet. Es werden die Eigenschaften der abstrakten Datenstrukturen sowie ihre Vor- und Nachteile für den Aufrufer beleuchtet. Für die Implementierung wurden Felder verwendet, da sie die fundamentale Art der Implementierung in C darstellen. Kapitel 20 zeigt die Implementierung einzelner Datenstrukturen mit dynamischem Speicher.

---

[1]In Kapitel 20 wird die Methode des dynamischen Speichers vorgestellt, die das Vergrößern und Verkleinern von Feldern ermöglicht.

19.2 Listen

Im täglichen Leben versteht man unter einer Liste eine Tabelle von Einträgen. Eine Namensliste beispielsweise ist eine Tabelle von Namen. Neue Namen werden am Ende der Liste angefügt, vorhandene werden beispielsweise durch Durchstreichen entfernt, das Suchen nach einem Namen erfolgt in alphabetisch geordneten Listen. Im Kontext Programmieren ist dies keine Liste, sondern ein Feld.

In der Programmierung versteht man unter Listen (*engl. lists*) – auch „verkettete Listen" (*engl. linked lists*) genannt – eine sequenzielle Aneinanderreihung von Elementen. Während in Feldern aber die Reihenfolge implizit gegeben ist, wird sie in Listen explizit festgehalten. Abbildung 19.1 zeigt eine kurze, abstrakte Liste von Zeichen. Listen werden auch in einigen Programmiersprachen, wie beispielsweise Lisp, als fundamentales Grundelement verwendet.

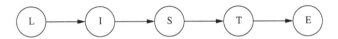

Abbildung 19.1: Eine kurze, abstrakte Liste

Um genau zu sein, handelt es sich bei dieser Liste um die grundlegendste Art der Liste: Die einfach verkettete Liste (*engl. single linked list (SLL)*).

19.2.1 Eigenschaften und Terminologie

Um die Terminologie von Listen besser erklären zu können, sei ein kleiner Schritt in Richtung Implementierungssicht getan: Abbildung 19.2 zeigt dieselbe Liste, wobei jedes Element Teil eines sogenannten „Knotens" (*engl. node*) ist, der auch die „Verkettung" (also einen „Verweis") zum nächsten Knoten enthält.

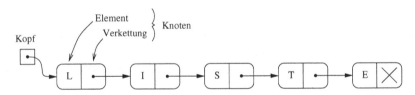

Abbildung 19.2: Eine Liste besteht aus „Knoten"

Da jeder Knoten somit zwei Informationen enthält (das Element und die Verkettung), ist eine spezielle Kennung für das Ende der Liste erforderlich. Wie dies konkret ausgeführt ist, ist Teil der Implementierungssicht und wird in Abschnitt 19.2.2 behandelt. Für die Darstellung „dieser Knoten hat keinen Nachfolger", was zugleich „Ende der Liste" bedeutet, wird hier das Symbol × verwendet. Der Anfang der Liste – auch Kopf (*engl. head*) genannt – wird separat gespeichert und üblicherweise (wie auch in Abbildung 19.2) als kleines Quadrat dargestellt.

Die Reihenfolge der Elemente wird durch die Verkettung der Knoten bestimmt und mit Verweisen gespeichert. Ein Verweis kann beispielsweise ein Index oder ein Zeiger sein, was im Folgenden auch erläutert wird. Soll die Reihenfolge der Elemente geändert werden, so ist lediglich die Verkettung abzuändern, wie Abbildung 19.3 zeigt. Beide abgebildeten Listen sind äquivalent, lediglich die Darstellung ist unterschiedlich. Die zweite Kette ist der Übersichtlichkeit halber wie bisher auch von links nach rechts laufend angegeben. Auch wenn die Liste sehr lange wäre, könnte die Reihenfolge von Elementen sehr leicht durch Änderung der Verkettung umgestellt werden.

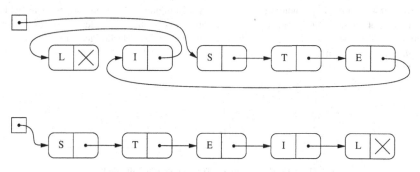

Abbildung 19.3: Verändern der Reihenfolge in einer Liste

Beachten Sie, dass der Kopf der Liste aus Abbildung 19.3 nun auf einen anderen Knoten zeigt. Wird eine Liste geändert, so ist Vorsicht bei Verweisen in die Liste geboten. Dies trifft insbesondere für Variablen zu, in denen der Listenanfang oder das Listenende gespeichert wird. Verweise in einer Liste sind bei Änderungen an der Liste gegebenenfalls zu korrigieren.

Zusammenfassend lässt sich sagen: Listen eignen sich besonders gut für sequenzielle Aufgaben, da die Daten sequenziell gespeichert sind. Sie speichern zwei Arten von Informationen: Die Elemente und eine Reihenfolge. Listen gestatten in einfachster Weise das Verändern der Reihenfolge von Elementen sowie das Einfügen und Entfernen von Elementen (siehe Abschnitt 19.2.2.1 und Abschnitt 19.2.2.2).

Für andere Operationen sind Listen jedoch nur wenig oder sogar gar nicht zu gebrauchen: Beispielsweise gestaltet sich das Suchen von Elementen schwierig. Es müssen dazu alle Elemente der Liste vom Beginn der Liste durchlaufen werden. Um das i-te Element der Liste zu finden, muss ebenso verfahren werden, wobei ein Zähler benötigt wird.

Auf Grund der Natur von Listen ist es auch schwierig, den Vorgänger eines Elementes zu finden. Dies ist aber bei den Operationen „Einfügen“ und „Entfernen“ erforderlich. Soll ein Element, dessen Position in der Liste nicht bekannt ist, aus einer Liste entfernt werden, so muss es zunächst in der Liste gesucht werden. Dabei ist der Vorgängerknoten zu merken. Eine andere Überlegung hierzu wird in Abschnitt 19.2.2 demonstriert.

19.2.2 Methoden und Implementierung

Im Folgenden werden die fundamentalen Methoden für den Behälter Liste gezeigt. Die Erklärung erfolgt zuerst anhand der abstrakten Datenstruktur. Im Anschluss daran werden die Details der Implementierungssicht besprochen und ein Beispiel einer Implementierung mit Feldern gezeigt. Ein Knoten wird mit einer Struktur beschrieben. Gespeichert werden Zeichen (`char`). Die Verkettung wird durch einen Index realisiert (der Index entspricht dem Feldindex). Die im Folgenden definierte Struktur wird, mit `typedef` abgekürzt, als `Liste_t` vereinbart.

```
struct Liste_s
{   char element;
    long naechster;
};
typedef struct Liste_s Liste_t;
```

Abbildung 19.4 zeigt die Implementierung der Liste aus Abbildung 19.2 in einem Feld. Das Feld muss ausreichend groß dimensioniert sein. Über den einzelnen *Feldelementen* ist der Index angegeben. Die Verkettung – die Verweise einzelner *Listenelemente* auf den direkten Nachfolger – ist durch die Indizes der *Feldelemente* angegeben. Der Kopf der Liste ist ebenfalls ein Index – der Index des ersten Knotens der Liste (0).

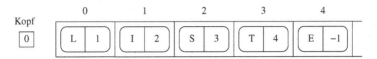

Abbildung 19.4: Implementierung einer Liste in einem Feld

Das Ende der Liste ist hier mit einem ungültigen Index (−1) vereinbart. Abbildung 19.5 zeigt dieselbe Liste, jedoch wird eine andere Konvention für das Listenende gewählt: Das Listenende wird durch einen eigenen Knoten dargestellt, der auf sich selbst zeigt (auch der Index für seinen Nachfolgeknoten ist 0).

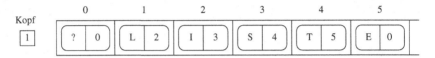

Abbildung 19.5: Implementierung einer Liste in einem Feld mit einem Endknoten

Beide Methoden sind üblich für die Codierung des Listenendes. Die erste Methode hat gegenüber der zweiten den Vorteil, dass sie keinen eigenen Knoten für das Listenende benötigt. Sie hat jedoch den Nachteil, dass der Index −1 ungültig ist. Für die folgenden Beispiele wurde die Methode 1 aus Abbildung 19.4 gewählt, da sie die Abbildungen vereinfacht und die Existenz eines Endknotens für die hier vorgestellten Algorithmen keinen Vorteil bringt.

Der Nachteil der Implementierung mit Feldern ist, dass ein eigenes Speicher-Management zur Verwaltung der Knoten im Feld verwendet werden muss, denn werden in beliebiger Zahl abwechselnd Elemente eingefügt und gelöscht, so entstehen Lücken, die geeignet verwaltet werden müssen.

Das folgende Programm zeigt den Aufbau der Liste aus Abbildung 19.4. Die Liste wird im Hauptprogramm `main` aufgebaut und mit der Funktion `AusgabeListe` ausgegeben.

```
#include <stdio.h>

struct Liste_s
{ char element;
  long naechster;
};
typedef struct Liste_s Liste_t;

/* AusgabeListe: Ausgabe einer Liste implementiert in einem Feld
 * Parameter:
 *      feld: Das Feld, das die Liste enthält
 *      kopf: Index auf den ersten Knoten der Liste
 * Rückgabewert: keiner
 */
void AusgabeListe(Liste_t feld[], long kopf)
{ long knoten = kopf;

  while (knoten != -1)
```

```
    {   printf("'%c'\n", feld[knoten].element);
        knoten = feld[knoten].naechster;
    }
}   // end AusgabeListe

#define LISTE_LEN 1000
main()
{   Liste_t feld[LISTE_LEN];  // Das Feld, das die Liste enthält
    long kopf = 0;            // Listenanfang

    // Aufbau einer Liste
    feld[0].element   = 'L';
    feld[0].naechster = 1;

    feld[1].element   = 'I';
    feld[1].naechster = 2;

    feld[2].element   = 'S';
    feld[2].naechster = 3;

    feld[3].element   = 'T';
    feld[3].naechster = 4;

    feld[4].element   = 'E';
    feld[4].naechster = -1;

    // Ausgabe der Liste
    AusgabeListe(feld, kopf);
}   // end main
```

Bitte beachten Sie den Unterschied zwischen der Position innerhalb der Liste und der Position innerhalb eines Feldes. Soll die Reihenfolge, wie in Abbildung 19.3 gezeigt, verändert werden, so kann dies mit folgenden Anweisungen erfolgen:

```
feld[4].naechster =  1;
feld[1].naechster =  0;
feld[0].naechster = -1;
kopf              =  2;
```

19.2.2.1 Einfügen eines neuen Elementes

Um ein neues Element, also einen neuen Knoten, in eine bestehende Liste einzufügen, ist die Verkettung an der Einfügeposition aufzubrechen und auf den neuen Knoten zu „verbiegen". Weiters wird die Verknüpfung des eingefügten Objektes auf den Rest der Liste gesetzt. Abbildung 19.6 zeigt das Einfügen des Buchstaben 'E'.

Der Vorteil von Listen gegenüber Feldern ist die Einfachheit und die Geschwindigkeit des Vorgangs. Es sei bemerkt, dass es keine Rolle spielt, wo der neue Knoten im Speicher liegt. Die Reihenfolge der Elemente ergibt sich allein aus der Verkettung und nicht aus der tatsächlichen Position im Speicher. Soll im Gegensatz dazu ein Element an einer bestimmten Position im Behälter Feld eingefügt werden, so erfordert dies, dass alle Elemente nach der Einfügeposition um soviel Elemente verschoben werden müssen, als neue Elemente eingefügt werden sollen. Dies kann allerdings sehr aufwändig sein.

Wird ein neuer Knoten in die Liste eingefügt, muss der Vorgänger auf den einzufügenden Knoten und der Knoten auf den Nachfolger zeigen. Der Vorgänger ist aber nicht bekannt. Durch Umformulieren lässt sich das Problem jedoch umgehen: Statt „Einfügen" wird „Einfügen nach einem bestehenden Knoten" implementiert.

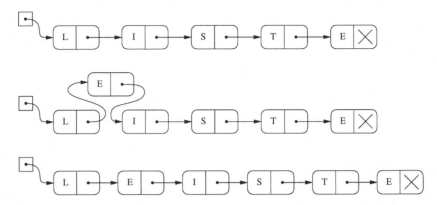

Abbildung 19.6: Einfügen des Elementes 'E'

Als Kriterium für das Einfügen muss die Position des einzufügenden Elementes definiert werden. Dies kann entweder durch einen Index oder mit der Angabe des Elementes im Vorgänger oder Nachfolger geschehen. Im folgenden Beispiel wird eine Funktion gezeigt, die das Einfügen anhand der Position des neuen Elementes durchführt. Als weitere Parameter werden der Index des neuen Elementes und die Einfügeposition angegeben.

```
/* ListeEinfuegen: Einfügen eines Elementes in eine Liste
 *                 implementiert in einem Feld
 * Parameter:
 *     feld:          Das Feld, das die Liste enthält
 *     kopf:          Index auf den ersten Knoten der Liste
 *     neuesElement:  Index des neuen Elementes
 *     position:      Einfügeposition in der Liste
 * Rückgabewert: Keiner
 */
void ListeEinfuegen(Liste_t feld[],    long *kopf,
                        long neuesElement, long  position)
{ long knoten  = *kopf;

   if (*kopf == -1 || position == 0)
   { feld[neuesElement].naechster = *kopf;
     *kopf                         = neuesElement;
   }
   else
   { for (; (feld[knoten].naechster != -1) && (position > 1);
          position = position - 1)
        knoten  = feld[knoten].naechster;
     feld[neuesElement].naechster = feld[knoten].naechster;
     feld[knoten].naechster       = neuesElement;
   }
} // end ListeEinfuegen
```

Ein neues Element wird beispielsweise mit

```
// Neues Element setzen
feld[5].element   = 'N';
feld[5].naechster = -1;
```

generiert. Der Aufruf der Funktion `ListeEinfuegen` sieht dann beispielsweise wie folgt aus:

```
ListeEinfuegen(feld, &kopf, 5, 3);
```

In diesem Fall wird das Element mit dem Index 5 an der Position 3 eingefügt. Die Funktion gibt den neuen Anfang der Liste im Parameter `kopf` zurück. Mit der Einfügeposition 0 wird das neue Element an den Anfang und mit einer Zahl größer oder gleich der Listenlänge an das Ende der Liste gestellt.

Die Funktion `ListeEinfuegen` kümmert sich nicht um die Feldverwaltung: Sie überprüft nicht, ob noch Platz zum Einfügen eines neuen Elementes vorhanden ist, sondern erwartet einen gültigen Index im Parameter `neuesElement`. Die Verwaltung des Speichers (des Feldes) bleibt den aufrufenden Funktionen überlassen. Dieselbe Vorgangsweise wurde auch für die Methode *Entfernen* (siehe Abschnitt 19.2.2.2) gewählt, um nicht das Hauptaugenmerk auf das Speicher-Management zu lenken.

Eine andere und für den Benutzer weit komfortablere Möglichkeit der Implementierung wäre, nicht das Feld und den Index eines gültigen Feldelementes sondern den einzufügenden Datensatz (hier Buchstaben) als Parameter zu übergeben. In diesem Fall muss sich die Methode selbst um die Verwaltung des Feldes kümmern (Finden eines freien Speicherplatzes, Überprüfung der Feldlänge, Verwalten von gelöschten Einträgen). Beim Einfügen eines neuen Elementes muss beispielsweise die Feldlänge innerhalb der Methode `ListeEinfuegen` überprüft und eine Fehlermeldung im Falle eines Feldüberlaufs zurückgegeben werden.

19.2.2.2 Entfernen eines Elementes

Das Entfernen von Elementen ist ähnlich einfach: Es wird die Verknüpfung im Vorgängerknoten auf den Nachfolger des zu entfernenden Elementes gesetzt. Dadurch befindet sich das zu entfernende Objekt nicht mehr in der Liste, da kein Verweis mehr darauf existiert. Abbildung 19.7 zeigt das Entfernen für den Buchstaben 'T'. Um das Objekt tatsächlich zu löschen, muss es nach dem Entfernen zerstört werden.

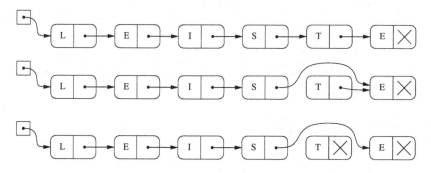

Abbildung 19.7: Entfernen des Elementes 'T'

Auch hier ist das Entfernen eines Elementes schneller als das Entfernen eines Elementes aus einem Feld, da bei Feldern die entstandene Lücke durch Nachschieben der folgenden Elemente im Feld geschlossen werden muss. Das Finden des zu entfernenden Elementes selbst ist jedoch langwierig, da die Liste vom Anfang durchsucht werden muss. Existieren mehrere gleiche Elemente, wird das erste entfernt.

Um ein Element in der Liste zu entfernen, muss es aus der Verkettung der Liste genommen werden: Der Vorgänger muss auf den Nachfolger des zu löschenden Elementes zeigen. Der Vorgänger ist aber nicht bekannt. Durch Umformulieren lässt sich das Problem jedoch umgehen: Statt „Entfernen eines Knotens" wird „Entfernen des nächsten Knotens" implementiert.

Entfernte Knoten werden bei Implementierung in einem Feld im Allgemeinen nur als entfernt *markiert*, da das Nachrücken aller Elemente nicht nur ineffizient ist und den Vorteil von Listen gegenüber Feldern zunichte macht, sondern auch das Korrigieren der Indizes im Feld erfordert, da die Elemente verschoben werden[2]. Das Markieren kann mit einem weiteren ungültigen Index erfolgen, wie beispielsweise -2.

Im Folgenden ist eine Implementierung der Funktion `ListeEntfernen` gegeben. In der Funktion wird unterschieden, ob das zu löschende Element am Beginn der Liste steht oder nicht.

```
/* ListeEntfernen: Entfernen eines Elementes aus einer Liste
 *          implementiert in einem Feld
 * Parameter:
 *     feld:    Das Feld, das die Liste enthält
 *     kopf:    Index auf den ersten Knoten der Liste
 *     zeichen: Das zu löschende Zeichen
 * Rückgabewert: 0 ... nichts gefunden, 1 ... gefunden und gelöscht
 */
long ListeEntfernen(Liste_t feld[], long *kopf, char zeichen)
{   long knoten    = *kopf;
    long naechster;
    long gefunden   = 0; //Nicht gefunden

    if (*kopf != -1) // Liste leer?
    { // Erstes Element löschen?
        if (feld[*kopf].element == zeichen)
        { *kopf    = feld[*kopf].naechster;
          gefunden = 1;
        }
        else
        { // Merken des Nachfolgers
          naechster = feld[knoten].naechster;
          // Suche Element in der Liste
          while (naechster != -1) // Kein Listenende?
          { // Enthält Nachfolger das gesuchte Zeichen?
              if (feld[naechster].element == zeichen)
              { // Ja!
                // Löschen:
                // Setze Nachfolger im Knoten auf
                // den Nachfolger des Nachfolgers
                feld[knoten].naechster    = feld[naechster].naechster;
                feld[naechster].naechster = -2; // als ungültig markieren
                gefunden = 1;
                break;
              }
              // Ab zum nächsten Knoten...
              knoten    = naechster;
              naechster = feld[knoten].naechster;
          }
        }
    }
    return gefunden;
} // end ListeEntfernen
```

---

[2] Das Korrigieren von Indizes in den Listenelementen durch die Speicherverwaltung bedeutet aber, dass diese Kenntnis über die Eigenschaften des Datentyps (hier Listen) haben muss, was zu vermeiden ist: Die Speicherverwaltung kann dann nicht mehr getrennt vom Datentyp implementiert werden.

Um beispielsweise das Element 'T' zu löschen, wird die Funktion wie folgt aufgerufen:

```
if (ListeEntfernen(feld, &kopf, 'T'))
    printf("gelöscht\n");
else
    printf("nicht gefunden\n");
```

19.2.3 Weitere Arten von Listen

Es gibt viele Arten von Listen. Allen von ihnen sind zwei Dinge gemein:

- Sie beruhen auf dem Konzept der einfach verketteten Listen, wie sie in Abschnitt 19.2.1 behandelt wurden.

- Sie speichern zusätzliche Informationen.

Im Gegensatz zu den einfach verketteten Listen speichern doppelt verkettete Listen (*engl. double linked list (DLL)*) auch die Verkettung zum Vorgängerknoten, wie in Abbildung 19.8 gezeigt.

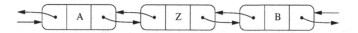

Abbildung 19.8: Eine doppelt verkettete Liste

Der Vorteil dieser Listenvariante ist, dass nicht nur eine Vorwärts- sondern auch eine Rückwärtsbewegung in der Liste möglich ist. Da der Vorgängerknoten bekannt ist, kann mit Referenzen auf Knoten sehr effizient gearbeitet werden, wie in Abbildung 19.9 gezeigt: Soll der Knoten des Elementes 'Z' entfernt werden, so ist die Verknüpfung zum Vorgänger im Nachfolger ('B') auf den Vorgänger ('A') und die Verknüpfung zum Nachfolger im Vorgänger ('A') auf den Nachfolger ('B') zu setzen.

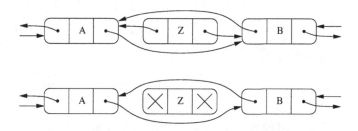

Abbildung 19.9: Entfernen eines Knotens in einer doppelt verketteten Liste

Der Nachteil von doppelt verketteten Listen ist der erhöhte Aufwand beim Einfügen und Umsortieren von Objekten, da auch der Vorgänger korrekt gesetzt werden muss, was eine zusätzliche Fehlerquelle darstellt.

Eine weitere Form einer Liste ist die Ringliste, die allerdings nur sehr selten zum Einsatz kommt. Hierbei speichert der „letzte" Knoten einen Verweis an den „Anfang" der Liste, wodurch eine Rekursion ermöglicht wird.

Rekursionen sind im Allgemeinen in Listen absolut unerwünscht: Wird beispielsweise ein Element in einer Liste gesucht, das nicht vorhanden ist, so wird das Verfahren nicht terminieren, da keine Kennung für das Listenende gefunden wird.

Dennoch eignen sich Ringlisten zum Lösen von Problemen wie dem „Problem des Josephus" [19]: Man nehme aus einer Perlenkette[3] mit M Perlen jede n-te Perle heraus. Die Kette wird nach dem Herausnehmen einer Perle immer nachgespannt, so dass keine Lücke entsteht. Welche Perle bleibt übrig?

Viele Arten von Listen sind Spezialformen. Auch Bäume, die in Abschnitt 19.4 erklärt werden, können als erweiterte Listen betrachtet werden.

19.3   Stapel und Schlangen

Stapel und Schlangen kommen in der Programmierung häufig zum Einsatz und sind auf Grund ihrer Einfachheit auch auf nicht sehr leistungsfähigen Rechnerarchitekturen mit geringem Speicherplatz zu finden. Sie dienen dazu, Daten in der Reihenfolge ihres Auftretens zwischenzuspeichern. Es gibt Stapel und Schlangen mit starrer Länge, die beispielsweise in einem Feld implementiert werden, oder solche mit variabler Länge, die mit Listen realisiert werden. Kennzeichnend ist aber die eingeschränkte Zugriffsmöglichkeit auf die Daten: Datensätze können nur in den Stapel bzw. in die Schlange gestellt oder von dort geholt werden. Ein wahlfreier Zugriff ist nicht möglich.

19.3.1   Stapel

Stapel (*engl. stacks*) arbeiten nach dem Prinzip des *LIFO* (*last in first out*). Das Element, das *zuletzt* auf den Stapel gelegt wurde, wird auch als *erstes* wieder vom Stapel genommen. Ein Stapel ist vergleichbar mit einem Stapel von Büchern. Der Stapel kennt zwei Methoden: *Push* und *Pop*. Mit *Push* wird ein neuer Datensatz oben auf den Stapel gelegt, wie in Abbildung 19.10 für den Stapel `stapel` mit Büchern gezeigt.

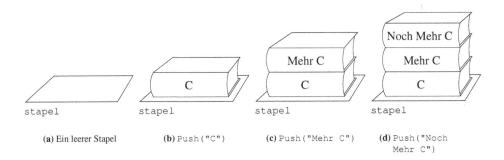

(a) Ein leerer Stapel   (b) `Push("C")`   (c) `Push("Mehr C")`   (d) `Push("Noch Mehr C")`

Abbildung 19.10: Die Methode *Push* für Stapel

Mit *Pop* wird ein Buch von oben vom Stapel genommen, wie in Abbildung 19.11 für den Stapel `stapel` gezeigt.

Die beiden Methoden *Push* und *Pop* können in beliebiger Reihenfolge verwendet werden, um Elemente oben auf den Stapel zu legen bzw. von oben wieder zu holen. Der Stapel wächst und schrumpft daher ständig.

Stapel werden häufig mit Feldern implementiert. Der Vorteil dieser Methode ist die Einfachheit der Implementierung. Die Feldlänge ist allerdings, bedingt durch die starren Feldlängen von C, fixiert und muss daher vorher abgeschätzt werden.

---

[3]Im ursprünglichen Problem des Josephus wird von der Exekution von Männern gesprochen, die in einem Kreis aufgestellt sind. Da dies jedoch ein „friedliches Buch" ist, wird das Problem an Hand einer Perlenkette veranschaulicht.

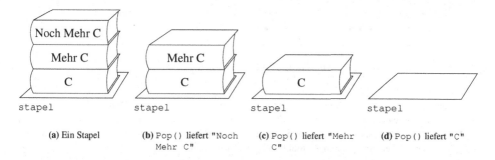

stapel stapel stapel stapel

(a) Ein Stapel **(b)** Pop() liefert "Noch Mehr C" **(c)** Pop() liefert "Mehr C" **(d)** Pop() liefert "C"

Abbildung 19.11: Die Methode *Pop* für Stapel

Stapel können aber auch in Listen implementiert werden, wodurch der Stapel beliebig groß[4] werden kann. Der Nachteil dieser Methode ist der erhöhte Aufwand von Listen gegenüber Feldern.

19.3.2 Schlangen

Eine Schlange (*engl. queue*) arbeitet nach dem Prinzip des *FIFO* (*first in first out*). Das Element, das *zuerst* in die Schlange gestellt wurde, wird auch als *erstes* wieder entnommen. Die Methoden, die für Schlangen angeboten werden, sind Put und Get. Mit Put werden Elemente hintereinander in die Schlange eingereiht. Mit Get werden Elemente aus der Schlange in der Reihenfolge geholt, in der sie in die Schlange gestellt wurden.

Schlangen werden vorzugsweise mit Listen implementiert, da Elemente leicht am Anfang der Liste eingefügt und am Ende der Liste entfernt werden können. Felder eignen sich daher kaum zur Implementierung. Eine Ausnahme stellt der Zirkularpuffer dar, der im folgenden Abschnitt behandelt wird.

19.3.3 Zirkularpuffer

Der Zirkularpuffer ist eine Implementierung der Schlange und arbeitet daher auch nach dem Prinzip des *FIFO*. Zirkularpuffer werden in Feldern implementiert. Neue Elemente werden hinten eingefügt und von vorne wieder entnommen. Die Funktion des *FIFO* wird dadurch gewährleistet [5].

Die Einfüge- und Entnahmeposition sind durch Indizes im Feld gegeben. Nach dem Einfügen eines Elementes wird der Index der Einfügeposition erhöht. Beim Entfernen von Elementen wird genauso verfahren: Nach der Entnahme wird der Index der Entnahmeposition erhöht. Es verschieben sich daher die Positionen im Feld. Wird die Feldlänge überschritten, so wird der jeweilige Index auf den Feldanfang gesetzt (daher der Name „Zirkularpuffer").

Abbildung 19.12 zeigt einen Zirkularpuffer der Länge N mit der Einfügeposition letztes und der Entnahmeposition erstes.

Zirkularpuffer werden gerne bei der asynchronen Kommunikation zweier Prozesse verwendet. Dabei gibt es einen Prozess, der Daten in den Zirkularpuffer schreibt, ein anderer liest davon. Schreiber und Leser warten nicht aufeinander, sondern schreiben bzw. lesen asynchron. Kurzzeitige Geschwindigkeitsunterschiede beider Prozesse können durch den Zirkularpuffer ausgeglichen werden.

---

[4] Die Größe ist natürlich durch die Feldlänge in der Implementierung und durch den verfügbaren Speicher begrenzt.

[5] Ob das Einfügen hinten und die Entnahme vorne erfolgt oder umgekehrt, ist Detail der Implementierung. Wichtig ist, dass die Operationen *Put* und *Get* am jeweils entgegengesetzten Ende stattfinden.

Abbildung 19.12: Ein Zirkularpuffer

Wird schneller gelesen als geschrieben, so tritt ein sogenannter *underflow* ein: Dabei muss, je nach Implementierung, entweder der Leser warten, bis wieder Daten im Puffer zum Lesen bereit stehen, oder es werden keine Daten gelesen und der Lesevorgang mit einem Fehler (siehe Kapitel 22) abgebrochen. Das Lesen kann dann zu einem späteren Zeitpunkt wiederholt werden.

Wird schneller geschrieben als gelesen, so tritt ein sogenannter *overflow* ein: Wieder muss, je nach Implementierung, entweder der Schreiber warten, bis der Leser Daten gelesen hat und wieder Platz verfügbar ist, oder das Schreiben wird mit einem Fehler abgebrochen und zu einem späteren Zeitpunkt wiederholt.

19.4 Baum-Strukturen

„Bäume" sind aus dem täglichen Leben bekannt. Ein bekannter Vertreter ist der Stammbaum. Tatsächlich finden sich auch viele Begriffe aus diesem Anwendungsbereich in der Terminologie für Bäume im Kontext Programmieren wieder. Weitere Bäume sind beispielsweise Entscheidungsbäume, die dem Leser helfen sollen, die für ihn richtige Auswahl oder Entscheidung, seiner Situation angepasst, zu finden. Auch die Organisation von Firmen wird oft als Baum dargestellt, wobei die Hierarchie durch Verzweigungen abgebildet wird.

Bäume werden beim Programmieren häufig verwendet. Es gibt unterschiedlichste Arten von Bäumen zu unterschiedlichstem Zweck, es existieren eine Vielzahl an Varianten und Spezialisierungen. Es gibt Bäume zur Speicherung von Daten, Bäume zum Sortieren und Suchen von Daten, Bäume für Syntaxanalyseprobleme, geometrische oder mathematische Probleme oder für die Datenkomprimierung. Bäume wurden eingehend mathematisch untersucht. Eine erschöpfende Abhandlung von Bäumen würde mehrere Bücher füllen, dieser Abschnitt beschränkt sich aber auf eine kurze Behandlung von binären Bäumen und zeigt einige häufige Anwendungsbereiche.

19.4.1 Eigenschaften und Terminologie

Während eine Liste eine eindimensionale Datenstruktur darstellt, können Bäume als mehrdimensionale „Erweiterungen" gesehen werden. Dabei hat ein Knoten nicht nur einen, sondern mehrere Nachfolger. Die Verknüpfung zweier Knoten wird Kante genannt, Knoten ohne Nachfolger heißen Endknoten oder Blätter (*engl. leaf*). Abbildung 19.13 zeigt ein Beispiel für einen einfachen Baum.

 Als „Wurzel" (*engl. root*) eines Baumes wird hier der Knoten bezeichnet, der keine Vorgänger hat. Die Definition der Wurzel kann aber auch nach anderen Kriterien erfolgen.

Eine andere Definition des Baumes kann auch rekursiv erfolgen: Ein Baum besteht aus mehreren Subbäumen, deren Wurzeln durch einen gemeinsamen Knoten (dieser bildet wiederum die Wurzel des gemeinsamen Baumes) verkettet werden.

Ein „Pfad" (*engl. path*) von einem Knoten zu einem anderen ist eine „Liste" jener Knoten, die durch *Kanten* miteinander verbunden sind.

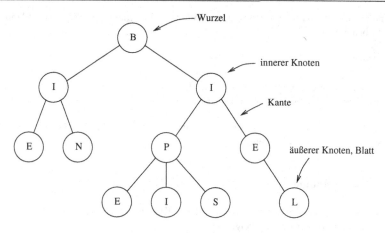

Abbildung 19.13: Ein einfacher Baum

 In Bäumen existiert immer genau ein Pfad von einem Knoten zu einem anderen.

Existiert mehr als ein Pfad, handelt es sich um keinen Baum, sondern um einen allgemeinen Graphen[6]. Hier sei aber auf die Literatur (z.B. [7]) verwiesen.

Ein Knoten, der sich vor einem bestimmten Knoten im Pfad zur Wurzel befindet, heißt „Vorgänger" (*engl. parent*), ein Knoten, der an einem bestehenden hängt, heißt „Nachfolger" (*engl. child*). In Anlehnung an Stammbäume spricht man gelegentlich von Geschwistern (*engl. sibling*) (Knoten, die denselben Vorgänger haben), aber auch von Großvätern bzw. Enkeln.

Nichtendknoten heißen *innere Knoten*, Endknoten heißen *äußere Knoten*. Die Unterscheidung zwischen inneren und äußeren Knoten ist hauptsächlich in Bäumen wichtig, deren innere Knoten keine Elemente speichern – sämtliche Elemente sind ganz oder zum Teil in den Blättern gespeichert (ein solcher Baum wird in Abschnitt 19.4.2 gezeigt).

Da jeder Knoten des Baumes – mit Ausnahme der Wurzel – durch eine Kante mit einem Vorgänger verbunden ist, ergibt sich:

 Ein allgemeiner Baum mit N Knoten hat $N - 1$ Kanten.

Als Wald (*engl. forest*) versteht man eine Menge von Bäumen. Jeder Baum kann aber auch gleichzeitig als Wald interpretiert werden. Der Baum in Abbildung 19.13 hat 11 Knoten. Man könnte beispielsweise auch sagen, er besteht aus einem Subbaum mit 3 Knoten ('E', 'I', 'N'), einem Subbaum mit 7 Knoten ('E', 'I', 'S', 'P', 'I', 'E', 'L'), einem Subbaum mit 4 Knoten ('E', 'I', 'S', 'P'), einem Subbaum mit 2 Knoten ('E', 'L') und 6 Subbäumen, die gleichzeitig die Endknoten sind. Durch Entfernen der Wurzel 'B' aus dem Baum in Abbildung 19.13 entsteht ein Baum mit 3 und einer mit 7 Knoten.

Jeder Knoten eines Baumes enthält ähnlich zu Listen zwei Arten von Informationen: Das Element (hier Zeichen) und die Verkettungen. Im Gegensatz zu Listen gibt es aber zwei oder mehrere Verkettungen. Die Verkettungen (Verweise) werden im Allgemeinen als Indizes eines Feldes (siehe Abschnitt 19.2) oder als Zeiger implementiert.

---

[6]Ein Graph ist eine Menge von Knoten und Kanten.

Werden die Elemente nach einer bestimmten Ordnung in den Baum eingefügt, so wird ein sogenannter *Schlüssel* benötigt.

> Unter einem Schlüssel wird ein Kriterium verstanden, mit dem ein Element in einen Baum eingefügt oder darin gesucht werden kann. Der Schlüssel kann entweder direkt der Datensatz (hier Zeichen) oder ein Attribut des Datensatzes sein. Er kann aber auch mittels einer geeigneten Funktion aus einem Datensatz ermittelt werden.

Der Schlüssel ist beispielsweise ein Name oder eine Adresse einer Person, die durch eine Struktur beschrieben ist. Schlüssel werden beispielsweise für binäre Suchbäume (siehe Abschnitt 19.4.3) benötigt.

19.4.2 Binäre Bäume

Unter binären Bäumen versteht man Bäume, deren Knoten genau zwei Nachfolger haben. In Abbildung 19.14 ist ein solcher Baum gezeigt.

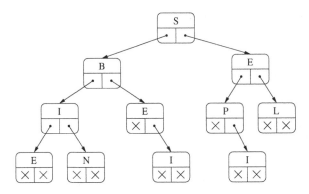

Abbildung 19.14: Ein binärer Baum mit Knoten

Die Knoten in dieser Abbildung enthalten das Element und Verkettungen zu dem rechten und dem linken Nachfolger. Auch hier wurde somit ein kleiner Schritt in Richtung Implementierungssicht getan, um die Datenstruktur besser verstehen zu können. Wie bei Listen muss auch bei Bäumen der Kopf separat gespeichert werden, er wird im Folgenden jedoch nicht mehr dargestellt. Hat ein Knoten keinen Nachfolger, so wird dies durch ein × dargestellt.

Es gibt auch binäre Bäume, deren sämtliche *innere* Knoten (Nichtendknoten) *keine* Elemente beinhalten. Abbildung 19.15 zeigt einen solchen Baum. Wie man erkennt, besteht der Baum aus zwei Arten von Knoten: Die inneren Knoten speichern lediglich Verkettungen, die äußeren lediglich die Elemente.

Abbildung 19.16 zeigt einen *vollständigen binären Baum*. Darunter wird ein Baum verstanden, dessen Blätter von links nach rechts angefügt werden. Ist eine Reihe komplett, wird eine neue Reihe begonnen. Vollständige Bäume werden in Abschnitt 19.5 benötigt.

Abbildung 19.17 zeigt einen binären Baum für den bekannten Morse-Code[7] [13] (siehe Tabelle 19.1). Der Morse-Code besteht aus den drei Symbolen '·'(kurz), '-' (lang) und 'ப' (Pause), wobei die Pause lediglich zum Trennen der Zeichen und Wörter voneinander verwendet wird. Tabelle 19.1 eignet sich gut zum Codieren von Nachrichten: Die Zeichen sind alphabetisch sortiert, was das Finden des Codes eines Zeichens erleichtert.

---

[7]S. F. B. Morse (1791-1872) war ein amerikanischer Maler und Erfinder. Der Morse-Code entstand im Jahre 1838, seine heutige Form stammt aus dem Jahre 1849.

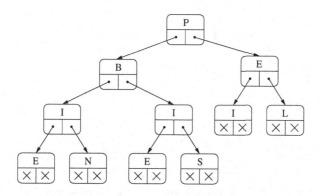

Abbildung 19.15: Ein binärer Baum, dessen innere Knoten keine Elemente speichern

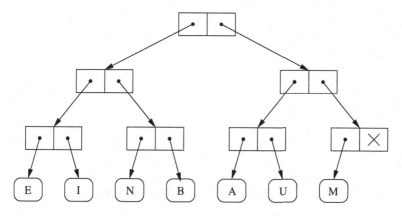

Abbildung 19.16: Ein vollständiger binärer Baum

Die Baumdarstellung des Morse-Codes wird für die Decodierung verwendet. Dabei gilt folgende Regel: Ein '·' (kurz) bedeutet: „Gehe nach links." Ein '-' (lang) bedeutet: „Gehe nach rechts." Ein Code für einen Buchstaben ergibt sich, wenn man von der Wurzel ausgehend den „Anweisungen" '·' und '-' folgt – also nach links bzw. nach rechts verzweigt. Der Morse-Code für den Buchstaben 'S' ergibt sich beispielsweise zu „· · ·".

Der Code-Baum für den Morse-Code (siehe Abbildung 19.17) ist kein vollständiger Baum, da in der letzten Reihe Lücken auftreten (beispielsweise zwischen '4' und '3'). Er ist darüber hinaus eine Mischform, da sämtliche seiner Knoten ein Element beinhalten, außer einem: Der Wurzel.

Im Folgenden seien noch einige allgemeine Beobachtungen für *binäre Bäume* festgehalten, die sich aus deren Aufbau ergeben.

 Ein binärer Baum mit N_I inneren Knoten hat maximal $N_I + 1$ äußere Knoten (Blätter).

Beispielsweise hat der Baum in Abbildung 19.16 5 innere und 6 äußere Knoten. Des weiteren kann die Höhe eines vollständigen binären Baumes (die Anzahl der Ebenen, aus denen er besteht) angegeben werden:

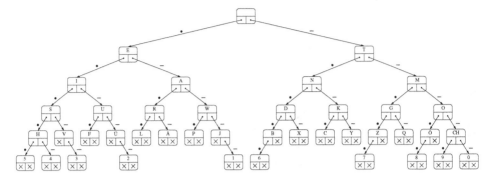

Abbildung 19.17: Der Morse-Code als binärer Baum

a	$\cdot\,-$	i	$\cdot\,\cdot$	r	$\cdot\,-\,\cdot$	0	$-\,-\,-\,-\,-$
ä	$\cdot\,-\,\cdot\,-$	j	$\cdot\,-\,-\,-$	s	$\cdot\,\cdot\,\cdot$	1	$\cdot\,-\,-\,-\,-$
b	$-\,\cdot\,\cdot\,\cdot$	k	$-\,\cdot\,-$	t	$-$	2	$\cdot\,\cdot\,-\,-\,-$
c	$-\,\cdot\,-\,\cdot$	l	$\cdot\,-\,\cdot\,\cdot$	u	$\cdot\,\cdot\,-$	3	$\cdot\,\cdot\,\cdot\,-\,-$
ch	$-\,-\,-\,-$	m	$-\,-$	ü	$\cdot\,\cdot\,-\,-$	4	$\cdot\,\cdot\,\cdot\,\cdot\,-$
d	$-\,\cdot\,\cdot$	n	$-\,\cdot$	v	$\cdot\,\cdot\,\cdot\,-$	5	$\cdot\,\cdot\,\cdot\,\cdot\,\cdot$
e	$\cdot$	o	$-\,-\,-$	w	$\cdot\,-\,-$	6	$-\,\cdot\,\cdot\,\cdot\,\cdot$
f	$\cdot\,\cdot\,-\,\cdot$	ö	$-\,-\,-\,\cdot$	x	$-\,\cdot\,\cdot\,-$	7	$-\,-\,\cdot\,\cdot\,\cdot$
g	$-\,-\,\cdot$	p	$\cdot\,-\,-\,\cdot$	y	$-\,\cdot\,-\,-$	8	$-\,-\,-\,\cdot\,\cdot$
h	$\cdot\,\cdot\,\cdot\,\cdot$	q	$-\,-\,\cdot\,-$	z	$-\,-\,\cdot\,\cdot$	9	$-\,-\,-\,-\,\cdot$

Tabelle 19.1: Der Morse-Code

 Die Höhe eines vollständigen binären Baumes ist der ganzzahlige Wert von $\log_2(N) + 1$.

Für den Baum in Abbildung 19.16 ist $N = 11$, also beträgt die Höhe des Baumes 4 Ebenen.

19.4.3   Binäre Suchbäume

Ein binärer Suchbaum ist ein binärer Baum, der in jedem Knoten eine besondere Bedingung erfüllt: Alle Knoten, die sich im linken Unterbaum eines Knotens befinden, also durch seine linke Verkettung zu erreichen sind, haben kleinere Schlüssel. Alle Knoten, die sich im rechten Unterbaum eines Knotens befinden, also durch seine rechte Verkettung zu erreichen sind, haben größere Schlüssel.

Eine weitere Vereinbarung muss für gleiche Schlüssel getroffen werden: Knoten mit gleichen Schlüsseln werden hier per selbst gewählter Konvention im linken Unterbaum abgelegt. In Abbildung 19.18 ist ein Beispiel eines binären Suchbaumes gezeigt.

Es ist jedoch nicht möglich, diesen Baum in einen vollständigen binären Baum (siehe Abbildung 19.16) umzuwandeln und gleichzeitig die obige Bedingung für binäre Suchbäume zu erfüllen. Der Grund dafür ist, dass in dem Baum mehrere Knoten mit dem gleichen Schlüssel vorkommen, die in diesem Fall das Bilden eines vollständigen Baumes verhindern. Ein binärer Baum, in dem alle Schlüssel unterschiedlich sind, kann immer in einen vollständigen Baum umgewandelt werden. Dies geschieht durch „Rotieren" der Knoten, hier sei aber auf die Literatur verwiesen [24].

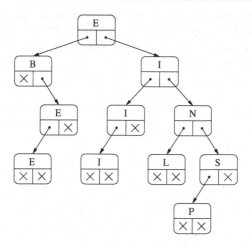

Abbildung 19.18: Ein binärer Suchbaum

Abbildung 19.19 zeigt eine spezielle Variante eines Suchbaumes, in dem Knoten, die denselben Schlüssel besitzen, in einer Liste „im Knoten" hintereinander abgelegt werden. Dies ermöglicht vollständige binäre Suchbäume, in denen Knoten gleicher Schlüssel vorkommen.

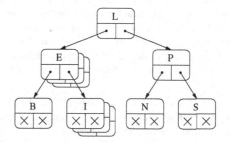

Abbildung 19.19: Ein Suchbaum, in dem Knoten gleicher Schlüssel hintereinander abgelegt werden

19.4.4 Methoden

Ein Baum ist bereits eine relativ komplexe Datenstruktur. Dementsprechend vielfältig ist auch die Anzahl der Methoden, die mit Bäumen verwendet werden. In diesem Abschnitt seien allerdings nur die meist verwendeten gezeigt, da eine erschöpfende Abhandlung aller vorstellbaren Methoden den Rahmen dieses Buches sprengen würde.

19.4.4.1 Traversieren von Bäumen

Ist ein Baum aufgebaut, so ist es vor allem notwendig zu wissen, wie er durchlaufen – „traversiert" (*engl. traverse*) – werden kann. Diese Aufgabe ist besonders schön rekursiv zu lösen.

Es gibt verschiedene Methoden, die Traversierung vorzunehmen: Die sogenannte *Level-Order-*, *Preorder-*, *Inorder-* oder *Postorder-*Traversierung.

Die Level-Order-Methode kommt bei sogenannten Heap-Strukturen (siehe Abschnitt 19.5) zum Einsatz. Dabei werden die Elemente zeilenweise von links nach rechts durchlaufen.

Bei der Preorder-Traversierung wird jeder Knoten Ebene für Ebene der Reihe nach bearbeitet. Dieses Verfahren kommt ebenfalls bei Heap-Strukturen (siehe Abschnitt 19.5) zum Einsatz.

Die anderen Traversierungsmethoden arbeiten rekursiv: Das Gesamtproblem setzt sich aus einem exakt lösbaren Teilproblem und weiteren gleichartigen Teilproblemen zusammen, die nach demselben Prinzip gelöst werden. Abbildung 19.20 zeigt einen Ausschnitt aus einem beliebigen Baum.

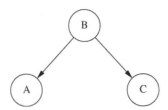

Abbildung 19.20: Traversierung eines Baumes

Die Traversierung erfolgt in allen drei folgenden Methoden (Preorder-, Inorder- und Postorder-Traversierung) ähnlich, sie unterscheiden sich lediglich in der Reihenfolge, in der die Knoten durchlaufen werden.

Bei der Preorder-Traversierung wird zunächst der mittlere Knoten bearbeitet. Anschließend daran werden der linke Knoten und all seine Subknoten durchlaufen. Man kann auch sagen, es wird der Subbaum mit der Wurzel 'A' traversiert. Im Anschluss daran wird der rechte Knoten und seine Subknoten traversiert. Die Reihenfolge der Traversierung lautet daher 'B'-'A'-'C'. Der in Abbildung 19.14 gezeigte Baum wird mit der Preorder-Traversierung in folgender Reihenfolge durchlaufen: 'S'-'B'-'I'-'E'-'N'-'E'-'I'-'E'-'P'-'I'-'L'. Die Preorder-Traversierung wird gerne zum Darstellen von Syntaxbäumen in der Prefix-Notation ($+ab$) verwendet.

Bei der Inorder-Traversierung wird zunächst der linke Subbaum bearbeitet, dann der mittlere Knoten und zuletzt der rechte Subbaum. Die Reihenfolge der Traversierung lautet daher 'A'-'B'-'C'. Der in Abbildung 19.14 gezeigte Baum wird mit der Inorder-Traversierung in folgender Reihenfolge durchlaufen: 'E'-'I'-'N'-'B'-'E'-'I'-'S'-'P'-'I'-'E'-'L'. Die Inorder-Traversierung wird beispielsweise zum Sortieren sowie zum Erzeugen und Darstellen von Syntaxbäumen in der Infix-Notation ($a + b$) verwendet.

Bei der Postorder-Traversierung wird der linke Subbaum zuerst bearbeitet, dann der rechte und zum Schluss der mittlere Knoten. Die Reihenfolge der Traversierung lautet daher 'A'-'C'-'B'. Der in Abbildung 19.14 gezeigte Baum wird mit der Postorder-Traversierung in folgender Reihenfolge durchlaufen: 'E'-'N'-'I'-'I'-'E'-'B'-'I'-'P'-'L'-'E'-'S'. Die Postorder-Traversierung wird beispielsweise zur Auswertung von Syntaxbäumen verwendet (siehe Abschnitt 23.4.2).

19.4.4.2   Suchen eines Elementes in einem binären Suchbaum

Soll ein Element in einem Baum gesucht werden, so muss durch den Baum traversiert werden. Ist der Baum vollkommen unsortiert, muss dabei – ähnlich einer linearen Liste – jeder Knoten überprüft werden. Das ist aber nicht der Zweck von Bäumen. Zum Suchen von Knoten werden vielmehr binäre Suchbäume verwendet. Beim Traversieren durch den Baum wird dabei die Bedingung für binäre Suchbäume angewendet: Der linke Subbaum enthält nur Knoten mit kleineren (oder gleichen), der rechte nur Knoten mit größeren Schlüsseln. Existieren mehrere Knoten mit demselben Schlüssel, so wird nur der erste gefunden.

Die Reihenfolge der Abfrage lautet am günstigsten:

- Ist der gesuchte Schlüssel kleiner als der Schlüssel des aktuellen Knotens, so verzweige nach links.

- Ist der gesuchte Schlüssel größer als der Schlüssel des aktuellen Knotens, so verzweige nach rechts.

- Ist der gesuchte Schlüssel gleich dem Schlüssel des aktuellen Knotens, so ist der Knoten gefunden.

Das Verfahren ähnelt dem Verfahren „Binäres Suchen" (siehe Abschnitt 13.7.2). Bei gleichverteilten Schlüsseln (und größeren Datenmengen) werden bei einer erfolgreichen Suche in einem vollständigen binären Baum im Durchschnitt etwa $\log_2(N) - 1$ Vergleiche durchgeführt.

Die Abfrage auf Gleichheit mit dem Suchschlüssel wird im Allgemeinen zuletzt durchgeführt, da sich bei großen Datenmengen der gesuchte Knoten (gleichverteilte Suchschlüssel vorausgesetzt) im Durchschnitt in den unteren Ebenen des Baumes befindet. Die Prozedur wird solange wiederholt, bis entweder der Knoten mit dem gesuchten Schlüssel gefunden ist oder kein Knoten mehr vorhanden ist.

Um beispielsweise im Baum aus Abbildung 19.18 den Knoten 'N' zu finden, wird wie folgt – beim Kopf beginnend – vorgegangen: 'N' ist größer als 'E': Es wird nach rechts verzweigt. 'N' ist größer als 'I': Es wird nach rechts verzweigt. Der Schlüssel ist gefunden.

Eine erfolglose Suche wird erst festgestellt, wenn man bei einem Endknoten angelangt ist. Daher beträgt die durchschnittliche Anzahl an Vergleichen bei einer erfolglosen Suche in einem vollständigen binären Baum etwa $\log_2(N)$.

19.4.4.3   Einfügen eines neuen Elementes in einen binären Suchbaum

Um einen Knoten in einen binären Suchbaum einzufügen, wird das Element zunächst im Baum „erfolglos" gesucht. Damit ist gemeint, dass die Suche nicht bereits bei einem gefundenen Objekt abbricht, sondern erst, wenn ein Endknoten erreicht worden ist. Abbildung 19.21 zeigt den Aufbau eines Baumes, in den der Reihe nach die Knoten 'E', 'I', 'N', 'B', 'E', 'I', 'S', 'P', 'I', 'E' und 'L' eingehängt wurden. Zu Beginn sei der Baum leer. Den ersten Knoten einzuhängen ist daher trivial: Der Kopf (*engl. head*) zeigt dann schlicht auf diesen Knoten. Um das 'I' einzufügen, wird wie folgt vorgegangen: 'I' ist größer als 'E' – es muss daher nach rechts verzweigt werden. Da der rechte Nachfolger nicht besetzt ist, wird 'I' eingehängt. Beim Einfügen des 'N' wird genauso vorgegangen: 'N' ist größer als 'E', somit wird nach rechts verzweigt. 'N' ist auch größer als 'I', weshalb wiederum nach rechts verzweigt wird. Da aber kein rechter Nachfolger existiert, wird 'N' eingehängt usw..

19.4.4.4   Löschen eines Elementes in einem binären Suchbaum

Das Löschen eines Knotens in einem binären Suchbaum erfordert etwas mehr Aufwand als die Methoden *Traversieren*, *Suchen* und *Sortiert Einfügen*. Die Schlüssel sind zumeist untrennbar mit der Struktur von Bäumen verbunden. Ein Löschen eines Elementes kommt einer Beschädigung der Struktur des Baumes gleich, die repariert werden muss.

Gegeben ist der in Abbildung 19.22 gezeigte binäre Suchbaum. Soll ein beliebiger Knoten gelöscht werden, so muss ein anderer Knoten im Baum gefunden werden, der seinen Platz im Baum einnimmt, damit die Baumstruktur erhalten bleibt. Dieser Knoten muss darüber hinaus so gewählt werden, dass die Bedingung für den binären Suchbaum (siehe Abschnitt 19.4.3) erhalten bleibt. Der gesuchte Knoten ist somit der Knoten mit entweder dem nächst größeren oder dem nächst kleineren Schlüssel. Das garantiert, dass kein anderer Schlüssel dazwischen liegt. Im Folgenden wird der nächst größere gewählt.

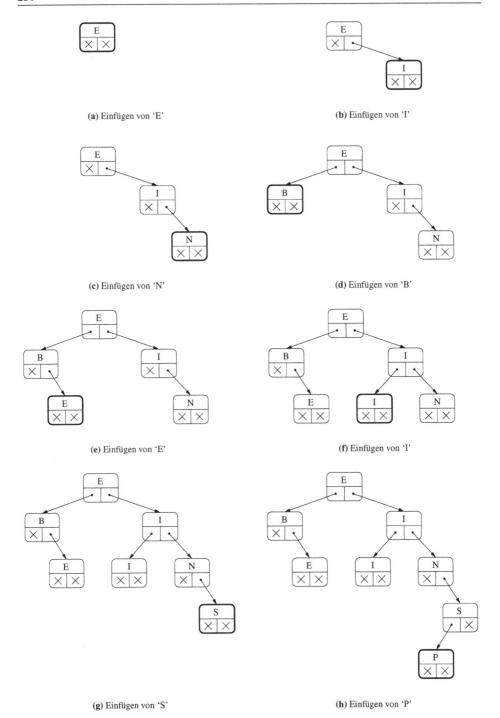

(a) Einfügen von 'E'

(b) Einfügen von 'I'

(c) Einfügen von 'N'

(d) Einfügen von 'B'

(e) Einfügen von 'E'

(f) Einfügen von 'I'

(g) Einfügen von 'S'

(h) Einfügen von 'P'

Abbildung 19.21: Aufbau eines binären Suchbaumes

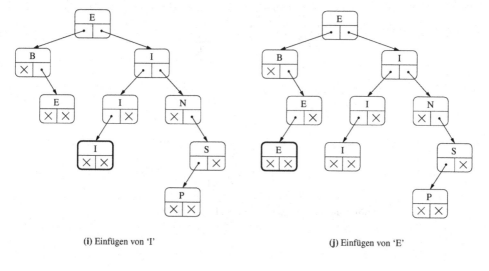

(i) Einfügen von 'I'

(j) Einfügen von 'E'

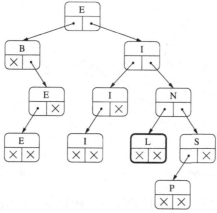

(k) Einfügen von 'L'

Abbildung 19.21: Aufbau eines binären Suchbaumes (Fortsetzung)

Der Algorithmus zum Löschen eines Knotens lautet:

- Existiert ein rechter Nachfolger? Wenn nein, dann entferne den Knoten und ersetze ihn durch den linken Nachfolger. Das Löschen wurde erfolgreich durchgeführt.

- Wenn ein rechter Nachfolger existiert, muss der Knoten durch den Knoten mit dem nächst größeren Schlüssel ersetzt werden: Gehe zum rechten Nachfolger und finde dessen kleinsten Nachfolger (der Nachfolger, der am weitesten links steht). Existiert kein linker Nachfolger, so wird der Knoten selbst gewählt.

  Nun wird der Knoten entfernt und der Ersatzknoten an dessen Stelle platziert. Dabei müssen die Verkettungen korrigiert werden. Die folgenden Schritte erläutern diesen Vorgang genauer:

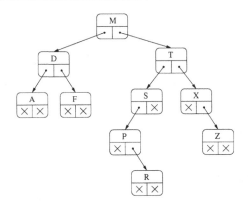

Abbildung 19.22: Ein binärer Suchbaum vor dem Löschen

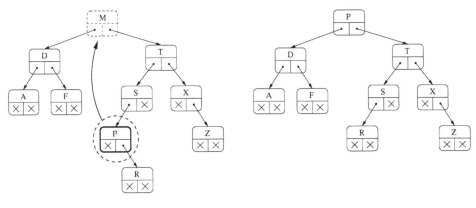

(a) Ersetze 'M' durch 'P'   (b) Repariere Verkettungen

Abbildung 19.23: Löschen des Elementes 'M' in einem binären Suchbaum

- Entferne den Ersatzknoten aus dem Baum und repariere die Verkettungen an der Stelle, an der er entnommen wurde: Da der Ersatzknoten keinen linken Nachfolger besitzt, hat er maximal einen rechten Nachfolger. Dieser rückt an die Stelle des entfernten Ersatzknotens.

- Setze die Verkettung im Ersatzknoten gleich der Verkettung im zu entfernenden Knoten.

- Lösche den Knoten und setze die Verkettung, die auf diesen Knoten verwiesen hat, auf den Ersatzknoten. Ist der entfernte Knoten die Wurzel des Baumes, so ist der Ersatzknoten die neue Wurzel.

Um den Knoten 'M' aus Abbildung 19.22 zu löschen, wird wie folgt vorgegangen: Der Knoten 'M' hat einen rechten Nachfolger: 'T'. Der kleinste Nachfolger von 'T' ist 'P'. Der Ersatzknoten 'P' wird entfernt, wobei dessen rechter Nachfolger 'R' an seine Stelle rückt. Nun erhält der Ersatzknoten 'P' die Verkettung des zu löschenden Knotens 'M'. Im Anschluss daran sind die Verkettungen in 'P' und 'S' zu reparieren. Der Löschvorgang ist in Abbildung 19.23 gezeigt.

19.5 Heap-Strukturen

Eine Heap-Struktur, kurz Heap (zu deutsch *Haufen*) genannt, ist eine sogenannte *Prioritätswarteschlange*. Dies ist eine Datenstruktur, die es ermöglicht, den größten Eintrag zu finden, zu löschen und neue Elemente einzufügen. Auf Grund der besonderen Struktur von Heaps können eine Reihe von sehr effizienten Algorithmen geschaffen werden, wie beispielsweise das Sortieren in Heaps.

19.5.1 Eigenschaften

Ein Heap ist eine besondere Art eines binären Baumes, der als Feld abgespeichert wird. Jeder Knoten des Baumes muss dabei die sogenannte *Heap-Bedingung* erfüllen:

Der Schlüssel jedes Knotens eines Heaps ist größer als der seiner Nachfolger. Können auch gleiche Schlüssel auftreten, so muss der Schlüssel jedes Knotens größer oder gleich dem seiner Nachfolger sein.

Zur Erinnerung: Die Bedingung für binäre Suchbäume lautet, dass der Schlüssel des linken Nachfolgers kleiner und der Schlüssel des rechten Nachfolgers größer ist. Dadurch sind die Elemente im Baum auch völlig anders verteilt.

Ein Heap ist ein vollständiger binärer Baum.

Abbildung 19.24 zeigt ein Beispiel eines Heaps in Baumdarstellung.

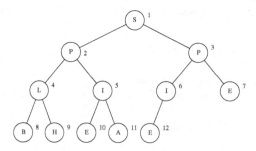

Abbildung 19.24: Darstellung eines Heaps als vollständiger binärer Baum

Heaps werden in Feldern abgespeichert.

Die Baumdarstellung dient nur dem besseren Verständnis. Es zeigt sich aber auch, dass jeder einzelne Knoten eines Heaps als Wurzel eines Heaps gesehen werden kann. Diese Interpretation ermöglicht sehr einfache und effektive Algorithmen, die in den folgenden Abschnitten vorgestellt werden.

Jedem Knoten im „Baum" wird ein fortlaufender Index zeilenweise zugewiesen (siehe Abbildung 19.24). Diese Indizes entsprechen den Feldindizes, wobei das Element mit Index 0 nicht existiert. In Abbildung 19.25 ist derselbe Heap als Feld dargestellt – das Feldelement mit Index 0 wurde in der Darstellung weggelassen, da es für den Heap nicht verwendet wird.

Alle Elemente in Abbildung 19.25 sind entsprechend ihrem Index aus Abbildung 19.24 zeilenweise im Feld abgelegt. Die tatsächliche Implementierung als Feld bringt mehrere Vorteile: Heaps speichern

1	2	3	4	5	6	7	8	9	10	11	12
S	P	P	L	I	I	E	B	H	E	A	E

Abbildung 19.25: Darstellung eines Heaps als Feld

keine expliziten Verknüpfungen. Die Verknüpfungen sind implizit enthalten, wodurch zum Feststellen des Vorgängers oder Nachfolgers nur einfache arithmetische Operationen durchgeführt werden müssen: Die Nachfolger eines Elementes mit dem Index i befinden sich auf den Positionen $2i$ und $2i + 1$. Der Index des Vorgängers ergibt sich durch die *Ganzzahlendivision* $i/2$. Jede volle Ebene hat 1 Element mehr als alle höheren Ebenen. Jede vollständige Ebene hat doppelt so viele Elemente als die vorhergehende.

Der Nachteil der Implementierung als Feld ist die starre Struktur, da explizite Verknüpfungen fehlen. Heaps bieten jedoch gerade soviel Flexibilität, dass effiziente Algorithmen für Prioritätswarteschlangen implementiert werden können. Diese Algorithmen sowie ein Sortierverfahren basierend auf Heaps sollen im Folgenden besprochen werden.

19.5.2   Methoden

Werden Heaps als Prioritätswarteschlangen verwendet, so existieren im Allgemeinen nur drei Methoden:

- Einfügen eines neuen Elementes. Dies wird in Abschnitt 19.5.2.4 besprochen.

- Traversieren über einen Heap. Beim Traversieren von Heaps wird ähnlich vorgegangen, wie in Abschnitt 19.4.4.1 erklärt. Das Traversieren von Heaps ist allerdings trivial, da, wie oben erläutert, mit einfachen arithmetischen Berechnungen nicht nur die Nachfolger, sondern auch die Vorgänger ermittelt werden können. Meist wird die Level-Order-Methode bzw. die Preorder-Traversierung angewendet.

- Entfernen eines Elementes. Dies wird in Abschnitt 19.5.2.3 besprochen.

Das Einfügen und Löschen von Elementen erfordert allerdings anschließend das Reparieren der Heap-Struktur. Dazu existieren zwei Methoden, die *UpHeap* und *DownHeap* genannt werden. Sie werden im Folgenden besprochen.

Grau unterlegte Elemente in den folgenden Darstellungen von Heaps sollen die modifizierten Elemente herausstreichen.

19.5.2.1   Die Methode *UpHeap*

Die Methode *UpHeap* wird unter anderem beim Einfügen von Elementen benötigt. Sie stellt sicher, dass ein Element, das die Heap-Bedingung in einem sonst korrekten Heap verletzt, weil der Schlüssel seines Vorgängers kleiner ist, richtig platziert und der Heap als Ganzes dadurch repariert wird. Die Methode *UpHeap* arbeitet sich von unten nach oben durch den Heap – sie arbeitet *bottom up*. Abbildung 19.26 zeigt einen korrekten Heap als Ausgangssituation.

Um ein neues Element in den Heap einzufügen, wird es an die nächste freie Position gestellt. Da ein Heap, wie erwähnt, ein Feld ist, ist dies die Position hinter dem letzten Eintrag. Das Feld muss also ausreichend dimensioniert sein. Dadurch ergibt sich zunächst die in Abbildung 19.27 links dargestellte Situation: Das neue Element wird durch den Eintrag im letzten Element des Feldes in den Heap gestellt. Die Heap-Bedingung ist allerdings an dieser Stelle verletzt.

Die Methode *UpHeap* repariert den Heap, mit dem neuen Eintrag beginnend, von unten hinauf, indem sie überprüft, ob der Schlüssel des Vorgängers kleiner ist. Ist dies der Fall, so werden die Elemente

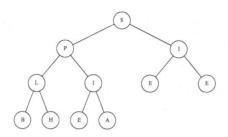

Abbildung 19.26: Ein Heap

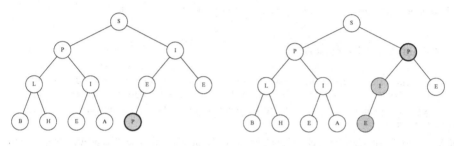

(a) Einfügen von 'P' als letzten Knoten   (b) Reparieren der Heap-Struktur mit *UpHeap*

Abbildung 19.27: Die Methode *UpHeap*: Einfügen des Knotens 'P'

getauscht. Das neue Element steigt dadurch im Heap hinauf. Diese Aktion wird solange wiederholt, bis der Vorgänger größer oder gleich ist. Das neue Element befindet sich dadurch an der korrekten Position. Abbildung 19.27 stellt rechts den Vorgang für das Einfügen des Elementes 'P' dar. Es sei noch einmal erwähnt, dass die Methode *UpHeap* einen sonst korrekten Heap voraussetzt.

19.5.2.2 Die Methode *DownHeap*

Die Methode *DownHeap* wird dann verwendet, wenn ein Knoten die Heap-Bedingung in einem sonst korrekten Heap nicht erfüllt, weil zumindest der Schlüssel eines seiner Nachfolger größer ist. Die Methode *DownHeap* arbeitet sich von oben nach unten durch den Heap – sie arbeitet *top down*. Die Methode *DownHeap* wird unter anderem beim Ersetzen von Elementen angewendet, was in Abbildung 19.28 an Hand des Elementes 'C' gezeigt ist.

Die Ausgangssituation ist der Heap aus Abbildung 19.24. Zunächst wird das Element 'S' durch 'C' ersetzt. 'C' erfüllt die Heap-Bedingung jedoch nicht, da seine Nachfolger größere Schlüssel besitzen. Um den Heap zu reparieren, wird nun die Methode *DownHeap* angewendet. Dabei wird der Schlüssel des Elementes mit dem seiner Nachfolger verglichen. Ist der Schlüssel eines der beiden Nachfolger größer, so wird das Element mit diesem Nachfolger vertauscht. Sind die Schlüssel beider Nachfolger größer, so wird das Element mit dem Nachfolger mit dem größten Schlüssel vertauscht. Haben beide Nachfolger gleiche und größere Schlüssel, so wird, je nach Implementierung, mit dem linken oder rechten Nachfolger getauscht. Hier wurde der linke gewählt.

Das Resultat ist ein korrekter Heap. Es sei noch einmal erwähnt, dass die Methode *DownHeap* bis auf das eine zu behandelnde inkorrekte Element einen sonst gültigen Heap voraussetzt.

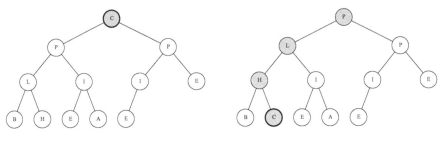

(a) Ersetze 'S' durch 'C'   **(b)** Reparieren der Heap-Struktur mit *DownHeap*

Abbildung 19.28: Die Methode „DownHeap": Ersetzen des Knotens 'S' durch 'C' in einem Heap

19.5.2.3 Entfernen von Elementen

Soll ein Element aus einem Heap entfernt werden, muss ein Trick angewendet werden, da das Entfernen eine Lücke in der Struktur aufreißen würde. Kern der Überlegung ist, dass das Entfernen des letzten Elementes (das Element mit dem größten Index) trivial ist: Es wird lediglich die Feldgröße des Heaps um 1 vermindert[8].

In einem ersten Schritt wird somit das zu entfernende Element mit dem letzten Heap-Element getauscht. Danach wird die Länge des Heaps um 1 reduziert, wodurch das Element entfernt wird. Die Heap-Bedingung ist allerdings nun im Tauschobjekt verletzt. Zum Reparieren der Heap-Struktur muss die Methode *DownHeap* für das Tauschobjekt aufgerufen werden. Abbildung 19.29 zeigt das Entfernen des Elementes 'S' aus dem Heap in Abbildung 19.24.

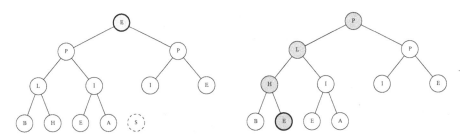

(a) Tauschen von 'S' mit dem letzten Knoten ('E')   **(b)** Reparieren der Heap-Struktur mit *DownHeap*

Abbildung 19.29: Entfernen des Knotens 'S' aus einem Heap

Das Element 'S' soll entfernt werden. In einem ersten Schritt wird es mit dem letzten Element ('E') getauscht und die Heap-Länge um 1 vermindert, wodurch 'S' aus dem Heap „fällt". Die Heap-Bedingung für das Tauschobjekt 'E', das sich in der Wurzel des Heaps befindet, ist nicht erfüllt. Die Methode *DownHeap* übernimmt anschließend das Reparieren der verletzten Heap-Struktur.

---

[8]Es wird natürlich nicht das tatsächliche Feld verkleinert, was auf Grund der starren Länge von Feldern in C auch nicht möglich ist. Lediglich die Anzahl der Elemente des Heaps, die beispielsweise in N gespeichert ist, wird um 1 vermindert.

19.5.2.4 Aufbau eines Heaps durch Einfügen von Elementen

Das Einfügen von Elementen in einen Heap wurde bereits in Abschnitt 19.5.2.1 erklärt. Durch mehrmaliges Ausführen des Einfügevorgangs kann ein Heap aufgebaut bzw. erweitert werden. Ein Element könnte meist an verschiedenen Positionen in einem Heap stehen, ohne dass die Heap-Bedingung verletzt wäre. Die tatsächliche Position eines Elementes ist für den Heap auch nicht wichtig.

Abbildung 19.30 zeigt die Konstruktion eines Heaps durch einzelne Einfügevorgänge an Hand der Zeichenfolge 'B'-'E'-'I'-'S'-'P'-'I'-'E'-'L'-'H'-'E'-'A'-'P'.

Diese Methode zum Aufbau eines Heaps ist sehr intuitiv. Ihr Nachteil ist jedoch, dass sie langsam ist, da für jedes eingefügte Element der Heap repariert werden muss. Im folgenden Abschnitt wird eine schnellere Methode vorgestellt.

19.5.2.5 Aufbau eines Heaps in einem Feld

Ist die Zeichenfolge, aus der ein Heap erstellt werden soll, bekannt, so kann ein schnelleres Verfahren zum Generieren eines Heaps angewendet werden. Dabei werden alle Elemente zunächst in das Heap-Feld geschrieben. Anschließend wird die Methode *DownHeap* solange wiederholt, bis der Heap repariert ist. Abbildung 19.31 zeigt den Vorgang an Hand der Zeichenfolge 'B'-'E'-'I'-'S'-'P'-'I'-'E'-'L'-'H'-'E'-'A'-'P'.

Das Reparieren mit Hilfe der Methode *DownHeap* wird ab der vorletzten Ebene für jedes Heap-Element bis zur Wurzel durchgeführt: Für den Heap in Abbildung 19.31 wird *DownHeap* also auf die Elemente mit dem Index 7, dann 6, 5, 4, 3, 2 und zuletzt 1 angewendet.

Es wird bei Element 'E' mit Index 7 begonnen (siehe Abbildung 19.31(a)). *DownHeap* von 'E' bricht aber sofort ab, da der Knoten ein Endknoten ist.

Anschließend wird das Element 'I' mit Index 6 durch *DownHeap* an seine korrekte Position gebracht (siehe Abbildung 19.31(b)). Der Subheap mit der Wurzel auf Index 6 ist dadurch korrigiert.

Im Folgenden wird *DownHeap* auf die Subheaps mit der Wurzel bei Index 5 und 4 angewendet (siehe Abbildung 19.31(c) und Abbildung 19.31(d)). *DownHeap* bricht aber ab, da diese korrekt sind.

In Abbildung 19.31(e) bis Abbildung 19.31(g) schließlich werden die Elemente 'I', 'E' und 'B' nach unten an ihre korrekte Position bewegt: Der gesamte Heap ist korrigiert.

Diese Methode zur Konstruktion eines Heaps ist effizienter als die zuvor in Abschnitt 19.5.2.4 gezeigte Methode durch wiederholtes Einfügen von Elementen, da im Durchschnitt wesentlich weniger Korrekturen notwendig sind.

19.5.2.6 Sortieren mit Heaps

Ein bekanntes Sortierverfahren, das die besonderen Eigenschaften von Heaps ausnützt, ist *Heap-Sort*. Beim Betrachten eines Heaps ist keine aufsteigende sequenzielle Sortierung der Elemente erkennbar. Dennoch ermöglichen Heaps das effiziente Sortieren von Feldern in ungefähr $N \log_2(N)$ Schritten.

Das Verfahren sei an Hand des Heaps aus Abbildung 19.32 erläutert. Abbildung 19.33 zeigt das Verfahren.

Der Sortieralgorithmus lautet: Entferne die Wurzel aus dem Heap. Wiederhole den Vorgang solange, bis der Heap leer ist. Die Elemente liegen dann in sortierter Reihenfolge im Feld vor.

Entfernt man einen beliebigen Knoten aus einem Heap, so wird dieser, wie in Abschnitt 19.5.2.3 erläutert, zunächst mit dem letzten Element des Heaps getauscht. Nach dem Entfernen muss die Heap-Struktur repariert werden. Entfernt man die Wurzel, so wird das Element mit dem *größten* Schlüssel nach hinten gestellt. Diese Tatsache nutzt *Heap-Sort* aus.

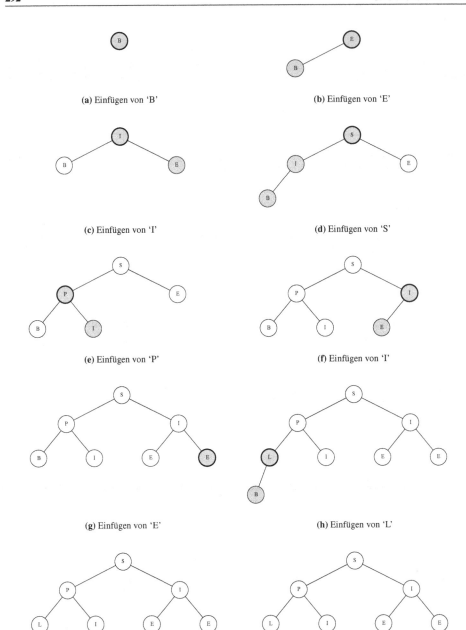

(a) Einfügen von 'B'

(b) Einfügen von 'E'

(c) Einfügen von 'I'

(d) Einfügen von 'S'

(e) Einfügen von 'P'

(f) Einfügen von 'I'

(g) Einfügen von 'E'

(h) Einfügen von 'L'

(i) Einfügen von 'H'

(j) Einfügen von 'E'

Abbildung 19.30: Schrittweises Einfügen von Knoten in einen Heap

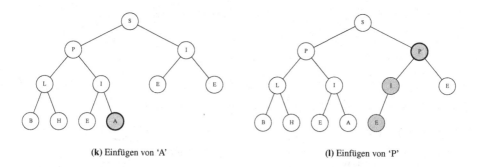

(**k**) Einfügen von 'A'   (**l**) Einfügen von 'P'

Abbildung 19.30: Schrittweises Einfügen von Knoten in einen Heap (Fortsetzung)

Das erste Element, das in dem Beispiel in Abbildung 19.33 entfernt wird, ist das Element 'S' – das größte Element. Es wird dazu mit dem letzten Element (dem 'E') getauscht. Anschließend wird die Heap-Länge um 1 vermindert, wodurch das Element 'S' aus dem Heap „fällt“. Es steht aber nun an seiner richtigen Position im Feld, wie Abbildung 19.33(a) zeigt. Um den Heap zu reparieren, wird *DownHeap* auf das getauschte Element 'E' angewendet.

Im zweiten Schritt wird 'P' mit 'A' getauscht (siehe Abbildung 19.33(b)), im dritten wieder ein 'P' mit 'E' (siehe Abbildung 19.33(c)) usw. Nach dem Entfernen der Elemente wird die Heap-Struktur immer wieder mit *DownHeap* korrigiert. Sind alle Elemente entfernt worden, liegen die Elemente im Feld sortiert vor: 'A'-'B'-'E'-'E'-'E'-'H'-'I'-'I'-'L'-'P'-'P'-'S'.

19.6 Hash-Strukturen

In den Abschnitten zuvor wurden einige Datenstrukturen vorgestellt, die das Suchen von Datensätzen effizient ermöglichen. Eine weitere Datenstruktur, der Hash[9], eignet sich besonders gut für diesen Zweck. Das Verfahren beruht im Prinzip auf einem Feld, in dem die Datensätze geeignet gespeichert werden, und einem generierten Index, mit dem die Datensätze gesucht werden.

Wie auch schon in Abschnitt 19.4 erwähnt, wird unter einem Schlüssel ein Objekt, wie beispielsweise ein Name oder eine Adresse, verstanden, nach dem gesucht werden soll. Der Schlüssel hat einen bestimmten Datentyp, der für Hashes im Allgemeinen von Zahlen verschieden ist, es aber keinesfalls sein muss.

Die Methode des „Zerhackens“ (*engl. hashing*), die beim Suchen und Einfügen angewendet wird, ist folgende: Sei N die Anzahl der Datensätze. Wenn es gelingt, jedem Schlüssel einen eindeutigen Index i zuzuordnen, der eine ganze Zahl zwischen 0 und $N-1$ ist, so reduziert sich die Suche nach einem Datensatz auf den Zugriff auf das Element mit dem Index i in einem Feld der Länge N. Der sogenannten Hash-Funktion, die diesen Index ermittelt – also eine geeignete Transformation eines Schlüssels in eine ganze Zahl im Wertebereich $0...N-1$ vornimmt –, kommt dadurch eine zentrale Bedeutung zu. Hash-Funktionen werden in Abschnitt 19.6.1 behandelt.

Ein Hash basiert somit auf folgender Überlegung:

```
i                 = HashFunktion(objekt);    // Hole Index
gefundenesObjekt = HashFeld[i];              // Finde Objekt im Hash
```

---

[9]Das englische Wort *hash* bedeutet zerhacken.

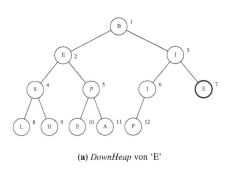

(a) *DownHeap* von 'E'

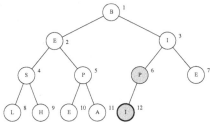

(b) *DownHeap* von 'I'

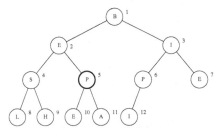

(c) *DownHeap* von 'P'

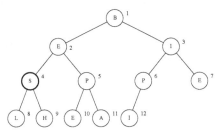

(d) *DownHeap* von 'S'

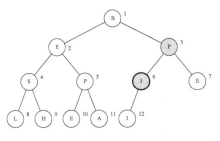

(e) *DownHeap* von 'I'

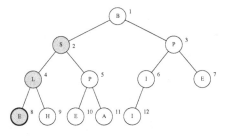

(f) *DownHeap* von 'E'

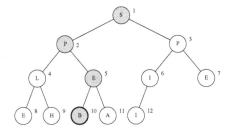

(g) *DownHeap* von 'B'

Abbildung 19.31: Erstellen eines Heaps aus gegebenen Daten

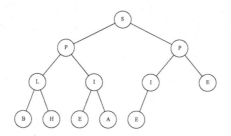

Abbildung 19.32: Ein zu sortierender Heap

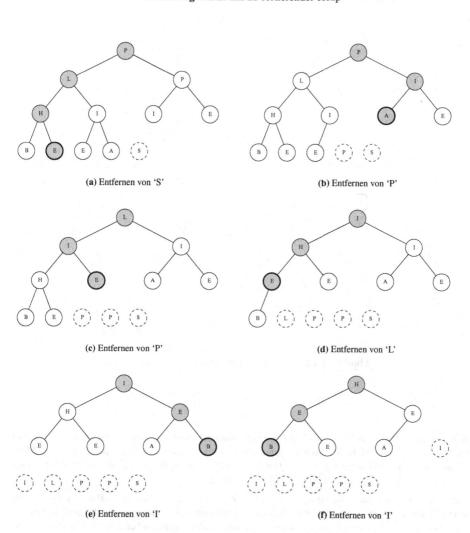

Abbildung 19.33: Sortieren mit *Heap-Sort*

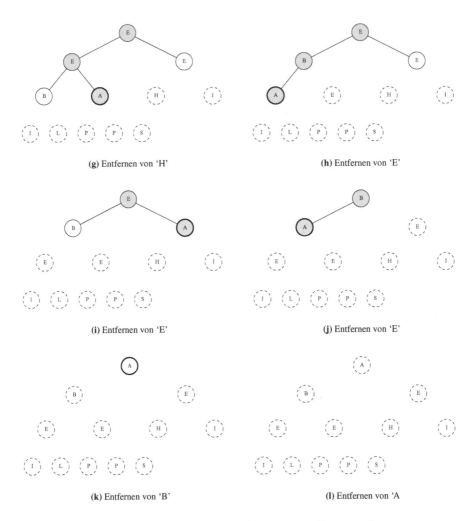

(g) Entfernen von 'H'   (h) Entfernen von 'E'

(i) Entfernen von 'E'   (j) Entfernen von 'E'

(k) Entfernen von 'B'   (l) Entfernen von 'A

Abbildung 19.33: Sortieren mit *Heap-Sort* (Fortsetzung)

Da jedoch keine Hash-Funktion perfekt ist, kann es passieren, dass die Indizes verschiedener Schlüssel gleich sind, wodurch eine Kollisionsbeseitigung (*engl. collision resolution*) notwendig wird. Eine Möglichkeit der Kollisionsbeseitigung, bei der Datensätze mit gleichem Index in einfach verketteten Listen zusammengefasst werden, wird in Abschnitt 19.6.2 gezeigt.

Hashes stellen einen guten Kompromiss zwischen Zeit- und Platzbedarf dar. Gäbe es unbegrenzten Speicherplatz, so könnte man sehr lange Indizes zu den Schlüsseln wählen, wodurch keine Kollisionsbeseitigung notwendig wäre. Stünde andererseits unbegrenzt Zeit zum Suchen eines Schlüssels zur Verfügung, so würde ein sequenzielles Suchverfahren ausreichen. Hashes ermöglichen es, einen Datensatz mit vertretbarem Aufwand innerhalb vertretbarer Zeit zu finden.

19.6.1 Hash-Funktion

Eine Hash-Funktion hat die Aufgabe, aus einem Schlüssel einen Index zu generieren, der als Index für ein Feld der Länge N dienen kann. Die Hash-Funktion bildet also bestimmte Schlüssel eines gegebenen Datentyps auf einen Index im Wertebereich $0...N-1$ ab. Der Index muss für jeden Schlüssel eindeutig sein. Für einen Schlüssel existiert also genau ein Index.

Für reale Hash-Funktionen und im besonderen für Datenmengen M größer als N tritt natürlich der Fall ein, dass mehrere Datensätze denselben Index i haben. Ist die Anzahl M der Daten bekannt, so sollte N daher stets größer als M gewählt werden. Ein guter Wert für N ist $N \approx 3M$ oder größer. Ein weiteres Kriterium für eine gute Hash-Funktion ist, dass die Indizes „gleich verteilt" – also gleich wahrscheinlich – sein müssen. Sind einige Schlüssel wahrscheinlicher als andere, so sollte eine ideale Hash-Funktion dies ausgleichen, um Kollisionen zu vermeiden.

Im Folgenden soll zur Demonstration eine Hash-Funktion für Zeichenketten entwickelt werden. Dabei stellt sich zuerst das Problem, dass Zeichenketten keine Zahlen sind, mit denen gerechnet werden kann. Zeichenketten werden in C in Feldern von Zeichen des Typs `char` gespeichert (siehe Kapitel 15). Dabei wird jedes Zeichen mit seinem ASCII-Code (siehe Kapitel 6) abgespeichert. Eine mögliche Umwandlung einer Zeichenkette in eine Zahl wäre, ihr binäres Format als ganze Zahl zu speichern: Die Zeichenkette `"AB"` entspricht den ASCII-Codes 65 und 66 und hat (unter Vernachlässigung des abschließenden Null-Bytes) somit die Binärentsprechung `0100000101000010`.

Dies entspricht der ganzen Zahl 16706. Bereits die Zeichenkette `"ABCDE"` ist auf einer 32-Bit-Rechnerarchitektur als ganze Zahl nicht mehr darstellbar. Dieses Verfahren ist daher schlecht, zumal auch ein Feld entsprechender Länge erforderlich wäre. In der Praxis wird zum Begrenzen des Wertebereiches der Modulo-Operator[10] eingesetzt. Dabei wird der Index etwa in der Form `code % N` generiert, wobei `code` eine durch die Hash-Funktion aus dem Schlüssel errechnete Zahl darstellt und `N` die Länge des Feldes ist. Durch das Zerhacken mit dem Modulo-Operator wird meist gleichzeitig eine ausreichende Gleichverteilung erreicht.

Anstatt aber die Binärdarstellung des gesamten Schlüssels als Zahl zu interpretieren, sollte vielmehr in einer Schleife über alle Zeichen, die zur Indexberechnung beitragen sollen (oft nur die ersten 10 oder 20 Zeichen), iteriert werden. Dabei wird der Index durch eine einfache Formel aus den einzelnen Zeichen generiert.

 Für die Feldlänge N sollte eine Primzahl gewählt werden.

Dies geht schon aus folgender Überlegung hervor: Angenommen, N ist 256. Dies würde bedeuten, dass auf Grund der Modulo-Operation nur die unteren 8 Bit für die Erzeugung des Index aus einer größeren Zahl verwendet werden (in obigem Beispiel für das Wort `"ABCDE"` ist dies nur das Zeichen ‚E'). Die restlichen Zeichen gehen in den Index nicht ein.

Ein Beispiel einer gängigen Implementierung einer Hash-Funktion:

```
long HashFunktionZeichenkette(char text[])
{  long index = 0, i;

   for (i = 0; (text[i] != 0) && (i < 20); i = i + 1)
      index = (64 * index + (long)text[i]) % FELD_LEN;

   return index;
} // end HashFunktionZeichenkette
```

---

[10]Zur Erinnerung: Der Modulo-Operator liefert den Rest der ganzzahligen Division.

FELD_LEN ist eine Konstante, die die Feldlänge angibt, und sollte, wie oben besprochen, eine Primzahl sein. Die Schleife wird für maximal 20 Zeichen durchlaufen, der Index wird aus dem ASCII-Code der Zeichen berechnet, wobei innerhalb der Schleife der Index aus der vorhergehenden Iteration mit 64 multipliziert und zu dem aktuellen Zeichen addiert wird.

Ein weiteres Kriterium ist die Geschwindigkeit: Da Hashes im Wesentlichen Felder sind, stellt die Hash-Funktion den einzigen Zeitfaktor dar (wenn der Algorithmus zur Kollisionsvermeidung (siehe Abschnitt 19.6.2) zunächst vernachlässigt wird). Es ist daher notwendig, dass Hash-Funktionen relativ einfach gehalten werden. Das obige Beispiel einer Hash-Funktion findet sich in vielen Büchern. Dennoch hat es sich gezeigt, dass diese Implementierung für zeitkritische Anwendungen zu langsam sein kann. Die Modulo-Operation wird bei jedem Schleifendurchlauf berechnet. Dabei ist es gar nicht wichtig, dass während der Berechnung des Index alle Zwischenergebnisse im Wertebereich $0...N-1$ liegen. Die Modulo-Operation braucht daher nur am Ende ausgeführt zu werden, wie im folgenden Beispiel gezeigt:

```
long HashFunktionZeichenkette(char text[])
{ unsigned long index = 0, i;

    for (i = 0; (text[i] != 0) && (i < 20); i = i + 1)
        index = 64 * index + (long)text[i];

    return index % FELD_LEN;
} // end HashFunktionZeichenkette
```

Der Datentyp unsigned long ist hier erforderlich, da bei einem Überlauf des Datentyps long der Index auch negative Werte annehmen würde, was für einen Feldindex nicht zulässig ist.

19.6.2 Getrennte Verkettung

Hash-Funktionen ermitteln aus einem gegebenen Schlüssel einen Feldindex. Dabei kann es vorkommen, dass verschiedene Schlüssel denselben Index haben, also kollidieren. Dies hängt einerseits von der verwendeten Hash-Funktion und andererseits von den tatsächlichen Schlüsseln ab, nach denen gesucht werden soll. Der Vollständigkeit halber muss an dieser Stelle natürlich auch die Feldlänge erwähnt werden, die ausreichend groß dimensioniert werden muss. Die Kollision von Elementen tritt natürlich auch dann auf, wenn Elemente gleichen Schlüssels eingehängt werden. Das direkte Abspeichern der Datensätze in den Feldelementen ist somit nicht zweckmäßig.

Es gibt verschiedene Methoden, „Kollisionen" zu beseitigen. Die Einfachste ist, in den Feldelementen Köpfe verketteter Listen zu speichern. Diese Methode wird „getrennte Verkettung" genannt und sei anhand eines Beispiels in Abbildung 19.34 für einen Hash der Länge 11 erklärt.

Der leere Hash ist ein Feld, dessen Elemente leere Listen enthalten (siehe Abbildung 19.34(a)). Soll ein neuer Datensatz mit einem bestimmten Schlüssel in den Hash eingefügt werden, so wird zunächst mit der Hash-Funktion ein Feldindex berechnet und anschließend der Datensatz in die entsprechende Liste eingetragen. Für den Datensatz „Wald" liefert in diesem Beispiel die Hash-Funktion den Index 5. Das entsprechende Feldelement (feld[5]) enthält den Kopf einer zunächst leeren Liste. Das Einfügen in die Liste erfolgt wie in Abschnitt 19.2.2.1 beschrieben. Neue Elemente werden in Hashes jedoch meist am Anfang der Liste eingefügt, was den Einfügevorgang wesentlich vereinfacht und außerdem sehr schnell ist. Ist die Liste leer, wie in diesem Fall, ist das Einfügen trivial. Das Ergebnis ist in Abbildung 19.34(b) gezeigt.

Das Einfügen der Worte „Wiese", „Dorf", „Bach" und „Holz" ist in Abbildung 19.34(c) bis Abbildung 19.34(f) gezeigt und erfolgt analog. Ist die entsprechende Liste nicht leer, wird das Element am Anfang der Liste eingefügt. Die Hash-Indizes der Worte wurden mit der oben gezeigten, verbesserten Hash-Funktion berechnet und sind in Tabelle 19.2 angegeben.

Wort	Wald	Wiese	Dorf	Bach	Holz
Hash-Index	5	2	5	8	5

Tabelle 19.2: Beispiel von Hash-Indizes für ein Feld der Länge 11

Das Suchen und Entfernen eines Datensatzes in Hashes mit getrennter Verkettung ist ähnlich einfach: Aus dem Schlüssel des Datensatzes wird mit der Hash-Funktion der Feldindex berechnet und das Element in der entsprechenden Liste sequenziell gesucht. Es kommen daher die bekannten Operationen für Listen (siehe Abschnitt 19.2.2) zum Einsatz.

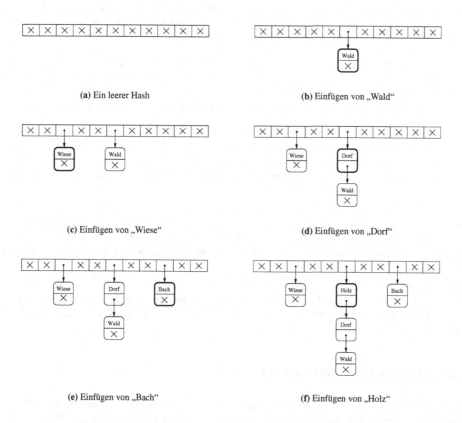

Abbildung 19.34: Einfügen von Datensätzen in einen Hash mit Listen

Beim Suchen eines Datensatzes werden im Durchschnitt nur wenige Zugriffe benötigt, da die Listen im Mittel in geeigneten Hashes meist nicht sehr lang sind. Für den Hash in Abbildung 19.34(f) werden für eine *erfolglose* Suche – unter der Voraussetzung, dass die Suchschlüssel gleichverteilt sind – im Durchschnitt $(0+0+1+0+0+3+0+0+1+0+0)/11 \approx 0.45$ Vergleiche durchgeführt. Dieser Wert ergibt sich aus der Summe der Listenlängen (gleich der Anzahl der vorhandenen Datensätze), dividiert durch die Feldlänge. Es ist daher sinnvoll, die Feldlänge weit größer als die Anzahl der Datensätze zu wählen.

Bei einer *erfolgreichen* Suche wird jeder Datensatz – bei gleichverteilten Suchschlüsseln – einmal gefunden. Es sind daher im Durchschnitt $(1 + 1 + 2 + 3 + 1)/5 = 1.6$ Vergleiche notwendig. Dieser Wert ergibt sich aus der Summe aller Positionen der Datensätze in den Listen, dividiert durch die Anzahl der vorhandenen Datensätze. Die Listen sollten daher kurz sein, was wesentlich von der Hash-Funktion aber auch von der Feldlänge, der Anzahl der Datensätze und der Verteilung der Schlüssel abhängt.

19.6.3 Eigenschaften

Hashes ermöglichen das rasche Finden von Datensätzen. Wie bereits erwähnt, hängt dies von mehreren Faktoren ab:

- Zu kurze Feldlängen führen zu einer hohen Anzahl an Kollisionen. Die Feldlänge sollte daher mindestens $3M$ betragen, wenn M die Anzahl der Datensätze bezeichnet. In der Praxis muss es vermieden werden, dass sich ein Hash auch nur zu 90% füllt.

- Die Hash-Funktion bestimmt die Verteilung der Indizes für gegebene Schlüssel, aber auch die benötigte Zeit bei einem Zugriff. Die Hash-Funktion hat Sorge zu tragen, dass die Indizes gleich verteilt sind. Sie sollte aber auch so einfach wie möglich gehalten werden. Das Formulieren der besten Hash-Funktion kann sehr kompliziert sein. In der Praxis ist dies aber kaum notwendig.

- Die tatsächlichen Schlüssel bestimmen das Verhalten des Hashes wesentlich. Da die Hash-Funktion starr ist, geht sie nicht konkret auf andere Verteilungen der Schlüssel ein. Wenn beispielsweise immer derselbe Schlüssel verwendet wird, also immer idente Daten eingehängt werden sollen, so schrumpft der Geschwindigkeitsvorteil des Hash auf das Niveau von Listen. Andere Datenstrukturen, wie binäre Suchbäume, leiden darunter nicht.

Hashes speichern keine Reihenfolge. Soll also beispielsweise die Reihenfolge von gelesenen Eingabedaten erhalten bleiben, so ist ein Hash die falsche Wahl für die Datenstruktur. Hashes werden im Allgemeinen binären Bäumen vorgezogen, da sie sehr einfach sind und kurze Suchzeiten gewährleisten, wenn die Feldlänge groß genug gewählt wurde.

Bäume hingegen haben den Vorteil, dass keine Abschätzung der Datenmengen im Voraus notwendig ist, dass selbst im ungünstigen Fall durch Ausgleichen der Bäume eine gute Leistungsfähigkeit garantiert ist und dass eine Reihe von Methoden existieren. Wenn dies alles auf ein Problem nicht zutrifft, ist der Hash die zu bevorzugende Datenstruktur für das Suchen.

19.7   Vergleich der Datenstrukturen

Im Folgenden sei eine kurze Zusammenfassung der Eigenschaften aller Datenstrukturen, die in diesem Kapitel vorgestellt wurden, gegeben. Welche Datenstruktur gewählt wird, hängt vom jeweiligen Einsatzzweck ab.

Listen speichern Elemente in einer vorgegebenen Reihenfolge. Die Reihenfolge der Elemente ist durch die Verkettung der Elemente gegeben. Listen eignen sich daher besonders zu Speicherung und Bearbeitung von Elementen in einer bestimmten Reihenfolge. Die grundlegenden Operationen, wie das Einfügen oder Löschen von Elementen, gestalten sich als sehr einfach.

Listen sind jedoch für einen wahlfreien Zugriff durch Positionen von Elementen und für die Suche von Elementen vollkommen ungeeignet.

Stapel speichern Elemente in der Reihenfolge ihres „Eintreffens". Die Reihenfolge kann nicht verändert werden. Stapel bieten im Wesentlichen nur zwei Operationen an: „Lege ein Element auf den Stapel" und „Hole ein Element vom Stapel". Die Reihenfolge, in der Elemente vom Stapel genommen werden, ist durch den Typ des Stapels bereits vorgegeben: Aus einer *LIFO* erhält man immer das „neueste", aus einer *FIFO* immer das „älteste" Element.

Stapel werden gerne zur temporären Speicherung von Daten gewählt, vor allem dann, wenn Listen zu aufwändig sind. Stapel eignen sich hervorragend zum „Auflösen" von Rekursionen in Algorithmen[11]. Sie sind jedoch für die Datenhaltung völlig ungeeignet, da der wahlfreie Zugriff auf ein beliebiges Element nicht möglich ist.

Bäume speichern Hierarchien und Abhängigkeiten zwischen Daten und ermöglichen das gezielte Einordnen und Suchen von Daten, weshalb sie sehr häufig zur Datenhaltung herangezogen werden.

Bäume sind Allround-Datenstrukturen. Sie sind Alleskönner und es gibt verschiedenste Arten von Bäumen für die unterschiedlichsten Einsatzzwecke. Für viele Aufgaben sind sie jedoch nur mittelmäßig gut geeignet. Beispielsweise erfolgt das Suchen in einem Baum zwar wesentlich schneller als in Listen, jedoch wesentlich langsamer als in Hashes. Bäume kommen zum Einsatz, wenn Hierarchien bzw. Abhängigkeiten zwischen den Daten abgespeichert werden sollen. Ist diese Information nicht erforderlich, so sollten in der Regel andere Datenstrukturen verwendet werden.

Heaps sind binäre Bäume, die in einem Feld realisiert werden, wobei für jeden Knoten die Heap-Bedingung erfüllt sein muss. Sie bieten nur wenige Operationen an, wie „Einfügen eines Elementes" und „Holen des Elementes mit dem größten Schlüssel". Ihr Haupteinsatzzweck sind Prioritätswarteschlangen aber auch spezielle Algorithmen, wie das Sortieren von Daten.

Hashes speichern Daten in einem Feld ab, wobei der Index des Feldelementes mit einer Hash-Funktion ermittelt wird. Die Qualität des Hashes hängt aber sehr stark von der verwendeten Hash-Funktion, der Feldlänge und den Schlüsseln der zu speichernden Daten ab.

Hashes eignen sich hervorragend zum Suchen von Daten und somit zur Datenhaltung. Sie speichern jedoch keine Reihenfolgen, Hierarchien oder sonstige Abhängigkeiten zwischen Daten.

---

[11]Rekursive Funktionen wurden bereits in Kapitel 18 erklärt. Sie sind oft sehr einfach zu implementieren, jedoch oft langsamer als äquivalente iterative Algorithmen, die für zeitkritische Anwendungen daher bevorzugt werden. Beim Umwandeln von rekursiven Algorithmen in iterative stößt man auf das Problem, die Variablen jeder Rekursionsebene speichern zu müssen, wofür häufig Stapel zum Einsatz kommen.

Kapitel 20

Dynamischer Speicher

In Kapitel 19 wurden Datenstrukturen behandelt, die eines gemeinsam haben: Die Anzahl der darin gespeicherten Datensätze ist nicht beschränkt. Diese wichtige Eigenschaft unterscheidet sie von Feldern in C, deren grundlegende Eigenschaft unter anderem die starre Feldlänge ist. In Abschnitt 19.2 wurde eine Implementierung von Listen in Feldern gezeigt. Hier wurde durch die simple Art der Implementierung der Nachteil erkauft, dass mit der Festlegung der Feldlänge die maximale Anzahl der Elemente fixiert ist. Zusätzlich muss die Lücke, die durch das Entfernen eines Elementes entsteht, entweder durch Nachrücken der folgenden Elemente geschlossen werden, was das Korrigieren der Indizes in der Liste erfordert, oder das entfernte Element als solches markiert werden. In jedem Fall folgt aus der engen Verbindung der Datenstruktur mit der zugrundeliegenden Verwaltung des Speichers, dass die Implementierung der Liste abhängig von der Implementierung der Speicherverwaltung ist.

Um Programme zu ermöglichen, die unabhängig von der konkreten Ausführung der Speicherverwaltung sind, ist es zunächst erforderlich, die Implementierung der Datenstrukturen von der Implementierung der Speicherverwaltung (im Fall der Listen aus Abschnitt 19.2 ist dies ein Feld) durch geeignete Mechanismen zu trennen[1].

20.1 Aufgaben der Speicherverwaltung

Die Speicherverwaltung oder das Speicher-Management (*engl. memory management*) ist der „untersten" Ebene im Aufbau eines Programmes zuzuordnen. Ihr obliegt die Verwaltung des im System zur Verfügung stehenden Speichers [27]. Dabei wird der bereits vergebene Speicher in geeigneten Datenstrukturen erfasst und verwaltet. Aus einem Programm wird Speicher einer bestimmten Größe von der Speicherverwaltung angefordert, im Programm verwendet und nach der Verwendung an die Speicherverwaltung wieder „retourniert". Diese Speicherblöcke werden aus der Sicht des Programmes angefordert – also erzeugt – und nach der Verwendung zu einem beliebigen Zeitpunkt wieder freigegeben – also zerstört. Man nennt diese Art der Speicherverwaltung *dynamische Speicherverwaltung*dynamische und den Speicherblock *dynamischen Speicher*.

Um das Zerstückeln des Speichers durch viele kleine Blöcke zu vermeiden, runden viele Betriebssysteme die geforderte Länge auf beispielsweise durch 8 teilbare Längen auf. Wird also beispielsweise ein Block der Länge 2 Byte von der Speicherverwaltung angefordert, so erhält man einen Block – sofern noch Speicher frei war – mit der tatsächlichen Länge von 8 Byte. Da dies für den Programmablauf aber unerheblich sein sollte, wird es nur selten bemerkt. Dies ist Sache der Speicherverwaltung.

---

[1]Durch diese Trennung wird es möglich, verschiedene Arten der Speicherverwaltung einzusetzen oder im Nachhinein eine bestehende zu ersetzen. In vielen größeren Projekten kommt es vor, dass die vom Betriebssystem angebotene Speicherverwaltung zu langsam ist, da diese viele Spezialfälle zu berücksichtigen und zu behandeln hat. Eine an das jeweilige Programm geeignet angepasste Speicherverwaltung kann Programme um den Faktor 2 oder mehr beschleunigen.

Wichtig ist auch die Behandlung des Falles, dass kein Speicher mehr frei ist. Sinnvoll wäre beispielsweise in diesem Fall, nicht mehr benötigten Speicher freizugeben oder den Benutzer nach dem gewünschten Vorgehen (beenden und speichern, warten, ...) zu fragen. Allgemeine Fehlerbehandlungen werden in Kapitel 22 besprochen.

Im Folgenden werden jene in der C-Standard-Bibliothek enthaltenen Funktionen erläutert, deren Verwendung im Umgang mit dynamischem Speicher notwendig ist. Diese Funktionen sind standardisiert und ihre Verwendung im Allgemeinen zu empfehlen.

Für alle in diesem Kapitel vorgestellten Funktionen wird die Header-Datei `stdlib.h` benötigt.

20.2   Anfordern von Speicher

Mit dem Befehl `malloc` (*engl. memory allocate*) können Speicherblöcke beliebiger Länge angefordert (alloziert, *engl. allocate*) werden. Als einziger Parameter wird die Länge des Speichers in Byte verlangt. Der Rückgabewert der Funktion ist die Adresse des Speicherblockes. Konnte kein Speicher alloziert werden, so wird der Wert 0 zurückgegeben. Dieser Fall sollte immer behandelt werden und wird in Abschnitt 20.5.1 besprochen.

Dynamischer Speicher eignet sich sehr gut für die Verwendung in dynamischen Datenstrukturen, da dynamische Datenstrukturen mit fortschreitender Zeit wachsen und schrumpfen. Das Einsatzgebiet von dynamischem Speicher ist komplex. Es ist hier daher kaum mit wenigen Zeilen in Beispielen zu beschreiben, die nicht ebenfalls mit lokalen Variablen realisiert werden könnten. Im Folgenden sei daher lediglich die Methodik gezeigt, wie mit dynamischem Speicher gearbeitet werden kann. Es ist aber dringend empfohlen, jede Anwendung zu prüfen, ob nicht eine Realisierung mit lokalen Variablen günstiger wäre.

Ferner sei betont, dass angeforderter Speicher auch wieder freigegeben werden muss. Zu jedem Aufruf von `malloc` gehört somit auch ein entsprechender Aufruf der Funktion `free`. Die Funktion `free` wird in Abschnitt 20.4 behandelt.

Um Speicher für eine Variable eines bestimmten Datentyps anzufordern, muss mit `sizeof` (siehe Abschnitt 6.7) die Größe des Datentyps in Byte ermittelt und an `malloc` übergeben werden. Ein allgemeiner Aufruf sieht daher wie folgt aus:

```
datentyp *zeiger;
// ...
if ((zeiger = malloc(sizeof(datentyp))) != 0)
{ // ...
}
else
{ // Fehlerbehandlung
}
```

Angesprochen wird die Variable durch Dereferenzieren des Zeigers mit `*zeiger`.

Soll ein Feld von Variablen eines bestimmten Datentyps angefordert werden, so muss die Länge (der Speicherverbrauch) eines Datentyps (in Byte) mit der Länge des Feldes multipliziert werden. Für diese Länge sei im folgenden die Variable `laenge` vom Typ `long` genommen.

```
datentyp *feldzeiger;
// ...
if ((feldzeiger = malloc(laenge * sizeof(datentyp))) != 0)
{ // ...
}
```

```
else
{  // Fehlerbehandlung
}
```

Angesprochen wird ein Element des so allozierten Feldes mit `*(feldzeiger + index)` oder auf Grund der Zeiger-Feld-Dualität (siehe Abschnitt 14.3) mit `feldzeiger[index]`, was im Allgemeinen übersichtlicher ist.

Zusammengefasst bedeutet dies:

- Es wird beim Anfordern eines Speicherbereiches nicht zwischen einzelnen Variablen und Feldern von Variablen unterschieden.

- Die Funktion `malloc` erwartet die Länge eines Speicherblockes in Byte und nicht die Anzahl der Elemente des zu allozierenden Feldes, was oft verwechselt wird.

Soll beispielsweise Speicher für ein Feld von Strukturen angefordert werden, so erfolgt dies durch

```
struct Adresse_s *db;
// ...
if ((db = malloc(laenge * sizeof(struct Adresse_s))) != 0)
{  // ...
}
else
{  // Fehlerbehandlung
}
```

Ein weiteres Beispiel für ein Feld von Zeichen:

```
char *puffer;
// ...
if ((puffer = malloc(laenge)) != 0) // nicht schön
{  // ...
}
else
{  // Fehlerbehandlung
}
```

Diese Schreibweise ist häufig zu sehen, sie ist jedoch fehleranfällig, denn eigentlich werden nicht *Zeichen*, vielmehr *Byte* angefordert. In diesem Fall ist dies dasselbe, da ein Zeichen vom Typ char ein Byte lang ist. Wird jedoch später der Typ von Zeichen beispielsweise auf den 4 Byte langen Typ wchar_t (*wide character*[2]) geändert, so wird dies hier beim Anfordern des Speichers nicht berücksichtigt. Es ist übersichtlicher, die Anzahl der Zeichen mit der Größe eines Elementes zu multiplizieren:

```
char *puffer;
// ...
if ((puffer = malloc(laenge * sizeof(char))) != 0)
{  // ...
}
else
{  // Fehlerbehandlung
}
```

---

[2]Der Datentyp *Wide character* wchar_t ist ebenfalls im ISO-Standard festgehalten, wird aber hier nicht näher betrachtet, da er kaum zum Einsatz kommt.

Das Anfordern von Speicher mit der Funktion `malloc` ist nicht typsicher (*engl. type safe*). Das bedeutet, der Datentyp wird nicht geprüft! Es ist hier daher besondere Vorsicht geboten!

Ein Negativbeispiel soll dies demonstrieren:

```
struct Adresse_s *db;
// ...
if ((db = malloc(laenge * sizeof(char))) != 0) // Fehler!
{  // ...
```

Hier wurde für die Länge eines Elementes irrtümlich `sizeof(char)` angegeben. Der angeforderte Speicherplatz ist also zu klein!

 Der Speicher, der mit `malloc` angefordert wird, ist nicht initialisiert! Eine eventuell erforderliche Initialisierung muss anschließend vorgenommen werden.

Dynamisch allozierter Speicher muss also ähnlich zu lokalen Variablen (siehe Abschnitt 12.1) initialisiert werden. Soll der Speicher mit 0 vorinitialisiert sein, so kann die Funktion `calloc` (*clear allocate*) verwendet werden: Die Funktion `calloc` füllt den Speicherbereich mit der „Bitkombination" 0 auf[3]. Sonst verhält sich die Funktion ident zu `malloc`, ihre Parameter sind jedoch verschieden: Als erster Parameter wird die Anzahl der Elemente des zu allozierenden Feldes und als zweiter Parameter die Größe eines Elementes in Byte erwartet.

```
struct Adresse_s *db;
// ...
// Anfordern eines mit 0 initialisierten Speicherbereiches
if ((db = calloc(laenge, sizeof(struct Adresse_s))) != 0)
{  // ...
}
else
{  // Fehlerbehandlung
}
```

Soll ein Feld von Zeichen für das Speichern von Texten alloziert werden, so ist das Setzen aller Zeichen auf den Wert 0 im Allgemeinen nicht notwendig, da im Fall einer leeren Zeichenkette nur das erste Zeichen auf 0 gesetzt werden muss[4]:

```
char *puffer;
// ...
if ((puffer = malloc(laenge * sizeof(char))) != 0) // kein calloc
{  puffer[0] = 0; // "Löschen" eines Textes (0 ist gleichbedeutend zu '\0')
   // ...
}
else
{  // Fehlerbehandlung
}
```

Für das Allozieren von Speicher für einen gegebenen Text kann auch der Befehl `strdup` verwendet werden, der wie folgt vordefiniert ist:

---

[3]Die Funktion `calloc` ist aus diesem Grund allerdings etwas langsamer als `malloc`.
[4]Zeichenketten in C sind nullterminiert (siehe Abschnitt 15.2).

```
char *strdup(const char *text)
{ char *kopie;

  if ((kopie = malloc((strlen(text) + 1) * sizeof(char))))
     strcpy(kopie, text);
  return kopie;
} // end strdup
```

Die Funktion strdup() kann durch Einbinden der Header-Datei string.h verwendet werden.

20.3 Verändern der Größe von Speicherblöcken

Mit der Funktion realloc können Speicherblöcke in ihrer Größe verändert werden. Reicht beispielsweise die Länge eines mit malloc allozierten Feldes nicht aus, so kann der Speicherblock und somit das Feld mit realloc verlängert werden. Der Aufruf der Funktion lautet wie folgt:

```
if (neuerBlock = realloc(alterBlock, neueLaenge))
{ // ...
}
else
{ // Fehlerbehandlung
}
```

Im folgenden Beispiel wird die Länge des Feldes db, das mit malloc angefordert wurde, verlängert.

```
long laenge;
struct Adresse_s *db, *dbneu;
// ...
// laenge wird ermittelt
// ...
if ((db = malloc(laenge * sizeof(struct Adresse_s))) != 0)
{ // Verwenden von db
   // ...
   // Verdoppeln der Feldlänge:
   laenge = laenge * 2;
   if ((dbneu = realloc(db, laenge * sizeof(struct Adresse_s))) != 0)
   { db = dbneu;
      // ...
   }
   else
   { // Fehlerbehandlung
   }
}
else
{ // Fehlerbehandlung
}
```

Schlägt der Aufruf fehl, so gibt realloc den Wert 0 zurück, was in einer Fehlerbehandlung abzufangen ist (siehe Abschnitt 20.5.1).

 Es ist nicht gewährleistet, dass der Speicherplatz nach dem Verändern der Größe an derselben Adresse wie vor der Reallozierung steht.

Die Verwendung von `realloc` ist aus diesem Grund oft problematisch. Es dürfen keine Zeiger verwendet werden, die in einen Speicherblock zeigen, der mit `realloc` verändert wird: Falls der Speicherbereich durch `realloc` verschoben wird, werden diese ungültig.

20.4 Freigeben von Speicher

Dynamischer Speicher sollte, so er nicht mehr benötigt wird, wieder freigegeben werden. Andernfalls wird unnötig Speicher blockiert[5] (siehe auch Abschnitt 20.5.11 und folgende). Dies geschieht mit der Funktion `free`. Sie erwartet als einziges Argument die Adresse des Speicherblockes, der von `malloc`, `calloc` oder `realloc` zurückgegeben wurde. Ein Beispiel:

```
free(db); // Freigabe des Speichers db
```

 Auf Speicher, der bereits freigegeben wurde, darf nicht mehr zugegriffen werden!

 Speicher darf nicht zweimal freigegeben werden, da es sonst zum Absturz des Programmes kommen kann!

Es ist daher notwendig zu wissen, ob ein Speicher bereits freigegeben wurde oder nicht. Per Konvention wird ein Zeiger (wie auch schon in Abschnitt 14.1 besprochen), der auf keinen gültigen Speicher zeigt, auf 0 gesetzt, um einen weiteren Zugriff oder ein unbeabsichtigtes weiteres Freigeben mit einer Abfrage verhindern zu können. Bei der Freigabe eines Speicherblockes ist daher folgende Vorgangsweise empfohlen:

```
if (db) // Zeiger gültig?
{  free(db); // Freigabe des Speichers db
   db = 0;   // Zeiger ungültig
}
```

Die Freigabe des Speichers, auf den `db` zeigt, erfolgt nur dann, wenn `db` von 0 verschieden ist, also gültig ist. Nach der Freigabe wird `db` sofort als ungültig markiert (auf 0 gesetzt). Es sei der Vollständigkeit halber angemerkt, dass ein Aufruf der Funktion `free` mit einem auf 0 gesetzten Zeiger keinen Fehler erzeugt und ignoriert wird.

20.5 Typische Fehler

Im Folgenden sind einige bekannte Fehler im Umgang mit dynamischem Speicher gezeigt. Fehler im Zusammenhang mit dynamischem Speicher sind besonders unangenehm, da sie oft sehr schwer zu finden sind. Sie äußern sich manchmal durch eigenartiges, fehlerhaftes Verhalten des Programmes oder durch gelegentliche Abstürze. Es ist daher hilfreich, die häufigsten Fehler zu kennen.

Die Angabe der Speicherlänge für `malloc` ist aus Gründen der Einfachheit im Folgenden direkt codiert. In der Praxis ist es jedoch notwendig, die Länge dynamisch allozierter Speicherbereiche separat zu speichern (wie in Abschnitt 20.2 gezeigt).

---

[5]Viele Betriebssysteme geben beim Beenden eines Programmes sämtlichen noch nicht freigegebenen Speicher wieder frei. Man sollte sich aber auf diese Funktionalität keinesfalls verlassen! Zu jedem `malloc` gehört ein `free`.

Die folgenden Fehler sind auch reduziert auf anschauliche Ausdrücke, treten aber in der Realität auf mehrere Zeilen verteilt nicht so leicht erkennbar auf. Aus Gründen der Übersichtlichkeit wurde auch die Abfrage weggelassen, ob überhaupt Speicher alloziert werden konnte. Es ist aber dringend empfohlen, der bisher gezeigten Konvention beim Anfordern von Speicher (wie in Abschnitt 20.2 und Abschnitt 20.5.1 gezeigt) zu folgen und im Fehlerfall eine Fehlerbehandlung durchzuführen.

20.5.1 Kein Speicher mehr frei

Mit den Funktionen `malloc`, `calloc` und `realloc` wird dynamischer Speicher angefordert. Alle drei Funktionen retournieren die Adresse eines gültigen Speicherbereiches oder 0, wenn kein Speicher mehr angefordert werden konnte. Dieser Fall sollte immer abgefragt und korrekt behandelt werden.

Ein Beispiel: In einem Bildbearbeitungsprogramm möchte der Anwender einen bestimmten Filter verwenden, um eine Grafik zu verzerren. Während der Operation wird weiterer Speicher benötigt. Kann keiner mehr alloziert werden, so soll die Operation abgebrochen und das ursprüngliche Bild wieder angezeigt werden.

Im Wesentlichen lässt sich die Aufgabe auf folgende Schritte reduzieren:

```
char *puffer;

if ((puffer = malloc(10)) != 0)
{ // ...

    free(puffer);
}
else
{ // Fehlermeldung
}
```

20.5.2 Freigabe mit einer falschen Adresse

```
char *puffer = malloc(10);
// ...
free(puffer + 1); // Fehler: Freigabe mit einer falschen Adresse!
```

Hier wird versucht, einen Speicher mit einer falschen Adresse freizugeben. Korrekt wäre

```
free(puffer);
```

20.5.3 Freigabe eines bereits freigegebenen Speichers

Dieser Fall wurde oben bereits besprochen. Auf Grund der Häufigkeit dieses Fehlers, der oft sehr schwer zu finden ist, sei er hier nochmals gezeigt:

```
char *puffer = malloc(10);
// ...
free(puffer);
// ...
free(puffer); // Fehler: Freigabe eines bereits freigegebenen Speichers!
```

Dieser Fehler ist besonders unangenehm, da auf vielen Compilern und Betriebssystemen das Programm manchmal abstürzt, manchmal jedoch auch nicht.

20.5.4 Freigabe eines Feldes

```
char puffer[10];
// ...
free(puffer); // Fehler: Versuchte Freigabe eines regulären Feldes!
```

Hier wird versucht, ein reguläres Feld als dynamischen Speicher freizugeben. Das Feld puffer wurde nicht als dynamischer Speicher angefordert. Auf Grund der Zeiger-Feld-Dualität ist der Aufruf rein syntaktisch korrekt, semantisch jedoch falsch, was der Compiler im Allgemeinen nicht erkennen kann.

20.5.5 Freigabe einer Variable

```
char zeichen;
char *puffer = &zeichen;
// ...
free(puffer); // Fehler: Freigabe einer Variable!
```

Dieser Fall ähnelt dem vorherigen Beispiel: Er ist syntaktisch korrekt, jedoch semantisch falsch. Mit free darf nur dynamischer Speicher freigegeben werden!

20.5.6 Freigabe eines nicht initialisierten Zeigers

Dieser Fall wurde ebenfalls bereits besprochen, sei aber der Vollständigkeit halber nochmals gezeigt.

```
char *puffer;
// ...
free(puffer); // Fehler: Freigabe eines ungültigen Zeigers
```

Bei der Zeigerdefinition wurde keine Initialisierung vorgenommen. Der Zeiger hat aber trotzdem einen Wert und zeigt daher irgenwohin. Wird auch später auf die Allozierung dynamischen Speichers vergessen, so wird durch free ein ungültiger Speicher freigegeben. Es müssen daher Zeiger, die nicht gleich bei Ihrer Definition auf einen Speicherbereich gesetzt werden, mit 0 initialisiert werden:

```
char *puffer = 0;
// ...
free(puffer);  // free(0) tut nichts
```

20.5.7 Zugriff auf einen ungültigen Speicher

```
char *puffer;
puffer[0] = 'A'; // Fehler: puffer ist ungültig
puffer = malloc(10);
```

Hier erfolgt ein Zugriff auf einen Speicherbereich, dessen Adresse willkürlich ist: Der Zeiger `puffer` wurde nicht initialisiert und zeigt auf keinen gültigen Speicherbereich! Wie bereits oben erwähnt, sollten ungültige Zeiger mit 0 initialisiert werden.

Richtig ist, je nach Anwendungsfall

```
char *puffer = 0;
puffer = malloc(10); // Alloziere Speicherbereich vor Zugriff
// ...
puffer[0] = 'A';
```

oder

```
// ...
if (puffer)
    puffer[0] = 'A'; // Der Zugriff erfolgt nur bei gültigem Zeiger
```

20.5.8 Zugriff auf bereits freigegebenen Speicher

```
char *puffer = malloc(10);
// ...
free(puffer);
puffer[0] = 'A'; // Fehler: Zugriff auf freigegebenen Speicher!
```

Wird auf Speicher zugegriffen, der bereits freigegeben wurde, so ist dies ein Zugriff auf einen Speicherbereich, der nicht (mehr) zum Prozess gehört.

20.5.9 Zugriff mit falschen Indizes

```
char *puffer = malloc(10);
puffer[20] = 'A'; // Fehler: Falscher Index
```

Wird dynamischer Speicher als Feld verwendet, so gelten dieselben Regeln wie bei regulären Feldern: Der Index beginnt bei 0 und endet bei `feldlaenge-1`.

20.5.10 Zugriff auf nicht initialisierten Speicher

Auch dieser Fall wurde bereits besprochen. Er sei aber der Vollständigkeit halber nochmals gezeigt.

```
char *puffer = malloc(10);
printf("%s\n", puffer); // Fehler: Zugriff auf uninitialisierten Speicher
```

Oder einfach nur:

```
long *feld = malloc(2 * sizeof(long));
long resultat;

feld[0] = 2;
```

```
resultat = feld[0] * feld[1]; // Fehler: feld[1] ist nicht initialisiert
                              // Es erfolgt keine Fehlermeldung
```

Der Speicher wird mit der Funktion `malloc` nicht initialisiert. Eine Initialisierung ist daher vor einem lesenden Zugriff notwendig! Zu beachten ist, dass hier eine Sicherheitslücke vorhanden ist, da der Speicherinhalt weder beim Freigeben noch beim Anfordern von Speicherblöcken gelöscht wird. Beim Anfordern von Speicherblöcken enthalten diese jene Daten, die von einem anderen Programm verwendet und schließlich freigegeben worden sind.

20.5.11 Verlust des Speichers durch Überschreiben des Zeigers

```
char *zeiger, feld[10];

zeiger = malloc(10);
zeiger = &feld[0]; // Fehler: Der dynamische Speicher ist verloren
```

Dem Zeiger wurde fälschlich die Adresse des Feldes `feld` zugewiesen. Da in dem Zeiger jedoch die Startadresse des dynamischen Speichers gemerkt wurde, geht der Speicherbereich verloren. Er existiert nach wie vor, der Zugriff auf ihn ist aber nicht mehr möglich. Dieser Fehler wird auch Leck (*engl. leak*) genannt.

Leaks sind ungenutzter Speicher. Sie sind dem Prozess nach wie vor zugeordnet, können aber nicht mehr verwendet und auch nicht gelöscht werden, da die Anfangsadresse nicht mehr bekannt ist. Auf diese Art kann der Speicherverbrauch eines Programmes unnötig hoch werden und sogar zum Blockieren des Rechners führen. Schon das folgende kurze Programm kann zum Absturz des Rechners führen:

```
char *zeiger;

while (1)
    zeiger = malloc(1000);
```

20.5.12 Verlust des Speichers durch Verlust des Zeigers

Oft werden mehrere dynamisch allozierte Speicherbereiche in Feldern von Zeigern gemerkt:

```
char *zeigerfeld[3];

zeigerfeld[0] = malloc(10);
zeigerfeld[1] = malloc(10);
zeigerfeld[2] = malloc(10);
```

Im folgenden Beispiel wird das Feld `zeigerfeld` dynamisch erzeugt:

```
char **zeigerfeld = malloc(3 * sizeof(char *));

zeigerfeld[0] = malloc(10);
zeigerfeld[1] = malloc(10);
zeigerfeld[2] = malloc(10);

free(zeigerfeld); // Fehler: Verlust von zeigerfeld[0] bis zeigerfeld[2]
```

Bei der vorzeitigen Freigabe des Feldes `zeigerfeld` gehen die dynamisch allozierten Speicherbereiche `zeigerfeld[0]`, `zeigerfeld[1]` und `zeigerfeld[2]` verloren. Es wird nur ein Speicherblock, statt der insgesamt angeforderten vier freigegeben. Es handelt sich hier, wie im vorher gezeigten Beispiel, um *leaks*.

Die korrekte Freigabe ist im Folgenden gezeigt:

```
char **zeigerfeld = malloc(3 * sizeof(char *));

if (zeigerfeld)
{   zeigerfeld[0] = malloc(10);
    zeigerfeld[1] = malloc(10);
    zeigerfeld[2] = malloc(10);

    // ...

    free(zeigerfeld[0]);    // Zuerst die Elemente freigeben
    free(zeigerfeld[1]);
    free(zeigerfeld[2]);
    free(zeigerfeld);       // Dann das Feld freigeben
    zeigerfeld = 0;
}
```

20.5.13 Verlust des Speichers durch Rücksprung

```
void funktion()
{   char *puffer = malloc(10);
    // ...
}   // Fehler: Verlust des Speichers durch Rücksprung
```

Auch dies ist ein *leak*. Beim Rücksprung aus der Funktion wird der lokale Zeiger zwar gelöscht, der allozierte Speicherblock verbleibt jedoch und kann in Folge weder verwendet noch gelöscht werden. Der Speicher, auf den der lokale Zeiger `puffer` zeigt, geht bei einem Rücksprung aus der Funktion verloren, da die lokale Variable beim Verlassen der Funktion zerstört wird.

20.5.14 Verlust des Speichers bei Rückgabe

```
char *SpeicherAnfordern()
{   return malloc(10);
}   // end SpeicherAnfordern

main()
{   SpeicherAnfordern();    // Fehler: Verlust des Speichers bei der Rückgabe
}   // end main
```

In der Funktion `SpeicherAnfordern` wurde Speicher angefordert. Seine Startadresse wurde korrekt an den Aufrufer zurückgegeben. Dort wird sie jedoch verworfen und geht verloren. Auch hier handelt es sich um einen *leak*.

20.5.15   Zu große Speicherblöcke

```
char *puffer = malloc(1024*1024*1024); // Fehler: Speicherblock zu groß
```

Der angeforderte Speicherblock ist zu groß. Der Aufruf scheitert. Das Anfordern derart großer Speicher-
mengen ist auch unsinnig.

Kapitel 21

Numerik

Punktzahlen können mit den verfügbaren Datentypen nur mit einer endlichen Anzahl von Nachkommastellen dargestellt werden. Die Probleme, die aus der dadurch gegebenen Ungenauigkeit von Daten entstehen, sind vielfältig und oft schwer zu beherrschen (siehe [18, 29, 30]). Das mangelnde Verständnis der Computer-Numerik führt in Berechnungen oft zu beachtlichen Fehlern.

Dieses Kapitel soll eine kurze Einführung zu diesem Thema sein und auf die Problematik aufmerksam machen.

21.1 Fehlerarten

Die im Folgenden beschriebenen Fehlerarten entstehen nicht durch falsche Entscheidungen oder durch Irrtümer wie Programmierfehler. Sie werden vielmehr einerseits bewusst in Kauf genommen oder sind andererseits teilweise unvermeidbar. Um jedoch die Relevanz eines Rechenergebnisses beurteilen zu können, muss auch eine Aussage über seine Genauigkeit getroffen werden können. Salopp formuliert muss der Fehler kleiner als eine vorgegebene Toleranzgrenze sein:

$$\|\text{Modellfehler} + \text{Datenfehler} + \text{Verfahrensfehler} + \text{Rundungsfehler}\| \leq \text{Toleranz} \qquad (21.1)$$

21.1.1 Modellfehler

Bei jeder Modellbildung wird eine Abstraktion der Realität durchgeführt. Dabei werden bekannte und unbekannte Größen vernachlässigt und Vereinfachungen der tatsächlichen Verhältnisse vorgenommen. Der dadurch entstehende Fehler wird Modellfehler genannt. Auf Grund vernachlässigter, unbekannter Größen kann der durch sie entstehende Beitrag zum Gesamtfehler nicht abgeschätzt werden. Lediglich der Fehler, der sich aus bekannten Größen ergibt, lässt sich abschätzen.

Ein Beispiel für unbekannte Modellfehler waren relativistische Effekte in der Physik des 19. Jahrhunderts. Ein weiteres Beispiel ist die Annahme einer konstanten Erdbeschleunigung in Berechnungen. In der Realität hängt diese von der geographischen Position und dem Abstand zur Erde ab.

21.1.2 Datenfehler

Datenfehler entstehen durch Ungenauigkeiten bei der Erfassung von Daten. Beispielsweise können Längen, Geschwindigkeiten, Zeiten usw. nur mit einer bestimmten Genauigkeit ermittelt werden. Der dadurch entstehende Fehler lässt sich meist abschätzen, was abhängig von der Messmethode ist.

Die Auswirkungen von Datenfehlern auf die gesuchten Lösungen numerischer Probleme können mit Konditionsuntersuchungen (siehe Abschnitt 21.2.2) abgeschätzt werden.

21.1.3 Verfahrensfehler

Manche mathematischen Probleme sind nicht – oder nur mit hohem Aufwand – analytisch lösbar. Oft werden numerische Näherungsverfahren verwendet, die sich in einem iterativen Lösungsverfahren an die Lösung „herantasten". Wenn eine Lösung hinreichend genau ist, wird das Verfahren abgebrochen. Beim Abbruch solcher iterativer Verfahren entsteht zwangsläufig ein Fehler, der sogenannte *Abbruchfehler*.

Sogenannte *Diskretisierungsfehler* entstehen beim Übergang von kontinuierlichen auf diskrete Systeme. Beispielsweise wird die Integralbildung numerisch durch eine Summation durchgeführt, bei der gegenüber dem Integral ein Fehler auftritt.

Verfahrensfehler lassen sich durch erhöhten Aufwand oft beliebig verkleinern. Da aber jedes Verfahren abgebrochen werden muss, entsteht immer ein gewisser Abbruchfehler, der im kleinsten Fall die Darstellungsgenauigkeit des internen Datentyps ist.

21.1.4 Rundungsfehler

Punktzahlen können auf einem Computer nur bis zu einer bestimmten Genauigkeit dargestellt werden. Diese hängt vom zugrundeliegenden Datentyp (`float` oder `double`) ab. Bei jeder Rechenoperation muss das Ergebnis auf einen darstellbaren Wert abgebildet - gerundet - werden. Der Unterschied zwischen dem mathematisch exakten und dem gerundeten Ergebnis heißt *Rundungsfehler* oder *Rechenfehler*.

21.2 Mathematische Grundbegriffe

Für ein grundlegendes Verständnis der Thematik werden im Folgenden einige mathematische Begriffe aus dem Bereich der Computer-Numerik erklärt. Die Lösung der beiden Gleichungen

$$1.01x_1 + 0.99x_2 = 2 \tag{21.2}$$
$$x_1 + 0.98x_2 = 1.98 \tag{21.3}$$

ist $x_1 = x_2 = 1$, wovon man sich durch einfaches Nachrechnen leicht überzeugen kann. Durch Ändern der rechten Seite in (21.2) in der dritten Nachkommastelle, ergibt sich folgendes Gleichungssystem

$$1.01x_1 + 0.99x_2 = 1.999 \tag{21.4}$$
$$x_1 + 0.98x_2 = 1.98 \tag{21.5}$$

mit den stark unterschiedlichen Lösungen $x_1 = 5.9$ und $x_2 = -4$ (bei exakter Rechnung!).

Graphisch lässt sich das Problem leicht veranschaulichen (siehe Abbildung 21.1). Die durch (21.2) und (21.3) gegebenen Geraden sind nahezu parallel. Eine Änderung in der rechten Seite einer der Gleichungen kommt einer Verschiebung der Geraden gleich (in Abbildung 21.1 strichliert dargestellt). Eine geringe Parallelverschiebung bewirkt eine drastische Änderung der Koordinaten des Schnittpunktes.

Eine Ungenauigkeit in den Daten kann also starke Veränderungen des Ergebnisses einer numerischen Berechnung bewirken. Wie in Abschnitt 6.2 bereits erklärt, kann beispielsweise die Zahl 0.1_{10} im Punktzahlensystem nach der internationalen Norm IEC 559:1989 (also in den Datentypen `double` und `float`)

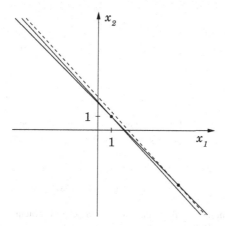

Abbildung 21.1: Schnittpunkt zweier annähernd paralleler Geraden

nicht exakt dargestellt werden, da sie im Binärsystem die unendliche Folge $0.0\overline{0011}_2$ ergibt. Mit Fehlern ist also zu rechnen, sie sind nicht zu vermeiden, höchstens zu minimieren!

21.2.1 Relativer Fehler

Der absolute Fehler einer numerischen Lösung ergibt sich aus

$$\text{absoluter Fehler} = \text{Näherungswert} - \text{exakter Wert} \tag{21.6}$$

Der relative Fehler einer numerischen Lösung ergibt sich aus

$$\text{relativer Fehler} = \frac{\text{absoluter Fehler}}{\text{Bezugsgröße}} \tag{21.7}$$

Meist bezieht man sich auf den exakten Wert, weshalb folgende Gleichung gilt

$$\text{relativer Fehler} = \frac{\text{absoluter Fehler}}{\text{exakter Wert}} = \frac{\text{Näherungswert} - \text{exakter Wert}}{\text{exakter Wert}} = \frac{\text{Näherungswert}}{\text{exakter Wert}} - 1 \tag{21.8}$$

Der relative Fehler in der rechten Seite in (21.4) im Bezug zur rechten Seite von (21.2) ist -0.05%. Er bewirkt einen relativen Fehler von 490% für x_1 und einen relativen Fehler von -500% in x_2! Das Gleichungssystem (21.2) und (21.3) ist also sehr empfindlich gegenüber Änderungen in der rechten Seite.

21.2.2 Kondition

Es sei x_{real} die tatsächliche Größe eines real existierenden Systems. Mit Hilfe eines Modells wird das reale System abgebildet, wobei ein Modellfehler (siehe Abschnitt 21.1.1) entsteht. Man erhält ein numerisches Problem, beispielsweise die beiden Gleichungen (21.2) und (21.3). Weiters sei x die *mathematisch* exakte Lösung eines *numerischen* Problems und $\tilde{x}$ seine *numerische* Lösung, die, wie oben angedeutet, nicht mit der mathematischen Lösung x übereinstimmen muss. Die numerische Lösung $\tilde{x}$ muss dabei der Genauigkeitsanforderung

$$\|\tilde{x} - x\| < \varepsilon \tag{21.9}$$

genügen, wobei ε die Genauigkeit angibt und $\|\cdots\|$ eine geeignete Norm (beispielsweise den Betrag der Abweichung) bedeutet. Es gilt ferner

$$\|x - x_{\text{real}}\| < \delta \tag{21.10}$$

mit δ als Schranke für den Modellfehler. Will man die Abweichung der berechneten numerischen Lösung $\tilde{x}$ von der realen Lösung x_{real} – also den Gesamtfehler – abschätzen, so erhält man mit der Dreiecksungleichung

$$\|\tilde{x} - x_{\text{real}}\| \leq \|\tilde{x} - x\| + \|x - x_{\text{real}}\| < \varepsilon + \delta \tag{21.11}$$

Wie man erkennt, muss nicht nur die Toleranz ε des numerischen Problems klein genug gewählt werden, man muss auch die Schranke δ für den Modellfehler berücksichtigen.

Mit Hilfe der Fehlerabgrenzung der Lösung ist ein numerisches Problem aber noch nicht ausreichend beschrieben. Wie anhand der Gleichungen (21.2) und (21.3) bereits angedeutet wurde, ist die Empfindlichkeit eines Systems gegenüber Änderungen von Daten ein weiteres wesentliches Kriterium. Dazu wird der Begriff der *Kondition* K eingeführt.

Sei D die Datenmenge, die einem numerischen Problem zugrundeliegt, und $\tilde{D}$ sind fehlerbehaftete Daten. Man beobachtet nun die Änderung der Lösung x eines mathematischen Problems bei einer Änderung der Daten von D auf $\tilde{D}$.

$$K \geq \frac{\|\tilde{x} - x\|}{\|\tilde{D} - D\|} \tag{21.12}$$

K heißt „Konditionszahl". Wenn es gelingt, eine geeignete Abschätzung für K zu finden, kann die Auswirkung einer Änderung der Eingangsdaten D auf die Lösung x gegeben werden. Ein System mit großem K ist empfindlich gegenüber Änderungen der Eingangsdaten und wird *schlecht konditioniert* genannt. Umgekehrt ist ein System mit kleinem K unempfindlich gegenüber Änderungen der Eingangsdaten und wird als *gut konditioniert* bezeichnet.

Ist τ eine vom Benutzer vorgegebene Toleranz für die Abweichung des numerisch errechneten Wertes $\tilde{x}$ gegenüber dem realen Wert x

$$\|\tilde{x} - x_{\text{real}}\| < \tau \tag{21.13}$$

so wird man das System als schlecht konditioniert bezeichnen, wenn gilt

$$\tau \leq K \cdot \|\tilde{D} - D\| \tag{21.14}$$

Es muss gewährleistet sein, dass

$$\varepsilon + \delta < \tau \tag{21.15}$$

und

$$\varepsilon + K \cdot \|\tilde{D} - D\| < \tau \tag{21.16}$$

gilt und damit die Genauigkeitsanforderungen des Anwenders mit der Wahl von τ eingehalten werden können. Wie man erkennt, ist es somit sinnlos, ε viel kleiner als $K \cdot \|\tilde{D} - D\|$ zu wählen, da dieser Teil dann auf Grund der Empfindlichkeit des Systems dominiert.

Eine numerische Lösung ist also ohne eine Abschätzung des Fehlers wertlos. Fehlerschranken müssen sinnvoll gewählt werden. Beispielsweise ist die Berechnung eines Ergebnisses $\tilde{x}$ auf 10 Nachkommastellen sinnlos, wenn es sich bereits in der dritten Nachkommastelle vom tatsächlichen Wert x_{real} unterscheidet.

21.3 Sehr kleine und sehr große Zahlen

Die Datentypen int (ganze Zahl) und float bzw. double wurden in Kapitel 6 ausführlich behandelt. Im Folgenden sollen ihre numerischen Eigenschaften etwas näher beleuchtet werden.

21.3.1 Ganze Zahlen

Ein wesentliches Merkmal ganzzahliger Datentypen ist, dass Werte größer bzw. kleiner gewisser Schranken nicht mehr dargestellt werden können. Die Header-Datei limits.h gibt Auskunft über die Grenzen ganzzahliger Zahlentypen. Die wichtigsten sind in Tabelle 21.1 für den Datentyp long angegeben.

Konstante	Bedeutung
LONG_MAX	Größte positive Zahl
LONG_MIN	Kleinste negative Zahl

Tabelle 21.1: Schranken für den Datentyp long

21.3.2 Punktzahlen

Auch Punktzahlen weisen Schranken auf. Die Header-Datei float.h gibt die Schranken für die Datentypen float, double und long double an. Tabelle 21.2 zeigt die wichtigsten Schranken für den Datentyp double.

Konstante	Bedeutung
DBL_MAX	Größte positive Zahl
DBL_MIN	Kleinste normalisierte positive Zahl > 0
DBL_EPSILON	Differenz zwischen 1 und der kleinsten Zahl größer als 1

Tabelle 21.2: Schranken für den Datentyp double

Man ist versucht zu sagen, DBL_MIN ist die „kleinste Einheit". Das ist nicht ganz richtig, denn DBL_MIN ist die kleinste *normalisierte*[1] Zahl größer Null. Die kleinste *denormalisierte* Zahl ergibt sich mit

$$\frac{\text{DBL\_MIN}}{2^{52}},$$

da die Mantisse eines double 52 Bit lang ist (siehe Abschnitt 6.2). Auffällig ist, dass DBL_MIN mit 2.22507e-308 wesentlich kleiner ist als DBL_EPSILON mit 2.22045-16. DBL_EPSILON ist die kleinste positive Zahl, die zu 1 addiert werden kann, um eine andere Zahl zu erhalten. Das bedeutet, addiert man eine positive Zahl kleiner als DBL_EPSILON zu 1, erhält man wieder die 1!

---

[1]Siehe Abschnitt 6.2.

21.3.3 Summation von Punktzahlen

Der Grund dieses Verhaltens von Punktzahlen bei der Addition liegt in der besonderen internen Darstellung des Datentyps `double` als Exponent mit 11 Bit und einer Mantisse mit 52 Bit. Bei der Summation zweier Zahlen werden die Mantissen addiert. Dazu müssen die Exponenten gleich sein. Sind die Exponenten unterschiedlich, muss der Exponent der kleineren Zahl auf den Exponenten der größeren gebracht werden[2]. Dabei wird die Mantisse nach rechts geschoben, wobei möglicherweise gesetzte Bits rechts „herausfallen". Es kommt zu Datenverlust. Werden alle Bits aus der Mantisse geschoben, sprich ist eine Zahl mindestens um den Faktor 2^{52} größer, so wird 0 addiert!

Ein Beispiel:

```
double a = 8.0 * 1024 * 1024 * 1024 * 1024 * 1024;
printf("%20.20g\n", a);
printf("%20.20g\n", a + 1);
```

In der Initialisierung der Variable a wird der Wert 2^{53} berechnet. Diese Methode ist nicht besonders effizient, aber anschaulich. Für beide Ausgaben erhält man die Zahlen `9007199254740992`.

Alle mathematischen Gesetze auf den Kopf stellend bedeutet das, dass in der Computer-Numerik weder das Assoziativgesetz noch das Distributivgesetz gelten. Das Assoziativgesetz besagt die Gültigkeit von

$$(x + y) + z = x + (y + z).$$

Jedoch gilt für Punktzahlen im Allgemeinen

$$(x + y) + z \neq x + (y + z).$$

Ein Beispiel:

$$(2^{53} + 1) + 1 \neq 2^{53} + (1 + 1)$$

Das Beispielprogramm dazu lautet

```
double a = 8. * 1024 * 1024 * 1024 * 1024 * 1024;
double b;

printf("%20.20g\n", a);
// Berechnung von (a + 1) + 1
b = a;       //  a
b = b + 1; //  a + 1
b = b + 1; // (a + 1) + 1
printf("%20.20g\n", b);
// Berechnung von a + (1 + 1)
b = a + 2;
printf("%20.20g\n", b);
```

---

[2]Diese Feststellung ist nicht ganz richtig, da bekannte Algorithmen zur Addition von Zahlen wesentlich geschickter vorgehen und die Exponenten beider Zahlen modifizieren und dabei in die denormalisierte Darstellung übergehen, um Datenverlust zu minimieren.

Die zugehörige Ausgabe lautet:

```
9007199254740992
9007199254740992
9007199254740994
```

Der umständliche Weg über die Zwischenvariable b für die Berechnung des Ausdruckes (a + 1) + 1 ist für diese Demonstration deshalb notwendig, weil manche C-Compiler selbstständig arithmetische Ausdrücke umformen.

Ein weiteres Beispiel:

Problem: Zu N soll N mal die 1 addiert werden.

Für große Punktzahlen ist jedoch

$$N + \sum_{i=1}^{N} 1 \neq \underbrace{((((N + 1) + 1) + 1) + \cdots}_{N \text{ mal 1 hinzuaddiert}}$$

Die linke Seite ergibt das richtige Ergebnis, die rechte Seite liefert N.

Problem: Finden Sie 4 Zahlen, die abhängig von der Summationsreihenfolge, aufsummiert die Ergebnisse 0, 1, 2, 3 ergeben können.

Es gibt sehr viele Zahlen, mit denen dieses Problem gelöst werden kann. Ein anschauliches Set ist beispielsweise 1, 2, DBL_MAX und −DBL_MAX. Die 1 oder 2 zu DBL_MAX addiert ergibt wieder DBL_MAX. Ähnlich verhält es sich mit −DBL_MAX. DBL_MAX addiert zu −DBL_MAX ergibt exakt 0. Dieses Phänomen wird *Auslöschung* genannt (siehe Abschnitt 21.4). Die Summationsreihenfolgen lauten daher:

$$\underbrace{1 + 2 + \texttt{DBL\_MAX}}_{\texttt{DBL\_MAX}} - \texttt{DBL\_MAX} \longrightarrow 0$$

$$\underbrace{2 + \texttt{DBL\_MAX}}_{\texttt{DBL\_MAX}} - \texttt{DBL\_MAX} + 1 \longrightarrow 1$$

$$\underbrace{1 + \texttt{DBL\_MAX}}_{\texttt{DBL\_MAX}} - \texttt{DBL\_MAX} + 2 \longrightarrow 2 \tag{21.17}$$

$$\texttt{DBL\_MAX} - \texttt{DBL\_MAX} + 2 + 1 \longrightarrow 3$$

Die letzte Summation aus (21.17) liefert das mathematisch korrekte Ergebnis. Abhilfe schafft eine betragsmäßige Sortierung der Zahlen. Ob die Zahlenfolge aufsteigend oder absteigend sortiert werden soll, kann ad hoc nicht gesagt werden. Das letzte Beispiel verlangt eine betragsmäßig absteigende Folge, das Beispiel davor eine betragsmäßig aufsteigende Folge. Es empfiehlt sich aber eine aufsteigende Reihenfolge zu wählen, wobei *Auslöschung* separat untersucht werden muss.

Auf Grund eines ähnlichen Problems gilt auch das Distributivgesetz

$$(a + b)c = ac + bc \tag{21.18}$$

in der Computer-Numerik im Allgemeinen nicht. Einerseits können auf Grund der Summation in (21.18) die oben beschriebenen Probleme auftreten. Andererseits entsteht ein sogenannter *Folgefehler* durch die Multiplikation, bei der zuvor aufgetretene Fehler multipliziert werden.

Wie man erkennt, können mathematische Probleme nicht direkt implementiert werden. Sie müssen vielmehr im Hinblick auf die Computer-Numerik überdacht und in eine geeignete Form gebracht werden.

21.4   Auslöschung

Wie bereits in Abschnitt 21.3.3 angedeutet, entstehen Auslöschungseffekte durch Subtraktion bzw. Addition zweier annähernd gleicher bzw. gegengleicher Werte. Unterscheiden sich zwei errechnete Werte fast ausschließlich durch ihre *nicht signifikanten* (wenig bedeutsamen) Stellen, so fallen bei Subtraktion der Werte hauptsächlich die *signifikanten* (bedeutsamen) Stellen weg. Übrig bleiben dann größtenteils nicht aussagekräftige Stellen. Störungen an hinteren Stellen der Werte werden zu Störungen an vorderen Stellen des Ergebnisses. Der relative Fehler ist dadurch sehr hoch. Auslöschung ist die häufigste Ursache für die schlechte Kondition und die numerische Instabilität von Algorithmen.

Der hohe relative Fehler, der bei Auslöschung entsteht, ist kein Rechenfehler. Er ist ausschließlich auf die vor der Addition bzw. Subtraktion vorhandenen Fehler in den zu addierenden bzw. subtrahierenden Werten zurückzuführen.

Kapitel 22

Fehlerbehandlung

Die Fehlerquellen in der Programmierung sind vielfältig. Sie entstehen durch ungültige Daten, unzuverlässige Algorithmen und deren Implementierung, falsche Bedienung, aber auch durch Fremdeinflüsse, wie fehlerhafte Module oder Betriebssystemfunktionen, die zum Einsatz kommen. Von typischen Programmierfehlern, wie Syntax- oder Semantikfehlern bei der Erstellung von Programmquelltexten, ist im Folgenden nicht die Rede. Diese werden durch den Compiler oder durch Funktionstests aufgedeckt und wurden in den bisherigen Kapitel ausführlich behandelt.

Je nach Fehler können die Auswirkungen gering oder verheerend sein, ja sogar zum sofortigen Programmabbruch oder Systemausfall führen. Es ist daher notwendig, Fehler so früh wie möglich zu erkennen und geeignete Schritte zu setzen. Dieser Vorgang lässt sich in drei Schritte zerlegen, die aufeinander aufbauen. Sie sind Teil der Programmspezifikation (siehe Abschnitt 1.2.2):

Fehlererkennung: Sie ist Voraussetzung jeder Fehlerbehandlung. Sie impliziert, dass die Korrektheit von Daten oder Zuständen erkannt werden kann. Die Feststellung der Korrektheit von Daten ist inhärent durch einen (selbst-)definierten Datentyp und seinen Wertebereich, der Bedeutung der Daten oder den verwendeten Algorithmen gegeben und ist diesen zuzuordnen. Beispielsweise erfordert das Suchverfahren „Binäres Suchen" sortierte Eingabedaten. Sind die Daten nicht sortiert, liegt ein Fehler vor.

Fehlerbehandlung: Unter Fehlerbehandlung versteht man die Behandlung von erkannten Fehlern im Programmablauf. Wird ein Fehler erkannt, so wird der Programmablauf nach einem exakt definierten Schema verändert und das Programm in einen definierten Zustand versetzt.

Die Fehlerbehandlung kann je nach Anforderung an das Fehlerbehandlungssystem oder bei vielen Fehlermöglichkeiten und deren Kombinationen sehr komplex sein. Die Möglichkeiten der Fehlerbehandlung gehen von einer einfachen Ausgabe einer Fehlermeldung bis zur automatischen Fehlerkorrektur.

Fehlerkorrektur: Sie erfordert Kriterien, wie ein Fehler behoben werden soll und zusätzliche redundante Information zu den Daten. Die Fehler werden durch definiertes Verändern der Eingabe- oder der Ausgabedaten behoben.

Wesentliche Voraussetzung ist, dass der Fehler behebbar ist. Fehlerkorrekturen werden beispielsweise häufig in der Datenübertragung zur Korrektur von Übertragungsfehlern durchgeführt.

Die Fehlerbehandlung ist auch eng mit Tests und Testfunktionalität wie beispielsweise Selbsttests verbunden. Das Testen von Software soll hier jedoch nicht behandelt werden, dazu sei auf die Literatur verwiesen [8, 11].

Fehler treten während der Programmlaufzeit auf und müssen geeignet behandelt werden. Ähnlich zu Abschnitt 21.1, wo Fehler aus numerischer Sicht betrachtet wurden, müssen Fehler auch aus der Sicht der Fehlerbehandlung unterschieden werden.

Modellfehler: Fehler, die bei der Modellbildung entstehen, können nur soweit behandelt werden, als sie überhaupt erkannt werden können (siehe auch Abschnitt 21.1). Oft ist ihre Behandlung aber nicht relevant, da sie durch bewusste Vernachlässigungen entstanden sind. Vielfach ist nur eine Warnung an den Anwender notwendig, wenn der Modellfehler zu groß wird.

Beispielsweise könnten in einem Programm relativistische Effekte bis zu einer bestimmten Geschwindigkeit vernachlässigt werden. Überschreitet die Geschwindigkeit einen bestimmten Wert, erfolgt eine Fehlerbehandlung.

Datenfehler: Datenfehler sind die häufigste Ursache für eine Fehlerbehandlung. Dazu zählen unterschiedlichste Arten von Fehlern, wie Messungenauigkeiten, syntaktisch falsche oder unvollständige Eingabedaten oder auch fehlerhafte Dateiformate. Diese Fehler können teilweise sehr leicht, manche nur mit zusätzlicher Information, manche aber auch gar nicht erkannt werden.

Beispielsweise soll eine Telefonnummer auf Korrektheit überprüft werden. Eine Telefonnummer aus Sonderzeichen ist leicht als falsch zu erkennen. Ist die Telefonnummer syntaktisch korrekt, ist zusätzliche Information aus einer Telefon-Datenbank notwendig, um die Gültigkeit zu prüfen. Ist die Nummer eine Geheimnummer, ist ihre Überprüfung nicht möglich. Schon an diesem Beispiel erkennt man, dass selbst das Erkennen von Datenfehlern einigen Aufwand erfordern kann.

Eine Tabelle von Werten beispielsweise ist im Allgemeinen sehr eingegrenzt überprüfbar. Es können, sofern bekannt, oft nur Fehlerabschätzungen getroffen werden.

Verletzte Vorbedingung: Diese Fehlerart zählt eigentlich zu den Datenfehlern. Die Korrektheit der Daten bezieht sich auf einen bestimmten Algorithmus. Die betroffenen Daten können anhand einer definierten Bedingung – der *Vorbedingung* (siehe Abschnitt 1.2.2) – auf ihre Korrektheit überprüft werden.

Anwenderfehler: Sie entstehen durch fehlerhafte Bedienung sowie fehlende oder inkorrekte Eingaben. Auch Anwenderfehler zählen zu den Datenfehlern, erfordern aber bei der Behandlung oft besondere Richtlinien für die Benutzerführung. Beispielsweise muss der Benutzer auf seinen Fehler aufmerksam gemacht werden oder Hilfestellungen erhalten. Bei Benutzereingaben ist immer damit zu rechnen, dass Eingaben ungültig sind oder fehlen. Die Richtlinien zur Behandlung fehlerhafter Benutzereingaben gehören ebenfalls zur Spezifikation eines Software-Projekts.

Fehlerhafter Programmaufruf: Bei dieser Fehlerart liegt eigentlich ein Anwenderfehler vor, jedoch passiert dieser Fehler schon beim Aufruf des Programmes und kann zum sofortigen Abbruch führen. In vielen Betriebssystemen können Programme mit einem Set an Parametern oder Optionen gestartet werden. Dies kann beispielsweise ein Dateiname sein, der angeklickt oder auf kommandozeilen-orientierten Eingabesystemen als Argument angegeben wird.

Auf kommandozeilen-basierten Systemen ist es üblich, bei einem fehlerhaften Programmaufruf eine Hilfestellung über die vorhandenen Optionen und einen korrekten Programmaufruf zu geben. Diese Ausgabe wird *usage* genannt.

Numerische Fehler: Numerische Methoden liefern nur mit einer Fehlerabschätzung eine sinnvolle Aussage. Es ist daher notwendig, bei der Implementierung die numerische Stabilität der Verfahren zu beachten (siehe Kapitel 21).

Speicherprobleme: Speichermangel ist ein sehr leicht zu erkennendes, aber oft sehr schwer zu „korrigierendes" Problem. Er führt dazu, dass Algorithmen nicht korrekt weiterarbeiten können und ist prinzipiell auf eine von drei Arten zu behandeln:

- Die erste Möglichkeit besteht darin, das Programm zu beenden. Oft ist es aber notwendig, vor dem Beenden nicht gesicherte Daten zu speichern. Nur so kann die Programmausführung eventuell zu einem späteren Zeitpunkt fortgesetzt werden.

- Das Programm wartet, bis wieder Speicher vorhanden ist und setzt dann die Ausführung fort. Dies kann durch eine Aufforderung an den Benutzer geschehen, andere Programme zu schließen und dadurch Speicher freizugeben oder durch Warten einer bestimmten Zeitspanne und stetes Wiederholen der Speicheranforderung oder durch Kombination von beidem.

- Sofern die Möglichkeit besteht, kann nicht mehr benötigter Speicher freigegeben werden.

Fehlerhafter Speicherzugriff: Dieser Fehler ist besonders kritisch, da er entweder zum sofortigen Programmabbruch führt (es tritt das Signal SIGSEGV auf, das in Abschnitt 22.3 erläutert wird) oder falsche Daten gelesen oder irrtümlich Daten überschrieben werden können. Um den sofortigen Programmausstieg zu verhindern, sollte eine Signalbehandlung erfolgen (siehe Abschnitt 22.3), in der vor dem Programmabbruch nicht gesicherte Daten gespeichert werden können.

Fehlerhafte Module: Bei der Entwicklung von Software-Projekten wird immer wieder Fremd-Software eingesetzt. Dies können Module oder Bibliotheken sein, aber auch Betriebssystemfunktionen. Auch in Fremd-Software sind Fehler nicht auszuschließen. Wichtig ist hier, sich an die Programmierrichtlinien des Herstellers zu halten. Interessant ist oft das Kapitel über bekannte Fehler (*engl. known bugs*) der Dokumentation, wodurch manchmal scheinbar geeignete Software wieder unbrauchbar wird, da angepriesene Eigenschaften doch nicht oder nur fehlerhaft implementiert sind.

Dead lock: Bei der Kommunikation paralleler Prozesse kann es vorkommen, dass zwei Prozesse auf Daten des jeweils anderen warten, wodurch der Programmablauf stoppt. Dieser Zustand wird *dead lock* genannt und kann während der Laufzeit kaum behoben werden, da die Prozesse gestoppt sind. Ist dieser Zustand im Kommunikationsprotokoll allerdings erlaubt, so gibt es mehrere Wege, um den Programmablauf wieder anzustoßen. Der einfachste ist etwa, dass nur eine gewisse Zeit gewartet wird.

Es gibt noch weit mehr Klassifikationsmöglichkeiten, die hier aber den Rahmen sprengen würden. Die Behandlung von Fehlern in Programmen wird oft unterschätzt. Sie muss aber mit Voraussicht und Sorgfalt in die Struktur des Programmes aufgenommen werden. Nicht selten verlängert sie die Entwicklungszeit und die Programmlänge um ein Vielfaches, erfordert zusätzliche Funktionalität oder andere Techniken in der Programmentwicklung und Veränderungen im Programmablauf. Die Beschreibung der Fehlerbehandlung ist Teil der Spezifikation des Programmes und muss auch dokumentiert werden. Sie ist ein wichtiges Qualitätsmerkmal von Software.

Die Fehlerbehandlung wächst oft mit steigender Anzahl an Fehlerquellen exponentiell an. In komplexeren Programmen ist es daher notwendig, Fehler zu gruppieren und geschachtelte Fehlerbäume zu entwickeln. Mechanismen zur Fehlerbehandlung werden dann für Fehlergruppen entworfen und geschachtelt. Man denke beispielsweise an das bekannte OSI-Schichtmodell (*Open Systems Interconnection*) [15, 26]. Jede Schicht repräsentiert eine eigene Abstraktionsebene. Viele Ebenen haben ein eigenes Fehlerbehandlungssystem. Teilweise sind diese miteinander auch verwoben.

Im Folgenden seien jedoch einige grundlegende Techniken gezeigt, die bei der Behandlung von Fehlern angewendet werden.

22.1 Behandlung von Fehlern im Programm

Bei der Implementierung einer Fehlerbehandlung entsteht oft die Diskrepanz, die exakte Position, an der der Fehler behoben werden soll, zu finden. Prinzipiell ist zu unterscheiden zwischen

- dem Ort, an dem der Fehler aufgetreten ist,

- dem Ort, an dem der Fehler entdeckt wurde und

- dem Ort, an dem der Fehler behandelt wurde.

Verschiedene Programmiersprachen ermöglichen verschiedene Arten der Fehlerbehandlung. In einigen Programmiersprachen, wie C++, wurde das Element der sogenannten „Ausnahmen" (*engl. exceptions*) in die Sprache aufgenommen. Im Sprachumfang von C hingegen sind keine besonderen Elemente für das Behandeln von Fehlern vorhanden. In der Welt des C-Programmierers haben sich sogenannte „Fehlercodes" durchgesetzt.

22.1.1 Fehlercodes

Es ist einleuchtend, dass Fehler möglichst bald nach ihrem Auftreten gefunden werden sollten. Dazu ist es notwendig, nach jedem Funktionsaufruf bzw. nach jedem Schritt in einem Programm, in dem ein Fehler auftreten kann, auf Fehler abzufragen. Wie dies geschieht, wird weiter unten erklärt.

Ist ein Fehler entdeckt worden, so ist der Ort der Fehlerbehandlung zu bestimmen. Konnte beispielsweise bei einem Grafikprogramm in einer Funktion zur Manipulation eines Bildes benötigter Speicher nicht angefordert werden, so wird die Funktion abgebrochen. Anschließend wird das ursprüngliche Bild wieder geladen. Das bedeutet, dass ein Fehlerzustand weitergegeben werden muss und der ursprüngliche Zustand wieder herzustellen ist.

Während das Wiederherstellen eines gültigen Zustands problemabhängig ist, kann die Weitergabe von Fehlern einheitlich mit Fehlercodes erfolgen. Es empfiehlt sich Fehlercodes mit Aufzählungstypen zu realisieren. Ein Beispiel:

```
typedef enum
{   ERR_NO_ERROR = 0,
    ERR_NO_MEMORY,
    ERR_INVALID_NAME,
    ERR_DIV_BY_ZERO,
    ERR_FILE_NOT_FOUND,

    ERR_TOTAL_NUM
} ERR_Type_t;
```

Der Aufzählungstyp garantiert, dass auch beim Hinzufügen weiterer Fehlercodes für jeden Fehler ein eigener Wert definiert wird, da die Werte aufsteigend, mit 0 beginnend, vergeben werden. Die Namensgebung der Fehlercodes folgt einem einheitlichen Schema: Der Prefix ERR deutet an, dass es sich um einen Fehlercode handelt. Die Fehlernamen sind aussagekräftig. „Kein Fehler" wird ebenfalls durch einen eigenen Fehlercode (ERR_NO_ERROR mit dem Wert 0) ausgedrückt. Die Anzahl der Fehlercodes ist mit dem letzten Eintrag ERR_TOTAL_NUM gesetzt (5), wobei auch ERR_NO_ERROR mitgezählt wird.

Vermeiden Sie ähnlich lautende Namen für Fehlercodes, da dies die Verwechslungsgefahr erhöht, denn im Fall einer Namensverwechslung werden die Fehler nicht oder zumindest nicht korrekt behandelt.

Weiters sind den Fehlercodes aussagekräftige Fehlertexte zuzuordnen. Ein Beispiel:

```
typedef struct
{  ERR_Type_t  errNum;
   const char *errStr;
} ERR_t;

const ERR_t ErrTable[] =
{  { ERR_NO_ERROR,
     "No error occured."
   },
   { ERR_NO_MEMORY,
     "Memory could not be allocated."
   },
   { ERR_INVALID_NAME,
     "The given name is invalid."
   },
   { ERR_DIV_BY_ZERO,
     "Division by zero."
   },
   { ERR_FILE_NOT_FOUND,
     "File not found."
   }
};
```

In einem Feld von Strukturen werden den einzelnen Fehlercodes Fehlertexte zugeordnet. Die Fehlercodes wurden bewusst als redundante Information bei der Definition der Fehlertexte mit in die Struktur ERR_t aufgenommen, obwohl im Prinzip ein Feld von Zeichenketten (Fehlertexten) genügt hätte. Der Grund dieses Vorgehens liegt in der Fehleranfälligkeit eines Feldes von Fehlercodes:

```
const char *ErrTablePool[] = // fehleranfällig
{  "No error occured.",
   "Memory could not be allocated.",
   "The given name is invalid.",
   "Division by zero.",
   "File not found."
};
```

Die Fehlercodes und die Fehlertexte werden nun unabhängig voneinander definiert. Umfasst die Fehlertabelle hundert Codes, so werden durch das Einfügen oder Löschen von Fehlercodes beide Definitionen in ERR_Type_t und ErrTablePool schnell inkonsistent.

Im Gegensatz dazu ermöglicht die zuerst vorgestellte Methode mit Strukturen (ErrTable) das Kontrollieren der Codes mit einer Schleife. Diese Kontrolle sollte am Beginn des Programmes vor der ersten Fehlerbehandlung stattfinden.

```
long code;
// ...
for (code = 0; code < ERR_TOTAL_NUM; code = code + 1)
{  if (ErrTable[code].errNum != code)
   { printf("ErrTable inkonsistent an Position %ld\n", code);
     break;
   }
}
```

22.1.2 Fehlerweitergabe

Wurde ein Fehler gefunden, so muss zunächst entschieden werden, wo er behandelt werden soll. Es gibt zwei Möglichkeiten:

- Der Fehler wird in derselben Funktion behandelt.

- Die Behandlung des Fehlers ist in derselben Funktion nicht möglich. Die Funktion wird abgebrochen und der Fehler an eine aufrufende Funktion weitergeleitet, die ihn behandeln soll.

Nach Möglichkeit ist es natürlich am besten, Fehler an Ort und Stelle zu behandeln oder sogar zu beheben. Das Programm kann dann mit der Ausführung bis auf die Verzögerung durch die Fehlerkorrektur ungehindert fortsetzen. Oft ist dies aber nicht möglich. Dies ist dann der Fall, wenn alle Informationen, die zum Behandeln oder Beheben eines Fehlers notwendig sind, nur in einer aufrufenden Funktion vollständig verfügbar sind. Treten darüberhinaus mehrere Fehler gleichzeitig auf, so gestaltet sich die Fehlerbehandlung schwierig. Andererseits bedeutet das Behandeln von Fehlern an Ort und Stelle einen immens hohen Aufwand, da Fehler im Prinzip an jeder Stelle im Programm auftreten können.

Es ist daher oft notwendig eine oder mehrere Funktionsebenen (siehe Abschnitt 18.2) zu verlassen und den Fehler in einer aufrufenden Funktion zu behandeln. Es hat sich eingebürgert, Fehlercodes als Rückgabewert der Funktion zurückzugeben. Das eigentliche Ergebnis der Funktion wird durch Zeigerparameter retourniert. Ein Beispiel:

```
ERR_Type_t Anhaengen(char **nameNeu, const char *name1, const char *name2)
{  if (name1 == 0 || name2 == 0)
       return ERR_INVALID_NAME;

    {  long  name1Len   = strlen(name1);
       long  nameNeuLen = name1Len + strlen(name2) + 1;

       *nameNeu = malloc(nameNeuLen * sizeof(char));
       if (!*nameNeu)
          return ERR_NO_MEMORY;

       strcpy(*nameNeu, name1);
       strcpy(*nameNeu + name1Len, name2);

       return ERR_NO_ERROR;
    }
}  // end Anhaengen
```

Der Aufruf der Funktion Anhaengen könnte wie folgt lauten:

```
ERR_Type_t. fehlercode;
char *name;

fehlercode = Anhaengen(&name, "Vorname ", "Nachname");
if (fehlercode != ERR_NO_ERROR)
{  switch (fehlercode)
   {case ERR_INVALID_NAME:
      // ...
      break;
   }
}
```

Die Funktion Anhaengen hängt die beiden Zeichenketten name1 und name2 aneinander an und liefert die resultierende Zeichenkette in nameNeu. Der dafür notwendige Speicher wird dynamisch angefordert (siehe Kapitel 20). Tritt ein Fehler auf, wird der entsprechende Fehlercode zurückgegeben. Bei korrekter Ausführung wird ERR_NO_ERROR retourniert.

Für die Behandlung von Fehlern in der aufrufenden Funktion gibt es zwei Methoden:

- Die Fehler werden den jeweiligen Fehlercodes entsprechend behandelt. Diese Methode ist entsprechend aufwändig. Die Fehler werden „individuell" behandelt.

- Der Aufrufer betrachtet lediglich die abgebrochene Funktion als fehlgeschlagen und unterscheidet nicht zwischen den Fehlern. Die Fehlerbehandlung erfolgt für alle Fehler gleich. Diese Methode ist weit weniger aufwändig, allerdings auch nicht so genau.

Welche Methode angewendet wird, hängt vom Anwendungsfall und den Anforderungen an die Fehlerbehandlung ab.

22.2   Fehlerbehandlung mit Funktionen der Standard-Bibliothek

Die C-Standard-Bibliothek bietet einige Möglichkeiten zur einfachen Fehlererkennung und Fehlerbehandlung an, die im Folgenden knapp umrissen werden:

22.2.1   Die Fehlervariable errno

Die globale Variable errno vom Typ int ist in der Standard-Header-Datei errno.h deklariert. Sie gibt den Fehler vieler Betriebssystem- und C-Standard-Bibliotheksfunktionen durch einen Fehlercode an. Gültige Fehlercodes sind in der Standard-Header-Datei nachzulesen. Sie wird zu Programmstart automatisch auf 0 gesetzt, die Betriebssystem- und Bibliotheksfunktionen setzen errno nur im Fall eines Fehlers. Beispielsweise wird durch den Aufruf

```
FILE *datei;
// ...
datei = fopen("beispiel.txt", "r");
```

die Datei beispiel.txt zum Lesen geöffnet (siehe Abschnitt 17.2). Tritt beim Öffnen der Datei ein Fehler auf, so gibt die Funktion fopen den Wert 0 zurück. In diesem Fall wird die globale Variable errno auf den entsprechenden Fehlerwert gesetzt. Konnte die Datei beispielsweise nicht geöffnet werden, so wird errno auf den Fehlercode ENOENT (eine Präprozessorkonstante) gesetzt. Die Bedeutung anderer Fehlercodes kann der Header-Datei errno.h entnommen werden.

Fehler von Funktionen, die Fehlercodes in der globalen Variable errno setzen, können wie folgt behandelt werden:

```
FILE *datei;
// ...
datei = fopen("beispiel.txt", "r");
if (datei == 0) // Fehler?
{   switch(errno)
    {case ENOENT: // Datei nicht gefunden
     // ...
       break;
    case ENOMEM: // Speicher voll
```

```
      // ...
      break;
    default:      // Andere Fehlermeldungen
      // ...
      break;
    }
}
else
{   // ...
}
```

Die Variable `errno` wird von Betriebssystem- und Bibliotheksfunktionen nur im Fall eines Fehlers gesetzt. Sie wird durch diese Funktionen im fehlerfreien Fall aber *nie* auf 0 gesetzt. Wurden mehrere Funktionen in Folge aufgerufen, kann am Zustand der Variable `errno` nicht erkannt werden, welche Funktion den Fehler verursacht hat. Um dies zu vermeiden sollte `errno` vor dem Aufruf der zu untersuchenden Funktion auf 0 gesetzt werden.

```
FILE *datei;
// ...
errno = 0;
datei = fopen("beispiel.txt", "r");
if (errno != 0) // Fehler?
{   switch(errno)
    {   // ...
    }
}
```

22.2.2 Fehlerausgabe

Mit der Funktion `perror` wird die Fehlermeldung passend zum Fehlercode in `errno` ausgegeben. Die Funktion `perror` ist in der Header-Datei `stdio.h` deklariert. Sie erwartet als einziges Argument eine Zeichenkette. Bei der Ausgabe der Fehlermeldung wird diese Zeichenkette gefolgt von einem Doppelpunkt, einem Abstand und dem eigentlichen Fehlertext ausgegeben. Zweckmäßiger Weise sollte die Zeichenkette den Namen des Befehles beinhalten, der den Fehler verursacht hat. Ein Beispiel:

```
FILE *datei;
// ...
datei = fopen("beispiel.txt", "r");
if (datei == 0) // Fehler?
{   perror("fopen in Funktion Einlesen");
    // ...
}
```

Die Ausgabe lautet:

```
fopen in Funktion Einlesen: No such file or directory
```

Wird nur der Fehlertext benötigt, so kann die Funktion `strerror` verwendet werden. Sie ist in der Header-Datei `string.h` deklariert und erwartet den Fehlercode aus der Variable `errno` oder einen Fehlercode aus der Header-Datei `errno.h` als Argument. Sie gibt den Fehlertext zurück. Ein Beispiel:

```
char *fehlertext;
fehlertext = strerror(ENOENT);
```

22.2.3 Programmende mit `exit`

Für die Testphase in der Programmentwicklung kann es hilfreich sein, beim Auftreten eines Fehlers oder unter bestimmten Bedingungen das Programm unmittelbar zu beenden. Durch Aufruf der Funktion `exit` wird das Programm sofort verlassen, egal in welcher Funktion die Programmausführung gerade stattfindet. Die Funktion `exit` ist in der Header-Datei `stdlib.h` deklariert und erwartet als einzigen Parameter einen Fehlerwert. Dieser Fehlerwert hat dieselbe Bedeutung wie der Rückgabewert der Funktion `main` (siehe Abschnitt 11.1.4).

```
FILE *datei;
// ...
datei = fopen("beispiel.txt", "r");
if (datei == 0) // Fehler?
{  perror("fopen in Funktion Einlesen");
   // ...
   exit(-1);
}
```

22.2.4 Die Funktion `atexit`

Mit der Funktion `atexit` können mehrere Funktionen registriert werden, die beim regulären Programmende aufgerufen werden. Das reguläre Programmende wird durch den Rücksprung aus der Funktion `main` oder durch den Aufruf `exit` ausgelöst. Werden mehrere Funktionen registriert, erfolgt der Aufruf der Funktionen in der umgekehrten Reihenfolge ihrer Registrierung. Die Funktion `atexit` ist in der Header-Datei `stdlib.h` deklariert und erwartet als einzigen Parameter einen Zeiger auf eine Funktion (siehe Abschnitt 14.7), die keinen Parameter und Rückgabewert hat.

```
#include <stdio.h>
#include <stdlib.h>

void DasEnde()
{  printf("Das war's.\n");
}  // end DasEnde

main()
{  // ...
   atexit(&DasEnde);

   if (...) // Fehler?
   {  // ...
      exit(-1);
   }
   // ...
}  // end main
```

22.2.5 Die Funktion `assert`

Die Funktion[1] `assert` erwartet einen Parameter und ist in der Header-Datei `assert.h` deklariert. Ist der Parameter gleich 0, gibt die Funktion `assert` eine Fehlermeldung aus und beendet das Programm durch Aufruf der Funktion `abort` (siehe Abschnitt 22.3.2). Als Argument wird üblicherweise ein Ausdruck angegeben.

Die Funktion `assert` ist also ähnlich zu folgender Funktion definiert:

---

[1]Genau genommen ist `assert` eigentlich ein Präprozessor-Makro. Dies ist aber hier nicht relevant.

```
void assert(ausdruck)
{ if (ausdruck == 0)
  { // Ausgabe der Fehlermeldung
    // ...
    abort();
  }
} // end assert
```

Die Fehlermeldung enthält den Namen der Quelltextdatei und die Zeilennummer, in der der Abbruch stattgefunden hat.

Die Funktion `assert` wird gerne während der Entwicklungsphase eines Programmes zur Kontrolle des Zustandes einer Variable verwendet. Vorsicht: Der Ausdruck wird auf 0 abgefragt! Ein Beispiel zeigt die einfache Anwendung der Funktion `assert`:

```
// ...
datei = fopen("beispiel.txt", "r");
assert(datei);
// ...
```

22.3   Signalbehandlung

Prozesse können sogenannte Signale (*engl. signals*) vom Betriebssystem erhalten. Ein Auszug dieser Signale ist in Tabelle 22.1 dargestellt. Sie sind im ANSI-Standard definiert. Es existieren jedoch weit mehr Signale, die abhängig vom Betriebssystem definiert sind. Die Header-Datei `signal.h` enthält eine vollständige Liste aller vorhandenen Signale.

Signal	Bedeutung
SIGINT	*„Unterbrechung"* (*engl. interrupt*): Dieses Signal wird beim Drücken der Tastenkombination `Strg-C` an den Prozess gesandt.
SIGABRT	*„Abbruch"* (*engl. abort*): Dieses Signal wird von den Funktionen `abort` und `assert` verwendet.
SIGTERM	*„Terminieren"* (*engl. terminate*): Dieses Signal wird beispielsweise beim Herunterfahren des Systems an jeden Prozess gesandt. Eine Behandlung dieses Signals ist empfohlen!
SIGILL	*„Illegaler Maschinenbefehl"* (*engl. illegal instruction*) tritt auf, wenn ein ungültiger Maschinenbefehl geladen wird.
SIGFPE	*„Gleitpunkt-Fehler"* (*engl. floating point exception*) tritt auf, wenn eine ungültige arithmetische Operation durchgeführt wird, wie eine Division durch 0 oder eine Operation, die einen Überlauf (*engl. overflow*) verursacht.
SIGSEGV	*„Unerlaubter Zugriff auf Speicher"* (*engl. segmentation violation*). Dieses Signal wird an einen Prozess gesandt, wenn er versucht, auf einen Speicher zuzugreifen, der nicht zum Prozess gehört oder wenn eine illegale Adresse auftritt.

Tabelle 22.1: Signale

Empfängt ein Prozess ein Signal, wird der Programmablauf unterbrochen und eine Funktion zur Behandlung des Signals aufgerufen, ein sogenannter *signal handler*. Im Folgenden seien die wichtigsten Funktionen zur Signalbehandlung (*engl. signal handling*) besprochen.

22.3.1 Definition von Signalbehandlungsfunktionen

Die Funktion `signal` wird zum Registrieren neuer Signalbehandlungsfunktionen verwendet. Diese werden eingesetzt, um das Beenden des Programmes durch Signale abzufangen, um beispielsweise noch nicht gesicherte Daten zu speichern oder das irrtümliche Beenden durch Tastenkombinationen wie `Strg-C` zu verhindern.

Die Funktion `signal` ist in der Header-Datei `signal.h` deklariert und erwartet als erstes Argument das Signal und als zweites Argument den Zeiger auf die Signalbehandlungsfunktion (siehe Abschnitt 14.7), die beim Auftreten des Signals aufzurufen ist. Eine Signalbehandlungsfunktion hat einen Parameter vom Typ `int`: Das Signal, das zum Aufruf der Signalbehandlungsfunktion geführt hat. Eine Signalbehandlungsfunktion hat keinen Rückgabewert.

Im folgenden Beispiel wird eine Signalbehandlungsfunktion `SignalHandler` definiert. Im Hauptprogramm `main` wird die Funktion `SignalHandler` als Signalbehandlungsfunktion für die Signale `SIGINT`, `SIGABRT` und `SIGTERM` angemeldet.

```
#include <stdio.h>
#include <signal.h>
void SignalHandler(int dasSignal)
{  switch (dasSignal)
   {case SIGINT:
      printf("Beenden durch SIGINT\n");
      break;
    case SIGABRT:
      printf("Beenden durch SIGABRT\n");
      break;
    case SIGTERM:
      printf("Beenden durch SIGTERM\n");
      break;
   }
}  // end SignalHandler

main()
{  signal(SIGINT,  SignalHandler);
   signal(SIGABRT, SignalHandler);
   signal(SIGTERM, SignalHandler);

   // ...
}  // end main
```

Alternativ dazu kann für jedes Signal eine eigene Signalbehandlungsfunktion registriert werden und die Behandlung der Signale getrennt erfolgen.

Der Funktion `signal` kann statt dem Zeiger auf eine Signalbehandlungsfunktion der Wert `SIG_IGN` oder der Wert `SIG_DFL` übergeben werden. Wird `SIG_IGN` für ein Signal gesetzt, wird das Auftreten des Signals ignoriert. Durch das Setzen von `SIG_DFL` wird wieder die reguläre Signalbehandlungsfunktion (*engl. default signal handler*) aktiviert. So können während einer kritischen Phase des Programmablaufes Signale blockiert oder abgefangen und anschließend die regulären Signalbehandlungsfunktionen wieder aktiviert werden. Im folgenden Beispiel wird für einen kritischen Bereich durch eine Signalbehandlungsfunktion der Programmabbruch durch Drücken der Tastenkombinationen `Strg-C` verhindert:

```
signal(SIGINT,  SIG_IGN);
// kritischer Programmteil
signal(SIGINT,  SIG_DFL);
```

22.3.2   Abbruch mit `abort`

Im Gegensatz zur Funktion `exit` (siehe Abschnitt 22.2.3) beendet die Funktion `abort` das Programm durch Abbruch – ein außergewöhnliches Beenden des Programmes. Dabei wird das Signal `SIGABRT` an, den eigenen Prozess gesandt, wodurch die Signalbehandlung für dieses Signal ausgelöst wird. Die voreingestellte Signalbehandlung bricht das Programm ab. Die Funktion `abort` ist in der Header-Datei `stdlib.h` deklariert und hat keine Argumente.

Die Funktion `abort` wird beispielsweise in der Funktion `assert` verwendet (siehe Abschnitt 22.2.5). Ein Beispiel:

```
if (...) // Ist ein schwerer Fehler aufgetreten?
{ // Ausgabe einer Fehlermeldung
   // ...
   abort();
}
```

Kapitel 23

Ein exemplarisches Software-Projekt

Bereits in Kapitel 1 wurde auf die umfangreichen Aufgaben und die einzelnen Phasen bei der Durchführung eines Software-Projekts hingewiesen. In diesem Kapitel soll dieser Vorgang beispielhaft an der Entwicklung eines virtuellen Taschenrechners umrissen und typische Probleme aufgezeigt werden. Eine detailliertere Ausführung sowie die Beschreibung der Umsetzung von Großprojekten würde aber hier bei weitem den Rahmen sprengen. Dazu sei auf die Literatur [22, 25] verwiesen.

23.1 Die Spezifikation

Es soll ein Taschenrechner entwickelt werden, der folgender Spezifikation genügt:

Funktionalität:

- Grundrechnungsarten: Addition, Subtraktion, Multiplikation, Division, Potenzierung. Winkelfunktionen: Sinus, Cosinus, Tangens, Arcussinus, Arcuscosinus, Arcustangens. Die Winkelfunktionen arbeiten nur für die Eingabe im Bogenmaß.
- Speicher: Ein Wert kann gespeichert und später abgerufen werden.
- Wertigkeit der Operatoren von nieder nach hoch: Addition und Subtraktion, Multiplikation und Division, Potenzierung.
- Klammerung von Ausdrücken.
- Operanden sind Zahlen, Klammerausdrücke und Winkelfunktionen.
- Infix-Notation[1] (Peano-Russell-Notation): Bei dieser üblichen Notation steht der Operator zwischen den Operanden: $a + b$.
- Die Anzeige des Ergebnisses ist auf bis zu 16 Stellen genau.

Modi: Der Taschenrechner kann mit oder ohne GUI (*graphical user interface*, zu deutsch: grafische Benutzeroberfläche) gestartet werden.

- Im Textmodus werden keine Zwischenergebnisse angezeigt, das Ergebnis wird nach dem Drücken der Eingabetaste ausgegeben. Das Ergebnis der letzten Berechnung kann für die folgenden Berechnungen weiterverwendet werden. Ein Beispiel:

---

[1]Im Gegensatz dazu steht bei der „polnischen Notation" PN (1920 von Jan Lukasiewicz entwickelt) der Operator vor den Operanden: $+a\,b$. Bei der „umgekehrt polnischen Notation" UPN (*engl. reverse polish notation RPN*) steht der Operator nach den Operanden: $a\,b+$. Diese Notationen benötigen keine Klammern und eignen sich sehr gut für schnelle mathematische Auswertungen von Ausdrücken.

```
Formel:   1 + 2 * (3 + 4) + 5
Ergebnis: 20
Formel:   + 4
Ergebnis: 24
```

- Das GUI bietet die komplette Funktionalität des Taschenrechners an. Es ist sowohl mit der Maus als auch mit der Tastatur vollständig bedienbar. Nach der Eingabe eines Operators oder einer Funktion wird das Zwischenergebnis angezeigt.

  Für die Berechnung einfacher arithmetischer Ausdrücke mit den Grundrechnungsarten reicht der Nummernblock der Tastatur zur Steuerung aus. Die Taste '=' und die Eingabetasten verhalten sich gleich und schließen die Auswertung ab, wobei das Endergebnis angezeigt wird. Mit dem Ergebnis kann weitergerechnet werden.

  Das GUI verwendet die voreingestellten Schriftarten des Rechnersystems.

Implementierung:

- Die Programmiersprache ist C.

- Betriebssysteme sind Unix und Windows.

- Der verwendete Datentyp für die Gleitpunktarithmetik ist double.

- Falsche Eingaben sind im Modus mit GUI zu ignorieren. Im Textmodus führen sie zum Abbruch der laufenden Rechnung.

Wie man erkennt, ist diese Spezifikation bereits recht umfangreich aber doch noch lückenhaft und ungenau. So fehlt die Angabe der Tastenbelegung (die Angabe, welche Tasten für welche Operation gedrückt werden müssen), allgemeine Aussagen über die Zuverlässigkeit, Schnelligkeit usw., nähere Angaben zum GUI, Genauigkeit der Rechenoperationen und vieles mehr. Auch sind keinerlei Muster für Fehlerfälle vorgegeben. Was passiert beispielsweise, wenn der Benutzer mehr schließende Klammern eingibt als öffnende?

Man erkennt, dass eine einigermaßen brauchbare Spezifikation für einen Taschenrechner bereits etliche Seiten umfassen kann. Für die Entwicklung des virtuellen Taschenrechners in diesem Kapitel soll die obige Spezifikation aber genügen.

Jede Spezifikation weist Lücken auf. Diese sollten jedoch, sofern sie überhaupt entdeckt werden, möglichst im Hinblick auf das Gesamtkonzept geschlossen werden. Auch sollte überlegt werden, Möglichkeiten zur späteren Erweiterung des Systems vorzusehen bzw. gleich mitzuverwirklichen, denn leicht zu erweiternde Programme können immer wieder verkauft werden, indem verbesserte und leistungsfähigere Versionen angeboten werden.

23.2   Präzisierung der Spezifikation

Spezifikationen sind nur selten bis ins Detail vollständig. Für eine Realisierung des Projekts sind oft zusätzliche Entscheidungen zu treffen, die aber bei guten Spezifikationen nur Details betreffen. Die Entscheidungen sind mit Bedacht zu treffen, müssen in das Konzept passen und sollten sauber dokumentiert werden. Veränderungen der Spezifikation müssen mit dem Auftraggeber abgeklärt werden und sollten in einer sehr frühen Phase in das Projekt aufgenommen werden. Erfolgen Änderungen an der Spezifikation in einer späten Phase, können dadurch hohe Kosten verursacht werden. Im Folgenden soll die Spezifikation für den Taschenrechner aus Abschnitt 23.1 (aber auch im Hinblick auf den Rahmen dieses Abschnitts) präzisiert und Beispiele für mögliche Veränderungen gezeigt werden.

Beispiele für das Erweitern der Funktionalität:

- Im Modus mit GUI können nur positive Zahlen direkt eingegeben werden. Das Vorzeichen kann mit der Taste +/- geändert werden.

- Die Operation 1/x wird im Modus mit GUI zusätzlich angeboten, da ihre Implementierung kaum Aufwand bedeutet, die Funktionalität des Taschenrechners dadurch aber gesteigert wird.

- Die Berechnung der Winkelfunktionen wird im Modus mit GUI sowohl im Bogenmaß als auch in Grad unterstützt. Diese Implementierung bedeutet wenig zusätzlichen Aufwand, verbessert die Funktionalität des Taschenrechners aber deutlich.

- Die Taste C (*clear*) löscht den zuletzt eingegebenen Wert.

- Die Taste CA (*clear all*) bricht die Berechnung ab und initialisiert den Rechner mit dem Wert 0.

Beispiele für das Erweitern der Benutzerführung sind:

- Drag and Drop. Werte können mit der Maus aus und in die Anzeige kopiert werden.

- Das Fenster ist größenveränderbar, die Flächen und Klickboxen werden der neuen Größe des Fensters entsprechend angepasst.

Beispiele für das Präzisieren der Fehlerbehandlung sind:

- Eine schließende Klammer ')' zu viel wird wie das Drücken der Eingabetaste behandelt und die Rechnung ausgewertet.

- Zu viele öffnende Klammern werden beim Betätigen der Eingabetaste geschlossen.

- Werden bei einer Rechnung irrtümlich zwei Operanden hintereinander gedrückt, wird der erste ignoriert und der zweite genommen: 1*+2 wird somit als 1+2 interpretiert.

Beispiele künftiger Erweiterungsmöglichkeiten sind:

- Hyperbolicus- und Areafunktionen.

- Rechnen mit Winkelfunktionen in Neugrad.

- Die Funktionen e^x, $\log_{10}(x)$, $\ln(x)$, $\sqrt{x}$.

23.3 Bibliotheken

Eine zentrale Aufgabe bei der Entwicklung von Software-Projekten ist die Suche nach bereits vorhandenen Bibliotheken, die Teilaufgaben des Projekts behandeln und den gestellten Anforderungen der Spezifikation genügen. Vorhandene Bibliotheken ersparen nicht nur Entwicklungsaufwand, oftmals ist für die Entwicklung einer spezialisierten Funktionalität viel Hintergrundwissen erforderlich, das kleinere Entwickler-Teams nur selten haben. So existieren beispielsweise Bibliotheken für das Rechnen mit beliebig genauen Zahlen (wie die GNU MP Bibliothek [10]) oder Bibliotheken für 3D-Grafik-Routinen (wie OpenGL [32]).

Es existieren bereits eine Vielzahl von virtuellen Taschenrechnern für die unterschiedlichsten Rechnerarchitekturen, die der Spezifikation aus Abschnitt 23.1 genügen und somit das gesamte Projekt in Frage stellen. Nur aus didaktischen Gründen soll der virtuelle Taschenrechner hier entwickelt werden.

23.3.1 Wahl der Bibliothek

Neben den normalerweise in der Spezifikation festgelegten Entscheidungskriterien für die einzusetzenden Bibliotheken wie Funktionsumfang, Stabilität, Geschwindigkeit, Fehlersicherheit oder Genauigkeit sind noch zwei weitere Kriterien maßgebend, die vor der Verwendung von Bibliotheken zu prüfen sind: Der Preis und die Lizenz. Beide Kriterien können eine sonst gut geeignete Bibliothek für das Projekt nutzlos werden lassen.

Lizenzen regeln den erlaubten Anwendungsbereich von Bibliotheken. Um dies zu verdeutlichen, seien zwei sehr bekannte Lizenzen kurz vorgestellt: Die GPL und die LGPL. Die GPL (*GNU General Public License*) ist eine sehr verbreitete Lizenzvereinbarung. Sie wurde für sogenannte *open software*, also frei erhältliche Software, geschaffen und untersagt deren kommerzielle Nutzung. Des weiteren unterliegt automatisch auch jede Software der GPL, die unter der GPL stehende Bibliotheken oder Programmteile einsetzt. Somit sind Bibliotheken, die der GPL unterliegen, kommerziell nicht einsetzbar. Die GPL fördert damit die Verbreitung frei erhältlicher Software.

Eine weitere bekannte Lizenz ist die LGPL (*GNU Lesser General Public License*). Wie auch bei der GPL ist die kommerzielle Nutzung der geschützten Software untersagt. Im Gegensatz zur GPL darf aber Software, die durch die LGPL geschützte Software verwendet, kommerziell verwertet werden. Dies fördert die Verbreitung der Bibliothek und vermehrt Software, die sie nutzt.

Für dieses Projekt werden zwei Bibliotheken benötigt, wobei eine kommerzielle Nutzung des Taschenrechners nicht angestrebt wird: Es ist eine Mathematik-Bibliothek erforderlich, die die Funktionen `sin`, `cos` und `tan` sowie ihre Arcusfunktionen zur Verfügung stellt. Des weiteren ist eine Grafik-Bibliothek für die Programmierung von GUIs (*graphical user interface*, zu deutsch: grafische Benutzeroberfläche) nötig, die den Anforderungen der Spezifikation aus Abschnitt 23.1 genügt.

Als Mathematik-Bibliothek wird die Standard-Mathematik-Bibliothek gewählt, da diese alle geforderten Operationen anbietet und bereits im Lieferumfang des C-Compilers enthalten ist. Zur GUI-Programmierung wird die Bibliothek GTK+ (*Gimp Tool Kit*) [9, 21] gewählt. Sie stellt die notwendige Funktionalität zur Verfügung und bietet eine einheitliche Oberfläche unter vielen Betriebssystemen, wie Unix oder Windows. Die Bibliothek GTK+ unterliegt der LGPL.

23.3.2 Verwendung von Bibliotheken

Ein Software-Projekt besteht aus diversen Modulen (den Programmtext-Dateien – siehe Abschnitt 4.5.1) und Bibliotheken (*engl. libraries*). Beim Bilden des ausführbaren Programmes werden zunächst alle Module einzeln durch den Compiler zu Objektdateien übersetzt und in einem zweiten, großen Schritt zusammen mit den Bibliotheken durch den Linker zum lauffähigen Programm zusammengebunden (*engl. to link*). Dieser Vorgang wurde bereits ausführlich in Abschnitt 3.4 erklärt.

Bibliotheken sind anders aufgebaut als Objektdateien. Ohne an dieser Stelle näher auf deren Aufbau einzugehen, sei nur soviel vorweggenommen: Eine spezielle Art von Bibliotheken (sogenannte *shared libraries*) braucht nur einmal geladen zu werden, kann aber gleichzeitig von vielen unterschiedlichen Programmen aus verwendet werden, wodurch Speicherplatz und die Zeit für das Laden der Bibliotheken gespart wird. Sie vergrößern die effektive Länge des lauffähigen Programmes nicht und werden dynamisch zur Laufzeit an das Programm angebunden und wieder von ihm getrennt. Andere wiederum können starr (sogenannte *static libraries*) an das Programm gebunden werden und ähneln in diesem Punkt Objektdateien sehr.

Wie schon besprochen, muss eine Bibliothek, um in ein Programm „aufgenommen" zu werden, hinzugebunden werden (*engl. to link*). Linker benötigen hierfür standardisiert den Namen der Bibliothek und das Verzeichnis, in dem diese steht[2]. Ist das Verzeichnis das Standard-Verzeichnis der System-

---

[2]Die Bibliothek wird meist durch die Option `-l` und der Pfad mit der Option `-L` an den Compiler übergeben.

Bibliotheken, braucht der Pfad nicht angegeben zu werden. Handelt es sich bei der Bibliothek um die Standard-Bibliothek, so braucht selbst ihr Name nicht angeführt zu werden.

Entwicklungsumgebungen erleichtern unter anderem die Definition und Verwaltung von Software-Projekten und nehmen dem Programmierer das Zusammenstellen der richtigen Compiler- und Linkeraufrufe ab. Bibliotheken müssen explizit zum Software-Projekt hinzugefügt werden, ähnlich dem Hinzufügen neuer Module. Sie sind dann Bestandteile des Projekts. Dafür sind der Entwicklungsumgebung zumindest die Namen der Bibliotheken und deren Installationsverzeichnisse bekanntzugeben. Wie dies erfolgt, ist abhängig von der Entwicklungsumgebung.

Wie die von der jeweiligen Bibliothek angebotenen Funktionen verwendet werden können, welche Initialisierungen vorzunehmen sind, welche Aufrufreihenfolgen einzuhalten sind, welche Fehlerbehandlung vorgesehen ist, was beim Beenden zu tun ist, und welche Maßnahmen sonst noch zu ergreifen sind, ist von Bibliothek zu Bibliothek unterschiedlich und ist ihrer Dokumentation zu entnehmen.

 Achten Sie beim Lesen der Dokumentation besonders auf Hinweise, welche Funktionalität noch nicht vorhanden ist, bzw. welche Fehler bereits bekannt sind. Das zugehörige Kapitel heißt oft *„known bugs"* und kann viel Ärger ersparen.

Die für das Projekt „Taschenrechner" benötigten Bibliotheken sind die Mathematik-Bibliothek „m" und die Bibliothek „gtk" für das GUI. Da die Mathematik-Bibliothek eine Standard-Bibliothek ist, braucht ihr Installationsverzeichnis nicht angegeben zu werden. Wurde die Bibliothek GTK+ nicht im Standard-Verzeichnis der System-Bibliotheken installiert, so ist dies der Entwicklungsumgebung bekanntzugeben.

Nicht nur der Linker sondern auch der Compiler benötigt bei der Übersetzung der Quelltextdateien in Objektdateien für die Verwendung der Bibliothek zusätzliche Informationen: Diese stehen in den Header-Dateien (siehe Abschnitt 4.5.2) der jeweiligen Bibliotheken. Sie beinhalten alle Typdefinitionen, Deklarationen aller Bibliotheksfunktionen (siehe Abschnitt 11.2), Deklarationen externer Variablen (siehe Abschnitt 12.2.1) und Definitionen von Präprozessoranweisungen (siehe Kapitel 3.7), die im Zusammenhang mit der Verwendung der Bibliothek benötigt werden. Die Headerdateien sind mit der Präprozessoranweisung `#include` (siehe Abschnitt 3.7.1) in die Quelltextdateien zu laden, in denen die Bibliothek verwendet wird.

Die Header-Datei der Mathematik-Bibliothek heißt `math.h`, die Header-Datei der Bibliothek GTK+ heißt `gtk.h`.

23.4 Realisierungsmöglichkeiten

Für ganze Projekte oder auch nur für kleine Teilaufgaben existieren oft viele unterschiedliche Möglichkeiten der Realisierung. Manche dieser Ansätze eignen sich dabei besser als andere. Eine gute Realisierungsmöglichkeit ist einfach, überschaubar, leicht zu implementieren und zu erweitern und kommt mit möglichst wenig Ressourcen aus. Es ist also erforderlich, verschiedene Lösungsmöglichkeiten zu analysieren und die für das Projekt geeignetste auszuwählen.

 Kann keine gute Realisierungsmöglichkeit gefunden werden, ist das Problem wahrscheinlich zu komplex. Teilen Sie das Problem in Teilprobleme auf (auch hier gibt es oft verschiedene Möglichkeiten) und analysieren Sie nun erneut die Realisierungsmöglichkeiten für das Gesamtproblem und jedes Teilproblem.

Im Folgenden werden verschiedene Lösungsmöglichkeiten für den Berechnungsvorgang im Taschenrechner vorgestellt und analysiert.

23.4.1 Ansatz mit rekursiven Funktionen

Diese Methode der Analyse bzw. Auswertung von Formeln ist sehr einfach und wird für die Auswertung von Formeln gerne verwendet. Sie benötigt keine Datenstruktur, das Problem wird vielmehr in gleichartige Teilprobleme zerlegt und rekursiv gelöst (siehe Abschnitt 18). Die Methode soll an einem einfachen Beispiel erklärt werden:

```
1 - 2 + 3
```

Dieser Ausdruck enthält zwei Operatoren mit der gleichen Wertigkeit und könnte beispielsweise in einer Funktion `Summe` durch eine einfache Schleife berechnet werden. Es ist (noch) keine Rekursion erforderlich. Zu beachten ist aber, dass die Formel von links nach rechts ausgewertet werden muss, damit nicht fälschlicherweise der Ausdruck `1-(2+3)` berechnet wird. Nur die Auswertung von links garantiert, dass der obige Ausdruck zu `(1-2)+3` ausgewertet wird. Dieses Problem stellt sich hier aber nicht, da einerseits die Eingabe natürlich links beginnt, andererseits nach dem Lesen eines Operators das Zwischenergebnis berechnet wird. Ein weiteres Beispiel:

```
1 * 2 + 3 * 4 / 5
```

Man erkennt, dass eine einfache Schleife, in der Werte addiert bzw. subtrahiert werden, nicht mehr ausreicht. Die Schleife ist zu erweitern: Es werden keine eingelesenen Werte addiert sondern vielmehr Produkte, die durch eine Funktion `Produkt` berechnet werden. Ein Produkt selbst kann wieder in einer Schleife berechnet werden, solange die Operatoren '*' und '/' gelesen werden. Ein komplexeres Beispiel:

```
1 * 2 ^ 3 - 4 ^ 5 + 6 ^ 7 * 8
```

Bisher wurden zwei Funktionen beschrieben: Eine Funktion `Summe` und eine Funktion `Produkt`. Für die Berechnung des obigen Beispiels muss letztere wieder erweitert werden: Sie ermittelt nicht das Produkt von eingelesenen Werten sondern von den Ergebnissen einer weiteren Funktion `Potenzierung`, die den Wert von `x^y` berechnet. Die Berechnung erfolgt nun dreistufig. Noch ist keine Rekursion notwendig, was sich aber mit dem nächsten Beispiel ändert:

```
1 * (2 + 3) + (4 + 5) ^ (6 + 7 * 8) / 9
```

Durch das Einführen von Klammern wurde das dreistufige System gestört, obwohl keine weiteren Operatoren hinzugekommen sind. Es hat sich die geforderte Reihenfolge der Auswertung der Operatoren geändert. Die Klammerausdrücke sind rekursiv zu berechnen, indem für jeden Klammerausdruck wieder die Funktion `Summe` aufgerufen wird, womit ein rekursiver Algorithmus (siehe Kapitel 18) definiert wurde.

Die Vorteile dieses rekursiven Ansatzes sind, dass keine spezielle Datenstruktur benötigt wird und somit auch keine spezielle interne Repräsentation der Daten aufgebaut werden muss. Weitere Vorteile sind, dass das Verfahren einfach und leicht erweiterbar ist.

Der Nachteil dieser Methode ist aber, dass sie sich nicht für ereignisgesteuerte GUIs eignet, da sie rekursiv arbeitet und keine *call back functions* ermöglicht (es existiert keine Funktion, die für ein Ereignis aufgerufen werden kann), was in Abschnitt 23.6.5 näher besprochen wird.

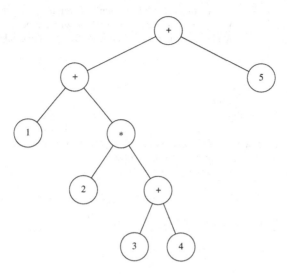

Abbildung 23.1: Ein Syntaxbaum in Form eines binären Baumes zur Berechnung von $1+2*(3+4)+5$

23.4.2 Der Syntaxbaum

Mathematische Formeln werden oft in Form von sogenannten Syntaxbäumen abgespeichert. Es gibt mehrere Varianten. Eine Möglichkeit ist die Darstellung als binärer Baum, der in Abbildung 23.1 für den Ausdruck $1+2*(3+4)+5$ gezeigt ist.

Um derartige Bäume auszuwerten, müssen sie mit Hilfe der *Postorder*-Traversierung durchlaufen (*traversiert*) werden (siehe Abschnitt 19.4.4.1). Die Auswertung beginnt somit in den Blättern, die die Werte enthalten. Mit Hilfe der *Postorder*-Traversierung wird nun jeder Knoten, der einen Operator enthält und für den die Werte seines direkten linken und rechten Nachfolgers bereits berechnet wurden, ausgewertet[3]. Der letzte Knoten, der ausgewertet wird, ist die Wurzel. Sie enthält schließlich das Ergebnis.

Für die Implementierung in einem Taschenrechner ergeben sich nun folgende Teilprobleme:

- Es werden die Datenstruktur zur Speicherung des Syntaxbaumes und die zugehörigen Methoden benötigt.

- Der Syntaxbaum muss aus der Eingabe aufgebaut werden.

- Die Berechnung muss mit Hilfe der *Postorder*-Traversierung erfolgen, die oben erläutert wurde.

Ein Punkt der Spezifikation gibt vor, dass im Modus mit GUI eventuelle Zwischenergebnisse nach der Eingabe von Operatoren angezeigt werden sollen. Der Syntaxbaum ist also nicht komplett aufzubauen und erst beim Betätigen der Eingabetaste auszuwerten, sondern vielmehr laufend. Es stellt sich daher die Frage, ob der Syntaxbaum notwendig ist, bzw. ob er die geeignete Form der Realisierung ist, denn einerseits bedeuten Syntaxbäume den zusätzlichen Aufwand einer eigenen Datenstruktur und ihrer Verwaltung. Andererseits werden Syntaxbäume vorzugsweise mit rekursiven Methoden aufgebaut (siehe

---

[3]Knoten können auch Funktionen speichern, die soviele Nachfolger haben, wie die Funktion Argumente besitzt. Streng genommen ist ein solcher Baum kein binärer Baum mehr. Die Auswertung solcher Knoten erfolgt aber analog: Zuerst werden die Argumente in der *Postorder*-Traversierung ausgewertet, da diese schließlich wieder Ausdrücke sein können. Sind die Werte aller Argumente berechnet, so kann die Funktion ausgewertet werden.

Lösungsvorschlag in Abschnitt 23.4.1), die sich für Eingaben aus ereignisgesteuerten GUIs (siehe Abschnitt 23.6.5) nicht eignen. Es gibt auch nicht-rekursive Verfahren zum Aufbauen von Syntaxbäumen, die aber wiederum meist sehr komplex und unübersichtlich sind. Syntaxbäume scheinen also ebenfalls wenig geeignet.

23.4.3 Der Auswertungsstapel

Der Auswertungsstapel wird gerne für schnelle Berechnungsfolgen eingesetzt. Er besteht eigentlich aus zwei Stapeln: Ein Stapel mit Werten und ein Stapel mit Operatoren und Funktionen. Abbildung 23.2 zeigt das Verfahren anhand der Auswertung des Ausdruckes $1+2*(3+4)+5$.

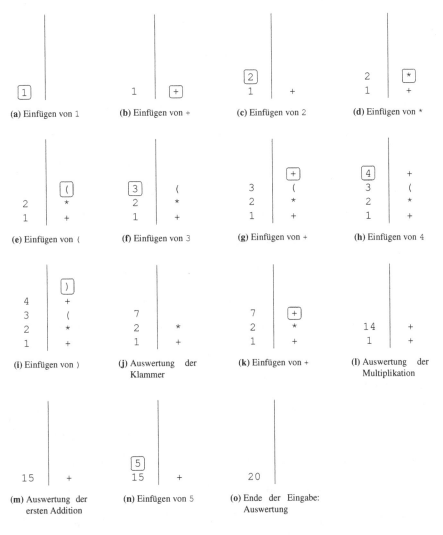

Abbildung 23.2: Ein Auswertungsstapel zu Berechnung von $1+2*(3+4)+5$

Die Werte und die Operatoren werden in der Reihenfolge ihres Auftretens auf die jeweiligen Stapel gelegt. Wird ein Operator auf den Operatorstapel gelegt, so wird seine Priorität mit dem vorhergehenden Operator am Stapel verglichen. Ist die Priorität des neuen Operators gleich oder niedriger, so wird der vorhergehende Operator ausgewertet (siehe Abbildung 23.2(l) und Abbildung 23.2(m)). Der Vorgang wird für alle weiteren Operatoren solange wiederholt, bis die Operatoren mit aufsteigender Priorität am Stapel liegen. Klammern werden ebenfalls am Operatorstapel abgelegt. Wird eine schließende Klammer auf den Stapel abgelegt, so werden alle Operatoren in den Klammern ausgewertet (siehe Abbildung 23.2(j)).

Bei einer Auswertung werden die Operatoren auf die Werte im Wertestapel von oben beginnend angewendet. Binäre Operatoren, wie '+', '−', '*', '/' und '^', nehmen zwei Werte vom Wertestapel und legen das Ergebnis wieder am Wertestapel ab. Funktionen entfernen für jedes Argument einen Wert und legen nach der Auswertung der Funktion das Ergebnis auf den Wertestapel zurück. Ist ein Operator ausgewertet, wird er vom Operatorstapel entfernt. Ist der Operatorstapel leer, so ist das Ergebnis der oberste Wert im Wertestapel (siehe Abbildung 23.2(o)). Durch das Betätigen der Eingabetaste werden alle Operatoren ausgewertet.

Der Vorteil dieser Methode ist, dass Zwischenergebnisse immer ganz oben am Stapel liegen und somit einfach ausgegeben werden können. Auswertungsstapel sind wesentlich einfacher zu bearbeiten und zu handhaben als Syntaxbäume. Auswertungsstapel eignen sich hervorragend für die Implementierung von Anwendungen mit ereignisgesteuerten GUIs (siehe Abschnitt 23.6.5). Viele virtuelle Taschenrechner mit GUI als auch „reale" Taschenrechner verwenden daher diese Methode.

Für die Implementierung in einem Taschenrechner ergeben sich noch folgende Teilprobleme:

- Es werden die Datenstrukturen zur Speicherung des Auswertungsstapels und die zugehörigen Methoden benötigt. Dies ist aber weit weniger komplex als bei einem Syntaxbaum.

- Der Auswertungsstapel muss aus der Eingabe des Benutzers aufgebaut werden.

- Die Berechnung erfolgt wie oben erläutert.

Auswertungsstapel sind auch für Taschenrechner im Textmodus geeignet, jedoch ist hier der rekursive Ansatz aus Abschnitt 23.4.1 etwas einfacher zu implementieren.

Auf Grund seiner guten Eignung für die Modi mit und ohne GUI wurde daher das Verfahren der Auswertungsstapel für die Implementierung in dem Taschenrechner nach der Spezifikation aus Abschnitt 23.1 ausgewählt.

23.5 Entwurf

Der Entwurf geht jeder eigentlichen Programmierung voraus. Hier wird die Spezifikation nochmals überprüft und die Implementierung vorbereitet. Probleme werden in Teilprobleme zerlegt, die für eine Implementierung geeignet sind, Algorithmen und Datenstrukturen definiert und präzisiert. Die Ausführungen, die im Folgenden gezeigt sind, sind für reale Anwendungen viel zu knapp gehalten. Für das Projekt Taschenrechner soll es aber hier genügen.

23.5.1 Beschreibung der Funktionen

Der Ablauf der Berechnung mathematischer Formeln wurde bereits in Abschnitt 23.4.3 bei der Beschreibung von Auswertungsstapeln gezeigt. Somit gehört dieser Abschnitt eigentlich auch zum Entwurf. Für die Implementierung werden folgende wichtige Funktionen benötigt:

`NeuerWert`: Ein Wert wird gelesen und am Stapel abgelegt.

`NeuerOperator`: Ein Operator wird gelesen und am Stapel abgelegt. Vor dem Ablegen wird der Stapel untersucht. Hat der oberste Operator die gleiche oder eine höhere Priorität als der neue, so wird der Operator am Stapel ausgewertet. Dieser Vorgang wird solange wiederholt, bis kein Operator mit einer höheren Priorität oben am Stapel liegt. Die Reihenfolge der Operatoren am Stapel ist dadurch für jeden Ausdruck (innerhalb von Klammern – oder, wenn keine Klammern vorhanden sind, im ganzen Stapel) nach ihrer Priorität aufsteigend geordnet. Die Methode ist in Abschnitt 23.4.3 gezeigt. Wird eine Klammer geschlossen, so wird der Klammerausdruck berechnet. Beim Betätigen der Eingabetaste wird der gesamte Operatorstapel ausgewertet.

Ist der Operatorstapel leer, ist das Ergebnis der oberste Wert im Wertestapel. Es muss Sorge getragen werden, dass vor einer Auswertung für jeden Operator genau die erforderliche Anzahl Argumente am Stapel liegt. Das bedeutet, der Auswertungsstapel (der Wertestapel und der Operatorstapel) muss konsistent sein.

Beim Entwurf darf man sich aber nicht nur auf das Beschreiben der wichtigen Funktionen beschränken. Es ist oft sinnvoll auch Hilfsfunktionen und die Struktur des Programmes zu beschreiben, was für einen guten Software-Entwurf vorteilhaft ist. Dadurch wird ein „eigenmächtiges" Programmieren undurchschaubarer Funktionen durch einzelne Entwickler des Teams unterbunden.

23.5.2 Fehlerbehandlung

Die Fehlerbehandlung erfolgt im Textmodus und im Modus mit GUI annähernd gleich. Während im Modus mit GUI Fehler in der Eingabe schlicht ignoriert werden, führen sie im Textmodus zum Abbruch der Berechnung. Das Ignorieren der Fehler muss also in den Eingabefunktionen, die auf die Eingaben des Benutzers reagieren, erfolgen. Beispielsweise kann so die Eingabe von Buchstaben vollkommen unterdrückt werden.

Da im Modus mit GUI die Funktionen zum Annehmen der Eingabe keine Fehler zulassen, kann zur Berechnung der Formeln derselbe Programmaufbau wie im Textmodus verwendet werden.

Die Einführung unterschiedlicher Fehlercodes (siehe Abschnitt 22.1.1) ist nicht notwendig. Im Fall eines Fehlers liefern jene Funktionen, in denen Fehler auftreten können, den Wert 0 zurück. Der Wert 1 bedeutet Erfolg. Die Rückgabe von berechneten Werten erfolgt in diesem Fall über Zeiger als Parameter (siehe Abschnitt 14.2).

23.6   Implementierung des virtuellen Taschenrechners für den Textmodus

Im Folgenden wird eine mögliche Implementierung des virtuellen Taschenrechners für den Textmodus gezeigt. Die Ausgabe von Zwischenergebnissen, die für den Modus mit GUI gefordert ist, entfällt daher. Weiters werden hier auch die eingebauten Funktionen des Taschenrechners (die trigonometrischen Funktionen) nicht berücksichtigt.

Das Projekt teilt sich in die vier Quelltextdateien `berechnung.c`, `stapel.c`, `eingabe.c` und `main.c` auf. Auf Grund dieser logischen Trennung der Aufgaben können die einzelnen Module separat beschrieben und entwickelt, sowie bei Bedarf leicht getauscht werden. Abbildung 23.3 zeigt die Abhängigkeiten der einzelnen Module in einem Blockdiagramm. Die Pfeilrichtung bedeutet dabei: Wird ein Modul *A* von einem Modul *B* verwendet, so zeigt ein Pfeil von *A* nach *B*.

Die einzelnen Module sind im Folgenden näher erklärt und ihre Implementierung angegeben. Die Dateien `berechnung.h`, `stapel.h` und `eingabe.h` enthalten die Funktionensdeklarationen ihrer zugehörigen `.c`-Dateien.

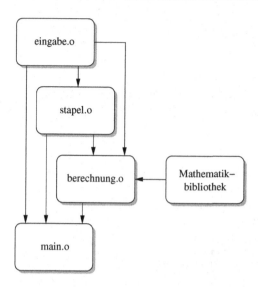

Abbildung 23.3: Blockdiagramm der Module des Taschenrechners für den Textmodus

23.6.1 Das Modul `main.o`

In der Datei `main.c` steht das Hauptprogramm `main`. Es liest die Formeln als Zeichenketten von der Tastatur ein. Für die Zerlegung der Eingabe werden die Funktionen `NeuerWert` und `NeuerOperator` verwendet, wobei mit der Funktion `WelcherTyp` der Typ des nächsten Eingabeelementes (Operand oder Operator) ermittelt wird. Diese Funktionen sind in weiteren Modulen definiert und werden in den folgenden Abschnitten behandelt.

In der Variable `ergebnis` wird das Resultat der letzten Berechnung gespeichert und für die nächste Berechnung wieder auf den Stapel gelegt, wenn die nächste Formel nicht mit einem Wert sondern mit einem Operator beginnt. Dadurch ist die Forderung der Spezifikation nach der korrekten Berechnung der folgenden Eingaben erfüllt:

```
Formel:   1 + 2 * (3 + 4) + 5
Ergebnis: 20
Formel:   + 4
Ergebnis: 24
```

Abbildung 23.4 zeigt das Blockdiagramm des Moduls `main.o`. Das Modul enthält nur die Funktion `main`.

Abbildung 23.4: Blockdiagramm des Moduls `main.o`

Die Datei **main.c**:

```
// Datei: main.c

#include <stdio.h>

#include "eingabe.h"
#include "stapel.h"
#include "berechnung.h"

main()
{ EingabeTyp_t typ, typVorher;
  long    weiter;
  double ergebnis = 0;

  while(1)
  { printf("Formel:    ");
    if (!Einlesen())
       break;

    // Beginn der Eingabe:
    typVorher   = TypUngueltig;

    weiter = 1;
    while(weiter)
    { typ = WelcherTyp();
      switch(typ)
      {case TypWert:
         weiter = NeuerWert();
         break;
       case TypOperator:
       case TypSonderzeichen:
         // Beginnt Formel mit einem Operator?
         if (typVorher == TypUngueltig)
            weiter = PushWert(ergebnis);
         if (weiter)
         { // Überschreibe letzten Operator
           if ((typ       == TypOperator) &&
               (typVorher == TypOperator))
              PopOperator();
           // Berechnung
           weiter = NeuerOperator(&ergebnis);
         }
         break;
       default:
         fprintf(stderr, "main: ungültiges Zeichen\n");
         weiter = 0;
      }
      typVorher = typ;
    }
    LoescheStapel();
  }
  printf("\n");
} // end main
```

taschenrechner/main.c

23.6.2 Das Modul `berechnung.o`

Die Datei `berechnung.c` enthält die Implementierung zur Berechnung von Formeln, wie in Abschnitt 23.4.3 erläutert. Die Auswertung findet während des Aufbau des Stapels statt und wurde in Abschnitt 23.4.3 behandelt. Mit der Funktion `NeuerOperator` werden Operatoren auf den Auswertungsstapel gelegt, wobei eine Auswertung der bisherigen Operatoren am Stapel abhängig vom neuen Operator stattfindet: Beim Betätigen der Eingabetaste (das entspricht dem Zeichen '\n') wird der gesamte Stapel ausgewertet, bei einer schließenden Klammer nur der Klammerausdruck. Binäre Operatoren sind komplexer zu behandeln: Bevor der *neue* Operator auf den Stapel gelegt wird, wird solange der *oberste* Operator des Stapels entfernt und ausgewertet, solange seine Priorität höher oder gleich der des neuen Operators ist (siehe Funktion `AuswertenMitPrioritaet`). Die tatsächliche Berechnung erfolgt in der Funktion `Auswerten`.

Abbildung 23.4 zeigt die Abhängigkeiten der Funktionen des Moduls `berechnung.o` als Blockdiagramm. Die Pfeilrichtung bedeutet dabei: Wird eine Funktion *A* von einer Funktion *B* aufgerufen, so zeigt ein Pfeil von *B* nach *A*. Funktionen, die außerhalb des Moduls sichtbar sind, sind stark umrandet dargestellt: In diesem Fall ist dies nur die Funktion `NeuerOperator`.

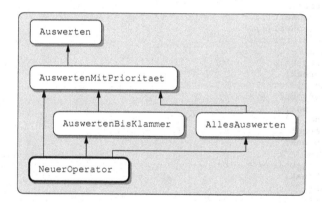

Abbildung 23.5: Blockdiagramm des Moduls `berechnung.o`

Die Datei **berechnung.h**:

```
// Datei: berechnung.h

/* Fügt einen neuen Operator ein und wertet den Aus-
   wertungsstapel entsprechend aus. Wurde die Eingabe-
   taste betätigt, so wird das Ergebnis in wertp
   gespeichert. Rückgabewert 1 signalisiert, dass
   der Wert in wertp gültig ist.
   Sonst wird 0 zurückgegeben.
*/
   betätigt, so wird das Ergebnis in wertp gespeichert.
long NeuerOperator(double *wertp);
```

taschenrechner/berechnung.h

Die Datei **berechnung.c**:

```
// Datei: berechnung.c

#include <stdio.h>
#include <stdlib.h>
#include <math.h>

#include "eingabe.h"
#include "stapel.h"
#include "berechnung.h"

// Wertet einen Operator aus. Rückgabewert 1 wenn OK, sonst 0
static long Auswerten()
{   static const char BinaereOperatoren[] = {'+', '-', '*', '/', '^'};
    static const long BINAEREOPERATOREN_LEN = sizeof(BinaereOperatoren)
                                            / sizeof(char);
    char    operator = PopOperator();
    double  a, b, ergebnis;
    long    i;

    for (i = 0; i < BINAEREOPERATOREN_LEN; i = i + 1)
        if (operator == BinaereOperatoren[i])
        { if (AnzahlWerte() < 2)
              return 0;
          b = PopWert();
          a = PopWert();
          switch(operator)
          {case '+':
             ergebnis = a + b;
             break;
           case '-':
             ergebnis = a - b;
             break;
           case '*':
             ergebnis = a * b;
             break;
           case '/':
             ergebnis = a / b;
             break;
           case '^':
             ergebnis = pow(a, b);
             break;
           default:
             fprintf(stderr, "Ungültiger Operator '%c'\n", operator);
             exit(1);
          }
          PushWert(ergebnis);
          break;
        }
    if (i == BINAEREOPERATOREN_LEN)
    { fprintf(stderr, "Ungültiger Operator '%c'\n", operator);
      exit(1);
    }
    return 1;
} // end Auswerten

/* Legt einen neuen Operator am Stapel ab.
   Zuvor wird allerdings solange der oberste Operator
   des Auswertungsstapels ausgewertet, solange dessen Priorität
   gleich oder höher ist als die des neuen Operators.
*/
```

taschenrechner/berechnung.c

```
static long AuswertenMitPrioritaet(char operatorNeu)
{  char operatorAlt;
   long returnWert = 1;

   while(1)
   {  operatorAlt = WelcherOperator();
      // Hat operatorAlt gleiche oder größere Priorität als operatorNeu?
      if (((((operatorNeu == '+') || (operatorNeu == '-') ||
             (operatorNeu == ')') || (operatorNeu == '\n')) &&
            ((operatorAlt == '+') ||
             (operatorAlt == '-') ||
             (operatorAlt == '*') ||
             (operatorAlt == '/') ||
             (operatorAlt == '^'))
            ) ||
           (((operatorNeu == '*') || (operatorNeu == '/')) &&
            ((operatorAlt == '*') ||
             (operatorAlt == '/') ||
             (operatorAlt == '^'))
            ) ||
           ((operatorNeu == '^') &&
            ((operatorAlt == '^'))
            ))
      {  if (!Auswerten())
            break;
      }
      else
      {  // gültigen Operator auf Stapel legen
         if (operatorNeu != ')' && operatorNeu != '\n')
            returnWert = PushOperator(operatorNeu);
         break;
      }
   }
   return returnWert;
} // end AuswertenMitPrioritaet

// Wertet einen Klammerausdruck aus
static long AuswertenBisKlammer()
{  char operatorAlt;
   long returnWert = 1;

   while(1)
   {  operatorAlt = WelcherOperator();
      if (operatorAlt && (operatorAlt != '('))
         returnWert = AuswertenMitPrioritaet(')');
      else
      {  PopOperator();
         break;
      }
   }
   return returnWert;
} // end AuswertenBisKlammer

// Wertet den gesamten Auswertungsstapel aus
static long AllesAuswerten()
{  char operatorAlt;
   long returnWert = 1;

   while(1)
   {  operatorAlt = WelcherOperator();
      if (operatorAlt)
         returnWert = AuswertenMitPrioritaet('\n');
      else
```

```
        break;
    }
    return returnWert;
} // end AllesAuswerten

/* Fügt einen neuen Operator ein und wertet den
   Auswertungsstapel entsprechend aus. Wurde die Eingabetaste
   betätigt, so wird das Ergebnis in wertp gespeichert.
   Rückgabewert 1 signalisiert, dass der Wert in wertp gültig ist.
   Sonst wird 0 zurückgegeben.
*/
long NeuerOperator(double *wertp)
{   char operator = HoleZeichen();
    long returnWert;

    switch(operator)
    {case '+':
     case '-':
     case '*':
     case '/':
     case '^':
        returnWert = AuswertenMitPrioritaet(operator);
        break;
     case '(':
        returnWert = PushOperator(operator);
        break;
     case ')':
        returnWert = AuswertenBisKlammer();
        break;
     case '\n':
        returnWert = AllesAuswerten();
        *wertp = PopWert();
        printf("Ergebnis: %.16g\n", *wertp);
        return 0;
    }
    if (!returnWert)
    {   fprintf(stderr, "Abbruch\n");
        LoescheStapel();
    }
    return returnWert;
} // end NeuerOperator
```

23.6.3   Das Modul `stapel.o`

Das Modul `stapel.c` stellt einen globalen Stapel und alle benötigten Funktionen zu dessen Bedienung, wie `PushOperator`, `PopOperator`, `PushWert` oder `PopWert`, zur Verfügung. Eine weitere Funktion `AnzahlWerte` gibt die Anzahl der Werte im Wertestapel zurück, was in `Auswerten` benötigt wird, um zu überprüfen, ob bei der Behandlung von binäreren Operatoren zumindest zwei Werte am Stapel vorhanden sind. Mit `LoescheStapel` kann der Auswertungsstapel im Fehlerfall geleert werden. Abbildung 23.6 zeigt das Blockdiagramm des Moduls `stapel.o`.

Die Datei **stapel.h**:

```
// Datei: stapel.h

// Die Methoden
// ************
// Legt einen Operator am Stapel ab
long PushOperator(char operator);
```

taschenrechner/stapel.h

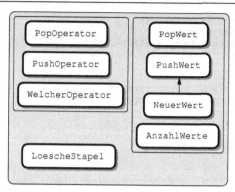

Abbildung 23.6: Blockdiagramm des Moduls `stapel.o`

```
// Holt einen Operator vom Stapel
char PopOperator();

// Gibt den obersten Operator des Stapels zurück ohne Pop()
char WelcherOperator();

// Legt einen Wert am Stapel ab
long PushWert(double wert);

// Holt einen Wert von der Eingabe und legt ihn am Stapel ab.
long NeuerWert();

// Holt einen Wert vom Stapel
double PopWert();

// Anzahl der Werte im Auswertungsstapel
long AnzahlWerte();

// Löscht den Auswertungsstapel
void LoescheStapel();
```

Die Datei **stapel.c**:

```
// Datei: stapel.c

#include <stdio.h>
#include <stdlib.h>

#include "eingabe.h"
#include "stapel.h"

// Der Auswertungsstapel
// ********************
#define STAPEL_LEN 100
static double stapelWerte     [STAPEL_LEN];
static long   stapelWerteNummer     = 0;
static char   stapelOperatoren[STAPEL_LEN];
static long   stapelOperatorenNummer = 0;

// Die Methoden
// ***********
```

taschenrechner/stapel.c

```
// Legt einen Operator am Stapel ab
long PushOperator(char operator)
{  if (stapelOperatorenNummer == STAPEL_LEN)
   {  fprintf(stderr, "Stapel voll!\n");                .
      return 0;
   }
   stapelOperatoren[stapelOperatorenNummer] = operator;
   stapelOperatorenNummer = stapelOperatorenNummer + 1;
   return 1;
} // end PushOperator

// Holt einen Operator vom Stapel
char PopOperator()
{  char operator;

   if (stapelOperatorenNummer > 0)
   {  operator = stapelOperatoren[stapelOperatorenNummer - 1];
      stapelOperatorenNummer = stapelOperatorenNummer - 1;
   }
   else
      operator = 0;
   return operator;
} // end PopOperator

// Gibt den obersten Operator des Stapels zurück ohne Pop()
char WelcherOperator()
{  char operator;

   if (stapelOperatorenNummer > 0)
      operator = stapelOperatoren[stapelOperatorenNummer - 1];
   else
      operator = 0;
   return operator;
} // end WelcherOperator

// Legt einen Wert am Stapel ab
long PushWert(double wert)
{  if (stapelWerteNummer == STAPEL_LEN)
   {  fprintf(stderr, "Stapel voll!\n");
      return 0;
   }
   stapelWerte[stapelWerteNummer] = wert;
   stapelWerteNummer = stapelWerteNummer + 1;
   return 1;
} // end PushWert

// Holt einen Wert von der Eingabe und legt ihn am Stapel ab.
long NeuerWert()
{  return PushWert(HoleWert());
} // end NeuerWert

// Holt einen Wert vom Stapel
double PopWert()
{  double wert = 0;

   if (stapelWerteNummer > 0)
   {  wert = stapelWerte[stapelWerteNummer - 1];
      stapelWerteNummer = stapelWerteNummer - 1;
   }
   else
   {  fprintf(stderr, "PopWert: Kein Wert mehr vorhanden\n");
      exit(1);
   }
```

```
    return wert;
} // end PopWert

// Anzahl der Werte im Auswertungsstapel
long AnzahlWerte()
{   return stapelWerteNummer;
} // end AnzahlWerte

// Löscht den Auswertungsstapel
void LoescheStapel()
{   stapelOperatorenNummer = 0;
    stapelWerteNummer      = 0;
} // end LoescheStapel
```

23.6.4 Das Modul `eingabe.o`

Die Module `berechnung.o`, `stapel.o` und `main.o` sind völlig unabhängig von der Art der Eingabe implementieren und bedienen sich eigener Funktionen, wie dem Lesen von Werten (`HoleWert`), dem Testen des nächsten Zeichens (`WelcherTyp`) oder dem Lesen von Zeichen (`HoleZeichen`), die in der Datei `eingabe.c` für den Textmodus implementiert sind. Durch Abändern der Funktionen dieses Moduls kann dieselbe Implementierung des Taschenrechners bei nur geringen Modifikationen in den anderen Modulen somit auch für den Modus mit GUI verwendet werden. Abbildung 23.7 zeigt das Blockdiagramm des Moduls `eingabe.o`.

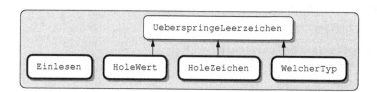

Abbildung 23.7: Blockdiagramm des Moduls `eingabe.o`

Die Datei **eingabe.h**:

```
// Datei: eingabe.h

typedef enum
{   TypUngueltig,
    TypWert,
    TypOperator,
    TypSonderzeichen
} EingabeTyp_t;

// Die Methoden
// ************

// Klassifiziert das aktuelle Zeichen
EingabeTyp_t WelcherTyp();

// Holt einen Wert aus dem Puffer
double HoleWert();

// Holt ein Zeichen aus dem Puffer
char HoleZeichen();
```

taschenrechner/eingabe.h

```
// Einlesen des Puffers
char *Einlesen();
```

Die Datei **eingabe.c**:

```
// Datei: eingabe.c

#include <stdio.h>
#include <stdlib.h>
#include <math.h>

#include "eingabe.h"
```

taschenrechner/eingabe.c

```
#define PUFFER_LEN 1000
static char puffer[PUFFER_LEN];
static long pufferPosition;

static void UeberspringeLeerzeichen()
{  while (puffer[pufferPosition] &&
          (puffer[pufferPosition] == ' ' ||
           puffer[pufferPosition] == '\t'))
      pufferPosition = pufferPosition + 1;
} // end UeberspringeLeerzeichen

// Klassifiziert das aktuelle Zeichen
EingabeTyp_t WelcherTyp()
{  EingabeTyp_t typ;

   UeberspringeLeerzeichen();

   switch(puffer[pufferPosition])
   {case '+':
    case '-':
    case '*':
    case '/':
    case '^':
      typ = TypOperator;
      break;
    case '\n':
    case 0:
    case '(':
    case ')':
      typ = TypSonderzeichen;
      break;
    case '.':
    case '0':
    case '1':
    case '2':
    case '3':
    case '4':
    case '5':
    case '6':
    case '7':
    case '8':
    case '9':
      typ = TypWert;
      break;
    default:
      typ = TypUngueltig;
    }
```

```
    return typ;
} // end WelcherTyp

// Holt einen Wert aus dem Puffer
double HoleWert()
{   char    *endptr;
    double  wert;

    UeberspringeLeerzeichen();
    /* strtod konvertiert eine Zeichenkette in eine Gleitpunkt-Zahl. Das
       erste Argument ist die Zeichenkette, die konvertiert werden soll.
       Anhand des zweiten Arguments kann festgestellt werden, ob ein Fehler
       aufgetreten ist: Dazu wird die Adresse eines Zeigers auf ein Zeichen
       übergeben. Nach einer erfolgreichen Konvertierung zeigt dieser auf
       das erste Zeichen hinter der umgewandelten Zahl. Im Fehlerfall wird
       der Zeiger auf den Beginn des zu konvertierenden Textes gesetzt.
       Der Rückgabewert von strtod ist die konvertierte Gleitpunkt-Zahl.
       strtod ist in stdlib.h deklariert.
    */
    wert = strtod(&puffer[pufferPosition], &endptr);
    if (endptr)
        pufferPosition = endptr - &puffer[0];
    else
        fprintf(stderr, "Fehler beim Lesen eines Wertes.\n");
    return wert;
} // end HoleWert

// Holt ein Zeichen aus dem Puffer
char HoleZeichen()
{   char zeichen;

    UeberspringeLeerzeichen();
    zeichen = puffer[pufferPosition];
    pufferPosition = pufferPosition + 1;

    if (!zeichen)
        zeichen = '\n';
    return zeichen;
} // end HoleZeichen

// Einlesen des Puffers
char *Einlesen()
{   pufferPosition = 0;
    return fgets(puffer, PUFFER_LEN, stdin);
} // end Einlesen
```

23.6.5   Die grafische Benutzeroberfläche

Der Ablauf von Programmen mit GUI erfolgt heutzutage meist ereignisgesteuert. Das bedeutet, es tritt ein Ereignis (*engl. event*) auf, das einen Programmablauf auslöst. Diese Ereignisse können Eingaben per Tastatur, das Drücken einer Maustaste, der Doppelklick, das Verschieben der Maus, das „Verschieben" von Objekten mit der Maus, das Loslassen einer Taste der Tastatur oder der Maus, eine Auswahl in einem Menü, das Drücken eines Knopfes, das Loslassen eines Objektes über einem anderen und vieles mehr sein. Der Benutzer tätigt also eine Eingabe und löst dadurch einen Programmablauf aus. Der Vorgang des „Drückens" von Knöpfen, das „Verschieben" von Objekten usw. wird durch das GUI ermöglicht – das Programm, das das GUI (bzw. die Bibliothek) benutzt, bekommt von dem oft komplexen grafischen Aufwand „dahinter" nichts mit.

Das Behandeln von Ereignissen erfolgt in der Regel mit sogenannten *call back functions*. Das sind Funktionen, die beim Eintreten von Ereignissen durch das GUI aufgerufen werden. Beim Definieren von Knöpfen (*engl. buttons*), Menüs (*engl. menues*) usw. werden diese *call back functions* dem GUI durch Zeiger auf die aufzurufenden Funktionen (siehe Abschnitt 14.7) bekanntgegeben. Die Kontrolle über den Programmablauf hat in diesem Fall also die GUI-Bibliothek. Das Verwenden von Funktionen, die im Fall definierter Ereignisse aufgerufen werden, heißt *event handling*.

Mit der gewählten Bibliothek für das GUI (siehe Abschnitt 23.3.1) kann der Taschenrechner durch *event handling* programmiert werden. Ein Beispiel eines GUIs zeigt Abbildung 23.8.

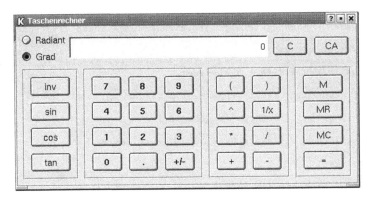

Abbildung 23.8: Ein GUI für einen Taschenrechner

GUIs werden im Allgemeinen mit speziellen Entwicklungswerkzeugen erstellt. Dabei können die grafischen Bedienelemente leicht mit der Maus platziert und gruppiert, Eigenschaften und Namen einzelner Elemente festgelegt, sowie die Funktionen angegeben werden, die beispielsweise beim Betätigen eines Knopfes durch den Benutzer aufgerufen werden sollen. Diese Entwicklungswerkzeuge sind meist Teil der Entwicklungsumgebung oder werden mit den GUI-Bibliotheken mitgeliefert.

Diese Entwicklungswerkzeuge generieren auf Anweisung den Quelltext, der das GUI beschreibt. Automatisch generierter Quelltext darf durch den Benutzer nicht direkt geändert werden. Er ist nur noch zu kompilieren und zum Projekt hinzuzubinden.

Der Quelltext für das obige GUI ist hier nicht angegeben, da automatisch generierter Quelltext von dem verwendeten Entwicklungswerkzeug, der GUI-Bibliothek und sogar von deren Versionen abhängt. Darüber hinaus ist automatisch generierter Quelltext sehr schwer zu lesen. Die Programmierung von GUIs von Hand ist im Allgemeinen nicht zu empfehlen, da sie oft sehr komplex und zeitaufwändig ist.

GUIs haben jedoch eines gemeinsam: Die sogenannte *event loop*. Wie erwähnt, sind Programme mit GUI meist ereignisgesteuert. Dabei werden in einer Schleife die auftretenden Ereignisse, wie das Drücken eines Knopfes mit der Maus, die Auswahl eines Menüpunktes, Eingabe von der Tastatur usw., behandelt und die „Benutzerfunktionen" (*call back functions*) aufgerufen.

Literaturverzeichnis

[1] K. Arnold und J. Gosling. *The Java Programming Language.* Addison-Wesley, 1996.

[2] F.L. Bauer und G. Goos. *Informatik 1 - Eine einführende Übersicht.* Springer, 1991. 4. Auflage.

[3] J. Bentley. *Programming Pearls.* ACM Press, 2000. 2nd edition.

[4] T.J. Bergin und R.G. Gibson. *History of Programming Languages.* Addison-Wesley, 1996.

[5] L. Böszörményi und C. Weich. *Programmieren mit Modula-3.* Springer, 1995.

[6] J.-L. Chabert. *A History of Algorithms.* Springer, 1999.

[7] Th. H. Cormen, Ch. E. Leiserson, R. Rivest und C. Stein. *Algorithmen - Eine Einführung.* Oldenbourg, 2007. 2. Auflage.

[8] M. Fewster und D. Graham. *Software Test Automation: Effective Use of Test Execution Tools.* Addison-Wesley, 1999.

[9] T. Fischer. *GUI-Programmierung mit GTK+.* SuSE Press, 2000.

[10] Free Software Foundation. The GNU Multiple Precision Arithmetic Library http://www.gnu.org/manual/gmp/, December 2000.

[11] C. Ghezzi, M. Jazayeri und D. Mandrioli. *Fundamentals of Software Engineering.* Prentice Hall, 1991.

[12] D. D. Givone. *Digital Principles and Design.* McGraw-Hill, 2002.

[13] G. Goos. *Vorlesungen über Informatik Band 1: Grundlagen und funktionales Programmieren.* Springer, 1995.

[14] S. P. Harbison III und G. I. Steel Jr. *C: A Reference Manual.* Prentice Hall, 2002.

[15] H. Kerner. *Rechnernetze nach OSI.* Addison-Wesley, 1992.

[16] B.W. Kernighan und D.M. Ritchie. *The C Programming Language.* Prentice Hall, 1988.

[17] H. Klaeren. *Vom Problem zum Programm.* Teubner, 1990.

[18] D. E. Knuth. *The Art of Computer Programming: Fundamental Algorithms,* volume 1. Addison-Wesley, 1997. 3rd edition.

[19] D. E. Knuth. *The Art of Computer Programming: Seminumerical Algorithms,* volume 2. Addison-Wesley, 1997. 3rd edition.

[20] P. van der Linden. *Expert C Programming.* SunSoft Press, 1994.

[21] S. Logan. *GTK+ Programming in C.* Prentice Hall, 2002.

[22] C. Rupp. *Requirements- Engineering und - Management*. Hanser, 2001.

[23] R. Sedgewick. Implementing Quicksort Programs. In *Communications of the ACM*, volume 21, pages 847–857. ACM Press, 1978.

[24] R. Sedgewick. *Algorithms in C*. Addison-Wesley, 1990.

[25] I. Sommerville. *Software Engineering*. Addison-Wesley, 2000. 6th edition.

[26] W. Stallings. *The Open Systems Interconnection (OSI Model and OSI-Related Standards)*. Prentice Hall, 1990.

[27] W. Stallings. *Operating Systems*. Prentice Hall, 1998.

[28] B. Stroustrup. *C++ Programming Language*. Addison-Wesley, 1997.

[29] C. Überhuber. *Computer-Numerik 1*. Springer, 1995.

[30] C. Überhuber. *Computer-Numerik 2*. Springer, 1995.

[31] W.T. Vetterling und S.A. Teukolsky. *Numerical Recipes*. Cambridge University Press, 1986.

[32] M. Woo, J. Neider, T. Davis und Open Architecture Review Board. *OpenGL Programming Guide*. Addison-Wesley, 1999.

[33] L. Xiao, X. Zhang und S. A. Kubricht. Improving Memory Performance of Sorting Algorithms. In *Journal of Experimental Algorithmics (JEA)*, volume 5. ACM Press, 2000.

Index